DEUTSCHE DEMOKRATISCHE REPUBLIK
DEUTSCHE AKADEMIE DER LANDWIRTSCHAFTSWISSENSCHAFTEN ZU BERLIN
INSTITUT FÜR LANDWIRTSCHAFTLICHE INFORMATION UND DOKUMENTATION

Landwirtschaftliches Zentralblatt

ABTEILUNG III

TIERZUCHT · TIERERNÄHRUNG FISCHEREI

9. JAHRGANG

1964

AKADEMIE-VERLAG · BERLIN

LZ. III TIERZUCHT · TIERERNÄHRUNG · FISCHEREI · JG. 1964 · NR. 6 · SEITE 1149—1372 · BERLIN · JUNI 1964

LANDWIRTSCHAFTLICHES ZENTRALBLATT

ABTEILUNG TIERZUCHT · TIERERNÄHRUNG · FISCHEREI

INHALTSVERZEICHNIS

NAMENVERZEICHNIS

3–64/06–0001 bis 0681; 9001 bis 9183

Ab Jahrgang 1964 beziehen sich die hinter dem Autorennamen angegebenen Zahlen auf die Signatur des Dokumentationsmaterials

Signatur in [Klammer] bedeutet Bibliographie, mit Stern * bedeutet Buchbesprechung

// LANDWIRTSCHAFTLICHES ZENTRALBLATT
ABT. TIERZUCHT · TIERERNÄHRUNG · FISCHEREI

1964 NR. 6 JUNI

ALLGEMEINES

A. GESCHICHTE, FORSCHUNG, UNTERRICHT

3-64/06-0001 Křížnecký, Jaroslav. **Die Errichtung der „Genetischen Abteilung Gregor Mendel" im Mährischen Museum in Brünn.** Naturwiss. Rdsch. **16** (1963) Nr. 12. S. 477-480. 30.

3-64/06-0002 Ewald, G. **Über die weiteren Aufgaben und die Rolle der Agrarwissenschaft in der Deutschen Demokratischen Republik.** Dtsch. Landwirtsch. **14** (1963) Nr. 12. Beil. S. 9-13. 40.

3-64/06-0003 Gravert, H. O. **Unternehmensforschung in der Tierzucht?** Züchtungskunde **35** (1963) Nr. 8. S. 337-352.
Vf. weist darauf hin, daß in der Tierzucht in Zukunft ökonomische Aspekte mehr beachtet werden und neben die rein züchterischen treten müssen. Dem Nutzen durch Leistungsprüfung und Zuchtwertschätzung ist der materielle Aufwand für dieseVerfahren gegenüberzustellen. Es wird auf die Schwierigkeiten der ökonomischen Analyse auf Grund der Verflechtungen biol. und ökonomischer Gesichtspunkte hingewiesen. Hauptanliegen ist es jedoch, in einer einfachen, dem Nichtmathematiker verständlichen Form die Prinzipien der mathematischen Methoden darzulegen, ohne die eben heutzutage ökonomische Analysen nicht mehr denkbar sind. Dazu gehören die lineare Optimierung (ohne Matrizenschreibweise), ein kurzes Eingehen auf Risikofunktionen, Diskriminanzanalyse, Mehrfachregression und Selektionsindex unter Nebenbedingungen. D. Rasch. 40.

3-64/06-0004 Ubbles, P. **Das Institut für Geflügelkunde „Het Spelderholt" in Beekbergen.** Dtsch. Geflügelwirtsch. **15** (1963) Nr. 48. S. 667-668. 670. 672-674. — 8 Abb. 40.

3-64/06-0005 Matter, Ernst. **Die landwirtschaftliche Berufsausbildung in der Schweiz.** Ausbild. Berat. Land- u. Hauswirtsch. **16** (1963) Nr. 11. S. 239 bis 243. — 2 Abb., 1 Tab. 50.

3-64/06-0006 Dempsey, Larry. **Das landwirtschaftliche Schulwesen und die Beratung in der Republik Irland.** Ausbild. Berat. Land- u. Hauswirtsch. **16** (1963) Nr. 12. S. 271-273. — 2 Abb. 50.

3-64/06-0007 Reuffurth, Hans. **Die Entwicklung der landwirtschaftlichen Berufsausbildung.** Ausbild. Berat. Land- u. Hauswirtsch. **16** (1963) Nr. 11. S. 255-256. 50.

B. GRUNDLAGENWISSENSCHAFTEN UND METHODIK

3-64/06-0008 Reid, Elbert H., Kovner, Jacob L. und Martin, S. Clark. A proposed method of determining cattle numbers in range experiments. **(Vorschlag einer Methode zur Bestimmung der Rinderzahlen in Farmversuchen.)** J. Range Management **16** (1963) Nr. 4. S. 184-187. 160.

3-64/06-0009 Taube, Adam. On a type matching in non-experimental investigations: sampling via the dependent variable. **(Ein Typ der Vergleichs-**

paarung [matching] in nicht versuchsmäßigen Untersuchungen: Stichprobenerhebung über die abhängige Variable.) Kungl. Lantbrukshögskolans Ann. 28 (1962) S. 1-15.
Um den Einfluß bestimmter Umweltwirkungen zu prüfen, benutzt man häufig mehrere eineiige Zwillingspaare und setzt jeden Partner einer anderen Behandlung aus. Anschließend werden bestimmte Merkmale zwischen den Partnern der einzelnen Paare verglichen. Diese Art von Vergleichen bezeichnet man als „match". Vf. beschäftigt sich mit den statistischen Problemen „statistischer Zwillinge" und gibt einen Überblick über bekannte Verfahren, wenn kein versuchsmäßiges Beobachtungsmaterial vorliegt. Anschließend werden verschiedene statistische Modelle verglichen und neue Methoden vorgeschlagen. D. Rasch. 160.

3-64/06-0010 Le Roy, Henri L. **Testverhältnisse bei der doppelten Streuungszerlegung (Zweiwegklassifikation).** Schweiz. landwirtsch. Forsch. 2 (1963) Nr. 3. S. 329-340.
Vf. erläutert in einer für Nichtmathematiker verständlichen Form die verschiedenen Modelle der Varianzanalyse, Modell I, Modell II und gemischtes Modell (nach Eisenhart), an Hand der Zweiwegklassifikation. Bes. wird auf die Unterschiede zwischen diesen Modellen bez. des Tests der Hypothese „Gleichheit aller Mittelwerte" mit der F-Prüfzahl eingegangen. Beispiele erleichtern das Verständnis. D. Rasch. 160.

3-64/06-0011 *Freye, Hans-Albrecht.* **Repetitorium der Zoologie.** Jena: VEB Gustav Fischer Verlag. 1963. (324 S. m. 93 Abb. u. 30 Tab.) 14,2 × 20 cm. DM 18,50. Aufgabe eines „Repetitoriums" ist es, in einer wiederholenden Vorlesung Kenntnisse aufzufrischen. Darüber hinaus will das vorliegende Werk Studienanfängern der reinen und der angewandten Biologie als Stoffübersicht dienen. — Das Inhaltsverzeichnis drückt mit seiner prägnanten Abschnittsnumerierung die Bedeutung der einzelnen Abschnitte aus. Jedes Kapitel wird mit einer Repetitio abgeschlossen, die in gedrängtester Form die dargestellten Grundtatsachen unter Hervorhebung der Fachtermini wiederholt (bzw. zum Wiederholen anregt). Die Darstellungsweise berücksichtigt die Belange der Fachbiologen wie auch die der Landwirte, Mediziner und Geologen. Eine Zusammenstellung von 30 Literaturzitaten gibt einen Hinweis auf deutschsprachige Standardwerke. F. Lüpnitz.

3-64/06-0012 *Leitch, I.* and *Billewicz, W. Z.* **A scheme for classification of information on nutrition coded for machine retieval.** Slough, Bucks.: Commonwealth Agricultural Bureaux Farnham Royal. 1963. (XVIII, 227 S.) 19 × 25 cm = Commonwealth Bureau of Animal Nutrition, Rowet Research Institute, Bucksburn, Aberdeen, Scotland, Technical Communication No. 24. £ 5. Unter Vermeidung der Schwierigkeiten, die durch das numerische Verschlüsseln von Begriffen nach dem UDK-System auftreten können, wurde für das Gebiet „Ernährung" eine Begriffsliste aufgestellt und mit Schlüsselzahlen versehen. Diese Schlüsselzahlen sind auf die 80spaltige Maschinenlochkarte ausgerichtet und bestehen aus einer 1- bis 2ziffrigen Vorzahl sowie einer 4ziffrigen Kennzahl. Die 80 Vorzahlen bezeichnen — ohne daß eine dekadische Ordnung gewahrt wird — die 13 Hauptkapitel Tiere, Futter und Fütterung, Geographie, Chemie, Technologie, Mikroorganismen und parasitische Würmer, Untersuchungsmethodik, Anatomie, Physiologie, Nahrungsmittel für Menschen, Fütterung-Haltung-Pflege der Haustiere, Statistik, Allgemeines ff. Die einzelnen Begriffe werden mit den Kennzahlen 0000-9484 bezeichnet. — Die Listen sind numerisch und alphabetisch aufgeteilt. F. Lüpnitz.

C. JAHRESBERICHTE UND TAGUNGEN

3-64/06-0013 Plachy, E. **Bericht über die Arbeiten und Aufgaben der Deutschen Akademie der Landwirtschaftswissenschaften zu Berlin.** Dtsch. Landwirtsch. 14 (1963) Nr. 12. Beil. S. 2-8. 200.

3-64/06-0014 Stubbe, H. **Festvortrag aus Anlaß der 6. Festsitzung und Wissenschaftlichen Tagung der Deutschen Akademie der Landwirtschaftswissenschaften zu Berlin.** Dtsch. Landwirtsch. 14 (1963) Nr. 12. Beil. S. 14 bis 18. 200.

3-64/06-0015 Cross, B. A. Proceedings of the society for the study of fertility. Annual conference, 10th July to 13th July 1963. **(Berichte der Gesellschaft zum Studium der Fruchtbarkeit. Jahrestagung vom 10.-13. Juli 1963.)** J. Reproduct. Fertility 6 (1963) Nr. 2. S. 319-334. 200.

3-64/06-0016 Anonym. 76th annual report of the Nebraska Agricultural Experiment Station. **(76. Jahresbericht der Landwirtschaftlichen Versuchsstation Nebraska.)** Univ. Nebraska, Coll. Agric., agric. Exp. Stat., annu. Rep. **76** (1963) S. 1-36. 200.

3-64/06-0017 Anonym. Abstracts of papers for presentation at the meeting of the Midwestern Section A.S.A.S., November 29 and 30, 1963, Chicago, Illinois. **(Referate der auf der Tagung der Midwestern Sektion der A.S.A.S. vom 29.-30. Nov. 1963 in Chicago, Illinois, gehaltenen Vorträge.)** J. Animal Sci. **22** (1963) Nr. 4. S. 1109-1141. 200.

3-64/06-0018 Anonym. Proceedings of a symposium on dairy farming conducted by the Australian Society of Animal Production in conjunction with the Royal Agricultural Society of New South Wales and the New South Wales Milk Board on Thursday the 12th of April 1962 at the Royal Agricultural Society's Showground Sydney. **(Berichte von einem Symposium über Fragen der Milchviehhaltung, das von der Australian Society of Animal Production in Verbindung mit der Royal Agricultural Society of New South Wales und dem New South Wales Milk Board am Donnerstag, den 12. April 1962 auf dem Royal Agricultural Society's Ausstellungsgelände in Sydney durchgeführt worden ist.)** Austral. Soc. Animal Product., Bull. **1963** Nr. 2. S. 1-62. — 3 Tab. 200.

ALLGEMEINE TIERZUCHT

A. ENTWICKLUNGSLEHRE

3-64/06-0019 Bamann, Eugen, Gebler, Herbert und Picha, Karl; München, Univ., Inst. für Pharmaz. und Lebensmittelchem. **Das Verteilungsmuster der Esterasetypen verschiedener Organe — ein Hilfsmittel der Verwandtschaftsforschung in den Subfamilien Equinae und Bovinae.** Naturwissenschaften **50** (1963) Nr. 17. S. 573-574. — 5 Lit.
Die Esterasetypen von Leber, Lunge und Niere stellen typische physiol.-chem. Merkmale einer Art dar. Bei Artbastarden kam nur der organspezifische Esterasetyp eines Elterntieres zur Ausbildung, der andere wurde zurückgedrängt. Der Esterasetyp der Niere ist bei Maultieren und Mauleseln dem des Vaters gleich. Die Vererbung der Esterasetypen geschieht bei Artkreuzungen nicht gekoppelt. Die chem. Konstitution der Esterasetypen ist genetisch bedingt. Die Esterasetypen homologer Organe sind bei den Individuen einer Art identisch. Aus der weitgehenden Gleichheit der Esterasetypen homologer Organe von Grantzebra und Pferd folgern Vff. eine nähere Verwandtschaft zwischen den Arten der Gattungen Hippotigris und Equus. Die Arten *Equus caballus*, *Asinus asinus* und *Hemionus onager* wiesen Unterschiede in den Esterasetypen auf. B. Busch. 1015.

B. ORGANE DES TIERKÖRPERS

3-64/06-0020 Klimeš, B., Ryšavý, M. und Bednář, J. Rozdíly v krevním obraze slepic v klecích na hluboké podestýlce a ve výběhovém systému. **(Unterschiede der Blutbilder bei Hennen in Käfigen, auf Tiefstreu und im Auslauf.)** Sborník Vysoké Školy zemědělské Brně, Řada B **10(31)** (1962) Nr. 3/4. S. 155 bis 160. — 1 Abb., 4 Tab., 12 Lit. Zus. in Russ., Engl.
Bei 104 Hennen verschiedener Rassen von 5 auf Tiefstreu gehaltenen Zuchten, bei 118 Hennen von 5 Käfigzuchten und 48 Hennen von Auslaufhaltungen und ferner bei 21 Hähnen und 124 Hennen in Käfigen wurden die Erythrocyten- und Leukocytenzahl, ferner das Hb und das Leukogramm ermittelt. Die Erythrocytenzahl und die Hb-Werte wiesen keine Unterschiede auf. Beweiskräftige Unterschiede gab es jedoch bei der Leukocytenzahl. Die niedrigsten Leukocytenzahlen fanden sich bei den in Käfigen gehaltenen Hennen (19,1), mittlere

Zahlen waren bei den Auslaufhaltungen (26,9) vorhanden, und am höchsten waren die in Tiefstreuhaltungen (31,1). Bei Hennen auf Tiefstreu war auch die Lymphocytenzahl am höchsten. Nach Überführung dieser Hennen in die Käfige zeigte sich bei ihnen ein wesentlicher Leukocytenrückgang. Auf dem Versuchswege wurde ferner festgestellt, daß Vit. B_{12} keinen Einfluß auf die Leukocytenzahl ausübt und es wird angenommen, daß ihre hohe Zahl durch Mikroorganismen der Tiefstreu evtl. durch Stoffe, die sie ausscheiden, verursacht wird. ČSSR/ÚVTI. 1120.

3-64/06-0021 Naughton, M. A., Meschia, G., Battaglia, F. C., Hellegers, A., Hagopian, H. und Barron, D. H. Hemoglobin characteristics and the oxygen affinity of the bloods of Dorset sheep. **(Hämoglobin-Eigenschaften und O_2-Bindung des Blutes von Dorset-Schafen.)** Quart. J. exp. Physiol. cognate med. Sci. **48** (1963) Nr. 4. S. 313-323.
In dem Blut von Herdbuch-Muttern der Dorset-Rasse lassen sich elektrophoretisch 2 Hb-Komponenten unterscheiden. Der Unterschied scheint in der Anordnung der Aminosäuren im Bereich der β-Fraktion des Moleküls zu liegen. Dabei sind die Grenzen innerhalb der vier Methionin enthaltenden Peptide zu suchen. Die O_2-Bindung des Gesamtblutes hängt weitgehend von dem proportionalen Anteil der beiden Hb-Komponenten im Blut ab. Die O_2-Affinität zu der im elektrischen Feld schneller wandernden Hb-Fraktion ist größer als zu der langsam wandernden. H. J. Gußmann. 1120.

3-64/06-0022 Schülke, B.; Berlin, Humboldt-Univ., Inst. für Veterin.-Physiol. **Zur Zählung der eosinophilen Granulocyten.** Mh. Veterinärmed. **18** (1963) Nr. 20. S. 788-792. — 6 Tab., 20 Lit.
An 2 weibl. Ziegen wird ein Vergleich zwischen Blutentnahmestelle, Zählmethode und Art der Verdünnung bei der Eosinophilenzählung vorgenommen. Die Ermittlung der Eosinophilenzahl erfolgt nach den Methoden von Karg und Dunger aus dem Blut der Ohrvene und der Vena jugularis. Die Verdünnung des Blutes erfolgt einmal nach der üblichen Methode in der Leukocytenpipette und einmal durch Vermischung des Blutes mit der Farblösung in einem Becherglas im Verhältnis 1:10. Die statistische Auswertung der Versuche erfolgt nach der Varianzanalyse. Die Streuungen werden mit dem Bartlett-Test geprüft. Die ermittelten Ergebnisse zeigen bei jeder Methode starke Abweichungen zwischen den Tagesmitteln sowie unterschiedliche Eosinophilenzahlen in Abhängigkeit von der Blutentnahmestelle. Die höchsten Zellzahlen werden im Blut aus der Vena jugularis festgestellt und auf eine unterschiedliche Verteilung der Eosinophilen im peripheren Blut zurückgeführt. Die mit der Zählkammer nach Bürker-Türk festgestellten Ergebnisse weisen regelmäßig eine größere Streuung auf als die Zählungen mit der Fuchs-Rosenthal-Kammer. Untersuchungen der Eosinophilenzahlen in Abhängigkeit von der zeitlichen Differenz zwischen Verdünnung und Zählung zeigen bei Verdünnungen im Becherglas über 23 Std. konstante Werte. In der Leukocytenpipette kommt es dagegen bereits nach 5 Std. zu erhöhten Zellzahlen. W. Verter. 1120.

3-64/06-0023 Leader, Robert W., Padgett, George A. und Gorham, John R. Studies of abnormal leukocyte bodies in the mink. **(Untersuchungen an abnormen Leukocyten beim Nerz.)** Blood **22** (1963) Nr. 4. S. 477-484. 1120.

3-64/06-0024 Woody, Robert C., Day, Elbert J. und Glick, Bruce. The effect of time and environment upon blood prothrombin time. **(Der Einfluß von Zeit und Umgebung auf die Prothrombinzeit des Blutes.)** Poultry Sci. **42** (1963) Nr. 5. S. 1062-1063. — 1 Tab., 2 Lit.
Durch Herzpunktion gewonnenes Blut zeigte mit Verlängerung der Lagerungsdauer von 0-6 Std. bei Zimmertemperatur einen allmählichen Anstieg der

Prothrombinzeit, der jedoch erst nach der 4. Std. signifikant war. Bei Lagerung im Kühlschrank für 6 Std. ergab sich keine signifikante Änderung. Vff. empfehlen jedoch, die Lagerung des Blutes vor der Bestimmung der Prothrombinzeit zu vermeiden. B. Busch. 1120.

3-64/06-0025 Claxton, J. H.; Armidale, New South Wales, Univ. of New England, School of Rural Sci. The spatial relationships between skin follicles during their development in sheep. **(Das räumliche Verhältnis zwischen den Hautfollikeln während ihrer Entwicklung beim Schaf.)** Austral. J. biol. Sci. **16** (1963) Nr. 3. S. 695-708. — 9 Tab., 30 Lit.
In einer Untersuchung mit dem Ziel einer quantitativen Analyse und dem Vergleich der räumlichen Verteilung der Hautfollikel während ihrer Bildung und Weiterentwicklung sind die histol. Ergebnisse bereits in einer früheren Arbeit publiziert worden; in der vorliegenden Veröffentlichung werden die Messungen und Vergleiche im Verlaufe der primären und sekundären Follikelbildung bei 2 Schafrassen vorgelegt. Die Untersuchungen wurden an Feten von Merinoschafen und Kreuzungen zwischen Romney-Southdown-Schafen durchgeführt; die insgesamt 32 Feten wurden im Alter von 70-140 Tagen in 10-tägigem Intervall für die Untersuchungsreihen verwendet. — Es konnten keine unterschiedlichen Befunde der Verteilung der Primärfollikel bei den beiden Fetensorten festgestellt werden. Dabei ist ferner auch das Verteilungsmuster der primären Follikel auf die Zahl der sich bildenden sekundären Follikel offenbar ohne Einfluß. — Nach Abschluß der primären Follikelbildung kommt es bei den lateral gelegenen Follikeln zu einem Bewegungsvorgang, der von den entspr. zentral gelegenen Follikeln weggerichtet ist und größer zu sein scheint, als daß er durch die einfache Expansion der Haut erklärt werden könnte. — Bei dem Bewegungsvorgang der Sekundärfollikel ist es bisher nicht geklärt, ob die verursachenden Kräfte in einem phys. Strömungseffekt oder in einem lokalen Wachstumsstimulans zu suchen sind. H. Freye. 1135.

3-64/06-0026 Claxton, J. H. The spatial relationships between central primary skin follicles during their development in sheep. **(Die räumlichen Beziehungen zwischen den zentralen Primärfollikeln während ihrer Entwicklung in der Haut beim Schaf.)** Austral. J. biol. Sci. **15** (1962) Nr. 4. S. 700-712. 1135.

3-64/06-0027 Böhm, Rudolf. **Beitrag zu den postnatalen Veränderungen der Lederhaut des Haushuhnes.** Sborník Vysoké Školy zemědělské Brně, Řada B **10(31)** (1962) Nr. 3/4. S. 95-100. — 8 Abb., 15 Lit. Zus. in Russ., Tschech.
Vf. beschreibt Ergebnisse einer histol. Untersuchung der Lederhaut von Rükken und Bauch bei 27 Tieren beiderlei Geschlechts der Rassen Weiße Leghorn, Rote Rhodeländer, Sussex und Rebhuhnfarbige Italiener im Alter von 3 Tagen bis zu 3 Jahren. Die Proben wurden von verschiedenen Körperstellen genommen. Die Lederhaut der Vögel sieht anders aus als die der Säugetiere. Während der ersten Lebenstage sieht die Lederhaut des Rückens und der Bauchseite beim Haushuhn ähnlich aus: zwischen der oberen Schicht (Stratum superficiale) und der tiefen Schicht (Stratum profundum) befindet sich eine von Blutgefäßen gebildete und zusammenhängende Schicht (Stratum vasculare). Diese Schicht bleibt auch im erwachsenen Alter i. allg. dünn. An der Bauchseite entwickelt sie sich dagegen weiter, besteht aus zahlreichen Blutgefäßschichten und bildet bereits vom Alter von 14 Tagen an bis zu 1 Mon. den wesentlichen Teil des gesamten Profils der Lederhaut. Dieser Körperteil ist bei beiden Geschlechtern entwickelt und reicht bis an die untere Halsgegend, an die Kloake und die mediale Schenkelfläche. ČSSR/ÚVTI. 1135.

3-64/06-0028 Lubnow, Ernst. **Die Haarfarben der Säugetiere. 2. Mitt. Untersuchungen über die schwarzen und gelben Melanine.** Biol. Zbl. 82 (1963) Nr. 4. S. 465-475. — 8 Abb., 11 Lit. 1140.

3-64/06-0029 Fedde, M. R., Burger, R. E. und Kitchell, R. L.; St. Paul, Univ. of Minnesota, Coll. of Veterin. Med., Inst. of Agric. Localization of vagal afferents involved in the maintenance of normal avian respiration. **(Die Lokalisation von afferenten Vagusfasern, die an der Erhaltung einer normalen Vogelatmung beteiligt sind.)** Poultry Sci. **42** (1963) Nr. 5. S. 1224 bis 1236. — 2 Abb., 3 Tab., 47 Lit.
Es wird eine detaillierte anatomische Beschreibung des Verlaufes der Vagusnerven im Brustkorb des Haushuhns gegeben. F. Döcke. 1210.

3-64/06-0030 Fedde, M. R., Burger, Ray E. und Kitchell, R. L. The effect of anesthesia and age on respiration following bilateral, cervical vagotomy in the fowl. **(Der Einfluß von Anästhesie und Alter auf die Atmung als Folge bilateraler cervicaler Vagotomie beim Geflügel.)** Poultry Sci. **42** (1963) Nr. 5. S. 1212-1223. — 7 Abb. 1250.

3-64/06-0031 Fedde, M. R. und Burger, Ray E. Death and pulmonary alterations following bilateral, cervical vagotomy in the fowl. **(Tod und Lungenveränderungen als Folge bilateraler cervicaler Vagotomie beim Geflügel.)** Poultry Sci. **42** (1963) Nr. 5. S. 1236-1246. — 2 Abb., 2 Tab. 1250.

3-64/06-0032 Glick, Bruce. The effect of surgical and chemical bursectomy in the White Pekin duck. **(Die Wirkung der operativen und chemischen Bursektomie bei der Weißen Pekingente.)** Poultry Sci. **42** (1963) Nr. 5. S. 1106-1113. — 6 Abb., 8 Tab., 12 Lit.
Die Bursektomie wurde nach der Methode von Glick (1960) an 4-16 Tage alten Entenküken durchgeführt. Im Alter von 5 Wochen erhielten die Tiere 1 ml eines polyvalenten K *Salmonella pullorum*-Antigens oder 1 ml einer 15%igen Suspension von Schaferythrocyten i.v. injiziert. Außerdem wurden Bruteier am 5. Bruttag 5 Sek. lang in Äthylalkohol (ÄA) (**I**), in eine Lösung von 670 mg Testosteronpropionat (TP) in 100 ml ÄA (**II**) oder in eine solche von 2 g TP in 100 ml ÄA (**III**) eingetaucht und später der Antikörpertiter im Serum bestimmt. Nach der Bursektomie war die Antikörperreaktion im Alter von 6 Wochen etwas und im Alter von 24 Wochen signifikant gegenüber den intakten Kontrollen reduziert. Ein Einfluß auf die Leukocyten wurde nicht festgestellt. Bei den aus den Eiern der Gr. **II** und **III** geschlüpften Küken waren die Bursae signifikant kleiner als bei denen der Gr. **I**. Die Antikörper-Reaktion gegenüber Schaferythrocyten war aber nur bei den Tieren der Gr. **III** aufgehoben, die im Alter von 6 Wochen keine Bursa mehr aufwiesen. F. Döcke. 1350.

3-64/06-0033 Wachtel, W. **Untersuchungen über Herzminutenvolumen, arteriovenöse Sauerstoffdifferenz, Hämoglobingehalt und Erythrozytenzahlen bei Haus- und Wildschweinen.** Arch. exp. Veterinärmed. **17** (1963) Nr. 4. S. 787-798. — 2 Tab., 29 Lit.
Vf. untersuchte bei narkotisierten klinisch gesunden Hausschweinen verschiedenen Alters und Gewichts das Herzminutenvolumen (HMV) und verglich es mit dem von narkotisierten Wildschweinen. Ferner wird über die arteriovenöse O_2-Differenz, den Hb-Gehalt und die Erythrocytenzahl berichtet. Vor Versuchsbeginn hungerten die Tiere 24 Std. Die Wildschweine waren in Schweinehütten untergebracht. Die Ergebnisse, die in Einzelheiten im Orig. nachgelesen werden müssen, zeigten, daß die O_2-Transportkapazität des Kreislaufs der Hausschweine geringer war als die von Wildschweinen gleichen Gewichts. Chr. Garlt. 1370.

3-64/06-0034 Riar, S. S., Pal, A. K. und Sadhu, D. P.; Izatnagar, Coll. of Animal Sci., Indian Veterin. Res. Inst. On the control of rumen movements in cattle. **(Über die Kontrolle der Pansenbewegungen beim Rind.)** Sci. and Cult. [Calcutta] **29** (1963) Nr. 8. S. 414. — 1 Lit.
Im beschriebenen Versuch wurden die Pansenbewegungen an 3 ca. 11 Jahre alten Höhenviehbullen nach der Technik von Alexander und Moodie un-

tersucht. Normale Pansenbewegungen treten als „primäre" und „sekundäre" Bewegungen auf, die in ihren Ausmaßen verschieden sind. Zahlreiche Drogen in normalen und klinischen Dosen wurden hinsichtlich ihrer Auswirkungen auf die Bewegungen geprüft. Je nach deren Charakter erfolgte eine Stimulierung der cholinergischen Nerven bzw. eine Depression der parasympathischen Nerven und damit eine Beschleunigung bzw. Verlangsamung der Bewegungen. K. Damm. 1385.

3-64/06-0035 Wagner, John A. Gross and microscopic anatomy of the digestive system of the nutria, Myocastor coypus bonariensis (Geoffroy). **(Die makroskopische und mikroskopische Anatomie des Verdauungskanales des Nutria, Myocastor coypus bonariensis [Geoffroy].)** J. Morphol. [Philadelphia] **119** (1963) Nr. 3. S. 319-325. — 12 Lit.

Die Lippen des Nutria bestehen aus 2 muskulösen, membranösen Falten, die die Mundöffnung umschließen. Die laterale Oberfläche der Unterlippe verläuft um die Schneidezähne und endet hinten in einer deutlich abgesetzten, schmalen Grube, die teilweise an der ventralen Partie der Zunge abschließt. An der lateralen und ventralen Oberfläche des Kopfes befinden sich 2 Arten von Vibrissen. Die Mundhöhle ist schmal und wird durch den vorderen Teil der Zungenspitze nach vorne abgeschlossen. Die Zahnformel ist angegeben. Rugae palatinae fehlen. Die Zunge besteht aus 3 Portionen und weist eine deutliche Eminentia intermolaris auf. An ihrer dorsalen Oberfläche sind Papillae filiformes, foliatae und circum-vallatae zu erkennen. Parotis, Gl. submaxillaris, Gl. sublingualis sind vorhanden, eine Pars buccalis fehlt. Der Magen ist nach vorn linsenförmig ausgebildet, und seine Curvatur weist einen deutlich caudal gerichteten Bogen auf. Unterabteilungen des Darmes lassen sich nicht einwandfrei abgrenzen. Im Dünndarm kommen in reichlichen Mengen Lymphknoten vor. Der Dickdarm besteht aus dem spiralförmigen, sackartigen Blinddarm, dem ebenfalls sackartigen großen Colon und dem nicht sackartig ausgebildeten kleinen Colon. Das Pankreas weist eine Läppchenteilung auf und verläuft diffus. Das Ligamentum coronarium der Leber fehlt. Die Gallenblase ist von birnenförmiger Gestalt und im Verhältnis zur Größe des Tieres sehr voluminös. Die histol. Befunde ergeben, daß die Parotis eine seröse Drüse, die Gl. submaxillaris und Gl. sublingualis aber gemischte Drüsen sind, Oesophagdrüsen fehlen. Besonderheiten kommen im Verdauungstrakt an sich nicht vor. Nur in der Tiefe der Lieberkühnschen Krypten wurden Panethsche Zellen gefunden. Das kommt nicht bei allen Säugetieren vor. Die Pankreasinseln sind nur klein. Im Collum vesicae der Gallenblase sind kleine Drüsen vorhanden. H. Busse. 1385.

3-64/06-0036 Bosch, Ricardo und Angulo, Eusebia. Caractères histologiques particuliers des artères de l'appareil génital de Gallus domesticus. **(Besondere histologische Eigenschaften der Arterien des Geschlechtsapparates von Gallus domesticus.)** Recueil Méd. vétérin. **139** (1963) Nr. 8. S. 641-645. — 2 Abb., 3 Lit. Zus. in Engl., Span.

Die Untersuchungen wurden an erwachsenen Hühnern beiderlei Geschlechts der Rasse Weiße Leghorn durchgeführt. Das Material wurde dem Nebenhoden und verschiedenen Regionen des Eileiters entnommen. Die Fixierung erfolgte in Bouin oder nach Susa. Gefärbt wurden die Schnitte mit HE, Eisenhämatoxylin (Heidenhain) und Mallory-Azan (Heidenhain). Im Eileiter befindet sich die Mehrzahl der mittelkalibrigen Gefäße longitudinal zwischen beiden Muskelschichten angeordnet. Unter ihnen befinden sich jene Arterien, die sich durch ein bes. Verhalten ihrer Tunica muscularis und Tunica adventitia auszeichnen. Das erste bemerkenswerte Detail stellt den geringeren Wert des Verhältnisses Lumen — Tunica muscularis dar. Diese Verminderung geht auf Kosten der Tunica muscularis. Die Gefäße zeigen durch die geringe Entwicklung dieser Muskelschicht einen größeren Durchmesser.

Die Adventitia ist von gleicher Stärke oder stärker als die Tunica muscularis. Die Tunica adventitia besteht aus kollagenen Fibrillen und spez. elastischen Fasern, die vornehmlich tangential angeordnet sind. R. Berg. 1415.

3-64/06-0037 Chanda, R.; Haringhata, West Bengal, Centr. Livestock Res. Stat. The use of milk and blood phosphatase titres to measure thyroid activity. **(Die Verwendung des Milch- und Blut-Phosphatasetiters zur Messung der Schilddrüsenaktivität.)** Indian J. Dairy Sci. **15** (1962) Nr. 4. S. 186-195. — 3 Abb., 3 Tab., 11 Lit.
Die Versuche wurden an Kühen und Büffeln durchgeführt, um die Wirkung einer oralen oder parenteralen Verabreichung verschiedener Mengen von L-Thyroxin auf den Phosphatasegehalt der Milch zu untersuchen. Die Ergebnisse zeigen, wenn die parenterale Dosis zur oralen im Verhältnis 1:16 verwendet wurde, die parenterale Menge etwas besser reagierte als die orale Dosis. Die Reaktion war aber bei beiden Tieren gleich. Im vergleichbaren Stadium der Laktation enthält die Kuhmilch größere Mengen von Phosphatase als Büffelmilch. Andererseits war der Blutphosphatasegehalt bei letzterer größer. Im Gegensatz zur Milchphosphatase war die Serumphosphatase gesteigert durch das Hormon bei beiden Arten. Die Reaktion der Milchphosphatase wurde als Kriterium zur Bestimmung der L-Thyroxinaktivität verwendet. R. Neseni. 1525.

3-64/06-0038 Soliman, F. A., Nasr, H., Abdo, M. S. und Soliman, M. K.; Giza, Egypt. UAR, Fac. of Veterin. Med. Effects of oestradiol and progesterone on FSH and LH contents of the pituitaries and blood of ovariectomized ewes. **(Die Wirkungen von Oestradiol und Progesteron auf den FSH- und LH-Gehalt der Hypophyse und des Blutes ovariektomierter Schafe.)** Experientia [Basel] **19** (1963) Nr. 8. S. 430-431. — 1 Tab., 11 Lit.
Jeweils 2 von insgesamt 8 ovariektomierten 3- bis 4jährigen Osemi-Mutterschafen erhielten an 2 aufeinanderfolgenden Tagen entweder 1 ml Baumwollsamenöl (I), 20 µg Oestradiolbenzoat (ÖB) (**II**), 20 µg ÖB am 1. und 20 µg ÖB + 10 mg Progesteron am 2. Tag (**III**) oder 20 µg ÖB am 1. und 20 µg ÖB + 20 mg Progesteron am 2. Tag (**IV**). Nach der Tötung wurden die Serumgonadotropine mit Aceton und Äther extrahiert und die mittels Aceton getrockneten Hypophysen in einer Salzlösung suspendiert. Der FSH-Gehalt wurde nach der Methode von Brown (1955), der LH-Gehalt nach der von Soliman (1960) an infantilen Mäusen bestimmt. In Gr. **II** wurde kein Unterschied zu den Kontrollen (I) im Gonadotropingehalt von Hypophyse und Serum gefunden. Bei Gr. **III** war der FSH-Spiegel im Blut signifikant erhöht, und Gr. **IV** zeigte einen gesicherten Abfall der FSH-Konzentration in der Hypophyse ohne eine deutliche Veränderung im Blutspiegel. Der LH-Spiegel im Blut war nur bei Gr. **IV** signifikant erhöht. F. Döcke. 1580.

C. GENETIK

3-64/06-0039 Cairns, John. **Die Form und Reduplikation von Desoxyribonucleinsäure (DNS).** Endeavour 22 (1963) Nr. 87. S. 141-145. — 8 Abb., 1 Tab., 19 Lit. 1615.

3-64/06-0040 Langridge, Robert und Gomatos, Peter J. The structure of RNA. **(Die Struktur der RNS.)** Science [Washington] **141** (1963) Nr. 3582. S. 694-698. — 3 Abb., 1 Tab., 13 Lit. 1615.

3-64/06-0041 Bianchi, N. O. und Bianchi, Martha S. A. de. Sex chromatin in the liver of rat embryos. **(Geschlechtschromatin in der Leber von Ratten-Embryonen.)** Exp. Cell Res. **31** (1963) Nr. 1. S. 236-239. — 7 Abb., 1 Tab., 7 Lit. 1615.

3-64/06-0042 Bodmer, W. F. und Parsons, P. A. Linkage and recombination in evolution. **(Kopplung und Rekombination in der Evolution.)** Advances Genetics **11** (1962) S. 1-100. — 5 Abb., 9 Tab., 322 Lit. 1655.

3-64/06-0043 Griffing, B. Prediction formulae for general combining ability selection methods utilizing one or two random-mating populations. **(Vorhersageformeln für Methoden der Selektion auf allgemeine Kombinationseignung bei Gebrauch von ein oder zwei Populationen mit Zufallspaarung.)** Austral. J. biol. Sci. **15** (1962) Nr. 4. S. 650-665. — 10 Lit. 1675.

3-64/06-0044 Wallace, Bruce. Further data on the overdominance of induced mutations. **(Weitere Angaben zur Überdominanz bei induzierten Mutationen.)** Genetics **48** (1963) Nr. 5. S. 633-651. — 8 Tab., 21 Lit. 1680.

3-64/06-0045 Dabczewski, Zbigniew S. The hereditary blood properties in cattle. **(Die erblichen Bluteigenschaften des Rindes.)** Irish veterin. J. **16** (1962) Nr. 8. S. 141-152. — 43 Lit. 1690.

3-64/06-0046 Sellers, K. C. Blood grouping in cattle: proposed new service. **(Blutgruppenbestimmung beim Rind: Vorschlag einer neuen Betreuungsaufgabe.)** Veterin. Rec. **74** (1962) Nr. 33. S. 886-887. 1690.

3-64/06-0047 Ashton, G. C.; Rockhampton, Queensland, Australia, C.S.I.R.O. Polymorphism in the serum post-albumins of cattle. **(Polymorphie der Serum-Postalbumine beim Rind.)** Nature [London] **198** (1963) Nr. 4885. S. 1117-1118. — 1 Abb., 1 Tab., 9 Lit.
Mit der Stärkegelelektrophorese (modifizierter diskontinuierlicher Borat-Elektrolyt, Tris-Citrat-Puffersystem, Horizontaltechnik nach Smithies) wurde eine Polymorphie der Serum-Postalbumine nachgewiesen. 3 Phänotypen wurden gefunden, für deren Zustandekommen 2 Co dominierende Allele Pa^F und Pa^S angenommen werden. Die Phänotypen zeigten in verschiedenen Rassen und Rassenkreuzungen unterschiedliche Häufigkeit.
B. Busch. 1690.

3-64/06-0048 Andresen, E. und Baker, L. N.; Ames, Iowa State Univ. Hemolytic disease in pigs caused by anti-B. **(Durch Anti-Ba hervorgerufener Morbus haemolyticus beim Schwein.)** J. Animal Sci. **22** (1963) Nr. 3. S. 720 bis 725. — 2 Abb., 1 Tab., 20 Lit.
Eine Sau, deren 3 vorhergehende Würfe vom Morbus haemolyticus (M.h.) betroffen waren, wurde von einem Eber gedeckt, der im *B*-System heterozygot *BaBb*, während die Sau homozygot *Bb* war. Der Sau wurde außerdem während der Trächtigkeit Blut des Ebers injiziert. 3 der 7 Ferkel erkrankten unterschiedlich stark an M.h., das Serum der Sau wies gegen ihre Erythrocyten (E.) einen Titer von 1:64-1:128 auf. Die Antikörper in Serum und Colostrum der Sau wurden als anti-*A* und anti-*Ba* identifiziert. Vor dem 1. Säugen waren die E. der Ferkel nicht sensibilisiert, jedoch schon in der Zeit von 2¼-3 Std. nach dem 1. Säugen. Die Sensibilisierung der E. persistierte bei einem Ferkel 14 Tage. In den Seren der Ferkel waren nach dem Säugen Antikörper nachzuweisen. Die klinischen Erscheinungen der Ferkel waren unterschiedlich schwer. Hämoglobin und Hämatokrit zeigten bei den erkrankten Ferkeln einen Abfall nach dem 1. Säugen. B. Busch. 1690.

3-64/06-0049 Stevens, R. W. C.; Davis, Univ. of California. Immunogenetic studies of the red cells of turkey-chicken hybrids. **(Immunogenetische Untersuchungen der Erythrocyten von Puten-Hühnerhybriden.)** Poultry Sci. **42** (1963) Nr. 3. S. 686-691. — 3 Tab., 7 Lit.
An 4 F_1-Hybriden aus der Paarung Beltsville-Small-White-Puten mit Dark-Cornish-Hähnen wurde die Frage des Auftretens von sog. Hybridensubstanzen immunoserologisch untersucht. Bei Kaninchen und Hühnern konnten natürlich vorkommende Antikörper gegen Hybriden- und Puten-Erythrocyten (E.)

nachgewiesen werden, nicht jedoch gegen Hühner-E. Putenserum enthielt weder Antikörper gegen Hühner- noch gegen Hybriden-E. Durch Immunisierung von Kaninchen, Hühnern und Puten mit Hybriden-E. gewonnene Antiseren reagierten gleichartig mit allen E. Durch Absorption mit E. einer Tierart konnten nur die entsprechenden Antikörper entfernt werden. Hybridensubstanzen konnten nicht nachgewiesen werden, da nach Absorption der Antiseren mit E. der Ausgangstiere keine Antikörper mehr nachzuweisen waren. B. Busch. 1690.

3-64/06-0050 Lebedeva, L. I., Osetrova, T. D. und Kerkis, Ju. Ja. Sravnitel'naja radiočustvitel'nost' nasledstvennych struktur kletok mlekopitajuščich in vitro. **(Relative Strahlenempfindlichkeit der vererblichen Zellstruktur bei den Säugetieren in vitro.)** Doklady Akademii nauk SSSR, Moskva **152(31)** (1963) Nr. 5. S. 1225-1226. — 1 Tab., 9 Lit. 1695.

D. FORTPFLANZUNG

3-64/06-0051 Kaemmerer, K. **Über die Wirkung von Tranquilizern auf primäre und sekundäre Geschlechtsfunktionen (am Modell des Propionylpromazins). 1. Mitt. Sexualverhalten, weibliche und männliche Genitalien.** Zuchthyg., Fortpflanzungsstör. Besam. Haustiere **6** (1962) Nr. 5. S. 272-284. — 5 Abb., 6 Tab., 32 Lit.
Tiere, die vor der Propionylpromazin-Applikation aufgeregt waren, sprachen schlechter auf das Medikament an. Die Beeinflussung des Geschlechtstriebes war eindeutig dosisabhängig. Aufgezählt werden die Beobachtungen, wie sie am Bullen bei der üblichen Dosierung von 0,3-0,4 mg/kg Lgw. auftraten und solche, wie sie bei Hunden beiderlei Geschlechts bei 0,3 mg/kg Lgw. bei i.m.-Applikation festgestellt werden konnten. Bei der Beschreibung des Einflusses auf den Genitaltrakt wird hervorgehoben, daß es nach 1-1,5 Std. p.i. von 0,3 mg/kg Combelen außer zur allg. Beruhigung auch zur deutlichen Relaxierung des hinteren Darmendes kam. Abschließend wird festgestellt, daß Propionylpromazin, das im Experiment Gewöhnungserscheinungen erkennen ließ, in Abhängigkeit von der Dosis das Sexualverhalten durch allg. Erregungsdämpfung beeinflußte. Chr. Garlt. 1750.

3-64/06-0052 Joubert, D. M.; Pretoria, Univ., Fac. of Agric., Agric. Res. Inst. Puberty in female farm animals. **(Die Pubertät beim weiblichen Haustier.)** Animal Breeding Abstr. **31** (1963) Nr. 3. S. 295-306. — 5 Tab., 74 Lit.
In einem Übersichtsreferat definiert Vf. die Pubertät mit Crew (1931) als den Zeitpunkt, an dem der erste Oestrus beobachtet wird. Unter Berücksichtigung einer umfangreichen Literatur faßt er zunächst die Angaben über das Pubertätsalter beim weibl. Rind, Schaf, Schwein und bei der Stute zusammen und beschäftigt sich ferner mit den verschiedenen genetischen und exogenen Faktoren, die den Zeitpunkt des ersten Oestrus beeinflussen. Bei den europäischen Rinderrassen tritt dieser i. allg. zwischen dem 200. und 600. Lebenstag auf, beim Schaf zwischen 180 und mehr als 400 Tagen, bei der Sau um den 200. Tag und bei der Stute zwischen dem 16. und 18. Mon. Der Gewichtszuwachs ist um die Zeit der Pubertät am stärksten, da die Phase des schnellen Wachstums abgeschlossen ist und die des verlangsamten noch nicht begonnen hat. Je nach der Rinderrasse beträgt das Lgw. im Mon. der Pubertät ca. 270-750 lb., beim Schaf 60-90 lb. und bei der Sau 190-250 lb. Auch hier wird die Beeinflussung durch endo- und exogene Faktoren kurz diskutiert. F. Döcke. 1762.

3-64/06-0053 Semakov, V. G. und Gorochov, L. N. PH cervikal'novlagališčnogo sekreta korov. **(Das pH des cervikal-vaginalen Sekrets der Kühe.)** Trudy Vsesojusnogo naučno-issledovatel'skogo instituta životnovodstva, Moskva **24** (1962) S. 332-335. — 3 Tab., 5 Lit. 1764.

3-64/06-0054 Döcke, F. und Worch, H. **Untersuchungen über die Uterusmotilität und die Paarungsreaktionen der Sau.** Zuchthyg., Fortpflanzungsstör. Besam. Haustiere **7** (1963) Nr. 3/4. S. 169-178. — 7 Abb., 24 Lit.
Mit Hilfe eines Kymographen-Gummiballsystems wurden bei 26 Sauen Kontraktionserscheinungen des Genitaltraktes während der einzelnen Stadien des Sexualzyklus und unter Anwendung verschiedener Paarungsmethoden untersucht. Es wird festgestellt, daß periodische Kontraktionen bei Oestrogendominanz mit Maximum im Oestrus auftreten, während in der Gelbkörperphase nur geringe oder keine Aktivität feststellbar ist. Bei der Anwendung verschiedener Paarungsmethoden hat die Besamung im Zwangsstand die geringsten Reaktionen zur Folge, während die Besamung bei Gegenwart eines Ebers und ohne Fixation der Sau von intensiveren Kontraktionen des Uterus begleitet wird. Der höchste Effekt setzt beim natürlichen Deckakt ein. Bei Anwendung der KB empfehlen Vff., das Tier unfixiert unter Zuhilfenahme zusätzlicher Stimulation (Clitorismassage) zu besamen.
I. Tschinkel. 1764.

3-64/06-0055 Labhsetwar, Anant P., Tyler, W. J. und Casida, L. E.; Madison, Univ. of Wisconsin. Genetic and environmental factors affecting quiet ovulations in Holstein cattle. **(Genetische und Umweltfaktoren, die das Auftreten von stillen Ovulationen beim Holstein-Rind beeinflussen.)** J. Dairy Sci. **46** (1963) Nr. 8. S. 843-845. — 3 Tab., 9 Lit.
728 Rinder ohne Ovarialzysten wurden vom 13. Lebensmonat bzw. vom 14. Tag nach dem Abkalben an wöchentl. rectal auf Ovulationen untersucht, wobei die Brunstfeststellung nach der in einer früheren Arbeit (Kidder, H.E. e.a. vgl. J. Dairy Sci. **35** [1952] S. 436.) beschriebenen Methodik erfolgte. Alle an Hand eines frischen Gelbkörpers ermittelten Ovulationen ohne Brunst wurden als stille bezeichnet. Von 3076 Ovulationen traten 23,7 % ohne Brunst auf. Ihr Anteil wurde durch die Bullenlinie und die Jahreszeit signifikant beeinflußt, da mehr stille Ovulationen zwischen dem 1. März und 31. Aug. als zwischen dem 1. Sept. und 28. Februar festgestellt wurden. Inzucht übte keinen deutlichen Einfluß aus. Eine hoch signifikante negative Korrelation bestand zwischen dem Auftreten von stillen Ovulationen und dem Zeitraum, der nach dem Abkalben bei Kühen oder nach dem 12. Lebensmonat bei Färsen vergangen war. Innerhalb der Tiere wurde eine niedrige, aber hoch gesicherte Wiederholbarkeit von 0,04 gefunden. F. Döcke. 1765.

3-64/06-0056 Lamond, D. R.; Armidale, New South Wales, C.S.I.R.O. The effect of nutritive status on oesterus, ovulation, and Graafian follicles in Merino ewes. **(Der Einfluß des Ernährungsstatus auf Oestrus, Ovulation und auf die Graaf'schen Follikel des Merinoschafes.)** Austral. J. agric. Res. **14** (1963) Nr. 4. S. 483-491. — 3 Abb., 4 Tab., 11 Lit.
64 Merinoschafe im Gewicht von 80-90 lb., deren Lämmer vor 2 Wochen abgesetzt worden waren, wurden nach dem Weideabtrieb entweder so ernährt, daß sie innerhalb von 3 Wochen 12 lb. abnahmen und dann ein konstantes Lgw. hielten (Gr. 1), oder daß sie ihr Abtriebsgewicht hielten (Gr. 2 und 3) bzw. nach 4 Wochen begannen abzunehmen (Gr. 2). Nach 6 Wochen wurde die Hälfte der Tiere auf eine stark reduzierte und die andere Hälfte auf eine etwas reduzierte Fütterung gesetzt. Alle Tiere erhielten am Ende der 1. Versuchsperiode 10 oder 20 mg Progesteron (I) i.m. jeden 2. Tag über 12 Tage und die Hälfte der Schafe zusätzlich 1500 IE PMS (II) s.c. 26 Std. nach der letzten I-Injektion appliziert. Folgende Ergebnisse wurden erzielt: Der Zeitraum zwischen letzter I-Injektion und Brunsteintritt betrug ca. 80 Std. in der 1., 74 Std. in der 2. und 71 Std. in der 3. Gruppe. Die reduzierte Ernährung rief also einen signifikant verzögerten Brunsteintritt hervor, wobei eine deutliche Beziehung zwischen Lgw. und Brunsteintritt bestand. Durch die II-Behandlung wurde der Zeitraum bes. in der 1. und 2. Gruppe deutlich verkürzt. Die

Zahl der Ovulationen betrug ca. 1,2; 1,1 und 1,0 ohne und 3,0; 3,0 und 3,0 mit II-Behandlung. Die Verabreichung von 10 oder 20 mg I bewirkte keine signifikanten Unterschiede. Zwischen dem induzierten und dem 1. normalen Oestrus vergingen durchschnittl. 19,2 ± 3,6 Tage. F. Döcke. 1765.

3-64/06-0057 Palludan, Birthe. Vitamin A deficiency and its effect on the sexual organs of the boar. **(Vitamin-A-Mangel und seine Wirkung auf die Geschlechtsorgane des Ebers.)** Acta Veterin. scand. **4** (1963) Nr. 2. S. 136 bis 155. — 11 Abb., 3 Tab., 18 Lit.
Unzureichende Ernährung, namentlich Vitaminmangel, wurde als Grund für die herabgesetzte Fertilität bei mehreren Säugern nachgewiesen. In der vorliegenden Arbeit wird diesem Problem bei Ebern nachgegangen. — Im Versuch wurden 4 Ferkel (Dänische Landrasse) von der 10. bzw. 12. Lebenswoche an Vitamin-A-frei ernährt, 3 Tiere dienten der Kontrolle. — Bei den Tieren der Vitamin-A-Mangeldiät betrug das Gewicht der Hoden nur die Hälfte oder nur ein Drittel des normalen Gewichtes. Die Hoden wiesen Atrophie der Tubuli, gehemmte Spermatogenese und Metaplasie des Epithels der Ductuli efferentes auf. Die Prostata dieser Eber beinhaltete zahlreiche Konkremente, sonst aber waren die sekundären Geschlechtsdrüsen ohne bes. Befund. Einer der Versuchseber wurde (10 Mon. alt) einer Hodenbiopsie unterworfen, deren histol. Untersuchung die typische Hodenatrophie ergab. Nach verabfolgter Vitamin-A-Zufuhr zeigte (2 Mon. später) eine erneute Hodenprobe bereits eine Proliferation des Keimepithels, und nach der Tötung des Tieres im Alter von 13 Mon. war das Tubuli-Epithel beinahe normal. — 2 Eber der Vitamin-Mangel-Reihe zeigten m.o.w. charakteristische Symptome der Avitaminose, die beiden anderen Tiere waren klinisch normal; das ist insofern für die Praxis von Bedeutung, als eine klinische Untersuchung allein oft nicht den Grund für eine fehlende Samenproduktion anzugeben vermag. — Es werden 2 Möglichkeiten der Verursachung der Hodenveränderung durch Avitaminosen diskutiert: 1. Wirkung des Vitamin-A-Mangels auf die Sekretfunktion der endokrinen Organe oder 2. eine direkte Beeinflussung des spermatogenen Epithels. Vf. neigt zur 2. Version. H. Freye. 1771.

3-64/06-0058 Amann, Rupert P. Reproductive capacity of dairy bulls. III. The effect of ejaculation frequency, unilateral vasectomy, and age on spermatogenesis. **(Die Fortpflanzungsleistung von Bullen. 3. Mitt. Die Wirkung der Absamungshäufigkeit, einseitiger Vasektomie und des Alters auf die Spermiogenese.)** Amer. J. Anatomy **110** (1962) Nr. 1. S. 49-67. — 13 Abb., 9 Tab., 39 Lit. 2. Mitt. vgl. LZ. Abt. III **7** (1962) Nr. 11. S. 2241.
Bei 9 dreijährigen einseitig vasektomierten und 5 älteren normalen Bullen wurde die Wirkung der Ejakulationsfrequenz und der tägl. Spermienabgabe auf Feinstruktur der Hoden und Spermiogenese bei geschlechtlicher Untätigkeit bzw. geschlechtlich unterschiedlicher Beanspruchung geprüft. Die durchschnittl. tägl. Spermienabgabe belief sich bei den unilateral vasektomierten Jungbullen bei 8maliger wöchentl. Absamung auf je 2,17 Md., bei 2maliger wöchentl. Absamung auf 1,43 Md. Ältere Bullen, die wöchentl. 6- bis 8mal abgesamt worden waren, hatten einen tägl. Spermienausstoß von durchschnittl. 5,75 Md. — Durch histol. Untersuchung der Hoden konnte festgestellt werden, daß bei Jungbullen 77%, bei Altbullen 73% des Hodenvolumens auf die Samenkanälchen entfallen. Der Zyklus des germinativen Epithels wird in 8 Stadien, die im einzelnen genau beschrieben werden, eingeteilt. Im Endergebnis der Untersuchungen wird festgestellt, daß die Feinstruktur der Hoden und die Spermiogenese weder von der Ejakulationsfrequenz noch von der Anzahl der abgegebenen Spermien und durch Vasektomie beeinträchtigt werden. W. Rommel. 1775.

3-64/06-0059 Amann, Rupert P. Reproductive capacity of dairy bulls. IV. Spermatogenesis and testicular germ cell degeneration. **(Die Fortpflan-**

zungsleistung von Bullen. 4. Mitt. Spermiogenese und Degeneration des germinativen Hodenepithels.) Amer. J. Anatomy **110** (1962) Nr. 1. S. 69-78. – 4 Abb., 2 Tab., 18 Lit. 3. Mitt. vgl. vorst. Ref.

Die Untersuchungen erfolgten an 8 Hoden von 5- bis 9jährigen und 9 Hoden von 3jährigen Bullen. Bei den älteren Bullen war die Zahl der Spermiogonien größer als bei den jüngeren. Die Spermiogenese, die in 8 Stadien eingeteilt wird, vollzog sich bei allen Altersklassen gleichmäßig. Die degenerativen Prozesse am germinativen Epithel waren bei den jüngeren Bullen wesentlich geringer als bei den älteren. Zellverluste konnten zu etwa gleichen Anteilen bei der Vermehrung der Spermiogonien, bei den in der Prophase befindlichen Spermiocyten I. Ordnung und während der Meiose beobachtet werden. Bei Spermiden waren keine nennenswerten Verluste festzustellen.

W. Rommel. 1775.

3-64/06-0060 Zeeb, Klaus und Kleinschmidt, Adolf. **Beobachtungen zum Paarungsverhalten von Grévyzebras in Gefangenschaft.** Z. Tierpsychol. **20** (1963) Nr. 2. S. 207-214. – 6 Abb., 21 Lit. 1780.

3-64/06-0061 Stott, G. H. Female and breed associated with seasonal fertility variation in dairy cattle. **(Die durch das weibliche Geschlecht und die Rasse bedingten jahreszeitlichen Fruchtbarkeitsschwankungen bei Milchrindern.)** J. Dairy Sci. **44** (1961) Nr. 9. S. 1698-1699.

Die jahreszeitlichen Schwankungen des Befruchtungserfolges wurden an Hand der Zuchtbuchunterlagen von Milchtieren in Arizona untersucht, die mit aus 3 verschiedenen Klimazonen stammendem Sperma besamt wurden. Als Vergleichsmaßstab dienten die Befruchtungsergebnisse von Kühen außerhalb Arizonas, die mit dem Sperma aus einer der 3 o. a. Klimazonen befruchtet waren. 2mal im Jahre kam es aus jahreszeitlichen Gründen zu einer Minderung der Befruchtungsleistung. Im Mittel aller untersuchten Rassen (Jersey, Holstein-Friesian, Guernsey) fiel die Befruchtungsrate um 3,4% während der Winterzeit und um 12,4% in den heißen Sommermonaten. Daraus ist ersichtlich, das die weibl. Tiere an der Fruchtbarkeitsminderung im Sommer überwiegend beteiligt sind und daß 1. die Senkung der Fruchtbarkeitsrate bei Anwendung von Sperma aller Herkünfte vergleichbar, d. h. übereinstimmend war, 2. bei Kühen außerhalb Arizonas bei Verwendung des gleichen Spermas in der gleichen Zeitspanne im Sommer im Gegensatz zu den Kühen in Arizona günstige Befruchtungsergebnisse erzielt wurden. Auch rassenbedingte Fruchtbarkeitsunterschiede wurden gefunden. Bei den Jerseys trat im Sommer keine so bedeutende Fruchtbarkeitsminderung ein wie bei den Guernseys und den Holsteins. Bei den Guernseys lag das Befruchtungsminimum im Winter, während bei den Holsteins zwar eine signifikante, aber nicht ganz so beträchtliche Minderung der Fruchtbarkeit zu verzeichnen war. H. Busse. 1792.

3-64/06-0062 Perkins, J. L. und Kidder, H. E.; Morgantown, West Virginia Univ. Relation of uterine involution and postpartum interval to reproductive efficiency in beef cattle. **(Beziehung zwischen der Uterusinvolution sowie dem Intervall nach dem Kalben zur Fortpflanzungsleistung bei Fleischrindern.)** J. Animal Sci. **22** (1963) Nr. 2. S. 313-315. – 1 Tab., 6 Lit.

Die bei 255 Abkalbungs-/Bedeckungsfällen durch rectale Untersuchung ermittelte Uterus-Involution unterschiedlichen Grades hatte keinen Einfluß auf die Konzeptionsrate. Letztere stieg jedoch proportional mit der Länge des Intervalls zwischen Kalbung und Bedeckung. Die besten Ergebnisse wurden ab 79. Tag p.p. erzielt (signifikant). J. Bergfeld. 1792.

3-64/06-0063 Rommel, W. **Beziehungen zwischen Brunstzyklus und bakterieller Infektion im Genitale des Rindes.** Mh. Veterinärmed. **18** (1963) Sonderh. Nr. 1. S. 18-23. – 5 Abb., 3 Tab., 23 Lit. 1797.

3-64/06-0064 Jaškowski, L. B.; Bydgoszcz, Inst. für Veterinärmed. **Akklimatisation und Sterilität der Haustiere.** Zuchthyg., Fortpflanzungsstör. Besam. Haustiere **7** (1963) Nr. 3/4. S. 205-213. — 4 Tab., 27 Lit.
Vf. gibt zunächst eine Schrifttumsübersicht über die Fruchtbarkeitsstörungen, die bei Haustieren nach Verbringen in veränderte Umweltverhältnisse beobachtet wurden. Er beschreibt dann, vergleichend mit den Ergebnissen anderer Forscher, Untersuchungen, die von ihm an Importbullen durchgeführt wurden. Es zeigten sich ein Abfall der Spermienmotilität und ein Anstieg im Prozentsatz der anormalen Spermien. Nach ca. 90 Tagen hatten beide Werte wieder das Ausgangsniveau erreicht. Für einen Stress durch den Transport spricht die Beobachtung, daß die Schädigungen bei im Sommer importierten Bullen stärker ausgeprägt waren als bei Herbstimporten. Hinzu kommt wahrscheinlich die psychische Depression infolge der neuen Umwelt. Bestimmend für das Ausmaß der Spermienschädigungen ist ferner die individuelle funktionelle Leistungsfähigkeit des Organismus, die deutliche Unterschiede zwischen den Bullen zeigt und neurohormonal bedingt ist. Der Übergang von besseren in ungünstigere Umweltbedingungen kann darüber hinaus die Ursache einer längerdauernden Herabsetzung der Fruchtbarkeit sein. Die genannten Faktoren werden auch für das weibl. Rind diskutiert. F. Döcke. 1798.

3-64/06-0065 Weidlich, N. **Unfruchtbarkeit beim Bullen infolge tuberkuloseähnlicher chromatischer Hodenentzündung.** Dtsch. tierärztl. Wschr. **70** (1963) Nr. 10. S. 268-270. — 3 Abb.
In der Zeit von 1957-62 wurden im staatlichen Veterinäruntersuchungsamt Arnsberg die Hodenpaare von 7 wegen chronischer Sterilität geschlachteter Bullen (Rotbuntes und Schwarzbuntes Niederungsvieh, Alter 2-4 Jahre) untersucht. Nach anfänglich zufriedenstellenden Deckerfolgen wurde bei den Bullen während der letzten 3-6 Mon. vor der Schlachtung zunehmende bis völlige Befruchtungsunfähigkeit bei meist gleichbleibender Libido festgestellt. Die Hoden waren nicht schmerzempfindlich und ließen eine unterschiedlich ausgeprägte Konsistenzvermehrung (derb-elastisch bis derb) erkennen. Die Ejakulate zeigten bei negativem oder unspezifischem bakteriol. Befund hochgradige Oligospermie oder Azoospermie. Die bakteriol. Untersuchung der Hoden fiel in allen Fällen negativ aus. Tuberkelbakterien konnten weder kulturell noch im Tierversuch nachgewiesen werden. Die beschriebenen Hodenbefunde gleichen weitgehend den von Conradi, Fischer und Köhler in Thüringen beobachteten chronischen Hodenveränderungen, deren Aetiologie noch ungeklärt ist. J. Wollrab. 1798.

3-64/06-0066 Labhsetwar, Anant P., Tyler, W. J. und Casida, L. E.; Madison, Univ. of Wisconsin. Analysis of variation on some factors affecting multiple ovulations in Holstein cattle. **(Analyse der Variation einiger Faktoren, die das Auftreten von Superovulationen beim Holstein-Rind beeinflussen.)** J. Dairy Sci. **46** (1963) Nr. 8. S. 840-842. — 3 Tab., 12 Lit.
Innerhalb von 10 Jahren wurden in einer Holstein-Herde 3549 Ovulationen bei 790 Rindern mittels Rectaluntersuchung beurteilt. Die Untersuchungen erfolgten über jeweils 90 Tage im Zeitraum zwischen dem Alter von 12 Mon. und der 1. Geburt sowie nach der 1. und 2. Geburt. Ovarien, die Follikel mit einem Dmr. von mehr als 25 mm enthielten, wurden als zystisch angesehen. Eine Superovulation (SO) wurde dann angenommen, wenn 2 oder mehr etwa gleichgroße Gelbkörper palpiert wurden. Bei 728 Tieren ohne Zysten wurden 4,2% und bei 62 Rindern mit Zysten 12,9% SO festgestellt. Der Anteil der Tiere mit einer oder mehr SO betrug 14 bzw. 50%. Mit zunehmendem Alter der Tiere stieg der Anteil der SO von 2,9 über 3,7 auf 5,9% an. Bei ingezüchteten Rindern wurden signifikant mehr SO gefunden. Dagegen ließ sich kein gesicherter Einfluß der Bullenlinien ermitteln. Die Wiederholbarkeit der SO innerhalb der Kühe wurde mit 0,07 ($P < 0,01$) berechnet. F. Döcke. 1812.

3-64/06-0067 Sato, Akiko. Induction of superovulation and pregnancy in mature and immature rats by the application of gonadotrophins. **(Herbeiführung einer Superovulation und Trächtigkeit bei erwachsenen und juvenilen Ratten durch Verabreichung von Gonadotropinen.)** Jap. J. Genetics **37** (1962) Nr. 3. S. 253-259. — 6 Abb., 2 Tab., 9 Lit. Orig.: jap., Ausz.: engl.
60 Tage alte virginelle Wistar/Mk-Rattenweibchen wurden mit 20, 40, 80 oder 100 IE PMS und HCG behandelt und anschließend gepaart. Während die verschiedenen Hormondosen keinen Einfluß auf den Anteil gedeckter Weibchen ausübten, lag die Zahl der ovulierten Eizellen nach 40 IE PMS und HCG signifikant höher als nach den anderen Dosen. Die befruchteten Eizellen wiesen normale Entwicklungsstadien auf. Von 79 gedeckten Weibchen waren aber nur 15 tragend, von denen 6 Tiere ⌀ 7,3 Junge warfen. Bei 35 Tage alten Weibchen konnten nach Behandlung mit 20 IE PMS und HCG weder Paarungen beobachtet noch Eizellen aus den Tuben gewonnen werden.
F. Döcke. 1812.

3-64/06-0068 Butarin, N. S. Nekotorye itogi opytov po otdalennoj gibridizacii životnych v Kazachstane. **(Einige Resultate der Versuche über die entfernte Hybridisation von Tieren in Kasachstan.)** Trudy soveščanija po otdalennoj gibridizacii rastenij i životnych. Sbornik dokladov. Otdalennaja gibridizacija rastenij i životnych, Moskva **1960** S. 414-415.
In Kasachstan liefen Versuche zur Bastardierung von wilden Bergschafböcken (Archar, *Ovis ammon bochariensis*) mit feinwolligen Hausschafen, mittelasiatischen Wild-Keilern mit Hausschweinen und wilden Bergziegen-Böcken (Sibirische Hornziege) mit Hausziegen. Aus den Schafkreuzungen wurde eine neue Rasse, das Kasachische Archar-Merino, als bodenständiges Schaf gezüchtet. Es eignet sich für Haltung im Hochgebirge und zeigt eine gute Wollproduktion von 4,49 kg bei 53% Rendement. Die Fruchtbarkeit liegt bei 130 Lämmern je 100 Muttern, das Lgw. der Muttern bei 67 kg. In Kasachstan werden bereits über 240000 Archar-Merinos gehalten. Ähnliche Erfolge sagt Vf. der Kreuzung mit dem Wildschwein nach. W. Sommerfeld. 1820.

3-64/06-0069 Novikov, I. I.; Leningrad, Shdanow-Univ. Osobennosti spermatogeneza u otdalennych gibridov mlekopitajuščich. **(Besonderheiten der Spermatogenese bei entfernten Säugetierbastarden.)** Trudy soveščanija po otdalennoj gibridizacii rastenij i životnych. Sbornik dokladov. Otdalennaja gibridizacija rastenij i životnych, Moskva **1960** S. 448-460. — 4 Abb.
Vf. berichtet über die Untersuchungen der Spermatogenese folgender Bastarde: 1. Merino × Mufflon, 2. Hausrind × Zebu, 3. Hausrind × Banteng, 4. Zebu × Banteng, 5. Dromedar × Kamel, 6. Maultier, 7. Pferd × Kulan, 8. Esel × Kulan. Davon waren 1., 2. und 5. fruchtbar, 3., 4., 6., 7. und 8. unfruchtbar. Histo-cytologische Untersuchungen der Hoden von Bastarden erwiesen bei den fruchtbaren Bastarden eine ähnliche Spermatogenese wie bei unbastardierten Tieren. Bei den unfruchtbaren Bastarden waren deutliche Störungen der Spermatogenese erkennbar: Verödung der Samenkanäle, starkes Vorkommen degenerierter Zellen, Zerfall des spermatogenen Epithels u. a. Als einer der Gründe für die Sterilität wird die untypische Ausbildung der Spermatocyten angesehen. Zwischen bivalenten Formen werden auch univalente gefunden. Als Beispiel unpassender Chromosomensätze wird der Bastard von Karpfen (n = 52) und Karausche (n = 47) angeführt, bei dem der volle Chromosomensatz (2 n) 99 beträgt. Die männl. Bastarde dieser Kreuzung sind sämtlich unfruchtbar. W. Sommerfeld. 1820.

3-64/06-0070 Giginejšvili, N. S. Gibridizacija serych karakul'skich ovec s dikim baranom. **(Die Kreuzung grauer Karakulschafe mit einem Wildschaf-Bock.)** Trudy soveščanija po otdalennoj gibridizacii rastenij i životnych. Sbornik dokladov. Otdalennaja gibridizacija rastenij i životnych, Moskva **1960** S. 429-442. — 3 Abb., 10 Tab.

Die Zucht wenig pigmentierter Karakuls leidet unter der geringen Lebensfähigkeit der Lämmer. Alle bekannten Methoden der Vitalitätserhöhung waren wenig wirksam. Es wurde versucht, durch die Kreuzung mit einem Archar-Bock (*Ovis ammon bochariensis*) die ungenügenden inneren Eigenschaften zu verbessern. Die Lämmer der I. Generation waren sehr anfällig gegen Infektionskrankheiten. In der III. Generation ($^1/_8$ Archar) verringerten sich die Verluste. Bei der Kreuzung traten einige neuartige Färbungen auf, die von praktischer Bedeutung sein könnten. Vf. vertritt die Ansicht, daß mit Hilfe des Archars eine Verbesserung der Vitalität bei grauen Karakuls bei gleichbleibender Fellqualität erreicht werden kann.
W. Sommerfeld. 1820.

3-64/06-0071 Rapp, K. **Hybridisation in der Geflügelzucht.** Tierzüchter **14** (1963) Nr. 23. S. 847-849. 1820.

3-64/06-0072 Schilling, E. und Holm, W.; Mariensee/Trenthorst, Max-Planck-Inst. für Tierzucht; Berlin-Dahlem, Univ.-Tierklin. für Geburtshilfe und Klauentierkrankh. **Experimentelle Untersuchungen zur hormoninduzierten Zwillingsträchtigkeit beim Rind.** Zuchthyg., Fortpflanzungsstör. Besam. Haustiere **7** (1963) Nr. 3/4. S. 179-204. — 2 Abb., 5 Tab.

Durch Behandlung mit Sexualhormonen wurde versucht, in die hormonelle Zyklusregulation einzugreifen und die Eizahlen und auch die Anzahl der Nachkommen bei der Geburt zu vermehren. Nach 3 unbefriedigenden Vorversuchen mit Hormonbehandlungen an 36 Kühen und Rindern erhielten die 11 Tiere der 4. Versuchsgruppe am 4. Tag nach der Brunst 1000-1500 IE PMS und am 17./18. Tag, zeitgleich mit der Enukleation, eine 2. Injektion von 2000 IE PMS. Zusätzlich wurden 4000 IE LH verabreicht. Mit 4 Zwillings- und 4 Drillingsovulationen entspricht das Ergebnis der Zielsetzung dieser Arbeit. Außerdem waren die Eier fast alle befruchtet. Anzahl und Größe der nicht ovulierten Follikel auf den Ovarien waren in dieser Versuchsgruppe nicht anomal verändert. Es wäre verfrüht, für die Praxis schon Empfehlungen zur hormoninduzierten Zwillingsträchtigkeit beim Rind zu geben, da die große Variabilität in den Eizahlen, die fehlende Synchronisation der Reifungsprozesse auf dem Ovar, die zu geringen Kenntnisse über die Wachstumsvorgänge hormoninduzierter Follikel, die ungeklärten Wirkungen des Luteinisierungshormons für den Ovulationserfolg, die Schwierigkeiten der hohen Eiverluste und der hohen Embryonensterblichkeit und weitere Probleme dem vorerst entgegenstehen. G. Koriath. 1830.

3-64/06-0073 Rapić, S. und Ilijaš, B. **Röntgendiagnostik der Trächtigkeit bei den Haustieren.** Veterin. Arh. [Zagreb] **33** (1963) Nr. 5/6. S. 151-157. — 24 Lit. Zus. in Engl., Jugosl. 1830.

3-64/06-0074 Desclin, L. und Carpent, G. A propos du mécanisme de l'implantation différée résultant de la lactation chez le rat. **(Der auf der Laktation beruhende Wirkungsmechanismus verschiedener Implantationen bei der Ratte.)** Ann. d'Endocrinol. [Paris] **24** (1963) Nr. 1. S. 136-139. — 12 Lit. Zus. in Engl.

Bei Ratten, denen am ersten Tage der Trächtigkeit eine Hypophyse in die Nierenkapsel transplantiert wurde, kam es zum normalen Zeitpunkt zur Eiimplantation. Das von dem Hypophysenimplantat in großen Mengen abgeschiedene Prolaktin vermag die Implantation nicht zu verzögern. Die experimentellen Befunde sprechen dafür, daß die während der Laktation infolge der Belastung der Milchdrüse am Eierstock zu beobachtenden physiol. Veränderungen nicht auf einer Freisetzung des Prolaktines, sondern wahrscheinlich auf einer verringerten gonadotropen Aktivität der Hypophyse beruhen. H. Busse. 1830

3-64/06-0075 Källén, Bengt und Valmin, Klas. DNA synthesis in the embryonic chick central nervous system. **(DNS-Synthese im Zentralnervensystem des Kükenembryos.)** Z. Zellforsch. mikroskop. Anatom. **60** (1963) Nr. 4. S. 491-496. — 8 Abb., 12 Lit. 1840.

3-64/06-0076 Lerner, A. Martin, Bell, Eugene und Darnell jun., James E. Ribosomal RNA in the developing chick embryo. **(Ribosomen-RNS im Kükenembryo während der Entwicklung.)** Science [Washington] **141** (1963) Nr. 3586. S. 1187-1188. — 2 Abb., 1 Tab., 12 Lit. 1840.

3-64/06-0077 Day, B. N., Romack, F. E. und Lasley, J. F.; Columbia, Missouri Agric. Exp. Stat. Influence of progesterone-estrogen implants on early embryonic mortality in swine. **(Die Wirkung von Progesteron-Oestrogen-implantaten auf die embryonale Frühmortalität beim Schwein.)** J. Animal Sci. 22 (1963) Nr. 3. S. 637-639. — 2 Tab., 7 Lit.

Insgesamt 132 Poland-China-Sauen im Alter von 1-3 Jahren wurden am 1. oder 1. und 2. Tag des mittels Sucheber festgestellten Oestrus gedeckt und erhielten im 1. Versuch am 11. Trächtigkeitstag 100 mg Progesteroncaproat (**I**) und 50 μg Oestradiolbenzoat (**II**) pro 100 lb. Lgw. in Pastenform s.c. am Ohrgrund implantiert. Im 2. Versuch wurden den Sauen 500 mg **I** und 250 μg **II** und den Jungsauen 400 mg **I** sowie 200 μg **II** am 7. Trächtigkeitstag implantiert. 24-48 Std. vor der am 23.-28. Trächtigkeitstag erfolgenden Schlachtung wurden die Implantate entfernt. Nach der Schlachtung wurden die Zahl der Gelbkörper am Ovar und der lebenden Embryonen bestimmt. Im 1. Versuch hatten die Jungsauen 8,5 und die Altsauen 11,0 lebende Embryonen gegenüber 8,0 und 11,0 bei unbehandelten Kontrollen. Das waren 82 und 73 bzw. 79 und 67% der gefundenen Gelbkörper. Auch im 2. Versuch bestand in beiden Werten kein signifikanter Unterschied zwischen den Versuchs-und Kontrolltieren. F. Döcke. 1844.

3-64/06-0078 Dutt, R. H.; Lexington, Kentucky Agric. Exp. Stat. Critical period for early embryo mortality in ewes exposed to high ambient temperature. **(Die kritische Periode für die embryonale Frühmortalität bei Schafen, die einer hohen Umgebungstemperatur ausgesetzt wurden.)** J. Animal Sci. 22 (1963) Nr. 3. S. 713-719. — 2 Abb., 3 Tab., 15 Lit.

In 2 Versuchen wurden insgesamt 120 schwarzköpfige Kreuzungsschafe am Nachmittag des 1. Brunsttages mit 0,5 ml frischem Sperma besamt. Im 1. Versuch wurden je 20 oder 10 Schafe vom Tag der KB (**I**), vom 3. (**II**) und vom 5. (**III**) Tag danach bis zum Umbocken bzw. bis zum 24. Trächtigkeitstag in einem Wärmeraum bei 90 ± 2 °F und 60–65% Feuchtigkeit gehalten, im 2. Versuch vom 1. (**IV**), 3. und 5. Tag nach der KB ab. 40 Tiere dienten als Kontrolle, von denen die Hälfte, ebenso wie die Hälfte Tiere der 1. Versuchsgruppe in beiden Versuchen, am 3. Tag nach der Besamung geschlachtet wurde. Folgende Ergebnisse wurden erzielt: Durch das Verbringen in den Wärmeraum am Tag der KB wurde der Anteil befruchteter Eizellen nicht signifikant gesenkt. Dagegen stiegen der Anteil morphol. abnormaler Eizellen von 3,7% bei den Kontrollen auf 46,2% (**I**) und 30,8% (**IV**) und der Prozentsatz der embryonalen Mortalität von 19,2% bei den Kontrollen auf 61,5–100% bei den Versuchstieren an, wobei die Gr. **I** und **IV** bes. hoch lagen. Bei den Kontrollen lammten 85% der Tiere, bei **I** und **IV** 10%, bei **II** 35 und bei **III** 40%. Als Wirkungsmechanismus für den schädigenden Einfluß der Wärme auf die Fruchtbarkeit wird eine Störung der Nebennierenrindenfunktion diskutiert. F. Döcke. 1844.

3-64/06-0079 Schaetz, F. **Das Verhalten der Hinterextremitäten der Frucht vor und während der Geburt in Vorderendlage bei den großen Haustieren.** Mh. Veterinärmed. 18 (1963) Sonderh. Nr. 1. S. 2-5. — 10 Abb. 1850.

3-64/06-0080 Anonym. Les méthodes de mesure de la production du lait. **(Die Methoden der Milchleistungsprüfung.)** Ann. Nutrit. Alimentat. [Paris] **17** (1963) Nr. 3. Mém. orig. S. 37–71. – 2 Abb., 5 Tab. 1860.

3-64/06-0081 Marx, G. D. und Caruolo, E. V. Method of biopsy the mammary gland of cows and goats. **(Euterbiopsie bei Kühen und Ziegen.)** J. Dairy Sci. **46** (1963) Nr. 6. S. 576–579. – 4 Abb., 6 Lit. 1862.

3-64/06-0082 Jakovac, M. und Rapić, S. Mamografija u ovce. **(Euterdruckmessung beim Schaf.)** Veterin. Arh. [Zagreb] **33** (1963) Nr. 5/6. S. 115–120. – 5 Abb., 31. Lit. Zus. in Engl., Dtsch. 1862.

3-64/06-0083 Kitts, W. D., Merriman, M. und Berry, J. C. Studies on the intramammary pressure of dairy cows. **(Untersuchungen über den Intramammärdruck von Milchkühen.)** Canad. J. Animal Sci. **43** (1963) Nr. 1. S. 47 bis 55. – 5 Tab., 20 Lit.

Die Veränderungen des intramammären Druckes (IMP) im Euter von laktierenden Kühen wurden untersucht. Die Ergebnisse zeigen deutliche und schnelle Veränderungen im IMP während der Melkzeit. Eine Stimulierung des Euters durch Anrüsten mit der Hand bedingt eine schnelle Steigerung des Druckes, gefolgt durch ein Absinken bei fortgesetztem Melken. Je größer die Milchmenge im Euter ist, desto höher ist auch der IMP. Der Abfall des IMP eines gemolkenen Viertels hat keine Wirkung auf den Druck in dem nicht gemolkenen Viertel. Der IMP steigt weiter progressiv nach dem Melken bei Melkintervallen von 15–18 Std. an. Während der Druck vor dem Anrüsten oft in der rechten Euterhälfte geringer ist als in der linken, gleicht sich auch dieser Unterschied durch Anrüsten so ziemlich aus und sinkt nach dem Melken auf etwa die Hälfte des ursprünglichen. R. Neseni. 1864.

3-64/06-0084 Kronfeld, D. S., Mayer, G. P., Robertson, J. und Raggi, Fiora. Depression of milk secretion during insulin administration. **(Verminderung der Milchsekretion durch dauernde Insulin-Verabreichung.)** J. Dairy Sci. **46** (1963) Nr. 6. S. 559–563. – 4 Abb., 24 Lit.

Depotinsulin wurde i.m. 2mal tägl. 2 Kühen injiziert, wodurch Milchmenge und Plasmaglukose vermindert wurden. Hierauf wurde, solange die Insulininjektionen noch fortgesetzt wurden, Glukose i.v. infundiert. Wenn die Plasmaglukose den normalen Spiegel wieder erreicht hatte, kam auch die Milchsekretion wieder auf die Ausscheidungsrate vor dem Versuch zurück. Diese Beobachtung zeigt, daß Hypoglykämie die direkte Ursache der Hypogalactie durch Insulin ist. R. Neseni. 1866.

3-64/06-0085 Meites, Joseph, Hopkins, T. F. und Talwalker, P. K. Induction of lactation in pregnant rabbits with prolactin, cortisol acetate or both. **(Die Einleitung der Laktation bei trächtigen Kaninchen mit Prolactin, Cortisolacetat oder beiden Hormonen.)** Endocrinology **73** (1963) Nr. 2. S. 261 bis 264. – 4 Abb., 1 Tab., 14 Lit. 1866.

3-64/06-0086 Koller, R. **Das Problem der medikamentellen (unblutigen) Sexualhemmung bei den Haustieren; Beitrag zur Frage sexualaktiver Stoffe.** Zuchthyg., Fortpflanzungsstör. Besam. Haustiere **7** (1963) Nr. 3/4. S. 254 bis 269.

Vf. gibt in einem Sammelbericht unter Verwendung eines umfangreichen Schrifttums einen Überblick über die künstlich hervorgerufene Hemmung der Fortpflanzungsfunktionen (Kontrazeption) bei Mensch und Tier. F. Döcke. 1870.

3-64/06-0087 Bonadonna, Telesforo. Diffusione e successi della fecondazione artificiale in Irsaele. **(Verbreitung und Erfolge der Künstlichen Besamung in Israel.)** Zootecn. e Veterin. **18** (1963) Nr. 3/4. S. 47–54.

Die KB wird in großem Umfange bei Rindern, Geflügel und Schafen angewendet. Begrenzte Proben wurden bei Schweinen mit auf dem Luftwege aus Frankreich herbeigeschafftem Samenmaterial unternommen. Die Schweinezucht ist jedoch noch immer gesetzlich verboten (mit Ausnahme einiger eng begrenzter galiläischer und christlicher Gebiete). Israel besitzt insgesamt 192000 Stck. Rindvieh, davon ca. 70000 Kühe (31%). Der kleinere Teil ist eingeborener Herkunft (Damaskus) und von den Arabern aufgezogen; in Ober- und Niedergaliläa besteht der Rindviehbestand aus Fleischrassen wie Hereford, Brahman und Santa Gertrudis. Der größere Teil des Bestandes gehört zur Friesischen Rasse (Israelische Friesenrasse). Ein Teil des Bestandes stellt Kreuzungen mit dem ursprünglichen Eingeborenenvieh dar. Die Israelischen Friesen gehen auf Zuchtmaterial aus den USA und Kanada (weniger aus Holland) zurück. Die ersten Einsätze der KB in Israel gehen auf die 20er und 30er Jahre zurück, als man beabsichtigte, die örtlichen und damaszener Rinder durch Kreuzung zu verbessern. Gegenwärtig werden bei über 90% der im Lande vorhandenen Rinder, die der KB angeschlossen sind, wenigstens 80% reine Friesen-Bullen verwendet. Die arabische und gleichfalls auch die drusische Bevölkerung beginnen jetzt, allerdings noch begrenzt, sich ebenfalls der KB zu bedienen. Als Zentrale für Tierzucht und KB arbeitet das Tierärztliche Institut von Tel Aviv (Leitung Dr. N. Ayalon). Es bestehen 3 Besamungszentren, 2 davon sind genossenschaftlich. Das eine hat seinen Sitz in Tel Aviv (in Beith Dagon) und versorgt den Süden des Landes, das andere befindet sich in Sarid (Galiläa) und wirkt im Norden des Landes. Das dritte ist das kleinste. Es befindet sich südlich von Tel Aviv, in dem Moshav Tuvia, arbeitet aber für die anderen 5 angrenzenden Moshavim gleichzeitig mit. Der Aufbau der Einrichtungen ist sehr einfach, sie sind aber dennoch technisch abs. wirksam. Ein äußerst klares zootechnisches Programm ist hervorzuheben. W. F. Ebel. 1881.

3-64/06-0088 Scheller, H. und Spremberg, K. **Stand der Entwicklung der künstlichen Besamung beim Schwein in der DDR.** Dtsch. Landwirtsch. **14** (1963) Nr. 8. S. 406–409. — 7 Abb., 1 Tab., 22 Lit.
Es werden Entwicklungsstand und Bedeutung der Schweinebesamung an Hand der Literatur sowie die gegenwärtig in den Stützpunkten der sozialist. Forschungsgemeinschaft (FG) für Schweinebesamung angewendeten Arbeitsmethoden beschrieben. Die Vff. gehen auf die Problemstellungen in der Arbeit der FG ein. Es wurden bis 30.12.1962 insgesamt 570 Sauen künstlich besamt, von denen 65,7% nach Erstbesamung tragend wurden. Die FG entwickelt gegenwärtig Methoden zur Anwendung der Schweinebesamung in landwirtsch. Großbetrieben der DDR. Es wird zu diesem Zweck ein Großversuch vorbereitet. I. Tschinkel. 1881.

3-64/06-0089 Eibl, K. **Über den Stand und zur Zukunft der Schweinebesamung.** Tierzüchter **15** (1963) Nr. 11. S. 398–399. — 2 Abb.
Die Ursachen für die späte Entwicklung der Schweinebesamung, bestehend in der geringen Haltbarkeit des Eberspermas und den Besonderheiten in der Fortpflanzungsphysiologie des Schweines, werden erläutert. Inzwischen gelang es, bei keimarmer Spermagewinnung und Anwendung der Kohlensäureinaktivierung, das Ebersperma über 2–4 Tage befruchtungsfähig zu erhalten. Damit seien die fachtechnischen Voraussetzungen für eine Zentralisierung der Eberhaltung, ähnlich der Besamungsstationen für Rinder, geschaffen. Die Befruchtungsergebnisse wurden gesteigert; sie erreichen aber jetzt nur ca. 50% der durchgeführten EB. Sie stehen in keinem Verhältnis zur hohen Lebensdauer des Spermas. Problematisch bleibt die Ermittlung des optimalen Besamungszeitpunktes. Es wurde mit aufgefangenem Vorsekret des Ebers gearbeitet, um bei den Sauen mittels olfaktorischer Reize den Duldungsreflex auszulösen. Laut Vf. kann im Rahmen der KB ein Eber max. jährl. 400 Sauen betreuen. Der Kostenaufwand für eine Portion Ebersperma beträgt das 2 bis

4fache einer Portion Bullensperma. Vorstellungen über die zweckmäßigsten Formen des Einsatzes der Schweinebesamung werden entwickelt.
I. Tschinkel. 1881.

3-64/06-0090 Grove, D. **Über die künstliche Besamung des Geflügels.** Tierzüchter **15** (1963) Nr. 5. S. 181–182. 1881.

3-64/06-0091 Masenko, I. P. Aseptične oderžannja spermy. **(Aseptische Spermagewinnung.)** Socialistyčne tvarynnyctvo, Kyïv **35** (1963) Nr. 1. S. 40 bis 41. — 1 Abb. 1885.

3-64/06-0092 Martin, I. C. A.; Sydney, New South Wales, Univ. of Sydney. The influence of diluents and processing time after ejaculation on the revival of deep-frozen bull spermatozoa. **(Der Einfluß des Verdünners und der Behandlungszeit nach der Ejakulation auf die Wiederbelebung tiefgekühlter Bullenspermien.)** J. agric. Sci. **61** (1963) Nr. 1. S. 55–63. — 3 Abb., 11 Tab., 23 Lit.
Bullensperma wurde mit einer gepufferten Citrat- oder Fructose-Phosphatlösung, mit Eidotter- oder Fructose-Citrat sowie mit lecithin (1%)- oder glycerinhaltigen (8, 12, 15 oder 16%) Verdünnern verdünnt, um 0,5–1,0 °C/Min. bis —15 °C und um ca. 3 °C/Min. bis —79 °C nach der Methode von Polge u. Lovelock (1952) abgekühlt, wenigstens 1 Tag aufbewahrt und bei 0 oder 40 °C aufgetaut. Folgende Ergebnisse wurden u. a. erzielt: Durch Zugabe von 1,25% Fructose oder Arabinose konnte der günstige Einfluß der Äquilibrierung auf das Spermienüberleben nahezu, aber nicht vollständig ersetzt werden. Das Glycerin scheint in die Spermien schnell einzudringen und wird in Gegenwart von 0,1 M gepuffertem Citrat von den Spermien in einer 2,0 M Lösung vertragen. In einem 3^7-Faktoren-Versuch zeigte sich, daß beim Auftauen im Wasserbad von 40 °C bessere Ergebnisse erzielt werden als bei 0 °C. Die Spermienaktivität lag beim Zusatz von 8% Glycerin höher als bei 4 oder 6%, nicht aber der Anteil lebender Spermien. Bei hyper-, iso- und hypotonischen Verdünnern war das Spermienüberleben im Citrat-Fructosegemisch besser als im Citrat- oder Fructosepuffer allein. Für den günstigen Effekt der Äquilibrierung scheint nicht die Gegenwart des Glycerins verantwortlich zu sein.
F. Döcke. 1892.

3-64/06-0093 Ostaško, F. I. Sosud dlja chranenija zamorožennogo semeni podderživaet temperaturu —183° bez perezarjadki v tečenie 30 sutok. **(Ein Gefäß zur Aufbewahrung von Gefriersperma, das eine Temperatur von —183 °C ohne Neubeschickung über 30 Tage hält.)** Životnovodstvo, Moskva **26** (1964) Nr. 1. S. 80–82.
Im Inst. für Tierzucht der Waldsteppenzone der Ukrain. SSR werden Versuche mit Gefäßen zur Spermaaufbewahrung in verflüssigten Gasen durchgeführt. Das vom Vf. beschriebene Gefäß unterscheidet sich von den früheren Ausführungen vor allem dadurch, daß es die Temperatur des flüssigen Gases nicht 12–15 Tage, sondern 30 Tage lang halten kann. Als Isoliermaterial wird das Mineral Perlit, welches in der Nähe der Stadt Kalusch (UdSSR) vorkommt, verwendet. Das Mineral Perlit ist vulkanischen Ursprungs (vulkanisches Glas). Seine Vorteile gegenüber anderen Isoliermaterialien bestehen im geringen Gewicht (100–180 kg/m³) und im sehr geringen Preis (1 m³ = Rbl. 4,7). Durch die Anwendung des beschriebenen Gefäßes wird es möglich, nur einmal jährl. die Wirtschaften mit Sperma zu beliefern und etwa 18 mal flüssigen Sauerstoff oder Stickstoff nachzufüllen. Demgegenüber müssen die Wirtschaften bei der gegenwärtigen Organisationsform der KB 120- bis 130 mal im Jahr Sperma transportieren. Die jährl. Aufbewahrungskosten betragen je Dosis 2,4 Kopeken. Das Gefäß faßt 1518 Spermadosen. Mit seiner Hilfe ist es möglich, den Spermaverbrauch um das 3- bis 4fache zu senken. Die technische Dokumentation für das Spermaaufbewahrungsgefäß kann vom Institut angefordert werden. H. Schwiderski/Dummerstorf. 1892.

3-64/06-0094 Serdjuk, S. I.; Charkow, Forsch.-Inst. für Tierzucht des Waldsteppen- und Polessje-Gebietes der Ukrain.SSR. Opyt iskusstvennogo osemenenija svinej transportirovannoj spermoj. **(Versuch zur künstlichen Besamung von Schweinen mit transportiertem Sperma.)** Novoe v plemennom dele i iskusstvennom osemenenii sel'skochozjajstvennych životnych. Materialy meždunarodnogo seminara, Moskva **1963** S. 316–319. — 1 Abb., 1 Tab.
Sperma von Ebern der Landrasse und der Großen Weißen Rasse wurde je nach Spermienkonzentration mit Glukose-Tartrat-Eidotter-Verdünner in den Verhältnissen 1:1 — 1:3 verdünnt. Bis zu 20 °C wird das Sperma mit je 4–5 °C pro Std. und anschließend bis zur Konservierungstemperatur, die bei 6–8 °C liegt, je 2 °C pro Std. abgekühlt. Das Sperma behält 48 Std. lang seine befruchtenden Eigenschaften. Das so konservierte Sperma wurde mit PKW über ca. 100 km transportiert. Besamt wurde in der Regel einmal in der Brunst, und zwar am 2. Tag. Von 211 besamten Altsauen wurden 83,4% und von 264 besamten Jungsauen 81,8% nach Erstbesamung tragend. Vf. geht auf die Perspektiven der Schweinebesamung unter den Voraussetzungen längerer Haltbarkeit und der Versandfähigkeit des Spermas ein. I. Tschinkel. 1892.

3-64/06-0095 Umarov, M. U. O režime ochlaždenija semeni baranov. **(Über die Abkühlungsbedingungen von Schafbocksperma.)** Sel'skoe chozjajstvo, Tadžikistana, Dušanbe **16** (1962) Nr. 4. S. 42–45. — 2 Abb., 4 Tab.
Es wird festgestellt, daß langsameres Abkühlen des Spermas die Befruchtungsfähigkeit um 8–10% im Vergleich zur schnellen Abkühlung erhöht.
K. Witt. 1892.

3-64/06-0096 Sherman, J. K.; Little Rock, Univ. of Arkansas Med. Center, School of Med., Dep. of Anatom. Improved methods of preservation of human spermatozoa by freezing and freeze-drying. **(Verbesserte Methoden der Aufbewahrung menschlichen Spermas durch Gefrieren und Gefriertrocknung.)** Fertility and Sterility **14** (1963) Nr. 1. S. 49–64. 1893.

3-64/06-0097 Goffaux, M. La congélation du sperme de taureau dans l'azote liquide. **(Das Einfrieren von Bullensperma in flüssigem Stickstoff.)** Élevage et Inséminat. **1962** Nr. 72. S. 11–19.
Im Versuch wurde frischer Samen mit solchem verglichen, der bei −196 °C eingefroren war und gleich danach, nach 6 Mon. bzw. nach 1 Jahr verwendet wurde. Als Verdünner wurde Magermilch-Glycerol gebraucht. Bei frischem Samen erreichte der Befruchtungserfolg 63,5%, bei tiefgefrorenem Samen 59,5%; der Besamungserfolg sank mit zunehmender Dauer der Aufbewahrung. Dies entspricht dem Rückgang des Anteils der beweglichen Spermien von 69 auf 58%. Die Samenportionen wurden mit Polyvinyl-Alkohol abgedeckt. Das Auftauen kann bei 35–40 °C oder bei 5 °C erfolgen.
J. K. Hinrichsen. 1893.

3-64/06-0098 Jenichen, W. und Zeschke, U.; Schönow bei Bernau, Inst. für Künstl. Besam. **Versuche zur Konservierung von Bullensperma mittels der Tiefgefrierung bei einer Aufbewahrungstemperatur von −79 °C. I.** Zuchthyg., Fortpflanzungsstör. Besam. Haustiere **7** (1963) Nr. 3/4. S. 225–240. — 11 Abb., 6 Tab., 21 Lit.
Entspr. der Versuchsanordnung von Döcke und Wiechert (1959) wurde nach der Methode von Jakobsen (1956) (Sturzkühlung in zerkleinertem CO_2-Eis) im Na-Citrat-Eidotterverdünner tiefgekühltes Bullensperma innerhalb einer 10tägigen Konservierung bei 3023 Besamungen in 3 Besamungsringen zum Einsatz gebracht. Als Fruchtbarkeitstests kamen der von Jakobsen (1956) vorgeschlagene (Sturzkühlung in zerkleinertem CO_2-Eis und sofortiges Auftauen) sowie eine Resistenzprüfung zur Anwendung, die in einer 5maligen Wiederholung des Jakobsen-Testes bestand. — Die erzielte Fruchtbarkeit betrug 60,5±11,4% pro Besamung (90 Tage NR). Während die Besamungs-

ringe keinen deutlichen Einfluß auf das Fruchtbarkeitsergebnis ausübten, bestanden hochsignifikante Unterschiede zwischen den Bullen, so daß eine Selektion angebracht ist. Zur Prüfung der Bullen sollten wenigstens 200–250 Besamungen pro Bulle zur Auswertung kommen. Die günstigste Na-Citrat-Konzentration betrug 2,7% im Erst- und 2,9% im Zweitverdünner, und eine fraktionierte Zweitverdünnung erbrachte bessere Ergebnisse als eine einmalige. Nach dem Jakobsen-Test überlebten 40,5±6,9% der Spermien, nach der Resistenzprüfung 24,2±7,0%. Die hoch gesicherten Korrelationen zur Nichtumrinderung betrugen $r = 0,136$ bzw. $r = 0,176$; zwischen beiden Koeffizienten bestand eine hoch gesicherte Beziehung ($r = 0,684$).

F. Döcke. 1893.

3-64/06-0099 Brown, J. E., Harris, G. C. und Hobbs, T. D.; Fayetteville, Univ. of Arkansas. Effect of intraperitoneal insemination on egg production and fertilizing capacity of fresh and frozen chicken sperm. **(Die Beeinflussung der Eierproduktion und der Befruchtungsfähigkeit von frischem und tiefgekühltem Hühnersperma durch intraperitoneale Besamung.)** Poultry Sci. **42** (1963) Nr. 4. S. 810–815. – 6 Tab., 16 Lit.

Von Weißen Leghornhähnen wurden mittels Bauchmassage Spermasammelproben gewonnen, mit einem iso- oder hypertonischen Phosphatpuffer (pH 7,2) nach Wilcox (1958) unter Zusatz von 8% Glycerin sowie 200 μg/ml Oxytetracyclin und 1000 μg/ml Streptomycin im Verhältnis 1:2 verdünnt, 90 Min. bei + 2 °C äquilibriert und nach dem schnellen Einfrieren im Alkoholbad 1 oder 24 Std. bei –20 °C oder –79 °C aufbewahrt. Je 8 Hennen wurden mit 0,1 ml unverdünntem, frischen oder mit 0,3 ml Tiefkühlsperma intravaginal (i. vag.), intrauterin (i.u.) oder intraperitoneal (i.p.) besamt, wobei die i.p. Besamung mittels 1–2 Zoll langer Kanülen an der linken Körperseite 1,5 cm hinter der letzten Rippe im Winkel von 45 oder 90° zur Körperwand erfolgte. Nach i.p. Besamung mit frischem Sperma lag die Fruchtbarkeit signifikant niedriger als nach i.vag. Der Einstichwinkel von 45° bewirkte eine wesentlich höhere Eiproduktion als der von 90°. Mit Tiefkühlsperma (ohne Entfernung des Glycerins!) wurden bei i.p. Besamung max. 28% Fruchtbarkeit erzielt. Nach der Vorverdünnung mit einem Phosphatpuffer lag die Fruchtbarkeit nicht wesentlich höher als bei Zugabe des Glycerin-Puffers zum unverdünnten Sperma.

F. Döcke. 1895.

3-64/06-0100 *Schaetz, Franz,* Hrsg. **Die künstliche Besamung bei den Haustieren.** Jena: VEB Gustav Fischer Verlag. 1963. (912 S. mit 369 Abb. und 100 Tab.) 16,7 × 24 cm, DM 79,–. 22 Autoren unterstützten den Herausgeber bei der Arbeit. Allein daraus ist zu entnehmen, daß der Inhalt des Werkes sehr umfassend ist. Jeder einzelne Abschnitt wurde von kompetenten Fachvertretern geschrieben, die in der überwiegenden Mehrzahl jedoch Veterinärmediziner sind. Der Herausgeber sagt selbst: „Es besteht die Absicht, mit vorliegendem Buch vor allem den in der Besamung tätigen Tierarzt, sodann den Tierzüchter und die nahestehenden Arbeitskreise anzusprechen, gleichzeitig aber auch den Studierenden einen Einblick in das Wissen und die Arbeit der künstlichen Besamung zu vermitteln." Das geschieht durch die ausführliche Behandlung der KB beim Rind (Baier, Berchtold, Leidl, Rommel, Schmidt, Wiesner, Heinicke, Kordts, Schaetz, Döcke, Kuller, Ullner, Wollrab, Wohanka, Langner, Meyer), durch Ausführungen über die KB beim Pferd (Bielanski, Krakow), beim Schwein (Schaetz; Pasztor, Budapest; Rothe), beim Schaf (Oshin, Moskau), bei der Ziege (Löhle), beim Hund (Rothe), bei den Pelztieren (Hartung) und beim Geflügel (Gerriets). Die Literaturnachweise sind den einzelnen Abschnitten bzw. Kapiteln zugeordnet, das erleichtert die Übersicht. Ein Verzeichnis mehrfach zitierter Bücher und ein Sachverzeichnis beschließen das Buch. H. D. Hennig.

3-64/06-0101 *Kvasnickij, A. V., Konjuchowa, V. A.* und *Konjuchowa, L. A.* **Künstliche Besamung der Schweine.** Berlin: VEB Deutscher Landwirtschaftsverlag. 1963. (260 S. m. 57 Abb. 42 Tab. u. Lit.-Verz.) 15,5 × 22 cm. DM 25,–. In Würdigung der großen Bedeutung, die der KB beim Schwein zukommt, hat der VEB Deutscher Landwirtschaftsverlag eine deutsche Ausgabe des Werkes vorgelegt, das als eines der wichtigsten und interessantesten auf diesem Gebiet anzusehen ist. Kvasnickij hat mit seinen Arbeiten die Weiterentwicklung der KB beim Schwein wesentlich gefördert. Nach Schilderung der Entwicklung der Erforschung der KB in der UdSSR wird kurz auf die tierzüchterische und ökonomische Bedeutung der KB der Schweine und anschließend auf die Ergebnisse der Einführung der KB beim Schwein in die Kollektivwirtschaften und Staatsgüter eingegangen. Die Schweinebesamung im Ausland findet ebenfalls Erwähnung. Die Fortpflanzungsphysiologie bei Schweinen, die Ausnutzung der bedingten

Reflextätigkeit der Schweine bei der KB, die Fütterungs- und Haltungsbedingungen für Eber werden vor den wichtigen Kapiteln Technische Hilfsmittel für die KB nach dem fraktionierten Verfahren sowie Methodik und Technik der KB beim Schwein behandelt. Fraktionierte Samenübertragung, Brunstbeginn und Besamungszeitpunkt (Ermittlung und Festlegung), Technik und Organisation der KB und die Haltung der Sauen nach der Besamung sind anschließend dargestellt. Ein kurzer Anhang beinhaltet eine Übersicht über Instrumentarium, Ausrüstung und Materialien, die bei Anwendung der fraktionierten Samenübertragung erforderlich sind. Ein Literaturverzeichnis schließt den Band ab. H. D. Hennig.

3-64/06-0102 *Neseni, Raimund* und *Fiedler, H.* **Euter, Milchbildung und Milchhergabe. 1. Teil.** Berlin: Deutsche Akademie der Landwirtschaftswissenschaften, Institut für Landwirtschaftliche Information und Dokumentation. 1963. (80 S.) = Fortschrittsberichte der Landwirtschaft. Nr. 4. 1963. – nach Zus. In dem vorliegenden 1. Teil des Fortschrittsberichtes wurde versucht, die in den letzten Jahrzehnten, bes. die nach dem letzten Weltkriege erschienenen Arbeiten über die Anatomie des Euters und über die physiol. Vorgänge nicht nur bei der Entwicklung des Euters, sondern auch bei der Milchbildung und der Milchhergabe einer kritischen Durchsicht zu unterziehen. In diesem Zeitraum haben bes. die Untersuchungen über die Mitwirkung der verschiedensten Hormone bei den in Frage kommenden Funktionen zahlreiche Fortschritte gebracht, die nicht nur theoretische Grundlagen lieferten, sondern sehr häufig sich auch von großer Wichtigkeit für die landwirtsch. Praxis (Oxytocin) erwiesen haben.

3-64/06-0103 *Neseni, Raimund.* **Euter, Milchbildung und Milchhergabe. 2. Teil. Die Nährstoffe der Milch und ihre Beeinflussung.** Berlin: Deutsche Akademie der Landwirtschaftswissenschaften, Institut für Landwirtschaftliche Information und Dokumentation. 1963. (100 S.) 14,5 × 20,5 cm = Fortschrittsberichte für die Landwirtschaft. Nr. 5. 1963. – nach Zus. In der vorliegenden Arbeit werden auf Grund eines umfangreichen Literaturstudiums die Umwelt-genetischen und sonstigen Einflüsse auf die Milchmenge und die Bildung der wichtigsten Nähr stoffe der Milch besprochen. Dem Fettgehalt der Milch wird, entspr. seiner Bedeutung, ein größerer Abschnitt gewidmet, dabei wird bes. die Bildung des Milchfettes und der Einfluß der Fütterung auf den Fettgehalt herausgestellt. Näher behandelt werden außerdem der Eiweiß- und Milchzuckergehalt, das Fett-Eiweißverhältnis sowie die Nährstoffgruppen Tr.-Subst. und fettfreie Tr.-Subst., die für die Beurteilung der Milch ebenfalls von Wichtigkeit sind. Auf die allg. Zusammensetzung der Milch wird nicht eingegangen.

E. ZÜCHTUNG

3-64/06-0104 Markau, W.; Halle/S., Veterinäruntersuchungs- und Tiergesundheitsamt. **Hodenhypoplasie bei Zuchtbullen.** Mh. Veterinärmed. **18** (1963) Sonderh. Nr. 1. S. 23–25.

Im Zuchtgebiet Sachsen-Anhalt kommen bes. bei Jungbullen (30% des Vatertierbestandes) im 1. Zuchtjahr gehäuft Fertilitätsstörungen vor. Seit 1956 wurden unter 225 kontrollierten Deck- und Besamungsbullen allein 7% totale und 15% partielle Hodenhypoplasien (H) angetroffen. Die totale H betraf 12–18 Mon. alte, vom Käufer wegen Unfruchtbarkeit beanstandete Schwarzbuntbullen. Sie stammten von leistungsstarken Vorfahren ab, zeigten zumeist wenig ausgeprägten Bullentyp, aber gute Libido. Die Ejakulate waren klein und wäßrig, die Hoden enteneigroß (145–215 g) und schlaff. Histol. wurde hochgradige Hemmung der Spermiogenese festgestellt. Die Nebenhoden waren bis auf 2 Ausnahmen (Aplasia resp. Dysplasia segmentalis ductus Wolffi) anatomisch normal ausgebildet. Die partielle H betraf 18 bis über 20 Mon. alte Bullen, bei denen ungenügende Befruchtungsergebnisse beklagt wurden (Deckindices 2,5–3,5). Klinisch wurde keine bis geringgradige Verkleinerung bei auffallender Unelastizität der Hoden festgestellt. Bei einseitiger H war der unterentwickelte Hoden um etwa die Hälfte verkleinert. Libido normal, Ejakulate klein, wäßrig bis dünnrahmig (Dichte 0,01–0,6) mit hohem Anteil unbeweglicher und pathol. Spermien. Histol. teils normale, teils herabgesetzte Samenbildung. Auf Grund dieser Ergebnisse und seiner Erfahrungen bemerkt Vf., daß gegenüber der totalen H die partielle H funktionsdiagnostisch schwieriger zu beurteilen ist. Deckbelastungen und wiederholte Spermauntersuchungen sind diagnostisch bes. wertvoll. Es wird empfohlen, Jungbullen bereits vor der Absatzveranstaltung klinisch zu prüfen und jedenfalls Eintragungen in der Zuchtkartei vorzunehmen, da bei der H mit Erbfaktoren zu rechnen ist. Der partiellen H verdächtige Bullen müssen von der Zuchtverwendung ausgeschlossen werden. W. Rommel. 1950.

3-64/06-0105 Groot, B. de; Zeist, Netherlands, Research Inst. of Animal Husbandry „Schoonoord". A case of unilateral cryptorchism of a probably nongenetic nature in the bull. **(Ein Fall von einseitigem Kryptorchismus wahrscheinlich nicht erblicher Natur beim Bullen.)** Z. Tierzücht. Züchtungsbiol. **78** (1963) Nr. 3. S. 287–290. – 1 Abb., 1 Tab., 9 Lit.

Bei einem Partner eines Bullenzwillingspaares wurde unilateraler Kryptorchismus diagnostiziert. Während der Binnenhoden funktionslos und atrophisch war, zeigte der zweite normale Entwicklung und Funktion ($^2/_3$ der Werte des gesunden Partners). Aus Analogie zur Entwicklung anderer, während der Embryonalzeit migrierender Gewebe, wird der vorliegende Fall von Kryptorchismus auf ein nicht-genetisches Zufallsereignis in der fetalen Periode zurückgeführt. J. Bergfeld. 1950.

3-64/06-0106 Hutt, F. B. A note on six kinds of genetic hypotrichosis in cattle. **(Mitteilung über sechs Arten genetischer Hypotrichosis beim Rind.)** J. Heredity **54** (1963) Nr. 4. S. 186–187. 1950.

3-64/06-0107 Hawes, Robert O. und Buss, Edward G. The association of a clubbed down condition with black down-color in the turkey. **(Die Verbindung zwischen der Anlage für keulig verdickte Daunen und der schwarzen Daunenfarbe bei Puten.)** Poultry Sci. **42** (1963) Nr. 1. S. 50–58. – 1 Abb., 7 Tab., 15 Lit.

Beim Huhn wurde 1938 eine Daunenabnormität beschrieben („keulige Daunen" vgl. Lepkovsky und Mitarb. Hilgardia **11** S. 559.), die durch das Allel E für volle Schwarzfärbung hervorgerufen wird. Bei schwarzen Puten fand sich jetzt (1959) eine ähnliche Mißbildung, die – wohl auf Grund ungleicher Wachstumsgeschwindigkeit der Fahne und des Schaftes – zu einer knotigen oder keuligen Anschwellung der Daunen führte. Die stärkste Ausprägung (2 oder 3 derartige Knoten) wiesen die Daunen rein schwarzer Puten (*CC BB RR PP SpSp NN*) auf, und 86% der Tiere besaßen sie. Bei Kreuzungen mit anderen Farbenschlägen, wie Bronze (*CC bb RR PP SpSp NN*), Gelb (*CC BB rr PP SpSp NN*), Palm (*CC b'b'RR pp SpSp nn*), Gefleckt (spotted, *CC bb RR PP spsp NN*) und Weiß (*cc bb RR PP SpSp NN*) und dieser nicht schwarzen Farbenschläge untereinander, fanden sich 30–83% Tiere mit den mißgebildeten Daunen auf dem Rücken und Hinterleib. Die Mißbildung war bei ihnen stets weniger ausgeprägt und seltener – nur 4 nicht schwarze unter 418 Embryonen besaßen sie. Die schwarzen Embryonen waren ebenso lebensfähig wie die anderen. In 3 Kreuzungen machte sich ein Einfluß des Muttertieres auf die Daunenqualität bemerkbar. Obwohl die Embryonen mit dieser Anlage schwerer waren als die normalen, bestand keine signifikante Beziehung zwischen Eigewicht, Eifolge in der Serie und Daunenausbildung. Die Anlage für „keulig verdickte Daunen" ist auf die pleiotrope Wirkung des Gens B (ganzflächige Schwarzfärbung) zurückzuführen. Im ganzen wurden 2052 Putenembryonen im 24-Tage-Alter (d.h. vor dem natürlichen Schlupf am 28. Tag) untersucht und 16 verschiedene Kreuzungen durchgeführt.
C. Engelmann. 1950.

3-64/06-0108 Quigley, George D. Judging is not judging. **(Beurteilung und Beurteilung sind zweierlei.)** Poultry Sci. **42** (1963) Nr. 1. S. 225–227. – 5 Lit.

Die Beurteilung des lebenden Tieres wird bei der Ausbildung des Studenten vernachlässigt. Wie wichtig es für den Fortschritt in der Geflügelzucht ist, erfahrene und geschulte Berater zu haben, die ein Küken richtig beurteilen können, wird im einzelnen auseinandergesetzt. Das „Sehenlernen" müßte am lebenden Tier so geschult werden wie die Formenkenntnis in der Biologie durch das Zeichnen des im Mikroskop Gesehenen. Durch die Massenauslese der Versager in den Zuchten ist die Beurteilungslehre in Mißkredit gekommen, weil sie keinen genetisch bedingten Fortschritt einleiten, sondern die Zucht nur vor dem

Absinken der Leistungen bewahren konnte. Wettbewerbe zwischen den einzelnen Schulen werden als „wertvolles Training“ empfohlen.

C. Engelmann. 1960.

3-64/06-0109 *Haring, Fritz.* **Handbuch der Tierzüchtung. 2. Halbband. Rassenkunde.** Hamburg; Berlin: Verlag Paul Parey. 1961. (465 S. m. Abb. u. Tab.) 17 × 25,5 cm. Im 2. Halbband des Bandes III werden die Ausführungen über Körper- und Leistungseigenschaften, Verbreitung und Nutzung der bedeutendsten Haustierrassen fortgesetzt. Der umfassendste Abschnitt ist den Schweinerassen gewidmet (Erzeugungsziel und Nutzungsrichtung, Schweinerassen in Großbritannien, den nordeuropäischen Ländern, in Ländern West- und Südeuropas, in Osteuropa und Asien, in den USA, in Australien, in Afrika). Daran anschließend folgt die Darstellung der Schafrassen (Nutzungsrichtung unter dem Einfluß des Standortes; Landschafrassen; Merino-Wollschafrassen; Merino-Schafrassen in Deutschland; Fleischschafrassen; Pelzschafrassen). Nach den Ziegenrassen werden die Geflügelrassen abgehandelt, anschließend die Pelztiere und Kaninchen. Die Literatur wird im Anschluß an jedes in sich geschlossene Kapitel gebracht, ein Büchernachweis vor dem Sachregister am Ende des Bandes. Mit dem Erscheinen dieses Halbbandes ist das Handbuch der Tierzüchtung abgeschlossen. H. D. Hennig.

G. ÖKOLOGIE EINSCHLIESSLICH HALTUNG UND PFLEGE

3-64/06-0110 Osinga, A.; Wageningen, Landbouwhogeschool. De warmtebalans in een rundveestal. **(Die Wärmebilanz im Rinderstall.)** Landbouwkund. Tijdschr. **75** (1963) Nr. 16. S. 913–918.

Das Wärmegleichgewicht eines Rinderstalles ergibt sich aus der Formel $Q = F \times k \times t + 0{,}3\, m \times t$, ($Q$ = Wärmeproduktion je Kuh und Std.; F = Wand- und Deckenfläche je Kuh; k = Wärmeleitzahl in kcal je m², Std. und °C; t = Temperaturunterschied zwischen Stalluft und Außenluft; 0,3 = kcal zur Erwärmung von 1 m³ Luft um 1 °C; m = Lufterneuerung je Std. und Kuh). Bei der Berechnung muß die für die Leistungen verbrauchte Energie berücksichtigt werden. Eine Kuh von 550 kg und mit einer Tagesmilchleistung von 10 kg gibt tägl. 15000 kcal Wärme frei, eine hochtragende Kuh ca. 200 kcal mehr. Die mit dem Wasserdampf abgegebene Wärme macht ca. 25% der insgesamt abgegebenen Wärme aus. Sie wird mit der verbrauchten Luft durch die Ventilation abgeführt. So verbleiben für die Erwärmung der Stalluft je Kuh und Std. ca. 500 kcal. Die Berechnung wird für einen doppelreihigen holländischen Stall durchgeführt, in dem 20 Kühe stehen, denen je 12 m³ Luftraum zur Verfügung stehen. Bei einer Ventilationsleistung von 170 m³/h/Kuh und einem Temperaturunterschied von 20 grd zwischen Innen- und Außentemperatur beträgt der Wärmeverlust je Kuh und Std. 1020 kcal. Das bedeutet, daß je Kuh und Std. 520 kcal Wärme mehr abgegeben werden als von den Tieren erzeugt werden. Die Ventilation muß also entspr. herabgesetzt werden. Die Mindestventilation kann nach der Formel $\frac{300}{g_1 - g_2}$ errechnet werden, wobei g_1 der Wasserdampf in der abgeführten und g_2 der Wasserdampf in der zugeführten Luft in g ist. Bei einem Temperaturgefälle von > 14 grd zwischen Innen- und Außenluft ist es in einem schlecht isolierten Stall nicht mehr möglich, die Stalltemperatur bei 10 °C und die rel. Feuchtigkeit bei 80% zu halten. Es ist dann besser, die Temperatur absinken als die Feuchtigkeit ansteigen zu lassen. Im gut isolierten Stall sinkt die Temperatur erst ab, wenn außen −8 bis −10 °C sind, während dies im schlecht isolierten Stall schon bei −1 bis 4 °C der Fall ist. Bei einem Temperaturgefälle von < 5 grd ist die Isolierung von geringer Bedeutung. Die kurvenmäßige Darstellung der Zusammenhänge kann die Beratung in Fragen des Stallklimas erleichtern.

J. K. Hinrichsen. 2165.

3-64/06-0111 Doney, J. M. The effects of exposure in Blackface sheep with particular reference to the role of the fleece. **(Die Wirkungen der ungeschützten Lage bei Blackface-Schafen unter besonderer Berücksichtigung der Rolle des Vlieses.)** J. Agric. Sci. **60** (1963) Nr. 2. S. 267–273. — 2 Abb., 5 Tab., 19 Lit.

Im 1. Versuch wurden 48 Schafe im Alter zwischen 3,5 und 5,5 Jahren bei Erhaltungsfutter gehalten, und zwar je zur Hälfte in einem Schuppen und im Freien bei der Herde. Im Verlauf von 2 unterschiedlich harten Wintern ergaben sich bei den im Freien gehaltenen Schafen Gewichtsverluste im Vergleich zu den geschützt gehaltenen Tieren. Ein weiterer Versuch erbrachte Hinweise, daß dieser Gewichtsverlust geringer ist, wenn das Vlies dicker und schwerer ist. Durch Einwirkung von Wind wurde in einem 3. Versuch eine um das 3- bis 5fache höhere Wärmeabgabe verursacht, wobei es aber nicht möglich war, bestimmte Vlieseigenschaften als bestimmenden Faktor zu erkennen.

J. K. Hinrichsen. 2165.

3-64/06-0112 Krüger, L. und Stephan, E. **Über Einflüsse der Beleuchtung auf die Legeleistung von Hennen.** Arch. Geflügelkunde 27 (1963) Nr. 4. S. S. 298–309.

Durch ein 4stündiges Beleuchtungsmaximum bzw. -minimum in 10- bis 14tägiger Umkehr wird ein über das ganze Jahr in kleineren Zeitabschnitten gleichmäßiger Rhythmus erzeugt. Geprüft wurden neben einer natürlich beleuchteten Kontrollgruppe 4 weitere Gruppen mit verschiedenen Beleuchtungsrhythmen. Die günstigste Beeinflussung auf die Legeleistung wurde trotz geringer Futteraufnahme bei 10- bis 14stündiger Beleuchtung in 14tägiger Umkehr in Gr. IV beobachtet, was bes. an der Verzehrleistung je 100 g Eimasse deutlich wird. Die übrigen Versuchsgruppen bringen von Aug.–Febr. eine nahezu konstante Legeleistung von 70–90%, die aber ab Febr. auf 60% abfällt. Bei der abs. Eileistung/Tier führt Gr. IV mit 245 Eiern (500 Futtertage). Es folgen in der Reihenfolge der Gruppen: II (14–18 Std. tägl. mit 10tägiger Umkehr) 227,3 Eier, III (14–18 Std. tägl. mit 14tägiger Umkehr) 226,2 Eier, I (Kontrollgruppe) 216,1 Eier, V (mehrfach veränderte Beleuchtungsrhythmen) 215,3 Eier. Das Durchschnittseigewicht (59,29 g), die abs. Eimasse und das Eigewicht nach Güteklassen (50% S-Eier) sind bei Gr. IV am höchsten. Beleuchtungszeiten von 14–18 Std. sowie 16 Std. ohne Rhythmus erwiesen sich als nicht so wirksam. Es wird vermutet, daß hierbei das Verhältnis von Aktivitäts- zu Regenerationszeit ungünstig verschoben ist. E. Lippmann. 2170.

3-64/06-0113 Löhle, K. und Mulsow, D.; Jena, Friedrich-Schiller-Univ., Inst. für Tierzucht. **Ein Beitrag über den Einfluß der Belichtungsdauer auf die Mast von Junghühnchen.** Garten u. Kleintierzucht, Ausg. B 2 (1963) Nr. 10. S. 6. — 2 Tab.

440 Rebhuhnfarbige Italiener-Küken wurden in 2 Gruppen aufgeteilt und vom 8. Lebenstag bis zur 5. Lebenswoche unter gleichem Lichteinfluß (24 Std.) gehalten. Von diesem Zeitpunkt an wurde eine Gruppe 12 Std. belichtet und 12 Std. dunkel gehalten, während die andere Gruppe weiterhin 24 Std. belichtet wurde. Die Tiere erhielten ein Mischfutter, dessen Verhältnis von N zu N-freien Stoffen 1:2,47 betrug. Zusätzliche Körnergaben bestanden aus zugemessenen Mengen von Weizen und Keimhafer. In 63 Masttagen erreichte die Gruppe mit höherer Belichtungsdauer bei höherem Futterverbrauch und höherer Verwertungszahl keine höheren Mastendgewichte als die Tiere der Gruppe, die 12 Std. hell und 12 Std. dunkel gehalten wurde. U. Hofmann. 2170.

3-64/06-0114 Wolford, J. H., Ringer, R. K., Coleman, T. H. und Zindel, H. C. Body weight and egg production of turkeys as influenced by lighting regime during the growing period. **(Körpergewicht und Eierproduktion von Puten, die während der Wachstumsperiode durch Beleuchtung beeinflußt wurden.)** Michigan State Univ., agric. Exp. Stat., quart. Bull. 45 (1963) Nr. 3. S. 506 bis 517.

Breitbrüstige Bronzeputen und Beltville Puten wurden während der Wachstumsperiode einer natürlichen, eingeschränkten und abnehmenden Beleuchtung ausgesetzt, um den Einfluß auf die Legeleistung, das Körpergewicht und den Futterverbrauch zu ermitteln. Ohne Rücksicht auf die Lichteinwirkung oder Rasse stieg die Futteraufnahme 10–14 Tage vor Beginn der Legetätigkeit rasch an und verminderte sich in den 2 folgenden Wochen um 10–30%. Die unterschiedliche Lichteinwirkung hatte keinen Einfluß auf das Lgw. beider Rassen, das sich bis zum Einsetzen der Legetätigkeit erhöhte und 4–5 Wochen danach wieder vermindert wurde. Puten, die während der Wachstumszeit einer Photoperiode ausgesetzt worden sind, die der des natürlichen Tageslichtes gleich war, legten 16–20 Tage später und weniger Eier als Tiere, die einer eingeschränkten oder abnehmenden Beleuchtung ausgesetzt waren. Bei bestimmten Lichteinwirkungen während der Wachstumsperiode konnten die Puten dahingehend beeinflußt werden, in der Zeit der Spätsommer- und Frühherbstmonate mehr Eier zu legen. E. Lippmann. 2170.

3-64/06-0115 Ustinov, D. A. und Kozunin, I. I. K metodike izučenija propuskanija ul'trafioletovych lučej šerstnymi pokrovami životnych s pomošč'ju spektrofotometra SF-4. **(Eine Methode zur Durchleuchtung der Haut der Tiere mit UV-Licht unter Verwendung des Spektrophotometers SF-4.)** Bjulleteń ėksperimental'noj biologii i mediciny, Moskva **56(28)** (1963) Nr. 9. S. 124 bis 126. – 2 Abb., 4 Lit. Zus. in Engl.

Zur Durchleuchtung der Haut von Tieren mit UV-Licht (200–400 nm) konstruierten Vff. eine Apparatur aus dem Spektrophotometer SF-4 (zur Erzeugung des UV-Lichts) und einer Registriereinrichtung, bestehend aus einem hochempfindlichen Registrierkopf und dem elektronischen Photovervielfacher FEU-18. Die Arbeitsweise der Apparatur wird an Hand der Untersuchungen von Hautstücken, die durch Biopsie von gerade getöteten Tieren gewonnen wurden, erläutert. E. Grün. 2170.

3-64/06-0116 Stoev, P. Proučvanija vŭrchu intenziteta na provetrjavaneto v telčarnicite. **(Untersuchungen über die Ventilationsintensität in Kälberställen.)** Naučni trudove. Visš selskostopanski institut „Georgi Dimitrov" – Kostinbrod, Sofija **13** (1963) S. 195–210. – 6 Tab., 19 Lit.

Untersucht wurden 3 Kälberställe. Im ersten Kälberstall bestand das Ventilationssystem aus 20 Zuluft- und 4 Abluftkanälen, der zweite Stall besaß nur einen Abluftkanal, und im dritten Stall wurde der Raum durch Öffnen einer Fensterhälfte gelüftet. Der Luftwechsel ist abhängig vom Unterschied zwischen der Außen- und Innentemperatur sowie von der Windgeschwindigkeit in der Atmosphäre. Die Feuchtigkeit in den Kälberställen hängt von der atmosphärischen Feuchtigkeit ab, wobei die rel. Feuchtigkeit höher war als die hygienischen Normen, wenn die atmosphärische Feuchtigkeit 85% überschritt. Die CO_2-Menge und die Windgeschwindigkeit lagen in den Grenzen der hygienischen Normen. Bei allen Methoden waren die NH_3- und die H_2S-Menge zu hoch, die Ställe wurden schlecht und unregelmäßig ausgemistet. Bei einer Temperatur von über 10 °C verbessert die Lüftung der Kälberställe durch die offenen Fenster das Mikroklima, bei einer Temperatur von unter –5 °C gewährleistet diese Lüftungsmethode aber nicht den erforderlichen Temperaturhaushalt.

NRB/ZSNTI, übersetzt v. Th. C. Boetticher. 2175.

3-64/06-0117 Taneja, G. C. Methods of assessing heat tolerance of animals. **(Die Methoden der Bestimmung der Hitzetoleranz bei Tieren.)** Indian veterin. J. **40** (1963) Nr. 5. S. 285–288.)

Es werden die Methoden der Bestimmung der Hitzetoleranz von Rhoad, Bonsma, Galaas, Lee und Philipps sowie Wright und Benesra in der Anwendung mit ihren mathematischen Symbolen, unter Schilderung des Tiermaterials und der Versuchsumstände und unter Darlegung der physiol. Begründung des angewendeten Verfahrens besprochen. Die Frage, inwieweit andere physiol. Daten, z.B. die Atemfunktionen bei der Errechnung des Hitzetoleranzkoeffizienten als Bestandteile der Körpertemperatur-Regulierung berücksichtigt werden müssen, wird ebenfalls erörtert. H. Busse. 2180.

3-64/06-0118 Johnson, J. E., Naelapaa, H. und Frye jun., J. B.; Baton Rouge, Louisiana Agric. Exp. Stat. Physiological responses of Holstein Brown Swiss and Red Sindhi crossbred bulls exposed to high temperatures and humidities. **(Physiologische Reaktion von Holstein-Friesian-, Schweizer-Braunvieh- und Rote-Sindhi-Kreuzungs-Bullen nach Einwirkung hoher Temperatur und Luftfeuchtigkeit.)** J. Animal Sci. 22 (1963) Nr. 2. S. 432–436.
Je 2 Holstein-Friesian- und Schweizer-Braunvieh-Bullen sowie jeweils 2 Bullen aus Kreuzungen dieser Rassen mit Rote-Sindhi wurden nach 3wöchiger Beobachtungszeit während einer Woche tägl. für 8 Std. in einer Klimakammer Temperaturen von max. 104 °F und einer Luftfeuchtigkeit von 30 Torr (54% rel.) und min. 82 °F, 22 Torr (72% rel.) ausgesetzt. Gemessen wurden Temperaturen rectal, an der Skrotumhaut und auch an der Flankenhaut, weiterhin Hodensacklänge, Respirationsrate/Min., an 2 Ejakulaten pro Woche Volumen, Anfangsbeweglichkeit, morphol. Abnormitäten, Konzentration und Gesamtzahl der Spermien pro Ejakulat. Alle Bullen zeigten nach Hitzebehandlung schlechtere Ejakulate, jedoch kehrten die Werte der Kreuzungsbullen nach der Belastung schneller zur Norm zurück. Sowohl unter max. als auch unter min. thermalen Bedingungen zeigten die reinrassigen Bullen höhere Rectumtemperaturen, eine höhere Respirationsrate jedoch nur unter min. Temperaturen. Flanken- und Hodensackhauttemperaturen waren bei den reinrassigen Tieren nur unter max. Bedingungen höher. Bes. die Hodensack-, aber auch die Flankenhauttemperatur, lag während des Hitzestress unter der des Rectums. J. Bergfeld. 2180.

3-64/06-0119 Holitschek, H.; Leipzig, Zentralstelle für Wirtsch. Energieanwend. **Verbesserung der stallklimatischen Verhältnisse in Abferkelställen unter Beachtung wirtschaftlicher Energieanwendung.** Tierzucht 17 (1963) Nr. 5. S. 232–236. – 7 Abb.
In der LPG Mosigkau bei Dessau wurden in einem 30er Abferkelstall Versuche zur Verbesserung des Stallklimas durch die Anwendung einer Warmluftanlage auf der Basis fester Brennstoffe durchgeführt. Die Warmluftanlage besteht aus 1 eingebauten Einsatzofen „Tanne 150“, 1 Niederdruck-Fliehkraftlüfter, 1 Verbrennungsluftregler, 1 Warmluftkanal und 1 automatischen Steuerung zur Verhütung der Stallunterkühlung bei versäumter Brennstoffzugabe. Die Betriebskosten liegen bei den bisher genutzten elektrischen Warmlüftern für 90 Tage im Jahr bei DM 2772 Stromkosten, bei der untersuchten Warmluftanlage auf der Basis fester Brennstoffe für die gleiche Zeit nur bei insgesamt DM 603. G. Koch. 2180.

3-64/06-0120 Holitschek, H. **Verbesserung des Stallklimas in Abferkelställen durch Warmluftanlagen unter Berücksichtigung der Licht- und Wärmestrahlung.** Wiss.-techn. Fortschr. Landwirtsch. 4 (1963) Nr. 10. S. 461–463.
Das Klima in Alt- und Typenbauten entspricht nicht den Anforderungen an einen Abferkelstall. Deshalb wendeten viele Betriebe eine zusätzliche elektrische Stallbeheizung an, die volkswirtschaftlich nicht gerechtfertigt ist. Um optimales Stallklima zu erzielen und die Aufzuchtverluste möglichst gering zu halten, ist eine Raumheizung mit festen Brennstoffen am wirtschaftlichsten. Es wird nachgewiesen, daß durch den Ersatz der Infrarotstrahler durch eine halbautomatische Warmluftanlage jährl. je Stall mit 30 Abferkelbuchten DM 3744 eingespart werden können. Durch Verbesserungen an Bodenwärmematten konnten ebenfalls erhebliche Strom- und Anschaffungskosten eingespart werden. Bei der Verbesserung stallklimatischer Verhältnisse sollten die Erfahrungen der Arbeitsgemeinschaft „Energieanwendung in der Landwirtschaft“ und der Zentralstelle für wirtschaftliche Energieanwendung genutzt werden. G. Möbius. 2180.

3-64/06-0121 Kunickij, K. P. Zonal'naja ventiljacija svinarnikov-matočnikov. **(Die Ventilation in Abferkelställen.)** Svinovodstvo, Moskva **18** (1964) Nr. 1. S. 34–37. — 4 Abb.
Zwecks optimaler Gestaltung der Lufttemperatur und -feuchtigkeit (insbesondere während der kalten Jahreszeit) wurden im Kolchos „Dsershinski" (Gebiet Minsk) zwei Methoden erprobt: a) Der Dampf, der aus dem Kessel der Futterküche stammt, wird über eine Heizvorrichtung geleitet, die ihrerseits die vom Ventilator angesaugte Außenluft erwärmt. Die erwärmte Luft strömt dann in den Abferkelstall. b) Wie a), nur wird die erwärmte Luft mittels Rohre (⌀ 220 mm) bis in die Buchten geleitet. Die Anlage kann auch so eingestellt werden, daß nur die Stalluft angesaugt und dann erwärmt wird. Untersuchungen über die Veränderungen der Lufttemperatur je nach Entfernung von der Anlage zeigen, daß mit Hilfe der zweiten Methode günstigere Bedingungen für die Haltung von Sauen und Ferkeln erzielt werden können.
I. Scholz/Dummerstorf. 2180.

3-64/06-0122 Osinga, A.; Wageningen, Landbouwhogeschool. Het meten van de isolerende waarde van vloerconstructies en de warmte-afgifte van varkens aan de ligplaats. **(Die Messung des Isolierwertes von Stallböden und der Wärmeabgabe von Ferkeln an den Liegeplatz.)** Landbouwkund. Tijdschr. **75** (1963) Nr. 16. S. 901–912. — 9 Abb., 2 Tab., 16 Lit.
Die Messung des Wärmedurchgangskoeffizienten bereitet Schwierigkeiten, wenn Böden erfaßt werden sollen. Im Versuch wurde ein vom Phys.-Techn. Dienst in Delft entwickelter Wärmestrommesser eingesetzt. Hierbei wurde auch ein „künstliches Schwein" verwendet, das aus einem in einem Gestell aufgehängten Plastikbeutel mit Wasserfüllung bestand. Es ergibt sich allerdings nur eine Vergleichsmöglichkeit, aber keine abs. Messung. Die Meßwerte zeigen eine starke Variation. Bei einem Klinkerboden ohne Einstreu wurde mit 2102,5 kcal/Sau/Tag $^1/_3$ der Wärmeproduktion des Tieres an den Boden abgegeben. Durch Einstreuen wird die Wärmeabgabe sehr wesentlich verringert. Die Messungen mit Hilfe des künstlichen Schweines erwiesen sich als brauchbar.
J. K. Hinrichsen. 2180.

3-64/06-0123 Parer, J. T. Wool length and radiant heating effects in sheep. **(Die Wollänge und die Wirkung von Strahlungswärme bei Schafen.)** J. agric. Sci. **60** (1963) Nr. 1. S. 141–144. — 2 Abb., 1 Tab., 7 Lit.
Es wurden Versuche mit 18 Feinwoll-Merino-Böcken durchgeführt, von denen je Monat einer geschoren wurde. Sie erhielten eine Ration aus Luzerneheu und wurden ungefähr bei Gewichtskonstanz gehalten. Im Verlauf von 14 Wochen wurde tägl. ein Bock in einer Wärmekammer 5 Std. lang einer Temperatur von 36 °C ausgesetzt, die durch einen Radiator erzeugt wurde; außerdem wurde ein Infrarot-Strahler eingesetzt, unter dem das Tier stand. Die am Rücken im Bereich der Wollspitzen erzielten Temperaturen entsprachen dann etwa den auf der Weide gegebenen Verhältnissen. Die Wollänge steht in hochsignifikanter negativer Beziehung zur Respirationsrate. Die ebenfalls negative Beziehung zur Rectaltemperatur ist nicht signifikant. Zwischen Wollänge und Temperatur an den Wollspitzen am Rücken besteht eine hochsignifikante positive quadratische Beziehung. Die Hauttemperatur am Rücken steht zur Wollänge in hochsignifikanter negativer Beziehung. Die Wärmeleitung steht in hyperbolischer Beziehung zur Wollänge. Insgesamt ergibt sich, daß die Wollänge entscheidend ist für den Schutz gegen Strahlungswärme.
J. K. Hinrichsen. 2180.

3-64/06-0124 Parer, J. T.; Armidale, New South Wales, Univ. of New England. The effects of wool length and nutrition on heat reactions of Merino sheep in the field. **(Der Einfluß von Wollänge und Ernährung auf die Wärmereaktionen von Merinoschafen auf dem Feld.)** Austral. J. exp. Agric. Animal Husbandry **3** (1963) Nr. 10. S. 243–248. — 4 Abb., 4 Tab., 15 Lit.

In einer 3 × 2 × 3-Versuchsanordnung (guter, mittlerer, schlechter Ernährungszustand; geschoren und ungeschoren; 3fache Wiederholung) mit ♀ Merinoschafen, die in Boxen im freien Feld gehalten wurden, maß Vf. Rectaltemperatur, Atmungsgeschwindigkeit und Wollspitzentemperatur während des Tagesverlaufes bei unterschiedlicher Sonneneinstrahlung. Die Schur führte zu einer höheren Empfindlichkeit der Tiere gegenüber erhöhter Wärmezufuhr und auch gegenüber Abkühlung. Das Vlies wirkt als guter Wärmeisolator. Durch schlechten Ernährungszustand wird die Empfindlichkeit gegenüber äußeren Temperaturänderungen oder körperlichen Belastungen verstärkt. Die größere Schwankungsbreite der Rectaltemperatur bei geschorenen bzw. schlecht ernährten Tieren kann unter bestimmten Bedingungen aber auch als vorteilhaft im Sinne einer weniger aufwendigen Anpassung an wechselnde Umweltbedingungen angesehen werden. R. Schiemann. 2180.

3-64/06-0125 Eyal, E.; Rehovot, Israel, Nat. and Univ. Inst. of Agric. Shorn and unshorn Awassi sheep. 1. Body temperature. **(Geschorene und ungeschorene Awassi-Schafe. 1. Mitt. Körpertemperatur.)** J. agric. Sci. **60** (1963) Nr. 2. S. 159–168. — 8 Abb., 10 Tab., 49 Lit.
Die Versuche wurden mit 10 drei- bis fünfjährigen Awassi-Schafen durchgeführt, einer Fettschwanzrasse mit lang abgewachsener rauher Wolle mit einem Schurgewicht von 2 kg. Sie waren 55–65 kg schwer und hatten eine Milchleistung von 240 kg. Die Hälfte der Schafe wurde 1 Jahr lang monatl. geschoren, die andere Hälfte nur einmal im Jahr. Nach 1 Jahr wurden die Gruppen gewechselt. Im Mai, z.Z. der Schur, wurden weitere 10 Schafe in den Versuch einbezogen. Außerdem wurden später noch Schafe einer Herde erfaßt, in der nicht gemolken wurde. Die Körpertemperatur (KT) der Schafe wurde 5mal tägl. durch rectale Messung festgestellt. Die KT stieg, wenn die Umgebungstemperatur anstieg, und zwar bes. stark bei geschorenen Schafen, die im Schatten gehalten wurden. Bei Umgebungstemperaturen unter 30 °C waren die KT geschorener Schafe um 0,16 °C niedriger als die KT ungeschorener Schafe. Bei Temperaturen über 30 °C war die KT geschorener Schafe gleich oder höher als die bei ungeschorenen Schafen. Direktes Sonnenlicht verursachte bei geschorenen Schafen eine größere Steigerung der KT als bei ungeschorenen Schafen. Die KT gingen aber bei geschorenen Schafen schneller zurück, wenn die direkte Sonneneinwirkung aufhörte. Während der kühleren Tageszeit sank ihre KT unter die der nicht geschorenen Schafe. Wind wirkte sich in jedem Falle bei geschorenen Tieren stärker aus als bei ungeschorenen. Bei ungeschorenen Schafen verursachte eine Erhöhung der rel. Luftfeuchtigkeit bei Temperaturen über 25 °C eine stärkere Erhöhung der KT als bei geschorenen. In heißer und trockener Umgebung hatten geschorene Schafe eine höhere KT als ungeschorene. Insgesamt wurde die KT bei geschorenen Schafen durch das Makroklima bestimmt, bei ungeschorenen durch das Mikroklima in stärkerem Maße beeinflußt. J. K. Hinrichsen. 2180.

3-64/06-0126 Eyal, E.; Rehovot, Israel, Nat. and Univ. Inst. of Agric. Shorn and unshorn Awassi sheep. II. Pulse rate. **(Geschorene und ungeschorene Awassi-Schafe. 2. Mitt. Pulsrate.)** J. agric. Sci. **60** (1963) Nr. 2. S. 169–173. — 7 Abb., 2 Tab., 12 Lit. 1. Mitt. vgl. vorst. Ref.
Im Rahmen der Versuche mit monatl. und einmal jährl. geschorenen Awassi-Schafen wurde der Puls mit dem Stethoskop und z.T. durch Palpation am Brustkorb 5mal tägl. gemessen. Die durchschnittl. Pulsrate lag bei 84; sie war bei geschorenen Schafen mit 86,4 durchschnittl. höher als bei ungeschorenen mit 81. Sie folgte weitgehend den Änderungen der KT, und zwar bes. bei niedrigen Umgebungstemperaturen, und stand in Zusammenhang mit dem Ablauf der Verdauungsvorgänge. Bei ungeschorenen Schafen waren die Schwankungen größer als bei geschorenen. Im Sommer war die Pulsrate wesentlich niedriger (60–100) als im Winter (90–130). Nur im Winter und im Frühjahr

hatten geschorene Schafe einen schnelleren Puls als ungeschorene. Bei hohen Sommertemperaturen bestanden keine Unterschiede zwischen den Tieren beider Versuchsgruppen, die die gleichen Körpertemperaturen hatten. Die Unterschiede im Puls werden auf die Einwirkungen der Verdauungstätigkeit, der Körpertemperatur und der vasomotorischen Aktivität zurückgeführt.

J. K. Hinrichsen. 2180.

3-64/06-0127 Eyal, E.; Rehovot, Israel, Nat. and Univ. Inst. of Agric. Shorn and unshorn Awassi sheep. III. Respiration rate. **(Geschorene und ungeschorene Awassi-Schafe. 3. Mitt. Atemgeschwindigkeit.)** J. agric. Sci. **60** (1963) Nr. 2. S. 175–181. – 4 Abb., 6 Tab., 25 Lit. 2. Mitt. vgl. vorst. Ref.

Bei den geschorenen und ungeschorenen Versuchstieren wurde die Atemgeschwindigkeit (AG) 5mal tägl. erfaßt. Im Gesamtdurchschnitt hatten im Schatten gehaltene geschorene Schafe eine AG von 32 und ungeschorene eine solche von 55. Bei Haltung in der Sonne war die AG während der Tagesstunden bei ungeschorenen Schafen wesentlich höher als bei geschorenen. Dies war bei Umgebungstemperaturen bis 36 °C allg. der Fall, während bei höheren Temperaturen keine Unterschiede zwischen beiden Versuchsgruppen bestanden. Die Änderung der AG im Ablauf des Tages folgte dem Verlauf der Temperatur. Ein stärkerer Anstieg der AG setzt im Schatten bei ungeschorenen Schafen bei 22 °C, bei geschorenen zwischen 26 und 30 °C ein. In der Sonne lagen die entspr. Werte bei 15–18 °C bzw. 18–20 °C. Wenn die Sonneneinwirkung wegfiel, ging die AG bei den geschorenen Schafen schneller zurück als bei den ungeschorenen. Bei den ungeschorenen Schafen stieg die AG an, bei den geschorenen ging sie zurück, wenn die rel. Luftfeuchtigkeit bei Temperaturen über 27 °C erhöht wurde. Bei gleichzeitiger Sonneneinwirkung brachte höhere Luftfeuchtigkeit in beiden Gruppen eine erhöhte AG, die aber bei den geschorenen Tieren stärker war. Der Rückgang der AG durch Windeinwirkung war bei den geschorenen Schafen bes. ausgeprägt. Bei gleicher Rectaltemperatur hatten die geschorenen Schafe eine niedrigere AG als die ungeschorenen. Die Unterschiede im Wärmegleichgewicht zwischen geschorenen und ungeschorenen Schafen ergeben sich infolge der Unterschiede in der Isolation der Körperoberfläche und im Makro- und Mikroklima des Vlieses.

J. K. Hinrichsen. 2180.

3-64/06-0128 Eyal, E.; Rehovot, Israel, Nat. and Univ. Inst. of Agric. Shorn and unshorn Awassi sheep. IV. Skin temperature and changes in temperature and humidity in the fleece and its surface. **(Geschorene und ungeschorene Awassi-Schafe. 4. Mitt. Hauttemperatur und Änderung der Temperatur und der Feuchtigkeit im Vlies und an seiner Oberfläche.)** J. agric. Sci. **60** (1963) Nr. 2. S. 183–193. – 10 Abb., 10 Tab., 16 Lit. 3. Mitt. vgl. vorst. Ref.

Die Messungen an der Haut und im Vlies wurden mit Thermometern durchgeführt, die an Plastikstricknadeln befestigt waren. Die Hauttemperatur stieg mit der Erhöhung der Umgebungstemperatur, und zwar bei einem Temperaturanstieg von 10 auf 43 °C bei ungeschorenen Schafen von 34 auf 40 °C und bei geschorenen von 28 auf 40 °C. Bei ungeschorenen Schafen folgte die Hauttemperatur dem Sinken der Umgebungstemperatur langsamer als bei geschorenen. Entspr. waren auch die durch die Jahreszeit bedingten Temperaturschwankungen an der Haut geschorener Tiere größer als bei ungeschorenen. Bei Sonneneinstrahlung stiegen die Hauttemperaturen erheblich an und erreichten bis zu 47 °C; dabei bestanden zwischen geschorenen und ungeschorenen Schafen nur geringe Unterschiede. Im Vlies wurden die Temperaturen durch die Sonne noch stärker erhöht, und zwar am meisten in der Mitte des Vlieses. Es ergaben sich Höchsttemperaturen bis über 60 °C. Der Dampfdruck in der Nähe der Haut betrug bei Umgebungstemperaturen zwischen 30 und 35 °C 35 bis 40 Torr bei ungeschorenen Schafen, während er bei geschorenen dem der Umgebung ähnlich war. Bei Sonneneinstrahlung stieg der Dampfdruck im Vlies erheblich an und erreichte bis zu 80 Torr. Die Bildung von Schweißtröpfchen wurde nur in einzelnen Fällen festgestellt. J. K. Hinrichsen. 2180.

3-64/06-0129 Pilz, K. und Winkler, H. **Akklimatisationsversuch mit Rotvieh.** Arch. Tierzucht **7** (1964) Nr. 3. S. 219-232. – 8 Tab., 12 Lit. Zus. in Russ., Engl. – nach Zus.
Auf Grund der bei einem Akklimatisationsversuch des Deutschen Rotviehs (DR) gemachten Beobachtungen können folgende Schlußfolgerungen gezogen werden: 1. Durch die besseren Umweltverhältnisse ist bei der Körperentwicklung ein intensiveres Wachstum als im Herkunftsgebiet vorhanden. 2. Bei einer Umstellung des DR in klimatisch günstigere Gebiete ist selbst bei optimalen Fütterungs- und Haltungsbedingungen mit einer starken Beeinträchtigung der Fruchtbarkeit zu rechnen. 3. Die Höhe der direkten Leistungen wird durch die geringere Fruchtbarkeit nicht beeinflußt. Eine größere Ausschöpfung der Leistungsveranlagung des DR ist auf Grund der besseren Fütterungs- und Haltungsbedingungen im Versuch möglich. 4. Die indirekten Leistungen bleiben unter denen des Herkunftsgebietes. Die besseren Umweltverhältnisse können sie nicht positiv beeinflussen. Inwieweit eine Verbesserung der indirekten Leistungen bei der nachfolgenden, in der neuen Umwelt bereits geborenen Generation auftritt, wurde nicht ermittelt. 5. Von einer Aufzucht des DR in klimatisch günstigeren Gebieten muß abgeraten werden, weil ein zu großer Prozentsatz wegen Zuchtuntauglichkeit vorzeitig ausscheidet. 2240.

3-64/06-0130 Anonym. Typowe okna żeliwne w budynkach inwentarskich i gospodarskich. **(Fenster mit Eisenrahmen für Stall- und Wirtschaftsgebäude.)** Budownictwo wiejskie **15** (1963) Nr. 5. S. 10–11. – 8 Abb.
PRL/CBR. 2265.

3-64/06-0131 Schmidt, L. **Kotgrube — so oder so?** Dtsch. Geflügelwirtsch. **15** (1963) Nr. 26. S. 360–363. – 10 Abb.
Vf. schildert Vor- und Nachteile der kotgrubenlosen Haltung von Legehennen. Die Notwendigkeit einer Kotgrube ist abhängig von der Heiz- und Lüftungsmöglichkeit des Stalles, der Fütterungstechnik, dem Hennenbesatz und der Art der Legenester. Die Kotgrube soll $^1/_3$ der Stallbreite einnehmen. Aus lüftungstechnischen und platzmäßigen Gründen wird sie an der Abluftseite des Stalles errichtet. Nur in breiten Ställen soll die Kotgrube in der Mitte liegen. Letztere Anordnung ermöglicht die Aufstellung der Nester an den Wänden oder unmittelbar an der Kotgrube, bei Anlagen mit Eierband auch direkt auf der Kotgrube. Die Futterkette läuft über der Kotgrube. Die Tränken sollen nach Ansicht des Vf. stets im Scharraum aufgestellt werden. Die Höhe der Kotgrube soll 1 m betragen, wobei die Sohle der Kotgrube tiefer als der Scharraum liegen soll, um den Hennen das Auffliegen zu erleichtern. Die Unterkonstruktion der Kotgrube besteht meistens aus Holz, seltener aus Eisen oder Beton. Zur Auflage werden Kanthölzer verwendet, als Abdeckung Gitter oder Roste. Zur besseren Handhabung sollen sie alle 2 m unterteilt sein. Das Gittermaß ist 25 × 50 mm. Der Lattenrost hat sich nicht durchgesetzt. Im Stall mit Futterkette werden die Sitzstangen längs zur Kotgrube in Abständen von 33–45 cm angeordnet. Die Breite der Stangen beträgt 50–60 mm, die Höhe 30 mm, besser 60–80 mm.
H. Sommerfeld. 2265.

3-64/06-0132 Marko, A. und Morháč, J. Niektoré otázky ekonomickej efektivnosti strojových investícií v chove hovädzieho dobytka. **(Einige Fragen**

des ökonomischen Nutzeffektes der Maschineninvestitionen in der Rinderhaltung.) Zemědělská Ekonom. **9(36)** (1963) Nr. 9/10. S. 515–526. — 7 Tab. Zus. in Russ., Dtsch.
Bei der Steigerung der Produktion in der tierischen Erzeugung sowie der Arbeitsproduktivität werden neue Typen der Stallobjekte, die beste maschinelle Ausstattung, die den Anteil der lebendigen Arbeit und die Selbstkosten verringern, und zweckmäßige Arbeitsorganisation und Spezialisierung ermöglichen, gesucht. Vorteilhaft ist der durchfahrbare 4reihige Anbindekuhstall. Seine Überprüfung auf einer Versuchsfarm hat gute Ergebnisse gezeitigt: der Arbeitszeitverbrauch je 100 l Milch beträgt 1,64 Std., auf 1 AK entfallen 38,7 Kühe, die Herstellungskosten betragen 1,45 Kčs/l Milch und 8,58 Kčs/kg Fleisch. Als Melkautomat wird DAD-8 benutzt, das Futter wird mit Hilfe des Selbstentladers Pz O-35 direkt in die Tröge gebracht.
ČSSR/ÚVTI. 2275.

3-64/06-0133 Rüprich, Walter. **Rindviehställe — neu geplant.** Dtsch. landwirtsch. Presse **86** (1963) Nr. 41. S. 408–409. — 7 Abb., 1 Tab.
Eine klare betriebs- und arbeitswirtschaftliche Konzeption ist die Voraussetzung jeder funktionsgerechten Stallbaulösung. Ob Anbinde- oder Laufstall ist von Gebäude- und Mechanisierungskosten, Arbeitszeit- und Einstreubedarf sowie Tierart und Neigung des Betriebsleiters abhängig. Ab 30 Tiere verdienen moderne Laufställe stärkere Beachtung. Es folgt eine Beschreibung der einzelnen Laufstallformen: 1. Einraumlaufstall: Tiefstall (Einstreubedarf [ESB] je GV und Tag = 10–12 kg); 2. Zweiraumstall: Freßplatz, Liegeplatz (ESB = 5–6 kg); 3. Mehrraumlaufstall: Freßplatz, Auslauf, Liegeplatz (ESB = 4 kg); 4. Boxenliegestall (ESB = 0,5–1,0 kg) und 5. Spaltenbodenstall (ohne Einstreu). Der Arbeitszeitbedarf dieser Ställe liegt zwischen 8,1 und 18,5 AKmin je Kuh und Tag bei Herdengrößen zwischen 10 und 80 Tieren. Im Vergleich dazu schwankt dieser in Anbindeställen von 12,1 AKmin (Rohrmelkanlage, Frontladerfüttern, Rostaufstallung mit Gefällentmistung) bis 33,4 AKmin (Handmelken, Gabelfüttern und Karrenentmistung). Infolge der großen Anpassungsfähigkeit der modernen Laufställe ist mit ihrer zunehmenden Verbreitung zu rechnen. Die Frage der jahreszeitl. oder durch Betriebsumstellung erforderlichen Wechselnutzung ist zu berücksichtigen.
E. Kulpe. 2275.

3-64/06-0134 Janač, K. und Hutschenreuther, G. **Vierreihige Milchviehanbindeställe in der ČSSR.** Dtsch. Landwirtsch. **14** (1963) Nr. 12. S. 609 bis 611. — 5 Abb. — nach Zus.
Die Spezialisierung der Viehwirtschaftsanlagen erfordert größere Stallbauten, die mit industriellen Baumethoden errichtet werden können. Für die Milchviehhaltung haben sich 4reihige Anbindeställe durchgesetzt. Ihre Futtergänge lassen sich mit Traktoren und großvolumigen Anhängern befahren, die Entmistung erfolgt mittels Kratzerkette. Bei der Errichtung dieser Ställe aus Stahlbetonfertigteilen ist auf eine gute Wärmedämmung des einschaligen Daches zu achten, um Tauwasserniederschlag zu vermeiden. Oberlichter können eine unerwünschte Erwärmung des Stallraumes durch Sonneneinstrahlung bewirken, die sich durch den Schattenwurf von Bäumen mindern läßt. Als vorteilhaft haben sich Asphaltfußböden erwiesen. 2275.

3-64/06-0135 Kočí, J. Přemístitelné stavby z plastických hmot. **(Transportable Gebäude aus Plaste.)** Výstavba socialist. Vesnice **1963** Nr. 6. S. 127 bis 130. — 3 Abb., 2 Tab.
Für 100 Jungrinder wurde ein transportabler Versuchsbau errichtet. Die Seitenwände sind aus Wellblech, die Tragkonstruktion aus Stahlrohren und das Dach aus Polyesterglaslaminat ausgeführt. Ursprünglich sollte das Objekt im Winter als Maschinenschuppen dienen; aber nach Einbau einer wenig kostenaufwendigen Wärmeisolierung wurden auch im Winter darin Rinder

gehalten. Ein zweites Objekt ist doppelt so groß. Das Laminatdach ruht auf einem sich nach oben verjüngenden, 100 cm über die Erde ragenden Fundament. Das Umsetzen des ersten Objektes erfordert 295 AKh, das des zweiten 263 AKh. Die Wirtschaftlichkeit beider Bauten wird sich durch die voraussichtlich wesentliche Senkung der Laminatpreise erhöhen.

ČSSR/ÚVTI. 2275.

3-64/06-0136 Williams, L. J. Replanned buildings for the suckling herd. **(Neue Stallentwürfe für Saugkälber.)** Agriculture [London] **70** (1963) Nr. 11. S. 540–542. – 2 Abb.

In Mittelwales bahnt sich die Aufzucht von Herbstkälbern zur anschließenden Weidemast mehr und mehr an. Die Kälber werden während der Saugperiode mit ihren Müttern zusammengehalten. Anfänglich noch vorgesehene Abkalbeboxen erwiesen sich als unnötig. Die Bauempfehlung stellt einen spezialisiert entwickelten Offenstall dar, bestehend aus einem 3teiligen Areal: Liegestall, Selbstfutterraum für Silage und Laufhof, von denen die ersten beiden überdacht sind, während der Laufhof je nach den klimatischen Verhältnissen auch überdacht werden kann oder frei bleibt. Im Liegestall befindet sich an der Innenwand die Futterkrippe für Heu und Kraftfutter. Der Siloraum hat ein Giebeldach, dessen eine Dachseite über den Liegestall bis zu einer Traufenhöhe von 8 ft. gezogen ist. Der Liegestall hat an seiner Schmalseite, der der Laufhof nach Süden vorgelagert ist, einen mindestens 8 ft. breiten Einlaß, so daß auch maschinelles Entmisten und Füttern möglich ist. Einstreu wird über der Silage gelagert. Die Selbstfütterung von Silage hat sich für die Heranzucht der Mastkälber als sehr vorteilhaft erwiesen. Zur Projektierung werden für das Areal des Silage- und Liegestalls 50–60 ft^2., für den Laufhof 20 ft^2., empfohlen als ausreichend pro Kuh und Kalb. H. Senger. 2275.

3-64/06-0137 Klink, G. **Abferkelstall für 30 ferkelführende Sauen.** Bauen auf d. Lande **14** (1963) Nr. 9. S. 236–238.

Der in Markkleeberg gebaute Abferkelstall ist ein Versuchsbau der Deutschen Bauakademie der Typenreihe „Warmbauten der Landwirtschaft" (Mastenbauweise). Die Bauausführung, vom Mutterbodenabtrag bis zur Elektroinstallation, ist in Takte aufgeteilt, die von spezialisierten Arbeitsgruppen durchgeführt wird. Die Stahlbetonmasten stehen in mechanisch vorgebohrten Löchern und sind mit Beton B 160 hinterfüllt. Der Abstand voneinander beträgt 3000 mm. Die Wände bestehen aus großformatigen 190 mm dicken Platten aus Schaumsilikat, die durch Bolzen an der Außenseite mit den Stützen verbunden sind. Holz-Nagelbinder nehmen Dachhaut und Decke aus Wellasbestbetonplatten auf. Auf der Decke liegen Mineralwollmatten auf. In dem Stall sind 30 veränderliche Abferkelboxen zu beiden Seiten eines mittleren Futterganges eingebaut. Ihre Abmessungen betragen 2400 × 2400 mm. Kurz vor dem Abferkeln bis ca. 8 Tage danach wird die Sau in einem eng begrenzten Teil der Boxe gehalten. Nach dieser Zeit wird eine Wand der Boxe ausgehängt. Dadurch entsteht eine Aufzuchtbucht mit Sauen- und Ferkelteil. An den Außenwänden verlaufen Gänge für Entmistung, Aus- und Eintrieb der Sauen. Zu Versuchszwecken wurde eine Schwerkraft- und eine Zwangslüftung eingebaut. W. Gratz. 2275.

3-64/06-0138 Tomková, E. u. a. Předvýkrmňa pre 1300 ošípaných. **(Vormastraum für 1300 Schweine.)** Výstavba socialist. Vesnice **1963** Nr. 5. S. 103 bis 105. – 2 Abb.

Die Vormasthaltung soll einen Mastbetrieb von doppelter Kapazität beliefern. Im Vormastraum werden 1300 Schweine von 16–40 kg Lgw. untergebracht. Man rechnet mit einem tägl. Zuwachs von 300 g pro Tier, so daß die Vormast 12 Wochen dauern wird. Wöchentl. werden ca. 100 Schweine neu eingestallt und ausgelagert. Die Buchten nehmen die Mitte des Schweinestalles ein, die Gänge befinden sich an den Umfassungsmauern. 12 Buchten fassen je

100 Stck., 2 Buchten je 50 Tiere. Der Liegeplatz ist mit 0,26 m^2/Tier dimensioniert. Falls Naßfütterung eingeführt wird, werden entlang der Gänge Futtertröge errichtet, die durch fahrbare Mischvorrichtungen beschickt werden sollen. Bei Trockenfütterung werden entlang der Gänge Futterautomaten mit einem Vorrat für 2 Tage errichtet. Für die Trockenfütterung befinden sich Tränkvorrichtungen auf dem Liegeplatz. Der Kot wird mit Hilfe einer Schleppschaufel in die betonierte Jauchegrube geschoben. Die Klimaanlage, die auf der Dachkonstruktion montiert ist, soll die Stalltemperatur auf 10 °C halten und einen 3maligen Luftwechsel garantieren. Zum Bau werden vorgefertigte Standardteile verwendet. Bei Naßtechnologie sind 2 AK in 2 Schichten zur Betreuung erforderlich; für den Trockenbetrieb genügt 1 AK.
ČSSR/ÚVTI. 2275.

3-64/06-0139 Lysö, Arvid. Försök med olika stalltyper för slaktsvin. **(Versuche mit verschiedenen Stalltypen für Schlachtschweine.)** Svinskötsel **53** (1963) Nr. 11. S. 257–258. – 1 Abb., 1 Tab.
In 6 Gruppen mit zusammen 440 Mastschweinen wurde die Haltung auf verschiedenen Bodenarten, im Offenstall, mit normaler und mit Automatenfütterung miteinander verglichen. Die mit 23–28 kg in den Versuch eingestellten Schweine wurden mit 90 kg geschlachtet. Die höchsten Zunahmen, umgerechnet auf 75% Ausschlachtung, wurden, allerdings mit der schlechtesten Futterverwertung, im Offenstall bei Sattfütterung aus Automaten erzielt, gleichzeitig auch die größte Seitenspeckdicke. Die niedrigsten Zunahmen, verbunden mit einer ebenfalls schlechten Futterverwertung, ergaben sich im Offenstall bei normaler Fütterung. Auf Spaltenboden (im Mistgang oder im ganzen Buchtenraum angebracht) waren Zunahmen und Futterverwertung schlechter als auf gewöhnlichem Stallboden, aber erheblich besser als im Offenstall. Im Gesundheitszustand bestanden abgesehen von den Gliedmaßen bei den auf Spaltenboden gehaltenen Tieren keine Unterschiede. Die Futterkosten sind im geschlossenen Stall mit normalem Boden am geringsten. Arbeitskosten und Baukosten sind bei den Gegenüberstellungen nicht berücksichtigt. J. K. Hinrichsen. 2275.

3-64/06-0140 Čížek, K. und Mašek, J. Stavby a zařízení v intensivních chovech nosnic. **(Bauten und Vorrichtungen in intensiven Legehennenhaltungen.)** Časopis státních Statků **6** (1963) Nr. 7. S. 110–111. – 3 Tab.
Eine der Grundbedingungen für den ökonomischen Erfolg der Haltungen nach neuen Technologien (Tiefstreu und Käfigbatterien) sind die Bauten und deren Einrichtung. Die Geflügelfarm kann als Etagen- oder Sektionsbau projektiert werden. Die den Musterprojekten entnommenen Angaben zeigen, daß die Unterschiede der Gesamtinvestitionskosten in beiden Fällen nur klein und für die Wahl der Technologie nicht entscheidend sind. Einen Maßstab der Zweckmäßigkeit bildet die Ausnutzung der Bauflächen, die durch die Zahl der Legehennen je m^2 der bebauten Fläche ausgedrückt wird (bei Tiefstreu entfallen 4 Legehennen auf 1 m^2). Vorläufig fehlen noch Maschinen und Einrichtungen, die den Anforderungen der Intensivhaltungen voll entsprechen. Die Mechanisierung von Fütterung, Entmistung usw. befriedigt noch nicht.
ČSSR/ÚVTI. 2275.

3-64/06-0141 Bartosik, A. Wielkotowarowe kurniki dla niosek. **(Hühnerställe für Legehennen im Marktleistungsbetrieb.)** Budownictwo wiejskie **15** (1963) Nr. 3. S. 11–12. – 1 Abb.
Ställe für Legehennen müssen im Winter vor allem eine rel. niedrige Luftfeuchtigkeit aufweisen, das Wasser muß in automatischen Tränken bereitstehen, die Legenester müssen sowohl für die Hennen als auch für das Personal, das die Eier abnimmt, leicht zugänglich sein. Das Futter muß an geeigneter Stelle aufbewahrt werden. Bei der Großproduktion müssen das Heranbringen des Futters und das Wegschaffen der Abfälle und Streu mechanisiert werden.

Die wichtigsten Methoden der Legehennenhaltung sind die auf Tiefstreu und in Käfigen. Die Tiefstreuhaltung gewährt den Hennen freie Bewegung. Der Nachteil dieses Systems liegt in der Schwierigkeit des Ausmerzens bzw. Absonderns der nichtlegenden Hennen und darin, die Streu bei Kälte und Feuchtigkeit trocken zu halten. Bei der Käfighaltung verursachen Ausmerzen und Auswechseln der Legehennen keine bes. Schwierigkeiten. Die Intensität von Krankheiten, Schädlingen und Parasiten ist gering. Zu den Nachteilen zählen aber die höheren Investitionskosten, die Notwendigkeit der Erwärmung oder Abkühlung der Hühnerställe und der Umstand, daß sich im Sommer unter den Käfigen die Schädlinge im frischen Kot schnell vermehren und es dann schwierig wird, rechtzeitig starke chem. Mittel einzusetzen.
PRL/CBR, übersetzt v. O. Kasperl. 2275.

3-64/06-0142 Blanck, Eberhard. **Hühnerställe aus Betonfertigteilen.** Bauen auf d. Lande **14** (1963) Nr. 9. S. 232–233.
Es werden Ställe aus Betonfertigteilen einer holländischen Firma beschrieben. Die Außenwände bestehen aus Doppelstützen mit einem Querschnitt von 12 × 12 cm und einem Zwischenraum zum Einschieben einer Dämmplatte. Zwischen die Stützen, die im Abstand von 1,56 m stehen, werden Betonplatten – 150 × 33 × 4 cm – eingeschoben, so daß die Dämmplatte von beiden Seiten geschützt ist. Die Gebäude können in verschiedenen Längen und Breiten geliefert werden. Bei Breiten bis zu 12 m werden freitragende Brettbinder, ab 14 m Dreigelenkbinder aus Stahlrohrkonstruktion verwendet. Die Binderabstände betragen 3,12 m. Die Kosten eines Stalles in den Abmessungen 10 × 25 m und 3 m Futterraum werden einschließlich Zubehör – bei 6 Tieren pro m² – mit DM 24,74/Huhn angegeben. Es wird weiterhin ein Aufzuchtstall für 12000 Tiere (Dunkelstall) beschrieben. Dieser Stall hat die Abmessungen 63,70 × 17,50 m. Er ist in 6 Abt. unterteilt. Es werden 10 Tiere pro m² ohne Auslauf gehalten. Beobachtungsgänge verlaufen entlang der Außenwände. In Stallmitte ist eine 8 m breite Kotgrube angeordnet.
W. Gratz. 2275.

3-64/06-0143 Bartosik, A. Kurniki wielkotowarowe zautomatyzowane. **(Automatisierte Großhühnerställe.)** Budownictwo wiejskie **15** (1963) Nr. 6. S. 8–12. – 6 Abb., 1 Tab.
In letzter Zeit wurde in der Volksrepublik Polen mit dem Bau von Hühnerställen für Großbestände mit entspr. Mechanisierung begonnen. Die wichtigste Frage ist das Zubereiten und das Verabreichen des Futters. In den USA hat man diese Frage durch Aufstellen von Futterautomaten gelöst, die Tag und Nacht mit Futter und Wasser versorgt werden. Die Automatisierung beginnt bei den Futterlagern, die mit mechanischen Förderern, Schrotmühlen und Sammelbecken ausgerüstet sind. Die Lager sind durch unterirdische Förderer mit der zentralen Futterküche, in der eine Schrotmühle steht, verbunden. Luftdruckförderer mit rel. geringer Leistung und durchschnittl. Druck bis 1,5 kg/cm² eignen sich am besten für den Futtertransport, während Förderer mit hoher Leistung und niedrigem Druck in großen Hühnerställen versagt haben. Die mechanische Futterzuführung ist in diesen Ställen unter ständiger automatischer Kontrolle, die im Falle von Störungen das ganze System selbsttätig ausschaltet und durch Aufflammen einer roten Lampe die Notwendigkeit einer Reparatur oder Beseitigung der eingetretenen Störung anzeigt. Die Anlage einer solchen automatischen Futterzufuhr in Ställen für große Hühnerbestände ermöglicht eine hohe Leistung.
PRL/CBR, übersetzt v. R. Hüffer. 2275.

3-64/06-0144 Kilcher, H. **Die Entwicklung der Geflügelmast im Gebiet der SEG-Basel.** Geflügelhof [Zollikofen-Bern] **26** (1963) Nr. 21. S. 356–359. – 4 Abb.

Vf. beschreibt einen neuen Stalltyp, der sich den gesteigerten Anforderungen in bezug auf Bestandesgröße, Automation und Mastergebnis anpaßt und sich durch niedrige Baukosten auszeichnet. Der Stall besitzt eine kombinierte Boden- und Warmluftheizung, als Aggregat dient ein Schalenbrenner-Warmluftgenerator (Schweizer Fabrikat) mit thermostatisch gesteuertem Brenner (28000 kcal/h), versehen mit einem Ventilator mit 6500 m³/h. Durch Verwendung eines Zusatzventilators kann das Luftvolumen des Stalles bei der Endmast ca. 20mal/Std. erneuert werden. Warm- und Frischluft werden durch einen Bodenkanal in den Stall geleitet. Nach den ersten Lebenstagen werden die Tiere aus einem automatisch gesteuerten Futterband mit einer Länge von 98 Laufmetern regelmäßig versorgt. Zwei Tränkrinnen von je 20 m Länge führen den Masttieren jederzeit genügend Wasser zu. Das Futterlager befindet sich 1 m über dem Stallboden. Unter der gedeckten Einfahrt befindet sich ein 5000-l-Öltank, der für 2–3 Mastperioden ausreicht. Die Gesamtkosten einschließlich aller Einrichtungen belaufen sich auf sfr. 42000–45000.
U. Hofmann. 2275.

3-64/06-0145 Krause, G. und Albert, G.; Neetzow, Inst. für Agrarökon. der Dtsch. Akad. der Landwirtsch.-Wiss. zu Berlin. **Die Laufstallhaltung in der LPG Manker.** Wiss.-techn. Fortschr. Landwirtsch. 4 (1963) Nr. 10. S. 449 bis 452. — 2 Abb.

Unter gleichartigen Stallanlagen werden bei der Laufstallhaltung von Milchkühen oft völlig entgegengesetzte wirtschaftliche Ergebnisse erzielt, daher war und ist kein anderes Produktionsverfahren z. Z. so umstritten. Der strenge Winter 1962/63 war für die Offenstallhaltung eine Generalprobe, die von der LPG Manker – im Besitz einer der größten und modernsten Offenstallanlagen der DDR — gut bestanden wurde. Arbeitsaufwand und Arbeitsproduktivität sind in Manker vergleichsweise zu den Anbindeställen am höchsten. Wichtigste und entscheidende Ursachen für die Bewährung der Offenstallanlage Manker waren Vorstand und Viehpfleger der LPG. Bei auftretenden Schwierigkeiten wurden stets die Ursachen erforscht. Haltungsbedürfnisse der Kühe in bezug auf trockenes, geschütztes Lager, tagsüber freie Auslaufmöglichkeiten unter Beachtung eines geregelten Tagesablaufes wurden berücksichtigt. Für eine sorgfältige Kennzeichnung der Rinder ist Sorge getragen. Im Viehpflegerkollektiv wird nach dem Prinzip der innerbetrieblichen wirtschaftlichen Rechnungsführung gearbeitet. Großer Wert wird auf einen leistungssteigernden Wettbewerb gelegt. E. Kieslinger. 2320.

3-64/06-0146 Maronde, E. **Futterbergeräume und Laufstallhaltung im Futterbaubetrieb.** Mitt. dtsch. Landwirtsch.-Ges. 78 (1963) Nr. 42. S. 1313 bis 1314. 1316–1317.

Aus Rentabilitätsgründen ist es richtig, die Winterfutterration auf viel Gärfutter, 8–9 kg Tr.-Subst./Kuh und wenig Heu, 3–4 kg Tr.-Subst./Kuh, aufzubauen. Dafür werden 10 m³ Siloraum und 10 m³ Heubergeraum je Kuh benötigt. Bei ausreichendem Scheunenraum empfiehlt sich eine Belüftungsanlage. Die jährl. Kosten betragen ca. DM 1,50/dt Heu. Berechnet man auch die Gebäudekosten, so betragen die Lagerkosten je kStE 5–7 Dpf. Bei Neuanlagen sind die Lagerkosten für Gärfutter geringer. Sie betragen 3–4 Dpf pro kStE bei massiven Hochbehältern ohne zusätzliche Entnahmetechnik. Eine Entnahmetechnik belastet die Nährstoffeinheit mit 3–6 Dpf/kStE, deshalb hat sie in den meisten Betrieben keine Berechtigung. Im Heuturm müssen Lager- und Belüftungskosten mit 7,5–9 Dpf/kStE angesetzt werden; er bietet gegenüber der Belüftung in herkömmlichen Bergeräumen jedoch größere Sicherheit und arbeitswirtschaftliche Vorteile. Eine günstige Stallform ist der Laufstall, er verbindet arbeitswirtschaftliche Vorteile mit günstigen Haltungsbedingungen. Der Futterbaubetrieb kann sich seine Vorteile ohne nennenswerte Einstreu mit dem Liegeboxenstall verschaffen.
W. Gratz. 2320.

3-64/06-0147 Kasdorff, K. und Gribnitz, D. **Die Projektierung von Weidekombinaten, dargestellt am Beispiel der LPG Mödlich, Kr. Ludwigslust.** Tierzucht **17** (1963) Nr. 5. Grünland/Feldfutter **4** S. 11–15. – 2 Abb., 11 Lit.
Vff. legen dar, wie im spez. Fall eines Großbetriebes mit 87% Grünlandanteil und Beetkultur die Weidewirtschaft verbessert werden sollte. Ein Kostenvoranschlag für die Einrichtung von 2 Weidenutzungseinheiten mit zusammen 100 ha und für eine Weidezentrale ist beigefügt. G. Weiland. 2355.

3-64/06-0148 Beengaard, H. **Asbestbetonrohre für Koppelzäune.** Tierzucht **17** (1963) Nr. 11. Grünland/Feldfutter **4** S. 53–54. – 2 Abb. 2355.

3-64/06-0149 Trautwein, K.; Freiburg/Br., Tierhyg. Inst. **Tierhygiene im Zeitalter der Technik und Industrie.** Dtsch. tierärztl. Wschr. **69** (1962) Nr. 19. S. 541–544.
Vf. gibt eine weite Übersicht über die Gefahren, die den Haustieren durch die moderne Technik und die Industrialisierung drohen. Zu den neuartigen Umweltfaktoren zählen das Maschinenmelken, die Haltungsweise in ständig wachsenden Großbeständen und das schwindende Verständnis für die natürliche Lebens- und Verhaltensweise der Tiere. Dazu kommen die Probleme der KB, die im Rahmen einer großzügigen Organisation unter tierärztlicher Betreuung bewältigt wurden bzw. einer Lösung noch entgegensehen. Der Kontakt mit den Erzeugnissen der Industrie und ihren Rückständen, mit Insekticiden und Herbiciden, das Vordringen der Industrie in den Agrarzonen und das Auftreten von Emissionsgasen, -flüssigkeiten und ionisierten Strahlen zählen zu den modernen Problemen der Tierhygiene im Dienste der Gesunderhaltung unserer Haustiere. H. Busse. 2410.

3-64/06-0150 Procházka, Zdeněk. Zhodnocení vlivu dosud užívaných a nových dřevoimpregnačních látek v živočišné výrobě s ohledem na zdravotní stav prasat. **(Einfluß der bisher in der tierischen Erzeugung gebrauchten und neuen Holzimprägnierungsmittel mit Rücksicht auf den Gesundheitszustand der Schweine.)** Veterinářství **13** (1963) Nr. 6. S. 263–268. – 5 Abb., 1 Tab. Zus. in Russ., Engl.
Vf. überprüfte den Einfluß der Imprägnierung von Holzställen mit Teeröl, Natriumpentachlorphenolat, Sublimat, Imprägnierungsstoff 100/2, Imprägnierungsstoff OK 56 und Imprägnierungsstoff SB 56 auf den Gesundheitszustand von Ferkeln und Sauen. Als geeigneter Stoff für die Imprägnierung von Schweineställen (Holzfußböden und Buchtenwände) wurde nur der Imprägnierungsstoff SB 56 (ein Gemisch von Schwefelkalk und Sulphhydrat, das hauptsächlich durch den elementaren Schwefelgehalt nach der Holzimprägnierung als Fungicid wirkt) anerkannt. Es werden die Wirkungen und die Zusammensetzung einzelner Stoffe näher beschrieben, und darunter werden das Teeröl, Natriumpentachlorphenolat und der Imprägnierungsstoff 100/2 (Gemisch des Calciumthyoarsenits mit Calciumsulphhydrat) bes. hervorgehoben. Als schädlich wird auch das Asphaltieren der Fußböden oder der Fugen bezeichnet. ČSSR/ÚVTI. 2410.

3-64/06-0151 Hiepe, Th. und Splisteser, H. **Die Anwendung des Phosphonsäureesters „Trichlorphon-Wolfen" mit Hilfe des druckluftbetriebenen Sprühverfahrens zur Ektoparasitenbekämpfung in Rinder-, Schweine- und Schafbeständen unter Praxisbedingungen.** Mh. Veterinärmed. **18** (1963) Nr. 23. S. 891–894. – 15 Lit. 2415.

3-64/06-0152 Reisegg, Finn. **Die Programmplanung aus der Sicht eines Experten.** Fatis Rev. [Bad Godesberg] **10** (1963) Nr. 2. S. 49–50. 2425.

3-64/06-0153 Gračev, V., Utevskaja, L. und Dobužskij, A. Kompleksnaja mechanizacija na ferme. **(Komplexe Mechanisierung in der Milchviehfarm.)** Moločnoe i mjasnoe skotovodstvo, Moskva **9** (1964) Nr. 1. S. 31–35. – 7 Abb., 2 Tab.

Für 1965 ist im Kolchos „Rodina Chrustschowa" (Kalinowka, Gebiet Kursk) vorgesehen, eine Milchproduktion von 1000 kg/ha gegenüber 60 kg/ha (1963) und 80 kg/ha (1964) zu erreichen. Nachdem die Futtergrundlage geschaffen wurde, kam es darauf an, die Haltung und Milchgewinnung ökonomischer zu gestalten. Dazu wurde von der Anbinde- zur Laufstallhaltung mit normierter Fütterung übergegangen. Eine Herde wurde weiter im Anbindestall, die zweite Herde im Laufstall gehalten und im Fischgrätenmelkstand (FGM) gemolken, während die dritte und größte Herde ebenfalls im Laufstall gehalten, jedoch in einem Karussellmelkstand mit 20 Plätzen gemolken wird. In den Laufstallanlagen sind alle Arbeiten weitgehend mechanisiert, wodurch die Arbeitsproduktivität bedeutend gesteigert werden konnte. Der Arbeitsaufwand beträgt je dt Milch im Anbindestall 1,9 AK-Tage, in der Anlage mit dem FGM = 1,6 und beim Melken im Karussellmelkstand 1,2 AK-Tage. Je Melkerin werden bei den verschiedenen Systemen entspr. 20, 69 und 150 Kühe betreut. Je Beschäftigten werden im Anbindestall 10 Kühe betreut, im Laufstall mit FGM = 20 und im Laufstall mit Karussell = 30 Kühe.

H. Schwiderski/Dummerstorf. 2425.

3-64/06-0154 Velebil, M. Rozbor velkovýrobních technologických postupů při chovu skotu. **(Analyse der technologischen Großproduktionsverfahren in der Rinderhaltung.)** Mechanizace Zemědělství **13** (1963) Nr. 6. Beil. S. 41–48. – 14 Abb., 8 Tab.

Die Offenstallhaltung hat sich nicht in allen Fällen bewährt, dies wurde jedoch durch Mangel an günstigen Bedingungen verursacht; bei geeigneten Mechanisierungsverfahren und erhöhter Qualifikation des Pflegepersonals war diese Aufstallung den Anbindeställen überlegen. Die Anbindeställe ohne Durchfahrmöglichkeit kommen für Vorgebirgs- und Berggebiete in Betracht. Bei den Durchfahrställen bewährt sich der Selbstentladekarren für die Futterverteilung, der auch zur Silagebeförderung und zum Einstreuen geeignet ist. Ein Spezialwagen ist für die Kraftfutterverteilung bestimmt. In den Anbindeställen dient zum Futtertransport eine Förderschnecke, die allerdings schlecht das Langgut bewältigt. Vorteilhaft sind der Trogförderer und die Schubförderkette. Eine bes. Dosiereinrichtung besorgt die Kraftfutterdosierung für den Trogförderer. In der letzten Zeit wird in Westeuropa die Verfütterung von sog. Heulage aus den Harvestore-Silos diskutiert. Das Harvestore-System umfaßt die Konservierung von Anwelkfutter mit 40–60% Wassergehalt unter Luftabschluß. Für die Bedingungen der ČSSR muß die Eignung dieses Verfahrens noch überprüft werden. Zum Tränken dienen entweder Selbsttränken oder Tränkerinnen mit Wasserwärmung. In bezug auf die Milchgewinnung sind für die Einzelmelkung Boxenmelkstände von Vorteil, während die Fischgrätenmelkstände für die Gruppenmelkung ab 100 Milchkühe in Betracht kommen. Zum Entmisten bewährt sich die umlaufende Kratzerkette, für die eine Zusatzeinrichtung zur unmittelbaren Beschickung des Wagens vorgesehen ist. In den Offenlaufställen wird Dung vorzugsweise mit einer an einen Traktor angebauten Schiebemulde geräumt.

ČSSR/ÚVTI. 2425.

3-64/06-0155 Hammer, W.; Bad Kreuznach, Max-Planck-Inst. für Landarb. und Landtechn. **Im Schweinestall heute.** Dtsch. landwirtsch. Presse **86** (1963) Nr. 41. S. 409–410. – 9 Abb., 1 Tab.

Aus arbeitsorganisatorischen Gründen werden Schweine in Ställen für güste und tragende Sauen, in Abferkel-, Aufzucht- und Mastställen gehalten, obwohl jedes Umbuchten das Gedeihen der Schweine hemmt. In kleinen Betrieben ist man daher bestrebt, die Zahl der Stallteile möglichst gering zu halten. Bei Sauen wird die gruppenweise Haltung mit Fütterung in Einzelfreßständen empfohlen. Zum Abferkeln werden Ställe mit 60 cm breiten Abferkelkästen und nebengelagerten 45–65 cm breiten Ferkelnestern (Liege-

und Freßplatz mit Ferkeltränke und -futterautomaten) sowie zentralen Außen-Einzelfreßplätzen für Sauen vorgeschlagen. Weitere Möglichkeiten sind kombinierte Abferkel- und Aufzuchtbuchten oder Eichenholz-Spaltenboden-Ställe (Spaltenbreite 1,5–2,0 cm; für Ferkel ab 3 Wochen). Zur Getreidefütterung sind Behälterwagen, für Ferkel Automaten am besten geeignet. Das Entmisten kann – sofern nicht zu Flüssigmistverfahren übergegangen wird – durch Frontlader, Schubstangen bzw. Seilzugschieber mechanisiert werden. Bei Getreidemast sind bei mehreren Ställen die beweglichen Dosiergeräte den ortsfesten vorzuziehen. Durch den Übergang von der Trogfütterung zur „Fußbodenfütterung" mit automatisch arbeitenden Dosierbehältern über den Liege-Freßflächen kann an Trog- und damit an Stallänge eingespart werden. Bei Gebäudekosten von DM 120–150 und Mechanisierungskosten von DM 17–27 ergeben sich Gesamtkosten je Mastplatz von DM 137 bis 177 bzw. × 1400 Schweine/AK = DM 190000–250000/Arbeitsplatz.

E. Kulpe. 2425.

3-64/06-0156 Venkrbec, L. Perspektivy technického rozvoje chovu drůbeže. **(Perspektiven der technischen Entwicklung in der Geflügelhaltung.)** Zemědělská Techn. **9(36)** (1963) Nr. 3. S. 239–244. – 4 Abb.
Die Geflügelhaltung in der ČSSR erfolgt hauptsächlich auf Tiefstreu, in kleinerem Maße in Käfigen; im Versuchsstadium befindet sich die Geflügelhaltung auf Rosten. Geplant wird die Erweiterung der Käfighaltung von Legehennen. Das Fassungsvermögen der Objekte wird im landwirtsch. Sektor mit 5000 bis 20000 Stck. Geflügel, im Sektor der Lebensmittelindustrie mit mehr als 20000 Legehennen und mehreren Zehntausenden von Broilern vorgesehen. Der Brutbetrieb wird in Spezialbetriebe verlegt werden. Die Fütterung wird mittels Trocken- und Feuchtfutterautomaten mit der Mechanisierung der Futterzubereitung erfolgen, zum Wasserversorgen werden Schwimmer- und Durchflußtränken dienen. Für die Kotausbringung sind Schubstangen und Schleppschaufeln vorgesehen. Auch die Einstreuverteilung und -ausbringung wird mechanisiert. Für die Eierbehandlung werden Horizontal- und Hochförderer zum Einsatz kommen, vom betriebsökonomischen Gesichtspunkt wären auch Eiersortiermaschinen erwünscht. Völlig mechanisiert, z. T. auch automatisiert werden die Batterien der Legehennenkäfige, ferner wird die Einführung der Klimatisierung in verschiedenen Wirkungsstufen geplant.

ČSSR/ÚVTI. 2425.

3-64/06-0157 Panasenko, F. Stekljannye i rezinovye truby dlja vodosnabženija životnovodčeskich ferm. **(Glas- und Gummirohre für die Wasserversorgung der Viehfarmen.)** Moločnoe i mjasnoe skotovodstvo, Moskva 8 (1963) Nr. 6. S. 51–54. – 12 Abb. 2425.

3-64/06-0158 Plakunov, N. Gruppovaja poilka teljat tipa „Raketa". **(Eine Gruppentränke für Kälber vom Typ „Rakete".)** Životnovodstvo, Moskva **25** (1963) Nr. 5. S. 74–75. – 1 Abb.
Die ovale, aus Gasrohren und Bewehrungseisen konstruierte Tränke kann auf Kufen fortbewegt werden. Auf der rechten und linken Seite der Tränke befinden sich je 8 ovale Öffnungen, durch die 16 Kälber auf einmal aus Eimern getränkt werden können. In der Mitte der Tränkvorrichtung stehen 20 cm höher als die Eimer ein Behälter für Vollmilch und ein Behälter für Magermilch, an denen sich unten 2 großkalibrige Hähne zur Milchverteilung sowie Rohrsegmente befinden, auf die die zu den Eimern führenden Gummischläuche gesteckt werden. Die Tränkzeit für 16 Kälber beträgt 5 Min., so daß 2 AK in 30–35 Min. 80–100 Kälber tränken können. Die erforderliche Milchmenge wird mit Hilfe eines Schwimmers mit Skala im Behälter gemessen.

B. Schenk. 2425.

3-64/06-0159 Zabelin, V. D. Vodopojnyj punkt s solnečnoj opresnitel'noj ustanovkoj. **(Eine Wassertränke mit Sonnen-Destillatverdampfer zur Wasser-**

entsalzung.) Životnovodstvo, Moskva **25** (1963) Nr. 6. S. 87–90. — 1 Abb., 1 Tab.
Um die riesigen Weiden in den Wüsten- und Halbwüstengebieten der UdSSR, die über große Reserven an Sonnenenergie und stark salzhaltiges Grundwasser verfügen, für die Schafzucht nutzen zu können, wurde das Projekt eines Sonnen-Destillatverdampfers zur Wasserentsalzung mit einer Kapazität von 7–8 m^3 Wasser/Tag und einer Arbeitsfläche von 2400 m^2 ausgearbeitet, der zum Tränken von 2000 Schafen und zur Versorgung der erforderlichen 9 AK mit ihren Familien berechnet ist. Zur Sammlung und Aufbewahrung des Destillats dienen 2 Stahlbetonbehälter mit einem Fassungsvermögen von je 250 m^3. Hauptarbeitselement des Destillatverdampfers sind 10 m lange und 1,1 m breite Kästen aus Armozement-Fertigteilen, die aus 4 Sektionen bestehen und auf Stahlbetonstützen ruhen; die Fertigteile werden mit Epoxydharz geklebt. Die Destillatbehälter sind in den Boden eingelassen und mit einer 0,35 m dicken Erdschicht bedeckt. Der Arbeitsablauf bei der Wasserentsalzung und beim Tränken wird ausführlich erläutert. B. Schenk. 2425.

3-64/06-0160 *Iliev, B.* und *Stanišev, N.* **Mechanizacija na životnovudstvoto. Učebnik za Visšite selskostopanski učebni zavedenija.** (Mechanisierung der Tierzucht. Lehrbuch für Landwirtschaftliche Hochschulen.) Sofija: Zemizdat. 1963. (336 S. m. 280 Abb., 10 Tab. u. 24 Lit.)
Der größte Raum in diesem Buch ist den Fragen der Anwendung von Wärme und Elektroenergie in den Ställen, des Einsatzes der Anlagen für die Wasserversorgung und das Tränken sowie der Anlagen zum Vorbereiten des Melkens von Kühen, des Scherens von Schafen usw. vorbehalten. Aufbau und Arbeitsweise der einzelnen Maschinen werden ausführlich beschrieben.
NRB/ZSNTI, übersetzt v. K. Brust.

3-64/06-0161 *Kraggerud, Hans.* **Schweineställe. Eine Anleitung für den Bau und die Einrichtung gesunder Zucht- und Mastställe.** Hamburg; Berlin: Verlag Paul Parey. 1963. (70 S. m. 144 Abb.) 16,5 × 24,5 cm. DM 12,80. Die vorliegende Übersetzung aus dem Norwegischen enthält für alle landwirtsch. Betriebe wertvolle Anregungen für das Bauen und die Einrichtung von Schweineställen. Der gesamte Stoff wird mit vielen Abb. so anschaulich vermittelt, daß allein schon beim Durchblättern ein guter Überblick gegeben ist. Die stoffliche Untergliederung erfolgte nach folgenden Punkten: Bau und Einrichtung von Zuchtställen; Bau und Einrichtung von Mastställen; Die Schweinehaltung in Kombination mit anderen Haustieren; Das Schwein und seine Umwelt (Wärmeverhältnisse im Stall, Isolierung, Fenster und Türen, Be- und Entlüftung, Hygiene im Stall). F. Schenk.

H. NUTZUNG UND QUALITÄT TIERISCHER ERZEUGNISSE

3-64/06-0162 Tucker, V. C. Variation in the freezing point of genuine farm milks in Queensland. **(Schwankungen des Gefrierpunktes der Milch bodenständiger Kühe in Queensland.)** Queensland J. agric. Sci. **20** (1963) Nr. 2. S. 161–171. — 3 Abb., 8 Tab., 9 Lit.
Mit Hilfe von 1775 Sammel- und Einzelproben wurde in 18 Mon. der durchschnittl. Gefrierpunkt von Kuhmilch bodenständig gehaltener Rinderrassen (Australian Illawarra Shorthorn [A.I.S.], Friesian, Jersey und Kreuzungen von Jersey × A.I.S.) mit $-0{,}548$ °C bestimmt. Bei den Einzelproben ergaben sich Schwankungen von $-0{,}509$ bis $-0{,}578$ °C, während die Sammelproben aus Morgen- und Abendgemelken von $-0{,}536$ bis $-0{,}560$ °C differierten. Die Schwankungen waren abhängig von Jahreszeit, Melkzeit, Laktationsstand und Rasse. Bez. der Jahreszeit ergab sich in den kältesten Mon. ein leichtes Ansteigen auf $-0{,}541$, in den Sommermonaten sinkt er dagegen unter $-0{,}550$ °C. Bei der Melkzeit ergaben sich gegenüber der Morgen- und Abendmilch sehr unregelmäßige Schwankungen, nur in den Sommermonaten Okt., Nov. lagen die Werte klar bei der Morgenmilch höher. Die Beeinflussung des Gefrierpunktes durch den Laktationsstand zeigt ein allg. Ansteigen bes. nach dem 5. Monat mit klarem Absinken im letzten Laktationsmonat. Ein Einfluß der Rasse der Kühe auf den Gefrierpunkt zeigte sich nur um 0,002 °C.
H. Senger. 2512.

3-64/06-0163 Voigtländer, K.-H. **Die Zusammensetzung der Abend- und Morgenmilch bei gleichen Melkintervallen.** Arch. Tierzucht 7 (1964) Nr. 3. S. 237–246. — 1 Abb., 3 Tab., 26 Lit. Zus. in Russ., Engl. — nach Zus.

14 schwarzbunte Kühe wurden tägl. 2mal in Abständen von jeweils 12 Std. gemolken und die Abend- und Morgenmilch getrennt mengenmäßig erfaßt sowie auf den Gehalt an Fett, Eiweiß, Zucker, Asche, fettfreier Tr.-Subst. und Gesamttrockenmasse analysiert. Die Abendmilch wies hinsichtlich Milchmenge, Eiweiß, Zucker, Asche, fettfreier Tr.-Subst. und Gesamttrockenmasse signifikant höhere Werte auf; lediglich der Fettgehalt ließ keine gesicherten Unterschiede erkennen. Die abs. Differenzen zwischen beiden Gemelken zeigten in den Einzelfällen zu einem gewissen Prozentsatz auch die umgekehrte Tendenz. Die Größe der abs. Differenzen kann mitunter ein erhebliches Ausmaß erreichen. Die korrelativen Bindungen der Milchbestandteile untereinander werden durch die Melkzeiten offenbar nicht beeinflußt. Aus den Ergebnissen wird der Schluß gezogen, daß die für die Fettgehaltsermittlung vorgeschriebene aliquote Zusammensetzung der Probe gemäß dem Umfang der Gemelke eines Tages auch für die Bestimmung der anderen Milchbestandteile erforderlich ist. Die Entnahme der Probemenge aus einem beliebigen Gemelk kann zu Fehlschlüssen über die Höhe der Gehaltswerte führen. 2512.

3-64/06-0164 Comberg, G. und Meyer, H.; Hannover, Tierärztl. Hochschule, Inst. für Tierzucht und Vererbungsforsch. **Der Mineralstoffgehalt von Kuhmilch zu Beginn der Laktation.** Züchtungskunde **35** (1963) Nr. 8. S. 363 bis 375. — 6 Abb., 3 Tab. Zus. in Russ., Engl., Franz.
Da der Mineralstoffgehalt im Colostrum von Kühen bisher nur wenig Beachtung gefunden hat, wurden weitere Untersuchungen unter Einschluß züchterischer Gesichtspunkte vorgenommen. Für die vorliegenden Untersuchungen standen 12 in der 2. bzw. 3. Laktation stehende Deutsche Schwarzbunt-Kühe zur Verfügung. Insgesamt wurden Ca-, Mg-, P_2O_5-, Na- und K_2O-Gehalt der Milch in den ersten 20 Tagen p.p. ermittelt. Dabei stellte sich heraus, daß sich die Konzentration der Milch in den ersten Tagen nach dem Abkalben rasch verändert. P_2O_5 und Na zeigten dabei ein wesentlich langsameres Absinken als Mg und Ca. Der K_2O-Gehalt erreichte nach vorübergehendem Ansteigen nach 3 Tagen p.p. seine normale Höhe. Zwischen Ca, P_2O_5, Mg und K_2O bestanden hohe positive Korrelationen, bei Na dagegen negative Beziehungen zu allen übrigen Mineralien. Am ersten Tag p.p. waren Milchmenge und Mineralstoffgehalt nicht miteinander korreliert. E. Kieslinger. 2512.

3-64/06-0165 Shah, Prafulchandra C., Morse, Guy E. und Pitkin, Donald H.; Kennett Square, Univ. of Pennsylvania, School of Veterin. Med. An albumin-like protein in "mastitic" milk. I. Physical, chemical and immunologic identification. **(Ein albuminartiges Protein in Mastitis-Milch. 1. Mitt. Physikalische, chemische und immunologische Identifizierung.)** Amer. J. veterin. Res. **24** (1963) Nr. 101. S. 723–729. — 10 Abb., 2 Tab., 18 Lit. Zus. in Interlingua.
Mastitismilch (MM) enthält einen erhöhten Gehalt an Serumalbumin. Durch die vorliegenden Untersuchungen sollte das MM-Protein näher charakterisiert werden. Hierzu wurde die Molke einer Ammoniumsulfat-Fraktionierung und einer Ionenaustauscher-Chromatographie vor der Elektrophorese unterzogen. Der genaue Bearbeitungs- und Untersuchungsgang des gesamten Verfahrens wird beschrieben. Das MM-Protein und das Serumalbumin vom Rind erwiesen sich als identisch in bezug auf ihre elektrophoretische Mobilität, ihre immunologischen Eigenschaften, die optische Aktivität und ihr UV-Spektrum. W. Kötsche. 2512.

3-64/06-0166 Vermin, H. La teneur en matières grasses du lait au Limbourg. **(Der Fettgehalt der Milch aus dem Gebiet Limburg.)** Rev. Agric. [Bruxelles] **16** (1963) Nr. 4. S. 627–643. 2512.

3-64/06-0167 Foot, A. S. Total solids in milk. **(Gesamttrockenmasse in der Milch.)** Agriculture [London] **68** (1962) Nr. 12. S. 627–632. 2512.

3-64/06-0168 Heineman, H. E. O. Pesticide residues in milk – incidence, sources, control. **(Rückstände von Schädlingsbekämpfungsmitteln in der Milch — Aufnahme, Ursprung, Kontrolle.)** Assoc. Food & Drug Officials U.S., quart. Bull. **27** (1963) Nr. 3. S. 121–128. 2512.

3-64/06-0169 Eberhart, Robert J., Watrous jun., George H., Hokanson, John F. und Burch, George E. Persistence of antibacterial agents in milk after intramammary treatment of clinical mastitis. **(Der Verbleib antibakterieller Stoffe in der Milch nach intramammärer Behandlung klinischer Mastitiden.)** J. Amer. veterin. med. Assoc. **143** (1963) Nr. 4. S. 390–394. – 5 Tab., 12 Lit. 2512.

3-64/06-0170 Hokanson, John F., Watrous jun., George H., Burch, George und Eberhart, Robert J. Persistence of antibacterial agents in milk after intravenous treatment of acute bovine mastitis. **(Der Verbleib antibakterieller Stoffe in der Milch nach intravenöser Behandlung akuter Mastitiden bei Rindern.)** J. Amer. veterin. med. Assoc. **143** (1963) Nr. 4. S. 395–397. – 2 Tab., 4 Lit. 2512.

3-64/06-0171 Whittlestone, W. G. The radioactive strontium and iodine contents of cow's milk. **(Der Gehalt der Kuhmilch an radioaktivem Strontium und Jod.)** Austral. J. Dairy Technol. **18** (1963) Nr. 4. S. 209–215. – 10 Tab., 12 Lit. 2512.

3-64/06-0172 Seidler, H. und Eschenbach, G. **Die 90-Strontium-Aktivität der Milch im Vergleich zur Fallout-Beta-Aktivität und Niederschlagsmenge im Zeitraum Oktober 1961 bis Dezember 1962.** Nahrung **7** (1963) Nr. 8. S. 588 bis 590. 2512.

3-64/06-0173 Brar, Milkha Singh, Vedanayakam, A. R. und Varma, Kerala; Madras, Veterin. Coll. Studies on the mineral content of cow and buffalo milk. **(Untersuchungen über den Mineralgehalt von Kuh- und Büffelmilch.)** Indian veterin. J. **40** (1963) Nr. 5. S. 275–280. – 9 Tab., 9 Lit.
In der Gegend von Madras (Indien) wurden chem. Untersuchungen von Kuh- und Büffelmilch durchgeführt; die gefundenen Werte werden angegeben. In der Büffelmilch liegen die Werte von Ca, Mg und P i. allg. höher als in der Kuhmilch. R. Neseni. 2512.

3-64/06-0174 Roy, N. K. und Bhalerao, V. R. A spectrophotometric method for the detection of buffalo milk in cow milk. **(Eine spektrophotometrische Methode zum Bestimmen von Büffelmilch in Kuhmilch.)** Current Sci. [Bangalore] **32** (1963) Nr. 11. S. 503–504. – 1 Abb. 2512.

3-64/06-0175 Heidler, W. **Die Schnellbestimmung des Eiweißgehaltes in der Milch mit Amidoschwarz.** Dtsch. Akad. Landwirtsch.-Wiss. Berlin, Tagungsber. **1964** Nr. 64. S. 39–45. – 3 Abb., 2 Tab., 22 Lit. Zus. in Russ., Engl. – nach Zus.
Zur schnellen Bestimmung des Eiweißgehaltes in der Milch sind in den letzten Jahren verschiedene Methoden erarbeitet worden, unter ihnen die colorimetrischen Methoden mit den Farbstoffen Orange G und Amidoschwarz. Über das Prinzip und die bisher erzielten Ergebnisse wird berichtet. Die eigenen Untersuchungen zur Bestimmung des Eiweißgehaltes mit Amidoschwarz bestätigen diese Ergebnisse und unterstreichen die Brauchbarkeit der Methode für Massenuntersuchungen. 2512.

3-64/06-0176 Ganguli, N. C. und Bhalerao, V. R. A simple and rapid method for the separation of casein by paper disk electrophoresis. **(Eine einfache und schnelle Methode zur Isolierung von Casein mittels der Papierscheiben-Elektrophorese.)** Milchwissenschaft **18** (1963) Nr. 10. S. 502–506. – 4 Abb., 4 Tab., 20 Lit. 2512.

3-64/06-0177 Biggs, D. A. und Szijarto, L. Method for routine determination of lactose in milk. **(Eine Methode zur Routinebestimmung von Lactose in der Milch.)** J. Dairy Sci. **46** (1963) Nr. 11. S. 1196–1200. — 1 Tab., 5 Lit. 2512.

3-64/06-0178 Haenlein, G. F. W. Determination of solids-not-fat in milk with the Watson lactometer. **(Bestimmung der fettfreien Trockenmasse der Milch mit dem Watson-Laktometer.)** Univ. Delaware, agric. Exp. Stat., Bull. **1962** Nr. 348. S. 1–25. 2512.

3-64/06-0179 Kiddy, Charles A. Methods for solids-not-fat and protein determination. **(Methoden zur Bestimmung von fettfreier Trockenmasse und Eiweiß.)** J. Dairy Sci. **46** (1963) Nr. 11. S. 1289–1293. — 34 Lit. 2512.

3-64/06-0180 Lampert, Lincoln M. The many ways of measuring solids-not-fat in milk. **(Die verschiedenen Methoden zum Messen der fettfreien Trockenmasse in der Milch.)** State Calif., Dep. Agric., quart. Bull. **1** (1961) Nr. 4. S. 239–244. — 4 Abb., 2 Tab., 13 Lit. 2512.

3-64/06-0181 Mishra, M. Modification of Gerber's fat test. **(Modifizierte Methode der Fettbestimmung nach Gerber.)** Indian veterin J. **40** (1963) Nr. 7. S. 422–425. — 2 Tab., 2 Lit. 2512.

3-64/06-0182 Konev,' S. V. O vozmožnosti količestvennogo opredelenija soderžanija žira v moloke po intensivnosti vtoričnoj ljuminescencii. **(Über die Möglichkeit der Bestimmung der Menge des Fettgehaltes in der Milch nach der Intensität der wiederholten Lumineszenz.)** Životnovodstvo, Moskva **25** (1963) Nr. 9. S. 77–80. — 3 Abb., 12 Lit. 2512.

3-64/06-0183 Voth, John L.; Davis, Calif., Dep. of Chem. Spectrographic method for determination of trace elements in milk. **(Eine spektrographische Methode zur Bestimmung von Spurenelementen in Milch.)** Analyt. Chem. **35** (1963) Nr. 12. S. 1957–1958. — 2 Tab., 4 Lit.
Es wird eine Methode zur quantitativen Bestimmung von Zn, Fe, Mn und Mo in Milch beschrieben. Zur Analyse wurden 200 g Milch verwendet; diese wurde mit Salzsäure angesäuert, eingedampft und bei 450–500 °C verascht. Die Asche wurde mit Salzsäure aufgenommen, mit Wasser verdünnt und 5-Sulfo-salicylsäure und Na-acetat zugesetzt. Der pH-Wert wurde nunmehr durch Verdünnen mit Wasser auf 3,8 eingestellt. Bei 70 °C wurden die Elemente mit N-pyrrolidino-dithiocarbamidsäure (Na-Salz) in die entspr. Komplexsalze überführt und daraus mit Chloroform extrahiert. Aus dem Chloroformextrakt wurden die Elementkomplexe mit Whatman Nr. 40 Filterpapier absorbiert, das Papier getrocknet, verascht, die Asche mit einem geeigneten Puffer (50% Graphitpulver, 25% Aluminiumsulfat, 25% Kaliumsulfat) versetzt, 1,4% Germanium als GeO_2 (Standardlinie) zugegeben und spektrographisch untersucht. Im Durchschnitt enthielten die untersuchten Milchproben (in Teilen pro Million) 3,7 Zn, 0,23 Fe, 0,016 Mn und 0,036 Mo. G. Rothe. 2512.

3-64/06-0184 Kiermeier, Friedrich und Johannsmann, Herbert. **Katalytische Methode zur Bestimmung kleinster Manganmengen in Lebensmitteln am Beispiel der Milch.** Z. Lebensmittel-Unters. u. -Forsch. **119** (1963) Nr. 6. S. 497–506. 2512.

3-64/06-0185 Šaličev, Ja. und Čomakov, Ch. Mikrobiologičeski sŭstav na krave mljako, maslo i bjalo salamureno sirene, polučeni pri različen režim na chranene na kravite. **(Die mikrobiologische Zusammensetzung von Kuhmilch, Butter und gesalzenem Käse bei unterschiedlicher Fütterung.)** Selskostopanska nauka, Sofija **2(8)** (1963) Nr. 3/4. S. 397–403. — 4 Tab., 11 Lit.
Gr. A erhielt Maissilage (68,5% Nährwert der Ration) und Kraftfutter, Gr. B eine Ration aus Heu, Maissilage, Futterrüben und Kraftfutter. Die abends ermolkene Milch wurde nachts bei 8–10 °C aufbewahrt und am folgenden Morgen

mit dem Morgengemelk vermischt und untersucht. Anschließend erfolgte die Verarbeitung zu Butter und Käse, wobei die Hälfte der Milch vorher pasteurisiert wurde. Die Ergebnisse (Gr. B in Klammern) waren folgende: Am 2. Febr. enthielt 1 g Silage 2970000 Mikroorganismen, davon 74000 Milchsäurebakterien, 50000 proteolytische Bakterien, 400000 Hefe- und Schimmelbakterien, pH = 3,9; 1 ml Milch vom gleichen Tag enthielt entspr. 2563000 (810000), 690000 (333000), 20000 (2000), 106000 (76000) und 94000 (9200); 1 ml Butter, die nach 10 Tagen Aufbewahrung untersucht wurde, enthielt insgesamt 1000000 (1250000), davon 13500 (450) proteolytische Bakterien, *Coli aerogenes* <1 (<1), 63000 (14300) Hefe- und Pilzbakterien; 1 g Käse aus pasteurisierter Milch enthielt 40 Tage nach der Zubereitung 7200000 (15700000) Mikroorganismen, davon 4500000 (3400000) Milchsäurebakterien, *Coli aerogenes* <10 (<10); 1 g Käse aus nichtpasteurisierter Milch enthielt entspr. 27400000 (50000000), 14000000 (30000000) und 300000 (168000). Weitere Untersuchungsergebnisse werden angeführt.

NRB/ZSNTI, übersetzt v. Ch. Eshkowa. 2514.

3-64/06-0186 Murray, J. G. Some bacteriological surveys of milk and milk products in Northern Ireland. **(Einige bakteriologische Gutachten von Milch und Milchprodukten in Nordirland.)** J. Soc. Dairy Technol. **16** (1963) Nr. 4. S. 201–207. 2514.

3-64/06-0187 Vazenmiller, N., Morozov, A. und Domračev, V.; Sibir. Forsch.-Inst. für Landwirtsch. Prosto, nadežno, nedorogo. **(Einfach, zuverlässig und billig. Ein Melkkarussell für 400 Kühe.)** Kolchozno-sovchoznoe proizvodstvo, Moskva **1963** Nr. 6. S. 19–20. — 4 Abb.

Der techn. Aufbau des Melkkarussells KDUE-16 „Omička" wird beschrieben, das die Arbeitsbedingungen verbessert, die Zahl der AK verringert und die Arbeitsproduktivität erhöht. Der Vorteil dieses Types liegt in der verringerten Baufläche, den niedrigeren Kosten und dem geringeren Metallverbrauch, weil sein Dmr. nur noch 8,2 m statt 13,47 m beträgt, wobei die Kapazität dieselbe ist. Die Plattform des Karussells ist in 16 Boxen eingeteilt. Sie bewegt sich langsam und gleichmäßig. Die Kühe betreten und verlassen die Plattform während ihrer Bewegung. Das Melken der Kühe erfolgt während einer Umdrehung der Plattform in 6–8 Min. Vor dem Betreten der Box wird von einem Melker das Euter gewaschen und angemolken. Dann öffnet sich automatisch die Tür zur Box, die Kuh geht hinein. In der Box befindet sich der Futtertrog für das Kraftfutter, das automatisch und dosiert eingefüllt wird. Ein Melker massiert das Euter und setzt das Melkzeug an, ein zweiter Melker überwacht den Melkprozeß, schaltet die Maschine ab und nimmt das Melkzeug ab. Nach dem Melken öffnet sich die Tür der Box automatisch, und die Kuh geht hinaus. Die Milch gelangt über die Milchleitung in die Tanks. Auf dem Karussell ist ein Kontrollmelken mittels einer Meßeinrichtung möglich, die bei Bedarf eingeschaltet werden kann. K. Witt. 2516.

3-64/06-0188 Ivanov, A. Novaja doil'naja ustanovka. **(Eine neue Melkanlage.)** Moločnoe i mjasnoe skotovodstvo, Moskva **8** (1963) Nr. 7. S. 33–34. — 1 Abb., 1 Tab.

Vf. beschreibt den techn. Aufbau des Melkkarussells KDUE-16, das auf Grund seiner Größe in Typenmelkhäusern, die für die Anlage von 2 Fischgrätenmelkständen vorgesehen sind, eingebaut werden kann. Die sich drehende Plattform weist 16 Melkboxen auf, die fischgrätenartig angeordnet sind. Sie hat einen Außendurchmesser von 8170 mm und einen Innendurchmesser von 5000 mm. Der Melkprozeß erfolgt innerhalb von 6–8 Min. während einer Umdrehung der Plattform. Die Kühe betreten und verlassen die Plattform durch sich automatisch öffnende und schließende Türen der Melkboxen während ihrer ununterbrochenen Drehung. In jeder Box befindet sich ein Futtertrog, in den automatisch Kraftfutter, für jede Kuh abgewogen, eingefüllt wird. Die Kapazität der Anlage liegt bei 145 Kühen/Std. Der gesamte Bedarf an Bedienungspersonal beträgt 5 AK. Der Antrieb der Plattform erfolgt von einem E-Motor über eine Keilriemenscheibe, die abgestuft ist und so eine Änderung der Umdrehungsgeschwindigkeit der Plattform ermöglicht. Dies ist notwendig für das Melken der einzelnen Kuhgruppen, die eine unterschiedliche Dauer der Milchabgabe haben. Auf dem Karussell werden die Melkapparate DA-3 M oder DA-2 („Majga") eingesetzt. Die Milch gelangt sofort vom Euter in die Milchleitung, von da über die Reinigungsanlage und die Milchkühlanlage in die Milchtanks. Ein Kontrollmelken ist mittels eines Meßzylinders möglich, der zwischen Milchleitung und Melkapparat eingeschaltet werden kann. Die Reinigung der gesamten Melkanlage erfolgt mit einer Zirkulationswaschanlage, die anschließend auch die Desinfektion durchführt. Zur Sicherung der normalen Arbeit der Anlage ist die kontinuierliche Stromversorgung notwendig. Es ist zweckmäßig, ein Reserveaggregat bereitzuhalten, das bei evtl. auftretenden Störungen die Stromversorgung sichert. K. Witt. 2516.

3-64/06-0189 Kreiner, Hans. **Zur Tankabholung der Milch von Sammelstellen.** Milchwiss. Ber. [Wien] **13** (1963) Nr. 3. S. 167–228. – 1 Abb., 19 Tab., 28 Lit. Zus. in Engl.
Vf. gibt eine Analyse zur Tankabholung der Milch in den USA nach folgenden Gesichtspunkten: Einstellung der Farmer, Transporteure, Molkereien und der Industrie; techn. Erfordernisse; Wirtschaftlichkeit; Beeinflussung der Milchqualität; Transportproblem und Auswirkungen auf die Molkereien. Es wird dann auch kurz auf die heutige Lage der Tankabholung in Neuseeland, England, Schottland, Schweden und BRD eingegangen, um dann auf die Entwicklung dieses Systems in Österreich überzuleiten. Hier werden eingehende Untersuchungsergebnisse bes. aus dem Einzugsgebiet der Molkerei Horn wiedergegeben, und zwar über die techn. Einrichtung für die Tankabholung, die qualitätsmäßigen Faktoren und die wirtschaftlichen Faktoren untergliedert nach 1. kalkulatorischer Erfassung der Tankabholung und deren Gegenüberstellung zur Kannenabholung, 2. Gegenüberstellung von dezentraler und zentraler Kühlung der Rohmilch, 3. kalkulatorischer Kostenvergleich von Eigenfuhrwerk und Lohnfuhrwerk, 4. Auswirkungen der Tankabholung auf den Betriebsablauf. Bis ins einzelne dargelegt sind diese Punkte in der Diss. des Vf., Wien 1962. Die Untersuchungen ergaben, daß die Umstellung auf Tankabholung eine Rationalisierungsmaßnahme darstellt, daß eine Verbesserung der Rohmilchqualität festgestellt und Reklamationen wegen Milchverlusten und Qualitätsabzüge seitens der Sammelstellen wesentlich seltener wurden. Die Verwendung der Hoftanks führt mehr zu einer Verminderung der schweren Arbeit als zu einer Verkürzung der eigentlichen Arbeitszeit. H. Senger. 2516.

3-64/06-0190 Viljoen, G. D. Melkbaarheidsondersoek. **(Milchflußuntersuchung.)** South African J. agric. Sci. **6** (1963) Nr. 2. S. 213–220.
Die Schnelligkeit des Milchflusses bei Friesenkühen ist individuell bedingt und abhängig von der Höhe der Milchproduktion. Mit Ausnahme der Zeit, die für das Maschinentrockenmelken benutzt wurde, unterschied sich der Milchfluß der Morgenmelkung (12 Std. Vormelkzeit) signifikant von dem der Nachmittagsmelkung (5 Std. Vormelkzeit). Eine signifikant positive Korrelation ($P \leq 0{,}01$) besteht zwischen mittlerer Hauptmilchflußzeit und gesamtem Milchertrag sowie zwischen mittlerer Milchflußgeschwindigkeit und gesamtem Milchertrag. Signifikant negativ korreliert ist die mittlere Hauptflußzeit und mittlere Geschwindigkeit des Milchflusses mit dem Produktions-symmetrie-index. Letzterer ergibt sich aus der Formel:

$$\sqrt{\Sigma \frac{(\%\text{ Milchertrag je Euterviertel})^2\text{-Korrelationsfaktor})}{n-1}}$$

K. Männel. 2516.

3-64/06-0191 Cersovsky, H. und Neubert, S. **Der gegenwärtige Stand der Rohmilchqualität und Vorschläge zu ihrer Verbesserung.** Dtsch. Landwirtsch. **14** (1963) Nr. 8. S. 403–405. — 2 Tab., 1 Lit.
Nach Präzisierung der Eigenschaften der Rohmilch werden Möglichkeiten zur Verminderung der Geschmacks- und Geruchsbeeinflussung sowie auch solche zur Erniedrigung des Keimgehaltes durch einwandfreie Reinigung und Desinfektion der Melkanlagen zusammengestellt. Als wirkungsvollste Maßnahme zur Verbesserung der Rohmilchqualität wird eine stärker unterschiedliche Bezahlung nach Qualität gefordert, um durch den erzielbaren Mehrerlös das Interesse an der Produktion von Qualitätsmilch zu wecken und zu wahren. Dazu muß auch eine Einbeziehung in das Entlohnungssystem erfolgen. In den Molkereien sollten 3mal monatl. das Reduktasevermögen und der Reinheitsgrad geprüft werden und ein laufender Beratungsdienst für die Milcherzeuger durch Sachverständige erfolgen. H. Senger. 2516.

3-64/06-0192 Schwendinger, Wolfgang. **Tiefkühlung und verbesserte Pflege und Kontrolle der Rohmilch.** Österr. Milchwirtsch. **18** (1963) Nr. 15. S. 261–262. — 1 Abb., 1 Tab.
Vf. gibt eine Auswertung amer. Erfahrungen bei der Tanktiefkühlung der zur Abholung bereitgehaltenen Milch im Hinblick auf die österr. landwirtsch. Strukturverhältnisse. Die Erfahrungswerte und Angaben hinsichtlich der verwendeten Aggregate sind tabellarisch zusammengestellt. Die nur 2tägige Abholung der Milch wird aus Gründen der Ökonomik unbedingt die Zukunft haben. Die Verantwortlichkeit für die Milchqualität verschiebt sich dabei vermehrt auf den einzelnen Lieferanten, wodurch sich grundsätzlich die Notwendigkeit einer Bezahlung der Rohmilch nach Qualität ergibt.
H. Senger. 2516.

3-64/06-0193 Chmelev, A. Novye mašiny dlja pervičnoj obrabotki moloka. **(Neue Maschinen für die primäre Verarbeitung der Milch.)** Moločnoe i mjasnoe skotovodstvo, Moskva 8 (1963) Nr. 6. S. 49–51. — 2 Abb. 2516.

3-64/06-0194 Dixon, B.; Werribee, Victoria, School of Dairy Technol. The effect of temperature on the pH of dairy products. **(Der Einfluß der Temperatur auf den pH-Wert von Milchprodukten.)** Austral. J. Dairy Technol. **18** (1963) Nr. 3. S. 141-144.
Die Temperatur, bei der die pH-Messung der Milchprodukte durchgeführt wird oder werden sollte, ist in der Literatur jeweils nur vereinzelt angegeben. Es wurde nämlich beobachtet, daß über den normalen Bereich der Raumtemperaturen von 10–30 °C die Differenzen im pH-Wert bis zu 0,2 für Milch, zu 0,24 für Butter und 0,14 für Käse betrugen. Die pH-Messungen bei den verschiedenen Milchprodukten ergaben deutlich temperaturabhängige Ergebnisse, die graphisch dargestellt wurden. Dabei sind Veränderungen im Dissoziationsgrad der Milchsalze und der Bindungsfähigkeit der Ionen an die Proteine ebenso entscheidend wie der Einfluß der Temperatur auf den pH-Wert. Irreversible Einflüsse wurden bei sterilisierter Milch nach Erhitzungstemperaturen von über 120 °C gefunden. Zur Bestimmung des rel. Temperatureinflusses, ob der Dissoziationsgrad oder der Grad der Ionenbindung an das Protein entscheidend ist, wurden die Milchproben dialysiert und der Temperaturkoeffizient des pH-Wertes der Salzlösungen mit dem der Originalmilch verglichen. Auf Grund der Ergebnisse der Versuche schlägt Vf. vor, daß bei der pH-Bestimmung in Milchprodukten die Temperatur angegeben wird und diese möglichst im Verlauf der Bestimmung nicht über 1 °C hinausgehen sollte.
W. Gimmler. 2516.

3-64/06-0195 Berger, Heinrich. **Die rechtliche und wirtschaftliche Verfassung der österreichischen Milchwirtschaft.** Agrar. Rdsch. [Wien] **1963** Nr. 3/4. S. 85–88.

1962 betrug der Wert der Milchproduktion, ohne Futtermilch und Verzehr der Selbstverbraucher, S 141,3 Md. oder 9,6% des Volkseinkommens bzw. 33% des Anteiles der Landwirtschaft. Je Kopf der Bevölkerung wurden 166 kg Milch, 4,5 kg Butter und 4,3 kg Käse verzehrt. Milchwirtschaftsfonds und Marktordnungsgesetz sichern einen einheitlichen Milchpreis ab Hof. 71 Frischmilchbetriebe, 35 Buttereien, 292 Käsereien, 47 gemischte Betriebe und 9 Trocknungswerke, vor allem genossenschaftlicher Art, übernehmen die Milch, sie sind in 11 Landesverbänden, die Genossenschaften im österr. Molkerei- und Käsereiverband (OEMOLK) zusammengeschlossen. E. Höpler. 2518.

3-64/06-0196 Około-Kułak, S. Opłacalnoćś produkcji mleka. **(Die Rentabilität der Milchproduktion.)** Nowe Rolnictwo **12** (1963) Nr. 12. S. 19–21. – 3 Tab. PRL/CBR. 2518.

3-64/06-0197 Paterson, Rex und Crichton, Charles. Low cost milk production. **(Niedrige Milchproduktionskosten.)** J. Roy. agric. Soc. England **123** (1962) S. 22–32. – 4 Abb., 3 Tab.
Vff. untersuchten in unter gleichen Bedingungen gehaltenen Milchviehherden in 50 Betrieben die Milchproduktionskosten beeinflussende Faktoren. Spez. wurden geprüft: Einsatz von Kraftfutter, Rassenzugehörigkeit, Selbstnachzucht oder Zukauf von Kühen zur Reproduktion des Bestandes, Grünlandnutzung, Unterbringung der Kühe in Offenställen. Zur Frage Rentabilität des Kraftfutterzukaufs stellten Vff. fest, daß dieser erst bei einer Grundfutterversorgung von 6–8 dt/Kuh/Jahr angebracht ist. Die Grundfutterversorgung ergibt je steigende dt eine lineare Steigerung der Milchleistung, und zwar je dt 8 gal., günstigenfalls bis 10 gal. Milch. Für die untersuchten 3 Rassen, Jerseykreuzungen, Ayrshires und Friesians, zeigten die Jerseykreuzungen einen um 25% niedrigeren Futteraufwand. Beim selbstgezogenen Nachwuchs ergab sich verschiedentlich eine Überlegenheit gegenüber zugekauften Tieren durch die vorhandene Gewöhnung an das örtliche Futter. Für die Nachzucht sind im Frühherbst geborene Kälber in den Aufzuchtkosten billiger, auch haben sie eine höhere Laktationsleistung bis zu 100 gal. Milch. Die Fähigkeit des Betreuers hat einen Einfluß von $\pm 25\%$ auf die erwartete 1. Laktationsleistung. Die Einteilung der Weide in ca. 20 Koppeln erhöht die Futternutzung beträchtlich. Grundsätzlich wird kein Heu gemacht, sondern vom 20. Mai bis Ende Juni jeder Grasüberfluß siliert. Das Auftreten von Hypomagnesämie wurde durch eine verminderte Kalidüngung behoben. Die Ergebnisse der Bodenuntersuchung zum Zwecke der Feststellung des Düngerbedarfs erscheinen zweifelhaft, ausschlaggebend muß das Ergebnis der Grasuntersuchung sein. Zur Unterbringung in Offenställen ergab sich allg., daß harter Frost und sehr kalte Winde den Tieren offensichtlich nicht schadeten; sie bevorzugten oft den Aufenthalt im Auslauf. H. Senger. 2518.

3-64/06-0198 Hills, G. Loftus. Dairy manufacturing research in Australia. **(Milchwirtschaftliche Forschung in Australien.)** Austral. J. Dairy Technol. **18** (1963) Nr. 3. S. 155–163. – 2 Abb. 2519.

3-64/06-0199 Lerche, M. **Untersuchung von Schlachtgeflügel.** Schlacht- u. Viehhof-Ztg. **63** (1963) Nr. 7. S. 260–262.
In der BRD gibt es z.Z. ca. 350 Geflügelschlachtstellen, von denen 12 eine Leistung von 1 Mill. Vögel im Jahr haben, 30 ca. 250000, der Rest zwischen tausend und einigen zehntausend. In diesen Schlachtbetrieben werden nur 20% des Aufkommens geschlachtet. Neue Betriebe können in Anlehnung an Schlachthöfe errichtet werden, aber ausreichend getrennt. Bisher hat nur Rheinland/Pfalz 1962 Grundsätze für die Einrichtung und den Betrieb von Geflügelschlächtereien erlassen. Vf. fordert getrennte Räume für die Anlieferung, Kühlung, Betäubung, Rupfen und Bearbeitung. Wasser- und Landgeflügel muß getrennt geschlachtet werden. Die Untersuchung ist eine tierärztliche Aufgabe,

bes. die Lebendbeschau. Bei Untersuchungen geschlachteter Tiere können ausgebildete Gehilfen unter tierärztlicher Aufsicht eingesetzt werden. Jedes Tier muß mit allen Organen untersucht werden. Für die Beurteilung werden folgende Möglichkeiten vorgeschlagen: tauglich, untauglich, untauglich einzelne Teile sowie tauglich nach Erhitzen. G. Theloe. 2522.

3-64/06-0200 Emblik, Eduard. **Die Schnellkühlung von Fleisch.** Schweiz. Arch. Tierheilkunde **105** (1963) Nr. 10. S. 557–564. — 4 Abb. Zus. in Engl., Franz., Ital.

Der Verdunstungsvorgang bei der schnellen Abkühlung von Fleisch wird eingehend behandelt, um den Unterschied zwischen dem tatsächlich gemessenen Gewichtsverlust und den errechneten Werten zu erklären. Auf der Fleischoberfläche bildet sich bei der Kühlung ein äußerst dünner, trockener Film, der der Wasserverdunstung einen gewissen Widerstand entgegenbringt. Der Teildruck des Wasserdampfes ist deshalb auf der Fleischoberfläche bedeutend geringer als im Inneren. Die Differenz wird mit der Intensivierung des Verdunstungsvorganges größer. Die Wasserabgabe soll im Vergleich zur Wärmeabgabe bei der Kühlung möglichst gering sein. Der Gewichtsverlust ist von der Oberflächentemperatur des Fleisches, der Temperaturdifferenz zwischen Oberfläche und Raumluft und von der Luftgeschwindigkeit abhängig. Die Verlustzahl nimmt bei konstanter Umgebungstemperatur mit sinkender Oberflächentemperatur zunächst ab, erreicht ein Minimum und steigt dann wieder an. Je geringer die Temperaturdifferenz zwischen Oberfläche und Raumluft ist, desto größer ist die Verlustzahl. Je höher die Luftgeschwindigkeit, desto geringer ist die Verlustzahl. Vf. gibt abschließend einen Vorschlag für ein günstiges Abkühlverfahren. Demnach soll zunächst mit konstanter Raumtemperatur gekühlt (z.B. —1 °C) und dann die Oberflächentemperatur des Kühlgutes konstant gehalten werden (auf 0 °C). Für die erste Phase wäre ein Tunnel geeignet, während für den zweiten Teil eine Kammer dienen kann. Zur weiteren Herabsetzung des Gewichtsverlustes könnte man eine dünne, wasserdampfdichte Haut aufsprühen, die einen größeren Dampfdurchlaßwiderstand hat als die natürliche Trockenhaut. Sie müßte nach beendigter Abkühlung wieder entfernt werden. H. Heimbürge. 2522.

3-64/06-0201 Gallagher, R. M. More profit in leaner, younger beef cattle. **(Höhere Einnahmen mit mageren, jüngeren Fleischrindern.)** New Zealand J. Agric. **107** (1963) Nr. 3. S. 174–177. — 3 Abb., 1 Tab. 2524.

3-64/06-0202 Wilson, L. L., Dinkel, C. A., Ray, D. E. und Minyard, J. A.; Brookings, South Dakota State Coll. Beef carcass composition as influenced by diethylstilbestrol. **(Beeinflussung der Rindfleischzusammensetzung durch Diaethylstilboestrol.)** J. Animal Sci. **22** (1963) Nr. 3. S. 699–701. — 3 Tab., 9 Lit.

Insgesamt 152 Mastbullen aus 11 Betrieben — von 27 Vatertieren abstammend — wurden nach Herkunft und Gewicht in 2 Gruppen eingeteilt. Die Tiere waren bei Versuchsbeginn ⌀ 216 Tage alt, die anschließende Versuchsperiode dauerte 237 Tage. Zu Beginn des Versuches erhielten beide Gruppen einheitlich ein Getreidefuttergemisch aus 50% Hafer und 50% Mais sowie Luzerneheu zur beliebigen Aufnahme. Je fortschreitendem Mastmonat wurde der Haferanteil um je 5% bis auf 25% reduziert. Die Versuchstiere erhielten 24 mg Diaethylstilboestrol zu Beginn des Versuches und nach 122 Versuchstagen weitere 24 mg (je Tier) implantiert. Folgende Ergebnisse waren zwischen den beiden Gruppen signifikant unterschiedlich (Werte der Kontrollgruppe in Klammern): Tageszunahmen ⌀ 2,35 lb. (2,08); Körperbau: 11,91 Punkte (10,83); Marktqualität: 18,93 Punkte (18,18); Anteil an magerem Fleisch: 50,96% (49,94); Fettdicke: 0,73 in. (0,66); Muskelfläche des 3-Rippenstückes: 11,14 sq.in. (10,55); spez. Gew. des 3-Rippenstückes (9.–11. Rippe): 1,0443 (1,0420); Proteingehalt: 21,5% (21,0). In allen diesen Werten waren die Versuchstiere signifikant überlegen, während sie in der Punktzahl für Marmorierung mit 5,2 (5,6) ungünstiger abschnitten. O. Siegl. 2524.

3-64/06-0203 Blumer, T. N. Relationship of marbling to the palatability of beef. **(Beziehungen zwischen Marmorierung und Schmackhaftigkeit des Rindfleisches.)** J. Animal Sci. **22** (1963) Nr. 3. S. 771–778. – 39 Lit.
Vf. untersuchte den Einfluß einiger Kriterien auf diese Beziehungen. Zwischen Tieren verschiedener Zuchten und Linien bestehen signifikante Differenzen bez. Zartheit und Geschmack des Fleisches. Auch muß bei den Geschmacksstudien das Alter der Tiere als eine beeinflussende Variable angesehen werden, Fleisch von älteren Tieren wurde bez. Geschmack niedriger bewertet. Die Futterrationen und -gemische haben auf die Qualität und Quantität der Fettablagerung einen bestimmenden Einfluß. Die Zeitdauer vom Tage der Ausschlachtung bis zur z. T. erst nach 1 Jahr erfolgten Geschmacksprobe verändert Zartheit, Saftigkeit und auch das i.m. Fettgewebe im Rindfleisch. Nach Einfrieren oder Kühlaufbewahrung sind Veränderungen nachweisbar. Zur Durchführung von Schmackhaftigkeitsstudien ist auch der „Durchkochungsgrad" exakt zu kontrollieren. Verschiedene Arten von Geschmacksverzeichnissen wurden erarbeitet. Der Begriff „Marmorierung" bezieht sich nur auf jenes Fett, das an der Fleischanschnitt-Oberfläche mit dem bloßen Auge sichtbar ist, demgegenüber schließt der Begriff „intramuskuläres Fett" sowohl das sichtbare als auch das mikroskopisch nachweisbare Depotfett innerhalb der Zellen ein. Wenn das Vorhandensein von i.m. Fett einen Zartheitseffekt auf das Bindegewebe ausübt, dann wäre anzunehmen, daß die Anhäufung des Fettes innerhalb der Zellen die Ursache dafür ist. Die Blutgefäße in Relation zur Marmorierung sind auch mit einem Photomikrograph illustriert worden, sie stehen schließlich auch in Beziehung zu den Fettdepots. Die Probleme der Marmorierung werden noch weiter erörtert. O. Siegl. 2524.

3-64/06-0204 Henry, W. E., Bratzler, L. J. und Luecke, R. W.; East Lansing, Michigan State Univ. Physical and chemical relationships of pork carcasses. **(Beziehungen zwischen physikalischen und chemischen Eigenschaften des Schweinefleisches.)** J. Animal Sci. **22** (1963) Nr. 3. S. 613–616.
Die Untersuchung der Beziehungen zwischen phys. Feststellungen und chem. Zusammensetzung des Schweinefleisches wurde an 79 Schweinen durchgeführt. In 1 Tab. sind die Mittelwerte und Standardabweichungen für die einzelnen Schlachtmerkmale angegeben. Folgende mit $P<0,1$ gesicherte Korrelationskoeffizienten wurden ermittelt: Prozentanteil an mageren Fleischteilen: a) Rückenmuskelfläche an der 10. Rippe $r = 0,63$; b) Schlachtlänge $r = 0,28$ ($P < 0,5$); Prozentgehalt an Protein in Schinken und Lende: a) Rückenmuskelfläche $r = 0,70$, b) Schlachtlänge $r = 0,47$; c) Prozentanteil an mageren Fleischteilen $r = 0,78$; Prozentgehalt an Protein in Schinken, Lende und Schulter: a) Rückenmuskelfläche $r = 0,67$, b) Schlachtlänge $r = 0,50$, c) Prozentanteil an mageren Fleischteilen $r = 0,80$; Prozentgehalt an Protein in Schinken, Lende, Schulter und Bauch: a) Rückenmuskelfläche $r = 0,63$, b) Prozentanteil an mageren Fleischteilen $r = 0,79$; Prozentgehalt an Protein in Bauch: a) Rückenmuskelfläche $r = 0,60$, b) Schlachtlänge $r = 0,45$, c) Prozentanteil an mageren Fleischteilen $r = 0,73$; Schinken in % ohne Fettauflage: Anteil an mageren Fleischteilen $r = 0,94$; durchschnittl. Rückenspeckmenge: a) Anteil an mageren Fleischteilen $r = -0,62$, b) Schlachtlänge $r = -0,47$; prozentualer Fettgehalt in Schulter: a) durchschnittl. Rückenspeckmenge $r = 0,68$, b) prozentualer Fettgehalt in Lende $r = 0,76$, c) prozentualer Fettgehalt in Bauch $r = 0,82$, d) prozentualer Fettgehalt in Schinken $r = 0,66$; prozentualer Fettgehalt in Lende: a) Rückenspeckmenge $r = 0,68$, b) prozentualer Fettgehalt in Schulter $r = 0,76$, c) prozentualer Fettgehalt in Bauch $r = 0,78$, d) prozentualer Fettgehalt in Schinken $r = 0,64$; prozentualer Fettgehalt in

Bauch: a) Rückenspeckmenge $r = 0,65$, b) prozentualer Fettgehalt in Schulter $r = 0,82$, c) prozentualer Fettgehalt in Lende $r = 0,78$, d) prozentualer Fettgehalt in Schinken $r = 0,77$; prozentualer Fettgehalt in Schinken: a) Rückenspeckmenge $r = 0,61$, b) prozentualer Fettgehalt in Schulter $r = 0,66$, c) prozentualer Fettgehalt in Lende $r = 0,64$, d) prozentualer Fettgehalt in Bauch $r = 0,77$. Die Zartheit des Fleisches korrelierte a) mit dem Marmorierungsgrad $r = 0,37$ und b) mit der Saftigkeit $r = 0,63$. Der Marmorierungsgrad korrelierte signifikant mit dem Geschmack $r = 0,23$, stand aber mit der Saftigkeit nicht in Beziehung. O. Siegl. 2524.

3-64/06-0205 Fredholm, Hugo. 5-mono, di- and triphosphates of adenosine in beef and pork kept under refrigeration. **(Adenosin-5-Mono-, -Di- und -Triphosphat in Rind- und Schweinefleisch, das gekühlt aufbewahrt wurde.)** Acta Agric. scand. **13** (1963) Nr. 4. S. 353–358. – 2 Tab., 5 Lit. 2524.

3-64/06-0206 Visacki, Vera und Marsenić, D. U kojim koncentracijama se mogu organolepticki dokazati proizvodi razlaganja mesa. **(Die niedrigsten Konzentrationen der Stoffe, die zu einer organoleptischen Herabstufung des Fleisches führen können.)** Technol. Mesa [Beograd] **4** (1963) Nr. 10. S. 284–285. – 1 Abb., 1 Tab. Zus. in Engl.
NH_3 und H_2S wurden vergleichsweise organoleptisch und chem. untersucht. Die niedrigste organoleptisch feststellbare Konzentration von NH_3 beträgt 0,005 Vol.-%. Konzentrationen über 5 Vol.-% lassen sich geruchsmäßig nicht unterscheiden. Die H_2S-Konzentrationen lassen sich in ihrer Intensität nicht geruchsmäßig unterscheiden, jedoch können bereits Konzentrationen von 0,00011 Vol.-% organoleptisch festgestellt werden. A. Schwarz. 2524.

3-64/06-0207 Rzewniś, Krystyna und Więcławek, Bonifacy. Oznaczanie zawartości antybiotyku w narządach, tkankach i przewodzie pokarmowym kurcząt karmionych paszą z dodatkiem chlorotetracykliny. **(Antibioticabestimmung in den Organen, Geweben und im Verdauungskanal der mit Chlortetracyclin gefütterten Küken.)** Med. weteryn. **19** (1963) Nr. 7. S. 398–400. – 2 Tab., 8 Lit. Zus. in Russ., Engl.
Die vorliegende Arbeit betrifft Untersuchungen über den Chlortetracyclingehalt in den Geweben der mit Zusatz eines Reinpräparates (10 g/t Futter) und „Vavit$_{12}$" gefütterten Küken sowie der Küken, die 2 Std. vor dem Schlachten eine i. m. Injektion von je 10000 mcg Antibioticum erhielten. Das Antibioticum wurde in Brustmuskeln, Nieren, Galle, Leber, Magen, Zwölffingerdarm und Blinddarm bestimmt. Als Indikator diente *Bacillus subtilis* 6633. In den Gruppen, die ein Reinpräparat und „Vavit$_{12}$" bekommen hatten, wurde das Antibioticum in den Geweben und Organen (ausgenommen von Mageninhalt) nicht festgestellt. In Gr. III (Küken mit i.m. Injektion) wurde Chlortetracyclin im Blutserum und im Blinddarm nicht festgestellt, unbeträchtliche Mengen wurden im Magen und Zwölffingerdarm sowie in der Leber gefunden, dagegen größere Mengen in Nieren, Galle und Leber bestimmt. Das Fleisch der mit Chlortetracyclin behandelten Küken wurde 15 Min. gekocht und gebraten. In allen Proben wurde danach kein Antibioticum mehr festgestellt. PRL/CBR. 2524.

3-64/06-0208 Kononenko, G. I. Ul'trazvukovoj pribor. **(Ultraschallgerät.)** Svinovodstvo, Moskva **18** (1964) Nr. 1. S. 47–48. – 2 Abb.
Auf einer österr. Ausstellung, die im Okt. 1963 in Moskau stattfand, wurde ein Ultraschallgerät zur Speckdickenmessung beim lebenden Schwein vorgeführt. Die Arbeitsweise des Gerätes ist die übliche (Generator und Meßkopf). Die Abmessungen sind: Länge – 42,5 cm, Breite – 16 cm, Höhe – 27 cm, Gewicht (einschl. Kasten) ca. 14 kg. Das Gerät kann mit 110, 125, 140, 160, 220 und 240 V gespeist werden. I. Scholz/Dummerstorf. 2526.

3-64/06-0209 Burgkart, M., Mancić, D. und Ritter, H. Ch.; Grub, Bayer. Landesanst. für Tierzucht. **Eine Methode zur Ermittlung der Geschwindigkeit von Ultraschallwellen im lebenden Rindermuskel.** Bayer. landwirtsch. Jb. **40** (1963) Nr. 5. S. 567–571. — 3 Abb., 5 Lit.
Ultraschallmessungen am lebenden Tier sind in den letzten Jahren zur ungefähren Feststellung des Schlachtwertes eingeführt worden. Gemessen werden Schweine und Rinder. Die Geräte sind allg. für die Speckmessung bei Schweinen geeicht. Die Werte bei den Rindern lagen gegenüber den Kontrollmessungen zu niedrig. Der Grund ist die ermittelte größere Geschwindigkeit der Ultraschallwellen im lebenden Rindermuskel von 2036,8 m/s gegenüber bei Schweinen von 1520 m/s. Der Faktor zur Umrechnung beträgt 1,35. Der bei Kälbern und Jungrindern ermittelte Faktor gilt auch für Bullen von 500 kg.
E. Otto. 2526.

3-64/06-0210 Anonym. **Der Fleischmarkt der Schweiz.** Fleischwirtschaft **15** (1963) Nr. 8. S. 719–723. — 12 Tab.
Vf. gibt einen nahezu geschlossenen Überblick über das Aufkommen, den Im- und Export, die Produktion und den Verbrauch von Schlachttieren und Fleisch- und Wurstwaren. Ebenso werden Zollbestimmungen, gesundheitspolizeiliche Vorschriften, Preise und Verbrauchsgewohnheiten behandelt. 1951 betrug der Pro-Kopf-Verbrauch an Fleisch, Fleisch- und Wurstwaren 50,16 kg (einschließlich 0,90 kg Pferdefleisch). K. Hahn. 2528.

3-64/06-0211 Stute, K. **Das Verhalten des Lecithins in verschieden lange gelagerten Hühnereiern.** Arch. Geflügelkunde **26** (1962) Nr. 6. S. 441–445. — 1 Abb., 5 Lit. Zus. in Engl.
Seit mehreren Jahren werden an der BFAK Versuche angestellt, um sichere Kriterien für eine Altersbestimmung an gelagerten Eiern zu finden. Mit Hilfe einer chem. Methode wurde festgestellt, daß sich der Zersetzungsquotient im Laufe einer einjährigen Lagerungszeit der Versuchseier nicht ändert. Der Tr.-Subst.-Gehalt des Eiklars wächst bis zum 150. Lagerungstag langsam auf 25%, dann schneller bis auf 75% am 245. Tag und bleibt dann konstant. Der Tr.-Subst.-Gehalt des Eidotters liegt zunächst bei ca. 46%, am 245. Tag beträgt er 90% und bleibt dann ebenfalls konstant. Diese Ergebnisse wurden bei einer Lagerungstemperatur von ca. 21 °C und einer rel. Feuchtigkeit von ca. 50% festgestellt. U. Hofmann. 2535.

3-64/06-0212 Rzewniś, K. und Więcławek, B. Oznaczanie zawartości chlorotetracykliny w jajach kur karmionych paszą z dodatkiem antybiotyku. **(Die Bestimmung des Chlortetracyclingehaltes in den Eiern von Hühnern, die Futter mit Zusatz von Antibiotica erhielten.)** Med. weteryn. **19** (1963) Nr. 4. S. 199–200. — 1 Tab., 6 Lit. PRL/CBR. 2535.

3-64/06-0213 *Parau, D.* **Die Mechanisierung der hygienischen Gewinnung und Behandlung von Milch im landwirtschaftlichen Betrieb.** Hannover: Verlag M. & H. Schaper. 1963. (39 S. m. 33 Abb.) 14,5 × 21 cm. DM 4,— = Inst. für Milcherzeugung der Süddeutschen Versuchs- und Forschungsanstalt für Milchwirtschaft in Weihenstephan. Es wird ein ausführlicher Überblick über den Stand des Melkmaschineneinsatzes in der BRD gegeben. Mit dem Stand vom 31.12. 1962 erfolgte bei 51,4 % aller Kühe der Milchentzug maschinell. Es wird jedoch noch eine weitere Steigerung des Melkmaschineneinsatzes erwartet. Alle in der BRD zum Einsatz kommenden Melkmaschinen sind vorher nach einheitlichen Richtlinien von der DLG überprüft worden. Augenblicklich sind 37 Melkmaschinenfabrikate, darunter 14 deutsche, zugelassen. Entspr. der Größe und Art des landwirtsch. Betriebes stehen verschiedene Melkmaschinenanlagen zur Verfügung. Dabei werden folgende Installationstypen voneinander unterschieden: a) standortfest eingebaute Anlagen für das Melken im Anbindestall, b) fahr- und tragbare Melkanlagen, c) Melkstandanlagen, d) Weidemelkstände. Die Vertreter der verschiedenen Typen werden ausführlich erläutert. Die standortgebundenen Melkanlagen haben bisher die größte Verbreitung gefunden. Die mit dem maschinellen Melken auf der Weide verbundenen hygienischen und techn. Probleme sind bisher noch nicht befriedigend gelöst worden. Anschließend geht Vf. auf die wichtigsten Voraussetzungen für ein hygienisches Maschinenmelken ein. Als wesentliche hygienisch-prophylaktische Maßnahmen werden die Euter- und Melkbecherzwischendesinfektion angesehen. Bei mehr als 12 Milchtieren wird dringend die Einrichtung einer Milchkammer empfohlen. Durch zahlreiche Untersuchungen konnte der Beweis erbracht werden, daß bei sachgemäßer

Reinigung und Desinfektion der Melkmaschine die Gewinnung einer einwandfreien, keimarmen Milch ohne weiteres möglich ist. Abschließend wird darauf hingewiesen, daß eine umfassende Ausbildung und Schulung der Melker für den sachgemäßen Einsatz der Melkmaschinen notwendig sind. H. Hauke.

3-64/06-0214 Fragen der Fleischvermarktung. Vorträge der Herbsttagung, Hamburg 2. bis 4. September 1963. Frankfurt am Main: DLG-Verlags-GmbH. 1964. (78 S.) 14,5 × 20,5 cm. DM 5,— = Archiv der DLG. Band 32. Auf der Herbsttagung der DLG, die vom 2.-4. 9. 63 in Hamburg stattfand und die in engem Zusammenhang mit der gleichzeitig durchgeführten Schlachtviehschau stand, wurden aktuelle Fragen der Fleischvermarktung unter bes. Berücksichtigung der gewandelten Verbraucherwünsche behandelt. Im einzelnen wurden folgende Vorträge gehalten: Wittig, W., „Der westdeutsche Vieh- und Fleischmarkt in Gegenwart und Zukunft"; Schweisfurth, K., „Das fleischverarbeitende Gewerbe als Vermittler der Verbraucherwünsche"; Hahlbrock, D., „Neue Tendenzen in der Vermarktung von Vieh und Fleisch"; Hofmann, P., „Der Einfluß der Fütterung auf die Qualität der Schlachttiere". F. Schenk.

K. TIERPSYCHOLOGIE

3-64/06-0215 Brunner, F. **Die Bedeutung der modernen Verhaltensforschung für praktische Fragen des Alltags und der Tierhaltung sowie für die Zoologie, die Psychologie, die Medizin und Tiermedizin.** Kleintier-Prax. **7** (1962) Nr. 5. S. 157–160.

In diesem vereinfachten Übersichtsbericht schildert Vf. an einigen Beispielen aus der Forschung der letzten Jahrzehnte, daß die Tierpsychologie, mit objektiven Methoden betrieben, eine exakte Wissenschaft darstellt, die in vielerlei Hinsicht als Modell für menschliche Verhaltens- und Krankheitsforschung dienen kann. Die „angeborenen Verhaltensweisen" werden bereits auch beim Säugling studiert, um angeborene Mechanismen und einsichtig Erfaßtes (oder Gelerntes) zu unterscheiden, und manche Aufklärung erwartet die Psychiatrie und medizinische Psychologie von den Ergebnissen vergleichend psychologischer Forschung, die die Charakterologie (Massenpsychologie) und andere Disziplinen bereits in manchen Fällen erhalten haben. Auf die Verbindung zum Tierschutz, zur Tiermedizin (Auftreten von Psychosen, Süchten, Perversionen bei Wirbeltieren), vergleichende Soziologie, Blindenfürsorge und Psychopharmakologie wird mit einigen Beispielen hingewiesen und die gute Zusammenarbeit zwischen den Wiener pädagogischen und kinderpsychologischen Universitätsinstituten und der biol. Station — die nur Verhaltensforschung betreibt — hervorgehoben. C. Engelmann. 2610.

3-64/06-0216 Fraser, A. F. Behavior disorders in domestic animals. **(Verhaltensstörungen bei Haustieren.)** Cornell Veterinarian **53** (1963) Nr. 2. S. 213 bis 223. — 2 Abb., 1 Tab., 26 Lit.

Manche klinischen Fälle äußern sich zuerst in einem veränderten Verhalten. Dieses kann in einer verminderten Aktivität, einem ungewöhnlichen Benehmen und Bewegungsstörungen zutage treten. Diese Verhaltensanomalien sind Sekundärerscheinungen infolge org. Dysfunktionen, wie mikrobieller Infektionen, Stoffwechselstörungen oder struktureller Mängel. I. allg. dürfen tierische Verhaltensabweichungen nicht nach der psychiatrischen Terminologie eingeteilt werden. Termini deskriptiver Natur geben die tatsächlichen Erscheinungen am treffendsten wieder. Eine Ausnahme bilden die Neurosen, deren Vorkommen auch bei Tieren mit der gleichen Bezeichnung charakterisiert wird. So kommen experimentelle Neurosen bei Tieren vor, die einer unausweichlichen und für sie unlösbaren Konfliktsituation ausgesetzt sind. Die Reaktionen sind als Folgen pathologischer „Überreizungszustände" zu betrachten und treffen sowohl für den Verteidigungstrieb als auch für Alarmreaktionen zu (Beispiel: Säugende Hündin, ferkelfressende Muttersau, Verhalten von Besamungsbullen etc.). Um Verhaltensstörungen beurteilen zu können, muß man eine klare Vorstellung vom normalen Verhalten der betr. Tierart besitzen. Für alle Tierarten ist zunächst ein Beurteilungsschema des Normalverhaltens festzulegen. An den Verhaltensabweichungen bei Pferden wird die Methode der Beobachtung tierischer Verhaltensstörungen demonstriert. H. Busse. 2610

3-64/06-0217 Meischner, W.; Leipzig, Univ., Inst. für Psychol. **Einige Probleme der Verhaltensforschung an Hausrindern.** Zuchthyg., Fortpflanzungsstör. Besam. Haustiere **7** (1963) Nr. 3/4. S. 146–160. — 10 Abb., 44 Lit.
Bei diesen Beobachtungen am Rind geht es zunächst um methodische Fragen: Alle derartigen Untersuchungen sollten nach Ansicht des Vf. ausgehen von der Aufstellung eines Verhaltens- und Aktionskataloges, geordnet nach Funktionskreisen (z. B. der Nahrungsaufnahme, der Fortpflanzung und des Komfortverhaltens) und dann zur eigentlichen experimentellen Arbeit fortschreiten, wobei eine Analyse der jeweiligen Lebensbedingungen nicht vernachlässigt werden darf, da diese für die Praxis wichtige Hinweise erwarten läßt. Beim Rind als Herdentier führen die Aufzucht in einer eintönigen Umgebung und der Ausfall der Auseinandersetzungen von Tier zu Tier leicht zu Fortpflanzungsstörungen. Über die Aufnahme fremder Artgenossen in dem Herdenverband und das natürliche Sexualverhalten des Hausrindes teilt Vf. eine Fülle von Beobachtungen mit, die auch in einem Film festgehalten sind. „'Der Sprung aus der Hand'", so urteilt Vf. zusammenfassend, „wie auch die KB repräsentieren ein künstlich reduziertes Geschlechtsverhalten, dessen Nachteile nur durch eine möglichst optimale Gestaltung der Zuchtbedingungen ausgleichbar sind". C. Engelmann. 2610.

3-64/06-0218 Hunter, R. F. und Davies, G. E.; Edingburgh, Hill Farming Res. Organization. The effect of method of rearing on the social behaviour of Scottish Blackface hoggets. **(Der Einfluß der Haltungsbedingungen auf das Gemeinschaftsverhalten von Schwarzkopfschafen.)** Animal Product. **5** (1963) Nr. 2. S. 183–194. — 6 Abb., 7 Tab., 4 Lit.
190 Mutterschafe und Jungschafe auf einer 350 acre großen Bergweide dienten zu den Versuchen, die Auskunft über den Einfluß des vertrauten Territoriums auf das Weideverhalten geben sollten. 52 Lämmer wurden in 4 Gruppen aufgeteilt, von denen eine mit den Muttertieren auf der Weide verblieb (I), eine andere (II) von der 24. bis 50. Woche mit Lämmern einer weiteren Gruppe zusammen eingestallt war; diese Gr. III war teils mit den Muttertieren (11.–14. Woche), teils ohne sie (14.–24.) auf der Weide gewesen und dann mit den Lämmern II eingestallt worden. Gr. IV war wie III, aber ohne Einstallung gehalten. Nach der 52. Woche trafen sich alle Tiere auf der Weide wieder, wobei registriert wurde, welche Gruppen und Einzeltiere sich zusammenschlossen und welches Gebiet sie aufsuchten. Die Tiere einer Gruppe schlossen sich häufiger zu einer Gruppe zusammen als Tiere aus zwei verschiedenen. Die jungen Lämmer bevorzugten die Höhenlagen und Areale, die ihnen durch ihre Mütter noch vertraut waren, doch wichen sie auch auf weniger dicht bevölkerte Flächen aus. Eine Trennung in haltungsbedingtes und erfahrungsbestimmtes Verhalten ist nicht möglich. C. Engelmann. 2610.

3-64/06-0219 Ross, Sherman, Zarrow, M. X., Sawin, Paul B., Denenberg, V. H. und Blumenfield, Michael; Bar Harbor, Me., Roscoe B. Jackson Memorial Lab. Maternal behaviour in the rabbit under seminatural conditions. **(Mütterliches Verhalten beim Kaninchen unter halbnatürlichen Lebensbedingungen.)** Animal Behaviour **11** (1963) Nr. 2/3. S. 283–285. — 2 Abb., 6 Lit.
Nach einer früheren Arbeit (vgl. LZ. Abt. III **3** [1958] Nr. 4. S. 594.) bauen Häsinnen ihre Nester vom 1.–3. Wurf immer zweckentsprechender, doch scheint das nur für Tiere unter Laboratoriumsbedingungen zu gelten (Deutsch vgl. Brit. J. Animal Behaviour **5** [1957] S. 53.). Darum wurden 18 trächtige Häsinnen 4–14 Tage vor dem Wurftermin in durch Draht abgetrennte Abt. ehemaliger Zementsilos gebracht. Die Silofächer (je 31 sq.ft.) enthielten Kiesuntergrund mit Komposterde als Auflage. Bei 8 Tieren wurden fertige Nestkisten aufgestellt, doch nur eine Häsin warf darin ihre Jungen; die anderen zogen Eigenbaue auf (2) oder in der Erde (6) vor. Fast alle Kaninchen gruben

sich Gänge (3,6 je Tier), und 96% bauten sich ein Nest, das sie mit Haaren, Gras oder Excelsior polsterten; manche bauten 2 Strohnester vor dem stroh- und haargepolsterten endgültigen. C. Engelmann. 2610.

3-64/06-0220 Konishi, Masakazu; Berkeley, Univ. of California. The role of auditory feedback in the vocal behavior of the domestic fowl. **(Die Rolle der akustischen Rückmeldung bei der Lautäußerung.)** Z. Tierpsychol. **20** (1963) Nr. 3. S. 349–367. — 7 Abb., 19 Lit.

Die zahlreichen, sehr unterschiedlichen Lautäußerungen des Haushuhns hat jüngst Bäumer eingehend beschrieben (vgl. LZ. Abt. III 8 [1963] Nr. 7. S. 1419.) An Eintagsküken, die Vf. durch eine neue operative Methode — durch Herauslösen der Columella — taub gemacht hatte, untersuchte er, inwieweit der Ausfall des Hörvermögens und damit der Kontrolle über das Ohr die einzelnen Lautäußerungen verändert oder verhindert. Die tauben Küken beherrschten alle Laute der normalen Tiere, und beim klangspektrographischen Vergleich stimmten die Lauttypen praktisch völlig überein. Die individuellen Abweichungen, die bekanntlich groß sein können, ließen einen feineren Vergleich nicht zu. Auch ein Zwerghahn, der als Erwachsener in gleicher Weise operativ ertaubte, behielt seine qualitativ und eindeutig verschiedenen bisherigen Laute bei, zeigte aber im Klangbild Abänderungen, die sich auf die qualitative Information über Umgebung und Stimmung bezogen, d. h. auf die stärkere oder schwächere Betonung einzelner Abschnitte der Lautfolgen. Am wahrscheinlichsten dürfte nach diesen Ergebnissen die Annahme sein, daß die Laute motorisch angeboren sind. Vf. erörtert daneben die Möglichkeit nicht akustischer Rückmeldung an das Zentralnervensystem und damit einer Kontrolle des motorischen Aufwandes für die Lautäußerungen. C. Engelmann. 2610.

3-64/06-0221 Wood-Gush, D. G. M.; Edinburgh, A. R. C., Poultry Res. Centre. The control of the nesting behaviour of the domestic hen. 1. The role of the oviduct. **(Die Kontrolle über das Verhalten der Henne im Nest. 1. Mitt. Die Bedeutung des Eileiters.)** Animal Behaviour **11** (1963) Nr. 2/3. S. 293–299. — 1 Abb., 5 Tab., 5 Lit.

Vor dem Legen werden die Hennen unruhig, suchen meist mehrere Nester auf, bis sie sich in einem endgültig niederlassen und legen. Zwischen den Nestbesuchen und dem Ablegen des Eies können andere Tätigkeiten — Fressen, Gefiederputzen — eingeschaltet sein. Die hier beobachteten einjährigen Leghorn-Hennen besichtigten 12 Min. bis zu 3 Std. 54 Min. Nester und brachten 47 Min. bis zu 2 Std. 7 Min. mit Legen zu. Die Hennen saßen länger auf dem Nest, wenn das Ei später als 24 Std. auf das voraufgegangene in der Serie folgte (ca. 27 Min.). Hennen, die durch chirurgischen Eingriff nur Windeier legten, verhielten sich beim Betreten des Nestes und darin normal. 2 andere Hühner, die auf ähnliche Weise am normalen Ablegen gehindert waren und die Eier frei in die Bauchhöhle entließen, verhielten sich genauso. Selbst als weiteren 5 Hennen der Eileiter operativ entfernt war, behielten die Tiere ihr normales Verhalten an und im Nest bei. Die Situation „Schalenei im Uterus“ kann deshalb nicht der Anreiz zum Aufsuchen des Nestes sein, sondern zentralnervöse Faktoren, die von den jeweiligen Umständen unterstützt oder beeinträchtigt werden. C. Engelmann. 2610.

3-64/06-0222 Engelmann, C. **Versuche mit Rohr- und Traubenzuckerlösungen an Tauben.** Arch. Geflügelzucht Kleintierkunde **13** (1964) Nr. 2/3. S. 193–205. — 2 Abb., 8 Tab., 7 Lit. Zus. in Russ., Engl. — nach Zus.

Tauben erhielten in Zweifach-Wahlversuchen Trauben- und Rohrzuckerlösungen (0,12; 0,25; 0,5 und 1,0 ml) a) neben Wasser, b) nebeneinander und c) verschiedene Konzentrationen ein und desselben Zuckers geboten. Die Tauben tranken vom Traubenzucker mehr als vom Wasser oder dem Rohrzucker. Sie unterschieden die Glucoselösungen, die ihnen „angenehm" waren, deutlich, ihre Wahl wurde aber von Neigungen zur Ortstreue (Vorliebe für eine Seite) beeinflußt. Die Tauben verwechselten die beiden Zucker nie; für sie besitzt anscheinend der Rohrzucker einen qualitativ anderen — und unangenehmen — Geschmack als der beliebte Traubenzucker. Die Rohrzuckerlösungen machten die Tauben obendrein durstig. Der Geschmacksreiz wurde nie so stark, um völlige Ablehnung (des Rohrzuckers oder des Wassers) hervorzurufen. Die Tauben waren — wie in früheren Versuchen mit anderen Schmeckstoffen — auch dem Geschmackseindruck, den die Zucker hervorrufen, empfindlicher gegenüber als Hühner und Hühnerküken. 2610.

3-64/06-0223 *Porzig, Ehrhard.* **Verhaltensforschung bei Rindern.** Berlin: Deutsche Akademie der Landwirtschaftswissenschaften, Institut für Landwirtschaftliche Information und Dokumentation. 1964. (68 S.) = Fortschrittsberichte der Landwirtschaft. Nr. 1. 1964. — nach Zus. Vf. gibt einen Überblick über den internationalen Stand der Arbeit auf dem Gebiet der Verhaltensforschung. Eingangs werden Wesen und Bedeutung der Verhaltensforschung erläutert. Anschließend wird die Methodik der Untersuchungen behandelt. Die spez. Ausführungen beziehen sich auf die Verhaltensforschung beim Kalb und beim erwachsenen Rind. Das Verhalten der Milchkühe wird untergliedert in Weideverhalten, Verhalten bei Selbstfütterung, Geschmackssinn und Sexualverhalten. — In manchen Gebieten bestehen sehr unterschiedliche Meinungen, und Untersuchungen mit europäischen Rinderrassen wurden sehr wenig durchgeführt. 2610.

L. MASSNAHMEN ZUR FÖRDERUNG DER TIERZUCHT

3-64/06-0224 Penders, J. M. A. **Neue Entwicklungen in der niederländischen Beratung.** Ausbild. Berat. Land- u. Hauswirtsch. **16** (1963) Nr. 11. S. 243–246. 2667.

3-64/06-0225 Grauvogl, A. **Aufgaben und Ergebnisse des Schweinegesundheitsdienstes (SGD) in Bayern.** Mitt. Tierhalt. **1963** Nr. 86. S. 13–18. 1951 wurde in Bayern in Zusammenarbeit der Landesanstalt für Tierseuchenbekämpfung mit dem Landwirtschaftsministerium die Abt. Schweinegesundheitsdienst (SGD) gegründet. Die Aufgaben des SGD werden in 8 Punkten zusammengefaßt, von denen die wichtigsten sind: Überwachung der Schweinezuchten und -mästereien hinsichtlich chronischer Erkrankungen und gesunder Haltung, Fütterung und Pflege der Tiere, Durchführung spez. Verfahren gegen enzootische Pneumonie, atrophische Rhinitis, Endo- und Ektoparasiten und Kontrolle der Herdbuchzuchtlinien auf Erbschäden. Die Ergebnisse des SGD in Bayern zeigen sich bes. in der Bekämpfung der Ferkelgrippe, in der Bekämpfung von Haltungs- und Fütterungsfehlern in Form von Einzelberatungen und in der Durchführung spez. diagnostischer Untersuchungen und theoretischer Studien. G. Koch. 2670.

3-64/06-0226 Lambrechts, M. C. The role of state services in animal disease control and health promotion. **(Die Aufgaben der staatlichen Dienststellen bei der Kontrolle der Tierkrankheiten und der Gesundheitsförderung.)** J. South African veterin. med. Assoc. **34** (1963) Nr. 2. S. 199–202. 2670.

3-64/06-0227 Strecker, O. **Wandlungstendenzen der Absatzorganisation für tierische Erzeugnisse.** Züchtungskunde **35** (1963) Nr. 9/10. S. 391–403. — Zus. in Russ., Engl., Franz. 2675.

3-64/06-0228 Strobel, H. **Statistische Betrachtungen zur Tierseuchen-Entschädigung der Jahre 1954 bis 1962.** Tierzucht **17** (1963) Nr. 11. S. 507–509. — 3 Tab. 2680.

SPEZIELLE GROSSTIERZUCHT

A. ALLGEMEINES

3-64/06-0229 Hammond, John; Cambridge, Univ., School of Agric. Modern trends in animal health and husbandry: trends in meat production. **(Moderne Entwicklung der Tiergesundheit und Landwirtschaft. Richtungen in der Fleischerzeugung.)** Brit. veterin. J. **119** (1963) Nr. 10. S. 443–447. — 19 Lit.

Der heutige Verbraucher verlangt ein zartes Fleisch mit wenig Fett. Für die einzelnen Fleischarten wird beschrieben, wie die Erzeuger sich hierauf einstellen. Kalbfleisch: Kälber sollen erst in einem Alter um 3 Mon. geschlachtet werden. Rindfleisch: Es müssen Rinder züchterisch selektioniert werden, die ein schnelles Jugendwachstum haben. Jung geschlachtete Ochsen ergeben rel. eine größere Ausbeute der wertvollen Keulen, mehr zartes Fleisch und weniger Fett. Lamm- und Hammelfleisch: Kreuzungen von Berg-Mutterschafen mit Böcken fruchtbarer, milchleistungsstarker Zucht sowie Haltung der daraus hervorgehenden Mutterschafe unter guten Weidebedingungen verbilligen die Erzeugung leichter Fettlämmer, welche mit 10–16 Wochen ein Gewicht von 30–40 lb. haben sollen. Weiterhin ist eine fortlaufende Lämmerproduktion ohne Beschränkung auf bestimmte Zuchtzeiten erforderlich. Schweinefleisch und Speck: Um die allg. Produktionskosten zu senken, sind schnellwüchsige Tiere mit guter Futterverwertung und ausreichender Wurfgröße auszulesen. Gegenwärtig werden Tierkörper mit 80–120 lb. für die Fleisch- und solche von 150 lb. für die Speckgewinnung verlangt. Lange Tierkörper im Verhältnis zur Rippentiefe ergeben einen höheren proportionalen Anteil der wertvollen Rückenpartien. W. Röhr. 3001.

3-64/06-0230 Bertl, Hans. **Die gegenwärtige Lage der österreichischen Viehwirtschaft.** Agrar. Rdsch. [Wien] **1963** Nr. 3/4. S. 88–90.
In Österreich stehen 216000 Kühe in Milchleistungskontrolle, 300000 Rinderbesitzer halten 2,4 Mill. Rinder, es werden 1,7 Md. kg Milch/Jahr erzeugt, davon 40% als Trinkmilch abgesetzt. Fleck- und Braunvieh stellen 74 bzw. 82% des Zucht- bzw. Schlachtviehexportes, der sich 1962 auf 100744 Tiere und S 750 Mill. belief, das sind 62,6% der Agrarexporte. In Österreich wurden 1962 60 kg Fleisch je Kopf der 5,54 Mill. Nichtselbstversorger verbraucht (430000 Rinder, 477000 Kälber, 2,3 Mill. Schweine, 23000 Schafe, 25000 Pferde, zus. 333,3 Mill. kg Fleisch). In Österreich bestehen 21 Besamungsstationen mit 183 Bullen, die 23% von 1,14 Mill. Kühen mit Samen versorgen. 1,623 Mill., d. h. 70% aller Rinder wurden von der Tbc-Bekämpfung erfaßt, 21% haben reagiert, 1,042 Mill. von der Bangbekämpfung, 5% haben reagiert. – Die Rückenspeckdicke der Schweine wurde von 4,2 auf 3,0 cm, die Futterumwandlung von 4,2 auf 3,3 FE/kg Zunahme verbessert. – Es werden 10 Mill. Hühner genutzt, 29% von Nichtlandwirten. Je Kopf der Bevölkerung wurden 1962 insges. 5,5 kg, 1937 nur 1,9 kg Schlachtgeflügel verzehrt. 22% des Verbrauches werden importiert. Der Eierverbrauch stieg von 112 auf 224 Stck./Kopf pro Jahr. 200 Mill. Eier, d. h. 17% des Verbrauches, wurden 1962 importiert. E. Höpler. 3001.

3-64/06-0231 Svoboda, K. **Zu Fragen der industriemäßigen Produktionsmethoden in der Landwirtschaft der ČSSR.** Z. Agrarökon. **6** (1963) Nr. 11. S. 328–331. 3001.

3-64/06-0232 Anonym. **Grundsätze zum Programm der Jungviehaufzucht.** Tierzucht **17** (1963) Nr. 12. S. 536–541. – 3 Tab. 3001.

3-64/06-0233 Information über einige Fragen der Landwirtschaft Hollands. Moskau. 1963. (38 S.) (Übers. aus d. Russ.) – T 117.
3-64/06-0234 *Hünsche, Siegfried.* **Untersuchungen über die Auswirkung einer Spezialisierung der tierischen Produktion auf Ackerflächenverhältnis, Fruchtfolge und Gesamtproduktion im Kreis Wanzleben.** Diss. Landwirtsch. Fak. Bernburg. 1963. (195 S.) 4°. (Diss. 9161)

B. PFERDE

3-64/06-0235 Holzrichter, Armin. **Ziele bäuerlicher Pferdezucht heute und morgen.** Mitt. dtsch. Landwirtsch.-Ges. **78** (1963) Nr. 46. S. 1445–1446. 3020.

3-64/06-0236 Balakšin, O.; Moskau, Unions-Forsch.-Inst. für Pferdezucht. Arabskaja lošad' v Sovetskom Sojuze. **(Der Araber in der Sowjetunion.)**

Konevodstvo i konnyj sport, Moskva **33(108)** (1963) Nr. 4. S. 21–27. – 10 Abb., 7 Tab.

Das Gestüt von Ter besitzt 4 reinrassige Araberhengste und 50 Araberstuten. Die Tiere sind größer und kräftiger als ihre im Ausland gekauften Eltern, weisen aber einen weichen Rücken, eine abfallende Kruppe und Tanzmeisterstellung auf. Sie sind schneller als Donpferde, Achaltekiner, Kabardiner und Karabairer. Sie sind sehr fruchtbar, langlebig und bis ins hohe Alter fortpflanzungsfähig. Die Araber werden in großem Umfang zur Verbesserung der bodenständigen Rassen und zur Züchtung neuer Rassen verwendet. Die größten und stärksten Tiere entstehen aus der Paarung Englische Vollblutstute × Araberhengst. In den Gestüten des Gebietes Rostow wird eine Bluteinspritzung der Don-, Budjonny- und Trakehner-Pferde mit Arabern vorgenommen. – Gegenwärtig sind die Blutlinien „Nassim", „Korei", „Piolun" und „Lowelas" am weitesten verbreitet. Bei der Arbeit mit der Rasse werden die homogene und heterogene Selektion, die Kreuzung von Tieren verschiedener Blutlinien und in letzter Zeit die Inzucht angewendet. Zur weiteren Vervollkommnung der sowjetischen Araber sind zwecks Blutauffrischung im Ausland Hengste und Stuten anzukaufen, in Aserbaidshan ist ein Arabergestüt zu schaffen, bei der Zucht sind die Tiere vom Typ „Koheilan-Seklavi" und „Hadban" zu bevorzugen, und die Arbeit mit den Nachkommen von „Piolun", „Skschip" und „Korei" ist zu verstärken. Es sind folgende Durchschnittsmaße anzustreben: Widerristhöhe 156–158 cm (Hengste) bzw. 154 bis 156 cm (Stuten); Brustumfang 180–185 cm bzw. 180–185 cm; Röhrbeinstärke 19,5–20,5 bzw. 19,0–19,5 cm. B. Schenk. 3170.

3-64/06-0237 Lehmann, Ernst von; Bonn, Museum Alexander Koenig, Zool. Forsch.-Inst. **Über die Beziehungen zwischen der Streifung und sog. Tigerung bei den Einhufern.** Wiener tierärztl. Mschr. **50** (1963) Nr. 10. S. 895 bis 903. – 12 Abb., 16 Lit. Zus. in Engl., Franz., Ital.

Vf. kommt in seinen Erörterungen zu dem Schluß, daß die Tigerung des Pferdes der Schimmelung nahe steht und mit der Streifenzeichnung grundsätzlich nichts zu tun hat. So sind bei der Tigerung die Flecke entspr. dem Haarstrich angeordnet, die Streifen dagegen verlaufen unabhängig davon, oft quer zum Haarstrich. Offenbar ist die Streifung ein monogen bedingtes, fest fixiertes Merkmal, welches seine Ausbildung im Embryonalstadium des Tieres erfährt; die Tigerung hingegen ist ein komplexes, polymeres Zeichnungsmuster mit sich stufenweise steigernder Ausprägung im Phänotyp, dessen höhere Stufen erst nach der Geburt ausgebildet werden. Bestimmte Bezirke, wozu bei den Equiden vor allem die Kruppe gehört, fallen dabei allg. durch eine fortgeschrittenere Entwicklung und somit durch abweichende und progressive Zeichnungen (Fleckungen) auf. G. Michel. 3270.

3-64/06-0238 Chadžidimitrov, P. und Delov, B. Vlijanieto na treninga vŭrchu telesnoto razvitie na dvegodišnite končeta ot dunavskata poroda v DZS „Georgi Dimitrov". **(Der Einfluß des Trainings auf die körperliche Entwicklung zweijähriger Fohlen der Donaurasse auf dem Staatsgut „Georgi Dimitrow".)** Naučni trudove. Visš selskostopanski institut „Georgi Dimitrov" – Kostinbrod, Sofija **13** (1963) S. 43–49. – 4 Tab., 8 Lit.

Zwei Gruppen zu je 10 (5 ♂ und 5 ♀) 2jährigen Fohlen der Donaurasse befanden sich unter gleichen Fütterungs- und Haltungsbedingungen. Vom Alter von 2–2,5 Jahren (März–Aug.) wurden die Fohlen der Gr. I in gleichem Geschirr mit einer Zugkraft von 25 kg systematisch trainiert, die Fohlen der Gr. II blieben untrainiert. Im Alter von 2,5 Jahren am Ende des 6monatigen Trainings wurde kein wesentlicher Unterschied in den Körpermaßen und Körperproportionen der Fohlen beider Gruppen festgestellt.

NRB/ZSNTI, übersetzt v. Th. C. Boetticher. 3350.

3-64/06-0239 Šimširt, B. O perestrojke sistemy ispytanij čistokrovnych verchovych losadej. **(Über die Neugestaltung des Prüfungswesens beim Russischen Vollblut.)** Konevodstvo i konnyj sport, Moskva **33(108)** (1963) Nr. 6. S. 21–22.
Vf. erörtert in allg. Form Fragen der richtigen Organisation der Leistungsprüfungen in der UdSSR, wie Prüfungen auf verschiedenen Rennbahnen des Landes, Rennen im Ausland usw. B. Schenk. 3360.

3-64/06-0240 *Knopfhart, Alfred.* **Beurteilung und Auswahl von Reitpferden.** Berlin; Hamburg: Verlag Paul Parey. 1963. (120 S. m. 46 Abb. und 4 Kunstdrucktaf.) 15 × 22,5 cm. DM 14,80.
In zwei größeren Abschnitten werden die Beurteilung des Reitpferdes und seine Auswahl – für bestimmte Zwecke bzw. bestimmte Personen – besprochen. In einem Anhang sind Ausführungen zu den Anschaffungskosten und über die wichtigsten Rechtsfragen beim Kauf eines Pferdes zu finden. Nach einem resümierenden Schlußwort runden ein Literaturverzeichnis und ein Sachregister das sich flüssig lesende Bändchen ab. H. D. Hennig.

C. RINDER

3-64/06-0241 Bella, J. Mezioblastní kooperace v chovu skotu. **(Interzonale Kooperation in der Rinderzucht.)** Ekon. Zemědělství **2** (1963) Nr. 7. S. 202 bis 203. – 4 Tab.
Eine einfache und in der Slowakei bereits einige Jahre lang angewendete Form der interzonalen Kooperation in der Rinderzucht ist die Saisonweide von Jungvieh aus den Niederungen in landwirtsch. Betrieben der Gebirgsgegenden. Die ökonomische Bedeutung dieser Kooperation beruht in der billigeren Fleischproduktion auf der Weide gegenüber dem Stall. Die unmittelbaren Aufwendungen zur Produktion von 1 kg Fleisch überschritten in der Slowakei bei Weidehaltung die Grenze von 6 Kčs nicht, sie entsprachen damit der Hälfte des Aufwandes bei Stallhaltung. Zur weiteren Verbesserung der ökonomischen Resultate dieser Weidehaltung ist es nötig, entspr. Entschädigungen für die Weidebenutzung, z. B. nach der Menge des verbrauchten Grünfutters (berechnet nach einer vom Vf. eingehend beschriebenen Methode), festzusetzen. Weiterhin ist empfehlenswert, auf die Gebirgsweiden nur Jungvieh mit einem Mindestgewicht von 230 kg zu versetzen. Tiere mit niedrigerem Gewicht weisen nicht nur geringere Zunahmen auf, sondern reagieren auch bedeutend empfindlicher auf die Veränderung der Umwelt. Schließlich sollte der Vorbereitung des Jungviehs auf die Gebirgsweide (Bewegung, Fütterung mit Silofutter und Heu u. a.) bes. Aufmerksamkeit gewidmet werden.
ČSSR/ÚVTI. 3410.

3-64/06-0242 Clamohoy, L. L., Felix, A. E., Palad, O. A. und Alonso, N. Dairying with native cattle in the Alonso Milk Farms, Maaslom Heights, Cebu City. **(Milchviehhaltung mit einheimischen Rindern in der Alonso-Milchfarm, Maaslom Heights, Cebu City.)** Philippine Agriculturist **46** (1962) Nr. 6. S. 403 bis 413. – 1 Abb., 1 Tab., 11 Lit.
Die zur Entwicklung der Milchviehhaltung auf den Philippinen in der Alonso-Milchfarm gezüchteten einheimischen Kühe wurden hinsichtlich ihrer Leistungsfaktoren untersucht. Die Laktationsdauer variierte zwischen 4 und 13 Mon., wobei die höchste Produktion im 2. Mon. erreicht wurde. Die Lebensleistung von Hochleistungskühen betrug ⌀ 4119,0 l mit einer Variation von 3819,9–5898,0 l; die Maximalleistung lag in der 3. Laktation bei einem Alter der Tiere von ca. 5 Jahren. Die Zwischenkalbezeit belief sich auf ⌀ 372 Tage.
K.-H. Voigtländer. 3410.

3-64/06-0243 Sidorenko, B. und Lisovik, S.; Tomsk, Kuibyschew-Univ. Novoe, peredovoe – v životnovodstvo. **(Neues, Fortschrittliches in der Tierzucht.)** Sel'skoe chozjajstvo Sibiri, Omsk **7** (1962) Nr. 4. S. 25–41. – 10 Abb., 2 Tab.
Im vorliegenden Artikel wird die Entwicklung eines Sowchos beschrieben. Zur Erhöhung der Produktion war es notwendig, die Organisation und die

Technologie der Produktion zu verändern und zu verbessern. Folgende Maßnahmen wurden zunächst durchgeführt: Spezialisierung der Farmen des Sowchos, Freilaufhaltung der Kühe, Mechanisierung des Melkens in Fischgrätenmelkständen, Aufzucht der Kälber von Ammenkühen, künstliche Besamung der Kühe, Anwendung von Antibiotica, Wachstumsstimulatoren und neue Kastrationsmethoden sowie Anbau von Mais zur Silierung. Alle diese Maßnahmen sind eingehend beschrieben. K. Witt. 3420.

3-64/06-0244 Polichronov, Dobri. Po njakoi vŭprosi na razvŭdnata biologija pri bivolite. **(Einige Probleme der Biologie der Vermehrung der Wasserbüffel.)** Selskostopanska nauka, Sofija 2(8) (1963) Nr. 2. S. 234–242. – 5 Abb., 7 Tab., 25 Lit.
Vf. untersuchte Material über die Kontrolle des Rinderns, der Befruchtung und des Kalbens von Büffelkühen in 3 Betrieben und stellte fest, daß die 1. Brunst im Alter von 10–28 Mon., im Durchschnitt im Alter von 21,23 ± 0,64 Mon., die 1. Befruchtung im Alter von 29,21 ± 0,93 Mon. und die 1. Abkalbung im Alter von 40,11 ± 0,98 Mon. eintritt. In einem Versuch mit 3 Gruppen zu je 8 Büffelkühen, die in Gr. I im Alter von 19–24, in Gr. II im Alter von 26–31 und in Gr. III im Alter von 32–36 Mon. gedeckt worden waren, wurde festgestellt (in der Reihenfolge der Gruppen): Durchschnittsalter bei der 1. Befruchtung 22, 28,5 und 40 Mon., Durchschnitts-Lgw. 415, 396 und 404 kg; Durchschnitts-Lgw. nach der 1. Laktation 481, 460 und 456 kg; durchschnittl. Milchleistung in 300 Tagen der ersten 3 Laktationen 1281, 1251 und 1194 l. Zwischen dem Lgw. und den Körpermaßen der ausgewachsenen Büffelkühe wurden keine wesentlichen Unterschiede festgestellt.
NRB/ZSNTI, übersetzt v. Th. C. Boetticher. 3426.

3-64/06-0245 Schöpfel. **Das Gelbvieh als Fleischrind in Reinzucht und Kreuzung.** Tierzüchter **15** (1963) Nr. 12. S. 429–430. – 3 Abb., 1 Tab.
Durch den Wegfall der Arbeitsleistung rückte beim Gelbvieh die Milchleistung in den Vordergrund. Während in Bayern durch Reinzucht die gute Fleischwüchsigkeit und Fleischqualität erhalten wurde, sind in Rheinland-Pfalz durch die Kombinationspaarung mit Roten Dänen gewisse Einbußen im Massenwuchs der Tiere hingenommen worden. Mit 500 Lebenstagen, einem Lgw. von 629 kg und einem Schlachtgewicht von 380 kg stellte das Gelbvieh auf der DLG-Schlachtviehschau 1961 die jüngste Gruppe mit dem besten Lebend- und Schlachtgewicht. Bis zum Lgw. von 550 kg wurden ⌀ 3,1 KStE je kg Zuwachs benötigt. Es werden die Ergebnisse von 9 Bullennachkommenschaftsgruppen mit 86 Tieren aus der Nachkommenschaftsprüfung auf Fleischleistung in Grub angegeben. Durch die Einfuhr von Gelbviehbullen ins Murbodner Zuchtgebiet konnte die tägl. Zunahme der vorgestellten Jungbullen gegenüber den reinen Murbodnern um rund 200 g ansteigen.
Herbert Winkler. 3456.

3-64/06-0246 Fandeev, B. Ajrširskij skot v Finljandii. **(Die Ayrshire-Rinderrasse in Finnland.)** Moločnoe i mjasnoe skotovodstvo, Moskva **9** (1964) Nr. 1. S. 45–46. – 1 Abb.
Vf. berichtet über die Verbreitung und Leistung der Ayrshire-Rinder in Finnland. Die Milchkontrolle wird von Kontrollassistenten ab Monat Juni einmal monatl. durchgeführt. Alle kontrollierten finnischen Ayrshire-Kühe erbrachten im Kontrolljahr 1960/61 im Mittel 4205 kg Milch mit 4,5% Fett und 189 kg Milchfett. Die besten Kühe des Kontrolljahres gaben über 10000 kg Milch mit 527–543 kg Milchfett. Bes. Wert wird auf hohe Lebensleistungen gelegt, wie auch Bullen vorzugsweise von solchen Kühen aufgezogen werden, die schon hohe Dauerleistungen aufzuweisen haben. Damit soll nicht nur Leistungs-, sondern auch Konstitutionsauslese betrieben werden. So stammen 63% aller Besamungsbullen von Müttern, welche in ihrem Leben über 50 t Milch gegeben haben. Die Halbschwestern von zur Körung vorgestellten

Jungbullen sollen mit ihrer Leistung mindestens 5% über dem Herdendurchschnitt liegen und einen Milchfettgehalt von mindestens 4,2% aufweisen. Besamungsbullen müssen mindestens 20 geprüfte Töchter aufweisen, die eine rel. Milchleistung von mindestens 105 und einen Fettgehalt von 4,2% zeigten. Die Nachkommenschaftsprüfung wird als ausreichend für die Bestimmung des Zuchtwertes der Bullen angesehen. H. Schwiderski/Dummerstorf. 3480.

3-64/06-0247 Eftimov, B., Vasilev, J. und Venev, I. Proučvane na eksteriorno-konstitucionalnite tipove i na njakoi korelacii pri sofijskoto kafjavo govedo. **(Untersuchung der Exterieur- und Konstitutionstypen und einiger Korrelationen beim Sofioter Braunvieh.)** Naučni trudove. Visš selskostopanski institut „Georgi Dimitrov“ – Kostinbrod, Sofija **13** (1963) S. 21–41. – 4 Abb., 9 Tab., 17 Lit.

Bearbeitet wurde Unterlagenmaterial, das die visuelle Beurteilung, das Lgw., die Exterieur-Maße, die Milchleistung und den Futterzustand von 233 Kühen einer Herde des Sofioter Braunviehs, aber auch verschiedene physiol. und hämatol. Kennziffern von 65 Kühen umfaßt. Es wurde festgestellt, daß auf Grund einer visuellen Beurteilung 21,9% der Kühe zum Milchtyp, 48,9% zum Milch-Fleisch-Typ und 29,2% zum Fleisch-Milch-Typ gehören. Am aufschlußreichsten hinsichtlich verschiedener Konstitutionstypen waren die Beziehungen zwischen der Beckenbreite sowie der Brusttiefe und -breite, der Dicke der Haut am Halse und über der letzten Rippe sowie die Katalase des Blutes. Festgestellt wurde auch, daß die Milchleistung mit dem Lgw., der visuellen Beurteilung sowie mit der Katalase positiv, jedoch mit der Hautdicke negativ korreliert. NRB/ZSNTI, übersetzt v. Th. C. Boetticher. 3480.

3-64/06-0248 Ėzera, I.; Min. für Erzeug. und Erfass. Landwirtsch. Produkte der Lett. SSR. Organizacija kontrolja za produktivnost'ju korov. **(Die Organisation der Milchleistungskontrolle bei Kühen.)** Moločnoe i mjasnoe skotovodstvo, Moskva **9** (1964) Nr. 1. S. 25–27. – 1 Abb., 1 Tab.,

In der Lettischen SSR stehen 80% aller Kühe (235500 Stck.) in Einzelkontrolle. Die Milchkontrolle und praktische züchterische Arbeit werden von den 1400 Kontrollassistenten durchgeführt. Die Oberleitung erfolgt von den staatl. Zuchtstationen, welche jeweils für 5000 zu betreuende Kühe einen Spezialisten erhalten. Seit 1963 wird die Auswertung der Leistungskontrollen in Rechenzentren durchgeführt. Dadurch wurde es möglich, daß ein Kontrollassistent jetzt 300–500 Kühe betreuen kann an Stelle von 200 bis 250 beim früheren Zustand. Große Aufmerksamkeit wird der Steigerung des Milchfettgehaltes und der Auswahl der Vatertiere geschenkt. Die Durchschnittsleistung der Bullenmütter beträgt 4861 kg Milch mit 4,63% Fett. 2 Bullenprüfstationen konnten ihre Arbeit aufnehmen. Auf die Wichtigkeit der ständigen Leistungskontrolle wird hingewiesen.

H. Schwiderski/Dummerstorf. 3520.

3-64/06-0249 Happ, H. **Die Melkbarkeit in praktischer Zuchtarbeit. III.** Tierzüchter **13** (1961) Nr. 23. S. 583–584. – 6 Tab. 2. Mitt. vgl. 3-64/02-0203.

Vf. untersucht die Beziehungen zwischen den einzelnen Merkmalen der Melkbarkeit. Die Melkdauer ist von großem Einfluß auf die Höhe des Minutengemelks und des Nachgemelks. Dagegen bestehen zwischen Melkdauer und Viertelverteilung keine Beziehungen. Ein höherer Milchanteil in den Vordervierteln verkürzt die Melkzeit nicht, nur bei weniger als 30% im Vordereuter wird die Melkdauer beeinflußt. Das Nachgemelk wurde bei steigendem Minutengemelk geringer. Kühe mit besserer Melkbarkeitsnote weisen auch eine höhere Milchmenge und auch höhere Fettprozentgehaltsleistung auf. Der Einfluß der Vatertiere auf die Melkbarkeit wird nachgewiesen und auf die Wirksamkeit der Selektion auf dieses Merkmal eingegangen.

H. Fiedler. 3546.

3-64/06-0250 Hesselbach, J. **Die Melkbarkeit und ihre Beeinflussung durch verschiedene Faktoren.** Tierzüchter **15** (1963) Nr. 11. S. 392. 394. – 2 Tab.

Bei arbeitswirtschaftlichen Beobachtungen in der Praxis wurden erstaunlich geringe Melkgeschwindigkeiten festgestellt. Im Institutsversuch wurde der Einfluß der Melktechnik auf das Minutengemelk untersucht. Es konnten zwischen Alter der Kühe, der Zeit des Milchflusses an sich und dem Minutengemelk hochsignifikante Beziehungen gefunden werden. Es ist zu vermuten, daß die Melkmethode die Melkbarkeit beeinflußt. Durch das Schnellmelken und Kurzzeitmelken konnte keine wesentliche Erhöhung der Melkgeschwindigkeit erzielt werden. Herbert Winkler. 3546.

3-64/06-0251 Vladimirov, Ivan. Opredeljane koeficienta na unasledjaemost na mlečnata produktivnost pri govedoto. **(Die Bestimmung des Erblichkeitskoeffizienten der Milchleistung beim Rind.)** Selskostopanska nauka, Sofija **2(8)** (1963) Nr. 1. S. 67–75. – 4 Tab., 9 Lit. Zus. in Russ., Engl.

Vf. weist auf die Bedeutung der Heritabilitätsbestimmung für die Züchtung hin und erklärt an Hand der Unterlagen über die Milchleistung der Kühe von 4 Zuchtherden des Iskâr-Rindes, wie h^2 bestimmt wird. Gleichzeitig stellt er fest, daß die Heritabilität der Milchleistung bei den Kühen der untersuchten Herden des Iskâr-Rindes h^2 = 38–40% beträgt und die des Milchfettgehaltes 68%. NRB/ZSNTI, übersetzt v. Ch. Eshkowa. 3578.

3-64/06-0252 Dhinsa, H. S. Inheritance of some economic characters in Murrah buffaloes. **(Die Vererbung einiger wirtschaftlicher Charakteristika bei Murrah-Büffeln.)** Indian veterin. J. **40** (1963) Nr. 6. S. 352–361. – 8 Tab., 18 Lit.

Im Durchschnitt wurden das Erstkalbealter mit 49,03 ± 8,36 Mon., die Milchleistung in der 1. Laktation mit 3873,2 ± 1213,65 lb., die Höchstleistung mit 15,99 ± 2,46 lb. und die 1. Zwischenkalbezeit (ZKZ) mit 495,10 ± 130,80 Tagen ermittelt. Die Heritabilität belief sich für das Erstkalbealter auf 0,768, die erste 300-Tage-Leistung 0,324, die Höchstleistung 0,484 und für die 1. ZKZ 0,344. Angaben über phänotypische und genetische Korrelationen ergänzen die Darstellung. K.-H. Voigtländer. 3578.

3-64/06-0253 Taylor, St. C. S. Identical twins and developmental stability. **(Die Entwicklungsstabilität identischer Zwillinge.)** Animal Product. **4** (1962) Nr. 1. S. 144–164. – 11 Tab., 35 Lit.

An 32 reinrassigen und 28 Kreuzungs-Zwillingen, die alle monozygot waren und durchschnittl. im Alter von 2 Jahren und 77 Tagen abkalbten, wurden sehr gründliche Untersuchungen über den Einfluß des Geburtstermines, des Genotyps, der durchschnittl. Größe des Zwillingspaares und den Grad der Reife auf die Höhe der innerhalb-Paar-Variabilität (I.P.V.) bei 12 Körpermaßen durchgeführt. Die Stabilität, mit der die Rinder wachsen, ist anscheinend abhängig von ihrem Genotyp. Beim Vergleich der I.P.V. zeigte sich, daß die Varianz aller Körpermaße innerhalb der Kreuzungszwillinge 48% größer als die der reinrassigen Vergleichspaare war. Kreuzungstiere waren also im Durchschnitt 50% weniger stabil als reingezüchtete Zwillinge im Wachstum ihrer Körperproportionen. Ein Vergleich der Stabilität der Körpergröße über die 2-Jahr-Periode wies nach, daß die Shorthorn 82%, die Friesian 104%, die Ayrshire 87% und die Kreuzungen 127% der Variabilität aller genotypischen Gruppen zeigten. Wurden die Zwillingspaare innerhalb jeder genotypischen Gruppe in große, mittlere und klein abwachsende im Vergleich zu den Durchschnittswerten über die 2-Jahr-Periode eingeteilt, so betrug die I.P.V. in Prozenten zum Gesamtdurchschnitt bei großen Paaren 85, mittleren Paaren 90, kleinen Paaren 125. Die kleinen Tiere zeigten eine größere Disproportionalität im Zuwachs bei den 12 Körpermaßen. Allg. ist festzustellen, daß alle Paare identischer Zwillinge der gleichen genotypischen Gruppe nach der Geburt mit m. o. w. gleicher Stabilität wachsen. Die Stabilität der Entwicklung ändert sich kontinuierlich mit dem Alter, jedoch nicht stark. Jedes Körpermaß scheint einen eigenen charakteristischen Alterstrend zu haben. Identische Zwillinge tendieren dazu, bei später abwachsenden Körpermaßen weniger ähnlich zu werden, während bei früher ausgewachsenen Körperpartien die Tendenz zur Abnahme der Variabilität auftritt.

G. Koriath. 3585.

3-64/06-0254 Anonym. **Vorschläge zur Ausarbeitung von Kälberbilanzen und Jungviehaufzuchtplänen in allen sozialistischen Landwirtschaftsbetrieben.** Tierzucht **17** (1963) Nr. 12. S. 533–535. – 1 Tab. 3604.

3-64/06-0255 **Vererbung ingezüchteter Tiere.** Dummerstorf, Inst. Tierzuchtforsch. Dtsch. Akad. Landwirtsch.-Wiss. Berlin Plan-Nr.: 1701 16 h-3-32/1. Abschlußber. (30/11. 1963).

Bei Auswertung ingezogener Kühe mit bekanntem Erbwert des Inzuchtahnen in den Bezirken Rostock, Schwerin, Neubrandenburg, Stendal und Dresden wurde als Ergebnis einer wahllosen Inzucht eine Depression von im Durchschnitt 180 kg Milch bzw. 0,15% Fett bis zu 25% Inzucht festgestellt. Eine Abhängigkeit der Höhe der Depression von den Haltungsbedingungen ist sehr wahrscheinlich. Der aus dem TMV in Form 2 T-M ermittelte Fetterbwert eines Bullen gibt ein gutes Maß für seine Inzuchteignung bei der Vererbung der Fettprozente. Inzucht auf Bullen, die die Milchmenge (2 T-M) um mehr als 150–200 kg gesenkt haben, sollte vermieden werden. Bei der Anpaarung ingezogener Kühe an fremde Bullen ergab sich im Durchschnitt eine Steigerung der Milchmenge über das Elternmittel. 3606.

3-64/06-0256 Gajdyševa, V. D. Predvaritel'nye rezul'taty skreščivanija jaka s mjasnym skotom v gornom Altae. **(Vorläufige Ergebnisse aus der Kreuzung von Yaks mit Fleischrindern im Altai.)** Životnovodstvo, Moskva **25** (1963) Nr. 5. S. 56–58. – 2 Abb., 3 Tab.

Um kräftige, schnellwüchsige Tiere mit guten Fleischeigenschaften und großer Anpassungsfähigkeit an die Gebirgsweiden zu erhalten, wurden Yaks (I) mit sibirischen Simmentalern (II) bzw. Shorthorn (III) gekreuzt. Das Lgw. der Tiere betrug bei der Geburt 15,6 (I), 21,8 (II) und 26 kg (III), mit 20 Mon. entspr. 154,5; 258,2 und 298,6 kg. Im Winter, als neben der Weide Beifutter verabreicht wurde, betrugen die Tagesdurchschnittszunahmen 88 (I), 575 (II) und 867 g (III) bei einem Futteraufwand von 27; 10,68 und 7,6 FE/kg Zunahme. Bei III war die Schlachtausbeute am höchsten, und auch das Schlachtkörpergewicht und die Fleischqualität übertrafen die anderen Gruppen.

B. Schenk. 3606.

3-64/06-0257 Nowicki, B. Oddziaływanie kojarzenia krewniaczego na wartość cech użytkowych krów rasy nizinnej czarno-białej. **(Die Wirkung der Verwandtschaftszucht auf die Leistungseigenschaften des schwarzbunten Niederungsviehs.)** Roczniki Nauk rolniczych, Ser. B **81** (1963) Nr. 3. S. 487–498. – 10 Tab., 8 Lit.

Zweck dieser Arbeit war der Nachweis des häufigen Auftretens von Tieren in der Population, die ein Produkt der Verwandtschaftszucht sind, und die Untersuchung der Einwirkung der Verwandtschaftszucht auf den Wert der Nutzeigenschaften. Die erzielten Ergebnisse zeigen: 1. Das Ansteigen des Verwandtschaftskoeffizienten wird von einem Ansteigen der Milch- und Fettleistung begleitet. 2. Eine günstige Genotyp-Umwelt-Wechselwirkung bestand, was die Realisierung der Erbeigenschaften der Kühe ermöglichte. 3. Das Gewicht von Kühen mit einem hohen Wert des Inzuchtkoeffizienten ist niedriger als das Gewicht nichtingezüchteter Kühe. 4. Ingezüchtete Kälber sind bei der Geburt leichter; die Färsen erreichen bis zum Zeitpunkt des Abkalbens das Gewicht nichtingezüchteter Kühe. 5. Das Ansteigen der Anzahl der ingezüchteten Kälber schafft die Notwendigkeit, eine genealogische Selektion zu betreiben, die Kontrolle der Vatertiere auf Letalfaktoren durchzuführen und ein Zuchtsystem auszuarbeiten. 6. Die Inzucht kann nicht Ziel der Zucht, sondern nur ein Mittel sein, die Erreichung des Zieles zu begünstigen.

PRL/CBR, übersetzt v. O. Kasperl. 3606.

3-64/06-0258 Anonym. Křížení našeho skotu se skotem jerseyského plemena. **(Die Kreuzung tschechoslowakischer Rinderrassen mit dem Jersey-Rind.)** Náš Chov **1963** Nr. 7. Beil. S. 50–52. – 5 Abb., 6 Tab.

Durch die Kreuzung mit Jersey soll beim Tschechischen und Slowakischen Fleckvieh, einschließlich des Slowakischen Pinzgauer Rindes, eine wesentliche Erhöhung des Fettgehaltes der Milch, eine größere Frühreife und eine Verbesserung der Melkbarkeit der Kühe erreicht werden. Durch den hohen Milchfettgehalt haben die Jersey u. a. eine ökonomisch günstige Futterverwertung (14,8 FE/kg Milchfett gegenüber 18,8 FE beim Fleckvieh). Als Endziel der Kreuzung steht die Erzüchtung eines leichten Rinderschlages mit einem Anteil von 25–37,5% Jerseyblut und 62,5–75% Fleckvieh-Blut. Die Kreuzungskühe sollen ein Lgw. von 500–550 kg (Pinzgauer 450–550 kg) bei einer rel. Milchleistung von 700–800 kg (600–700 kg) je 100 kg Lgw. mit 4,5% Milchfett und 3,8–4,0% Milcheiweiß erreichen. Beim Slowakischen Pinzgauer Rind wird auch die Dreirassen-Kreuzung mit Fleckvieh und Jersey geprüft.

ČSSR/ÚVTI. 3606.

3-64/06-0259 Čubabrija, V. Po metodu T. D. Lysenko. **(Nach der Methode von T. D. Lyssenko.)** Moločnoe i mjasnoe skotovodstvo, Moskva **9** (1964) Nr. 1. S. 20–24. – 5 Abb.

Vf. berichtet von Jersey-Kreuzungsversuchen, die von der Irkutsker Landwirtsch. Versuchsstat. durchgeführt wurden. Die ersten Nachkommen eines $^3/_4$-jerseyblütigen Bullen, der von der Versuchswirtschaft „Gorki Leninskije", Moskauer Gebiet, angekauft wurde, zeigten einen um 0,5–0,7% höheren Fettgehalt als ihre Mütter. 34 F_1-Töchter eines Jersey-Bullen erbrachten in 268 Laktationstagen der 1. Laktation 2836 kg Milch mit einem Fettgehalt von 4,62% und 131 kg Milchfett. Ihr durchschnittl. Lgw. betrug 487 kg. 110 schwarzbunte Vergleichstiere leisteten in 268 Tagen der 1. Laktation 3293 – 3,47 – 114,5. Die schwarzbunten Kühe benötigten je kg Milch 18% mehr Futter als die Kreuzungen. Für die Praxisbetriebe des Irkutsker Gebietes werden $^1/_4$-jerseyblütige Bullen bereitgestellt, welche zur Verbesserung des Fettgehaltes beim Schwarzbunten Rind beitragen sollen. Alle Kreuzungsbullen werden im TM-Vergleich geprüft.

H. Schwiderski/Dummerstorf. 3606.

3-64/06-0260 Conev, Petŭr. Nasledstvenost i izmenčivost pri rodopskoto govedo pod vlijanie na krŭstosvaneto mu sŭs sofijskoto kafjavo govedo. **(Vererbung und Veränderlichkeit beim Rhodopenrind unter dem Einfluß seiner Kreuzung mit dem Sofioter Braunvieh.)** Veterinarna sbirka, Sofija **60** (1963) Nr. 5. S. 25–27. – 2 Abb.

Vf. hat Messungen an 24 Schädeln des Braunen Rhodopenviehs, an 38 Schädeln des Sofioter Braunviehs und an 24 Schädeln von Kreuzungstieren der I. Generation (Rhodopenvieh × Sofioter Braunvieh) vorgenommen. Im Artikel werden die Ergebnisse von nur 10 Messungen des Schädels im Gebiet der Schädeldecke angeführt. Festgestellt wurde, daß diese Maße bei den Kreuzungstieren eine intermediäre Stellung zwischen den Maßen der Ausgangsrassen einnahmen, jedoch kommen sie den Schädelmaßen des Sofioter Braunviehs näher. Einzelne Maße weichen bei den Kreuzungstieren nicht in gleichem Grade von den entspr. Maßen der Ausgangsrassen ab, jedoch bleibt der Gesamtplan der Schädelstruktur bei den Kreuzungstieren erhalten.

NRB/ZSNTI, übersetzt v. Th. C. Boetticher. 3606.

3-64/06-0261 Vasin, A. D. Vlijanie raznych faktorov na vosproizvoditel'nuju sposobnost' u korov. **(Der Einfluß verschiedener Faktoren auf die Fortpflanzungsfähigkeit von Kühen.)** Životnovodstvo, Moskva **25** (1963) Nr. 8. S. 83–86. — 1 Tab.

Es wurden die Angaben von 11 landwirtsch. Betrieben untersucht, wobei festgestellt wurde, daß verschiedene Faktoren die Fortpflanzungsfähigkeit der Kühe beeinflussen. Mehr als die Hälfte der untersuchten Kühe kalbten im 1. Halbjahr ab. Die Brunst trat bei ca. 56% der Kühe in den ersten 2 Mon. nach dem Abkalben auf. Die höchste Befruchtungsziffer lag in den ersten beiden Monaten nach dem Abkalben. Dies zeigt, daß eine Vergrößerung der Zahl der Trächtigkeitstage im Jahr erreicht werden kann. Ein entscheidender Faktor für das normale Auftreten der Brunst und die Befruchtung ist eine vollwertige Fütterung der Kühe. Der jährl. Wechsel der Besamungstechniker wirkt sich negativ auf die Befruchtungsergebnisse der Kühe aus. Die besten Befruchtungsergebnisse erzielten Besamungstechniker mit langjähriger Berufspraxis. Im Kampf gegen die Unfruchtbarkeit ist es bei Kühen mit funktionellen Störungen ohne sichtbar pathol. Geschlechtsorgane zweckmäßig, Hormonpräparate anzuwenden. Eine einmalige Anwendung von PMS in der Dosis von 4000 IE übte keinen stimulierenden Einfluß auf alte Kühe (über 10 Jahre alt) und auf Kühe mit sichtbar pathol. Geschlechtsorganen aus.

K. Witt. 3610.

3-64/06-0262 Goljarkin, F. E. Odna iz osnovnych pričin jalovosti korov. **(Einer der Hauptgründe für die Unfruchtbarkeit der Kühe.)** Životnovodstvo, Moskva **25** (1963) Nr. 5. S. 72–74. — 1 Tab.

Einer der Hauptgründe ist die nicht vollwertige Fütterung in der Stallperiode. Bei einem Carotingehalt des Futters von 100–200 mg kam es zur Nachgeburtsverhaltung, zu Fehl- und Totgeburten und zu A-Avitaminosen der neugeborenen Kälber. Diese Symptome verschwanden, als der Carotingehalt im Jan. und Febr. auf 290–340 mg und im März–Mai auf 660–720 mg erhöht wurde. Um den Einfluß von Vit. A auf die Geschlechtsfunktion der Kühe zu klären, erhielten Versuchstiere Vit.-A-Injektionen (jeweils 500000 IE im Abstand von 5–6 Tagen). Bei ihnen trat nach 4–5 Injektionen die Brunst 26–50 Tage nach dem Abkalben auf, und sie wurden mit Erfolg besamt. Bei den Kontrolltieren (keine Injektionen) trat die Brunst erst am 40.–182. Tag nach dem Abkalben auf, als sie im März und Apr. 660–720 mg Carotin/Tag erhielten. Alle wurden jedoch 3- bis 4mal erfolglos besamt. Die trächtigen Kühe, die 20–35 Tage vor dem Abkalben 4–6 Vit.-A-Injektionen erhielten, brachten gesunde Kälber zur Welt und verhielten die Nachgeburt nicht. Sie gaben auch bedeutend mehr Milch als die Kontrollkühe. Deshalb sollten trächtige Hochleistungskühe bei Carotinmangel in der Winterration unbedingt Vit.-A- und -D-Injektionen erhalten; außerdem muß die Winterration an die Sommerration angeglichen werden (160–180 mg Carotin/100 kg Lgw.).

B. Schenk. 3610.

3-64/06-0263 Goswami, S. K. und Bhattacharya, S.; Nadia, Mohanpur, West Bengal, Centr. Livestock Res. and Breeding Stat. Genetic causes of variation in gestation length of Hariana cattle. **(Genetische Ursachen von Variationen der Trächtigkeitsdauer bei Hariana-Rindern.)** Indian veterin. J. **40** (1963) Nr. 6. S. 365–370. — 5 Tab., 16 Lit.

An 2592 Trächtigkeiten von 1001 Hariana-Kühen wurde festgestellt, daß der Einfluß der Bullen zu hochsignifikanten Unterschieden in der Trächtigkeitsdauer führte. Die Analyse der Gesamtvarianz ergab 34,36% für die additive genetische Varianz, 12,00% für Dominanz und 6,96% für den mütterlichen Einfluß. Der Anteil des Genotyps des Kalbes betrug ca. 54% der Gesamtvarianz.

K.-H. Voigtländer. 3612.

3-64/06-0264 Donaldson, L. E. und Larkin, R. M. Observations on time of calving and growth to weaning of beef calves in coastal Northern Queensland. **(Beobachtungen über die Kalbezeit und das Wachstum bis zum Absetzen bei Mastkälbern im nördlichen Küstengebiet von Queensland.)** Queensland J. agric. Sci. **20** (1963) Nr. 2. S. 199–202. – 1 Abb., 3 Tab., 1 Lit.
Untersuchungen an Reinzucht- und Kreuzungs-Brahman ergaben, daß die während der Trockenzeit geborenen Kälber ein rascheres Wachstum bis zum Absetzen (korrigiert auf 200 Tage Alter) aufwiesen als die in der feuchten Jahreszeit geborenen Tiere; die Abhängigkeit von der Milchleistung des Muttertieres und der Weidequalität wird diskutiert. Ferner wiesen die männl. Kälber signifikant bessere Tageszunahmen auf als die weibl.
K.-H. Voigtländer. 3614.

3-64/06-0265 Brodauf, H. **Die Zwillingsgeburt des Rindes und ihre Folgen in der Sicht des Rindergesundheitsdienstes (RGD).** Züchtungskunde **35** (1963) Nr. 7. S. 316–326.
Es werden 3 Berichte über das Problem der Zwillings- bzw. Mehrlingsträchtigkeit sowie Erhebungen des Rindergesundheitsdienstes behandelt. Das Material des Rindergesundheitsdienstes erfaßt bei 27036 Kühen 361 Zwillings- bzw. Mehrlingskalbungen mit 729 Kälbern. Die Zwillingsmütter liegen mit einem Durchschnittsalter von 7,86 Jahren um 1,13 Jahre über dem Durchschnittsalter aller erfaßten Kühe. Die meisten Mehrlingsgeburten fanden zwischen Mai und Okt. statt, was auf Auswirkungen der futterreichen Jahreszeit auf die Polyovulation schließen läßt. Bei den Zwillingskälbern betrugen die Verluste 31,0% gegenüber 7,65% bei der Gesamtpopulation. Aus tierärztlicher Sicht sind Zwillings- bzw. Mehrlingsgeburten beim Rind auf Grund des erschwerten Geburtsverlaufes sowie wegen der Fortpflanzungsstörungen abzulehnen. K. Pilz. 3614.

3-64/06-0266 Stalinski, Z. Metody hodowlane stosowane przez stacje sztucznego unasieniania zwierząt w masowej hodowli bydła w Polsce Południowej i Południowo-zachodniej. 1. Użytkowanie buhajów w zakładach inseminacyjnych z pozycji hodowlanych. **(Die von den Besamungsstationen in der Rinderzucht in Süd- und Südwestpolen angewendeten Zuchtverfahren. 1. Mitt. Nutzung der Bullen auf den Besamungsstationen vom Standpunkt der Züchtung gesehen.)** Roczniki Nauk rolniczych, Ser. B **82** (1963) Nr. 1. S. 1–17. – 13 Abb., 3 Tab., 58 Lit.
Grundprinzip in der Rinderzucht bei Anwendung der KB ist das Vermeiden von Inzucht. Der Autor teilt die Methoden der züchterischen Arbeit unter diesem Gesichtspunkt in 3 Gruppen ein: 1. Individuelle Auswahl. Die Besamungsstation verfügt über einen Bestand an Bullen, die einzelnen Züchter haben das Recht, beliebig unter diesen Bullen zu wählen. – 2. Gruppenauswahl. Die Besamungsstation verfügt über eine Reihe von Gruppen verwandter Bullen, der Züchter ist berechtigt, eine bestimmte Gruppe auszuwählen. – 3. Die Besamungsstation verfügt über Bullengruppen und hat einen zentral festgesetzten Einsatzplan. Die Züchter haben nicht das Recht der Auswahl. In Polen muß jetzt noch immer die Methode 3 in der züchterischen Arbeit angewendet werden, obwohl hier der Zuchtwert der niedrigste ist. Mit den zunehmenden Herden und der Qualifikationssteigerung des Personals in den Besamungsstationen sowie der Züchter können wir zur Methode der Gruppenauswahl übergehen. Die züchterische Arbeit muß auf eine möglichst große Anzahl von Tieren ausgedehnt werden. Eine ausgedehnte Kontrolle des Zuchtwertes der Bullen ist einzuführen, um die Bullen richtig in Gruppen zusammenzufassen und um den Einsatz und die Erneuerung der Gruppen planen zu können. PRL/CBR, übersetzt v. O. Kasperl. 3618.

3-64/06-0267 Aehnelt, E., Hahn, J. und Dittmar, J.; Hannover, Tierärztl. Hochschule, Klin. für Geburtshilfe und Gynäkol. des Rindes. **Abgangs-**

ursachen und Abgangsalter bei Besamungsbullen unter besonderer Berücksichtigung der Langlebigkeit ihrer Mütter und Großmütter. Int. Fachtag. künstl. Besam. Haustiere Wels, Vortr. **13** (1963) 8 S. [Maschinenschr. vervielfält.]
80% aller Abgangsursachen von 1013 ausgemerzten Besamungsbullen waren Fruchtbarkeitsstörungen, nutzungsbeschränkende körperliche Mängel und Krankheiten, 40,6% allein Fruchtbarkeitsstörungen. 72% aller Bullen wurden innerhalb ihrer ersten 6 Lebensjahre ausgemerzt, nur 50% konnten 2'Jahre lang benutzt werden, weitere 30% 4 Jahre lang. Zwischen Nutzungsdauer der Bullen und Nutzungsdauer ihrer Mütter besteht eine positive Korrelation. Langlebigkeit und Nutzungsdauer der Bullenmütter waren geringer als die der Großmütter. Es werden scharfe Vorwahl bei der Auswahl der Besamungsbullen unter weitgehender Berücksichtigung der Nutzungsdauer der Vorfahren, vor allem der Mütter, die sorgfältige Prüfung der Gesundheit der Bullen und die rechtzeitige Merzung ungünstig veranlagter Tiere empfohlen.
E. Höpler. 3618.

3-64/06-0268 Kleiber, H. und Fritsche, J.; Iden-Rohrbeck, Inst. für Tierzucht und Tierhalt. **Maßnahmen zur kontinuierlichen Milchproduktion in Grünlandgebieten.** Tierzucht **17** (1963) Nr. 2. S. 61–63. – 5 Tab., 3 Lit.
Zur Erzielung einer während des ganzen Jahres annähernd gleichbleibenden Milchproduktion stehen in Grünlandgebieten u. a. die Werbung größerer Mengen eiweißreicher Silage, die Gewinnung von Qualitätsheu durch Kaltbelüftung sowie die Verbesserung der Kraftfutterlage durch Ausweitung der techn. Grünfuttertrocknung im Vordergrund. Der Ackerfutterbau ist durch weitblickende Futterplanung auf die größtmögliche Abkürzung der Winterfutterperiode unter Einbeziehung eines verstärkten Winterzwischenfruchtanbaues, der außerdem die Auslastung der technischen Trocknungsanlagen sichert, auszurichten. Der Beifütterung von Mineralstoffen ist zur Verbesserung des Fruchtbarkeitsgeschehens auch während der Sommerfütterung erhöhte Beachtung zu schenken. Bei Realisierung der genannten Maßnahmen auf dem Gebiet der Futterwirtschaft ist eine Verschiebung der Abkalbezeiten in die Herbst- und Wintermonate möglich, die nachgewiesenermaßen eine um ca. 10% höhere Milchleistung erwarten lassen. Auf Grund der im Rahmen der besprochenen Arbeit dargelegten Untersuchungsergebnisse, vornehmlich aus dem Gebiet der Altmark, sollte in Grünlandgebieten (abhängig vom Grünlandanteil) die Abkalbezeit im Oktober beginnen und bis April dauern. Unter Berücksichtigung dieser Tatsache sind VEG und LPG dann in der Lage, eine annähernd gleichbleibende Milchproduktion zu gewährleisten und gleichzeitig die Auslastung der milchverarbeitenden Industrie zu sichern.
E. Kieslinger. 3632.

3-64/06-0269 Hoffmann, M. **Hinweise für die Herbstfütterung der Rinder.** Tierzucht **17** (1963) Nr. 9. Grünland/Feldfutter **4** S. 33–36. 3632.

3-64/06-0270 Nersesjan, Š. S. Rost i razvitie teljat i nekotorye biologičeskie pokazateli pri vyraščivanii ich na zanižennych dačach cel'nogo moloka. **(Wachstum und Entwicklung der Kälber und einige biologische Kennziffern bei vollmilcharmer Aufzucht.)** Izvestija Akademii nauk Armjanskoj SSR, Erevan **16** (1963) Nr. 3. S. 85–94. – 5 Tab. Orig.: russ., Ausz.: armen.
Die Versuchstiere erhielten in den ersten 6 Lebensmonaten 150 kg Vollmilch, 237 kg Kraftfutter, 278 kg Grünfutter, 330 kg Futterrüben und 300 kg Heu. Die Kontrolltiere erhielten 300 kg Milch. Die Versuchskälber blieben bis zum Alter von 3 Mon. in Lgw. und Größe hinter den Kontrolltieren zurück, aber nach dem 4. Lebensmonat übertrafen sie diese. Die Verdauungskoeffizienten der Nährstoffe, der Mineralstoffe und des Stickstoffs waren bei den Versuchstieren bis zum 1. Lebensmonat niedriger, aber im Alter von 6 Mon. bedeutend höher. Die vollmilcharme Aufzucht und im Zusammenhang damit der frühe

Übergang auf die Fütterung von Kraftfutter rufen Veränderungen im Verdauungstraktus hervor, was zur besseren Verdauung und Resorption des Futters beiträgt. Die Versuche zeigen, daß die vollmilcharme Kälberaufzucht mit einem Verbrauch von 140–150 kg Vollmilch und der frühen Zufütterung von Kraft-, Rauh- und Saftfutter ohne Schaden für Wachstum und Entwicklung der Tiere angewendet werden kann. Außerdem werden die Selbstkosten der Kälberaufzucht gesenkt und eine bedeutende Vollmilchmenge eingespart. K. Witt. 3634.

3-64/06-0271 Desai, R. N. und Kumar, Dharmendra; Mathura, Uttar Pradesh, Livestock Res. Stat. Cost of raising heifer to the age at first calving. **(Kosten der Färsenaufzucht bis zum ersten Abkalben.)** Indian veterin. J. **40** (1963) Nr. 6. S. 346–352. — 6 Tab.
Bis zum Erstkalbealter von ⌀ 38,17 ± 0,67 Mon. belief sich der Anteil der Futterkosten auf 92,72–94,17% der Gesamtkosten. Der restliche Anteil für Aufsicht, Pflege und andere Kostenpunkte kann vernachlässigt werden. Es werden daher Vorschläge zur Reduzierung der Futterkosten gemacht.
K.-H. Voigtländer. 3636.

3-64/06-0272 Courvoisier, Frédéric und Bar, Louis. Nouvelle technique d'alimentation des vaches laitières. **(Eine neue Fütterungstechnik für Milchkühe.)** Lait **42** (1962) Nr. 418. S. 486–490. — 2 Tab., 17 Lit.
In der Arbeit wird ein neues Prinzip der Fütterungstechnik erörtert. Hierbei erhalten die Tiere qualitätsreichere, aber mengenmäßig kleinere Rationen als Grundfutter, bis zwischen Angebot und Bedarf das erforderliche Gleichgewicht herrscht. Weiterhin bekommen die Kühe ein über dieses Gleichgewicht hinausgehendes, ihrer Mehrleistung an Milch entsprechendes Leistungsfutter. Diese den Bedürfnissen und der Leistung gerechtwerdende Nahrungsdosierung fördert die Lebensdauer der Kühe und erhöht die Rentabilität der Milchviehhaltung. H. Busse. 3638.

3-64/06-0273 Engelke, Franz. **Zur Erzeugung marktgerechter Schlachtrinder.** Mitt. dtsch. Landwirtsch.-Ges. **78** (1963) Nr. 43. S. 1348–1353. — 1 Abb., 1 Tab. 3652.

3-64/06-0274 Martjugin, D. D. und Petrova, K. V. Zakonomernosti rosta i razvitija byčkov cholmogorskoj porody v zavisimosti ot kormlenija. **(Die Gesetzmäßigkeiten des Wachstums und der Entwicklung der Bullen der Cholmogoryer Rasse in Abhängigkeit von der Fütterung.)** Izvestija Timirjazevskoj sel'skochozjajstvennoj akademii, Moskva **1962** Nr. 5. S. 121–134. — 9 Abb., 10 Tab., 6 Lit. Zus. in Engl.
Die Autoren führten Fütterungsversuche an Bullen durch, um zu untersuchen, welche der beiden untersuchten Aufzuchtmethoden zur schnellen Erhöhung der Fleischproduktion geeignet ist. Methode 1 besteht in der kurzfristigen Fleischgewinnung durch reichliche Fütterung der Kälber von der Geburt bis zum Ende der Mast. Methode 2 sieht eine mäßige Fütterung der Kälber von der Geburt bis zum Mastbeginn mit nachfolgender reichlicher Fütterung in der Mastperiode vor, wobei die Mastdauer verlängert, aber weniger Milchfutter verbraucht wird. Als Ergebnis der Versuche wird festgestellt, daß Methode 2 eine Futtereinsparung von ca. 30% ermöglicht. Wachstum und Entwicklung der Bullen gehen etwas langsamer vor sich, die Fettablagerungen im Körper erfolgen 3 Mon. später, und der Aufwand an Futter pro 1 kg Gewichtszunahme liegt bei 5,43 FE gegenüber 5,03 bei den Bullen, die nach Methode 1 aufgezogen wurden. Für die Praxis wird empfohlen, beide Methoden der Bullenaufzucht anzuwenden, wobei die Schnellmast für wirtschaftsstärkere Betriebe geeigneter ist, während für Kolchosen und Sowchosen, die mit weniger Eiweißfutter versorgt sind, die Methode 2 zweckmäßiger ist.
K. Witt. 3652.

3-64/06-0275 Voigtländer, K.-H. **Der Einfluß des Alters auf die Zusammensetzung der Kuhmilch.** Arch. Tierzucht 7 (1964) Nr. 2. S. 171–190. – 5 Abb., 4 Tab., 37 Lit. Zus. in Russ., Engl. – nach Zus.

Untersuchungen an 94 schwarzbunten Kühen mit 230 Laktationen (I. bis VII. Laktation) ergaben, daß die Milchmengenleistung ihr Maximum in der 5. Laktation erreichte, während sich die prozentischen Gehalte der Inhaltsstoffe mit dem Altern verminderten. Diese Abnahme wurde in der Reihenfolge Asche – Fett – Eiweiß – fettfreie Tr.-Subst. – Zucker intensiver. Die Variabilität des Fettgehaltes verringerte sich mit höherem Alter, diejenige der anderen Bestandteile nahm zu. Die Milchmenge variierte unabhängig vom Alter. Auf die Form der Laktationskurven und auf die Korrelationen der Milchinhaltsstoffe untereinander war kein Alterseinfluß nachweisbar. Der Altersverlauf wurde durch die Kalbezeit, durch verschiedene Züchtungs- und Umweltverhältnisse sowie durch die Individualität modifiziert. Es ergab sich der Schluß, daß bei der Prüfung von Einzeltieren eine Verwendung von Alterskorrekturnormen nicht möglich ist. Die Kontrollen sollten in der 1. Laktation durchgeführt werden; gewisse Ungenauigkeiten sind dabei nur hinsichtlich Zucker und fettfreier Tr.-Subst., nicht dagegen bez. Fett, Eiweiß und Asche zu erwarten. Der Vergleich der Einzeltiere auf der Grundlage der 1. Laktation normiert jedoch diesen evtl. Fehler. 3662.

3-64/06-0276 Danasoury, M. S. und Bayoumi, M. S.; Khartoum, Univ. Age at first calving and its effect on first lactation period, first dry period, first calving interval and first milk yield. **(Das Erstkalbealter und sein Einfluß auf die erste Laktationsperiode, die erste Trockenperiode, die erste Zwischenkalbezeit und die erste Milchleistung.)** Indian J. Dairy Sci. 15 (1962) Nr. 4. S. 131–138. – 3 Tab., 26 Lit.

Untersuchungen an 184 Abkalbungen ergaben ein Erstkalbealter von 42,9 Mon., eine Dauer der 1. Laktation von 319, der Trockenperiode von 101 und der Zwischenkalbezeit von 414 Tagen; die 1. Laktationsleistung belief sich auf 360 gal. Im Winter kalbten die Färsen in einem früheren Alter ab als während des Sommers. Der Monat und die Jahreszeit der Geburt beeinflußten das Erstkalbealter nicht. Während das Erstkalbealter auf die Dauer der 1. Laktation, der 1. Trockenzeit und der 1. Zwischenkalbezeit keine gesicherte Einwirkung erkennen ließ, beeinflußte es die 1. Laktationsleistung signifikant (Korrelationskoeffizient +0,402). K.-H. Voigtländer. 3662.

3-64/06-0277 Singh, Sukh Bir und Dutt, Mahesh; Mathura, Uttar Pradesh, Livestock Res. Stat. Effect of the season of calving on milk production, lactation period and service period in Sahiwal cattle. **(Der Einfluß der Kalbezeit auf Milchleistung, Laktationsdauer und Service-Periode beim Sahiwal-Rind.)** Indian veterin. J. 40 (1963) Nr. 6. S. 362–364. – 2 Tab., 9 Lit.

In Auswertung von 241 Laktationen und 212 Service-Perioden ergab sich, daß die Milchleistung (3804 lb.), die Laktationsdauer (299 Tage) und die Service-Periode (126 Tage) nicht signifikant durch die Kalbezeit beeinflußt wurden. Dagegen übte das in Laktationen gerechnete Alter der Tiere einen signifikanten Einfluß auf die Laktationsdauer und die Service-Periode, nicht jedoch auf die Milchleistung aus. K.-H. Voigtländer. 3662.

3-64/06-0278 Kiermeier, F. und Probst, A. **Über erbliche Einflüsse auf den Milcheiweißgehalt.** Bayer. landwirtsch. Jb. 39 (1962) Nr. 5. S. 552–560. – 1 Abb., 6 Tab.

7 Kuhfamilien und 5 Bullentöchtergruppen aus 3 Herden des Deutschen Fleckviehs wurden hinsichtlich der genetischen Einflüsse auf den Milcheiweißgehalt und dessen Beziehungen zum Fettgehalt untersucht. Die Unterschiede der Eiweißgehalte der Bullentöchtergruppen konnten z. T. statistisch gesichert werden. Hoher Eiweißgehalt war i. allg. mit hohem Fettgehalt ver-

bunden, jedoch bei den einzelnen Töchtergruppen sehr unterschiedlich. Eine eventuelle Beeinflussung durch äußere Faktoren wurde diskutiert.
G. Heidler. 3662.

3-64/06-0279 Rostovcev, N. F. und Čerkaščenko, I. I.; Moskau, Lenin-Akad. der Landwirtsch.-Wiss.; Dubrowizy, Gebiet Moskau, Unions-Inst. für Tierzuchtforsch. Mjasnye kačestva molodnjaka krasnoj stepnoj porody. **(Die Fleischeigenschaften des Jungviehs der Roten Steppenrasse.)** Životnovodstvo, Moskva **25** (1963) Nr. 8. S. 33–39. — 1 Tab.
Es werden mehrere Mastversuche an kastrierten Bullen beschrieben, die zur Aufklärung der Mast- und Fleischeigenschaften durchgeführt wurden. Das Jungvieh der o. a. Rasse entwickelt bei intensiver Aufzucht eine hohe Wachstumsenergie. Es können in den ersten 12 Lebensmonaten Lgw. von 240–275 kg, in 18 Mon. von 300–350 kg, in 24 Mon. von 350–400 kg, in 30 Mon. von 400–450 kg erreicht werden. Bei der Weidemast auf guten Weiden bringen die Tiere ohne Kraftfutterzufütterung im Alter von 1–1,5 Jahren durchschnittl. Tageszunahmen von 800–1200 g in den südlichen Zonen und von 700–950 g in Westsibirien. Bei Stallhaltung im Sommer bringen die Tiere im Alter von 1,5–2 Jahren durchschnittl. Tageszunahmen von 860–948 g, wobei sie beliebig Grünfutter und 1 kg Kraftfutter tägl. erhalten. Bei der Mast mit Maisfuttermitteln, die 85% des Gesamtfutters ausmachen, bringen die kastrierten Bullen 761 g durchschnittl. Tageszunahmen. Bei der Weidemast mit nachfolgender Intensivmast erzielt man eine Schlachtausbeute an Fleisch ohne Fett bei Tieren im Alter von 1,5–2 Jahren von 49–52%, mit Fett von 52–54 bis 57%, im Alter von 2–2,5 Jahren schwankt der Schlachtertrag an Fleisch ohne Fett von 50–54%, mit Fett von 54–59%, bei hohem Kraftfutteraufwand sogar von 60–62,5%. Die chem. Analyse des Fleisches bestätigt, daß das Fleisch der Tiere nach einer optimalen Mast 18–20% Eiweiß und 6–11,53% Fett enthält. Nach der Intensivmast erhöht sich der Fettgehalt auf 17% und mehr. Dagegen erhöht eine Weide- und Grasmast ohne Kraftfutterzufütterung den Wassergehalt im Fleisch auf 75%, und die Menge an Fett ist nicht höher als 4–5%. K. Witt. 3664.

3-64/06-0280 Cole, J. W., Ramsey, C. B., Hobbs, C. S. und Temple, R. S. Effects of type and breed of British, Zebu and dairy cattle on production, palatability and composition. I. Rate of gain, feed efficiency and factors affecting market value. **(Die Einflüsse von Typ und Rasse auf Leistung, Schmackhaftigkeit und Zusammensetzung des Fleisches bei englischen Mastrindern, Zebus und Milchrindern. 1. Mitt. Wachstumsrate, Futterverwertung und Beeinflussung des Marktwertes.)** J. Animal Sci. **22** (1963) Nr. 3. S. 702 bis 707. — 5 Tab., 5 Lit.
Während 5 Versuchsjahren wurden 154 Bullen der Typen Mastrind (Hereford, Angus), Zebu (Brahman, Brahman × Santa Gertrudis), Milchrind Holstein, Jersey) und Kreuzungen (Brahman × Hereford oder Angus) von 5 (3–8) Mon. bis 20 Mon.bzw. ca. 900 lb. Gewicht gemästet und danach ausgeschlachtet. Dabei ließen 21 der 23 untersuchten Eigenschaften signifikante Differenzen zwischen den einzelnen Jahren erkennen. Auch der Einfluß des Typs war bei allen Eigenschaften außer bei der Tageszunahme mit Sicherheit nachzuweisen. Von den beiden englischen Mastrassen wurden die Angus lebend und geschlachtet höher eingestuft, sie ließen sich besser ausschlachten und besaßen mehr Marmorierungs- und Nierenfett sowie das meiste Auflagefett aller Rassen. Die Hereford wuchsen etwas schneller bei höherer Futterverwertung, und ihre Schlachtkörper wiesen längere Nierenpartien und Beine sowie rundere Formen auf. Beide Mastrassen wurden besser klassifiziert, waren fetter und hatten kürzere Schlachtkörper, Beine und Lenden als die anderen Rassen. Von den Zebu-Typen erreichten die reinen Brahman geringere Mastend-, Nüchterungs- und Schlachtgewichte (warm) sowie schlech-

tere Tageszunahmen und Klassifizierungen als die Kreuzungen mit Santa Gertrudis und englischen Fleischrassen; die beiden letztgenannten Gruppen unterschieden sich in keinem der Merkmale signifikant. Die Holstein-Bullen wuchsen von allen Rassen am schnellsten bei geringstem Futteraufwand, sie schlachteten sich jedoch schlechter aus als die anderen Rassen, mit Ausnahme der Jersey. Die Schlachtkörper der Holstein wurden am geringsten bewertet, besaßen das wenigste Marmorierungs- und Auflagefett, verfügten jedoch über die größte Brusttiefe und die längsten Beine. Die Jersey-Schlachtkörper zeigten wenig Fleischansatz, das meiste Nierenfett sowie die zweitschlechteste Klassifizierung und Fettauflage. K.-H. Voigtländer. 3664.

3-64/06-0281 Luitingh, H. C. The efficiency of beef production in terms of carcass-weight increase as influenced by the ration concentration and the age of steers. **(Der in Schlachtkörpergewichtszuwachs ausgedrückte Nutzeffekt der Rindfleischproduktion in Abhängigkeit von der Konzentration der Futterration und dem Alter der Ochsen.)** J. agric. Sci. **61** (1963) Nr. 1. S. 127–134. – 3 Abb., 5 Tab., 24 Lit.
140 Mastrinder, welche zu je einem Drittel 8; 20 und 32 Mon. alt waren, wurden zu diesen in Pretoria/Südafrika durchgeführten Versuchen benutzt. Diese Ochsen waren entspr. ihrem unterschiedlichen Alter auf 3 Versuchs- und 1 Kontrollgruppe aufgeteilt. Gr. A erhielt Kraft- zu Rauhfutter wie 1:2,5; Gr. B wie 1:1; Gr. C wie 2:1; Gr. D lief als Kontrollgruppe, sie wurde zu Beginn der Mastperiode versuchsmäßig geschlachtet. Versuchsdurchführung, Futterzusammensetzung und Ausschlachtungsmethode sind kurz erwähnt. Die Resultate der tägl. Lgw.-Zunahme, der Futterverwertung, die Mastanfangs- und Mastend- sowie Schlachtgewichte, die Ausschlachtungsprozente und Schlachtwertklassen der einzelnen Versuchsgruppen sind näher erläutert. Weiterhin ist das Verhältnis Lgw.-Zuwachs zu verkaufsfähiger Schlachtware dargelegt; es betrug bei den 8 Mon. alten Tieren ⌀ 61,0; bei den 20 Mon. alten 70,8 und bei den 32 Mon. alten 75,9% sowie bei der Fütterungsmethode A 65,7; B 69,2; C 71,5%. Die Korrelation Lgw. zu warmem Schlachtgewicht betrug 0,98. Bes. ist der Energieaufwand pro 100 lb. Lgw.- bzw. Schlachtkörperzuwachs an Hand der Ergebnisse beschrieben.
R. Kürbs. 3664.

3-64/06-0282 Seebeck, R. M.; Parkville, Univ. of Melbourne, School of Agric. The area of eye muscle of beef cattle carcasses. **(Die Fläche des Rückenmuskels bei Schlachtkörpern von Rindern.)** Austral. J. exp. Agric. Animal Husbandry **3** (1963) Nr. 10. S. 249–255. – 1 Abb., 4 Tab., 9 Lit.
Die Messung des Rückenmuskels ist sehr verbreitet, weil bei der üblichen Viertelung der Schlachtkörper der Muskel leicht zugänglich ist. Vorliegende Untersuchungen wurden durchgeführt, um die Variation von Rassen (Hereford und Angus), die Unterschiede zwischen Jahren (1960, 1961, 1962) und die Genauigkeit der Messung zu prüfen. Von 105 Hereford- und 51 Angus-Ochsen wurden bei beiden Schlachtkörperhälften zwischen 10. und 11. Rippe Breite, Tiefe und Fläche des Muskels sowie die Fettauflage gemessen. Rassen- und Jahresunterschiede sind signifikant. E. Otto. 3664.

3-64/06-0283 Happel, Fritz. **Untersuchung der pneumatischen und mechanischen Belastungen der Zitze beim natürlichen Milchentzug durch das Kalb als Grundlage zur Beurteilung des Maschinenmelkens.** Tierärztl. Umschau **18** (1963) Nr. 9. S. 493–500.
Vf. geht von der Beobachtung aus, daß auch bei größter Sorgfalt Schwierigkeiten im Maschinenmelken auftreten, die sich in Schwermelkbarkeit, in Verfärbungen und Verhärtungen der Zitzenspitzen u. a. zeigen. Er schlußfolgert daraus, daß die z. Z. üblichen Methoden im maschinellen Melken den physiol. Gegebenheiten nicht gerecht werden. Durch Druckmessungen und röntgenologische Verfilmung des natürlichen Saugaktes des Kalbes werden 2 Phasen

des Milchentzuges dargestellt: Der Entzug der Milch durch Unterdruck und das mechanische Auspressen der Zitze durch wellenförmige Bewegungen der Zunge. Letztere bewirken in Form einer Druckmassage die Entleerung der Zitzenvenen in Richtung Venenring. Demgegenüber erfolgt bei maschinellem Melken nur ein seitliches Zusammendrücken der Zitzen unter voller Vakuumbelastung, woraus venöse Stauungen resultieren. R. Held. 3677.

3-64/06-0284 Kerr, W. R. und Rankin, J. F. The eradication of brucellosis on Northern Ireland. **(Die Brucellosetilgung in Nordirland.)** J. Soc. Dairy Technol. **16** (1963) Nr. 4. S. 214–223. 3680.

3-64/06-0285 Seelemann, M. **Wie kann man Euterentzündungen verhindern?** Mitt. dtsch. Landwirtsch.-Ges. **78** (1963) Nr. 46. S. 1448–1450. – 2 Abb. 3680.

3-64/06-0286 Štumpf, Jan. Zkušenosti s prevencí mastidid v Dánsku. **(Erfahrungen mit der Mastitidenprävention in Dänemark.)** Veterinářství **13** (1963) Nr. 5. S. 210–213.
Bei den hochproduktiven Milchkühen in Dänemark, deren durchschnittl. Jahresmilchleistung von 4162 kg im Jahre 1959 auf 4289 kg im Jahre 1961 gestiegen ist, wobei der Fettgehalt der Milch 4,42% betrug, stellt die Erkrankung der Milchdrüse, bes. die infektiöse Mastitis, ein bes. Problem dar. Mit dieser Krankheit befassen sich in Dänemark 2 spez. Veterinäranstalten (Ringsted und Aarhus) und nach ihrem Beispiel auch einige Molkereilaboratorien, die meist auf genossenschaftlicher Grundlage arbeiten. Neben der Diagnostik und Forschung organisieren die beiden Anstalten eine kollektive Bekämpfung der Mastitiden. Die Züchter melden sich freiwillig zu einer Aktion an, bei der in erster Linie der Gesamtzustand der Milchkühe und des Stalles, die Melkmethoden und Fütterungsart festgestellt und außerdem noch Milchproben von jeder Melkkuh mikrobiologisch untersucht werden. Die Tiere sollen dann halbjährlich von neuem untersucht werden. Um die Infektion in den Betrieben zu kontrollieren, werden u. a. auch mikrobiologische Untersuchungen der Milchkannen vorgenommen. Die Zellenzahl pro 1 ml wird festgestellt (als verdächtig gilt solche Milch, die mehr als 500000 Zellen enthält). Als Heilmittel verwendet man Antibiotica. Bes. Aufmerksamkeit muß dem Maschinenmelken gewidmet werden, das nicht zwecklos verlängert werden darf, sowie der Desinfektion der Melkmaschinen und vor allem Zitzenbecher (diese werden auch nach dem Melken einzelner Kühe desinfiziert). Die Milch wird ferner vom gesundheitlichen Gesichtspunkt (Zahl der Keime und Zellen, Reinheit) beurteilt, wodurch das Interesse der Züchter wachgerufen wird. ČSSR/ÚVTI. 3680.

D. SCHWEINE

3-64/06-0287 Kozlovskij, V. G. Produktivnye kačestva svinej, razvodimych v Anglii. **(Leistungseigenschaften von Schweinen, die in England gezüchtet werden.)** Svinovodstvo, Moskva **18** (1964) Nr. 1. S. 44–47. – 4 Tab.
Gegenwärtig werden in England 11 Schweinerassen gezüchtet. Die Schweine werden bis zu 3 Gewichtsabschnitten gemästet: I Porker (bis 65 kg), II Baconer (bis 90 kg) und III Heavy pigs (bis 120 kg Lgw.), wobei I im Alter von 4,5–5, II bei 6,5 und III bei 7–7,5 Mon. erreicht wird. Je Sau werden jährl. 1,7 bis 1,8 Würfe erzielt und 8 Ferkel aufgezogen. Aus dem letzten Bericht des Komitees zur Entwicklung der Schweinezucht für den Zeitraum vom 1. 4. 59 bis 31. 3. 62 konnten folgende Angaben über den Stand der brit. Schweinezucht entnommen werden: Es sind rd. 2 Mill. Ferkel vorhanden. Die ∅ Zwischenwurfzeit beträgt 192,8–193,4 Tage. Es folgen Hinweise, welche Schweinerassen für die einzelnen Nutzungsrichtungen geeignet sind. Für die Produktion von Heavy pigs sind außer reinrassigen Schweinen bes. Nachkommen aus Drei-

rassenkreuzungen – z. B. Große Weiße × Wessex-Saddleback × Landrasse – zu bevorzugen. Aus den Hinweisen für die Haltung und Fütterung der Zuchtschweine geht hervor, daß Eber tägl. Weidegang haben (oder 2,5–4 kg Saftfutter) und 15% Rohprotein erhalten. An tragende Sauen werden 14% und an säugende Sauen mindestens 16% Rohprotein (die Hälfte als Fischmehl) verabreicht. Im Sommer wird auch für die Sauen Weidegang empfohlen; im Winter werden 3–5 kg rohe Kartoffeln oder 5–7 kg Futterrüben verfüttert. Den hohen Ferkelverlusten bis zum Absetzen (20–25%) soll dadurch begegnet werden, daß eine scharfe Selektion auf Sauen erfolgt, die nicht nur eine hohe Fruchtbarkeit aufweisen, sondern gleichmäßige, gut entwickelte Ferkel werfen. Es folgt umfangreiches Zahlenmaterial über Schlachtqualität von Mastschweinen in Abhängigkeit vom Ferkelgewicht beim Absetzen, Schlachtkörperbeurteilung von Baconschweinen, Fruchtbarkeit und Säugeleistung von Sauen nach der Wurfzahl und den Ergebnissen bei der Ferkelaufzucht bis zum Alter von 2 Mon. I. Scholz/Dummerstorf. 3710.

3-64/06-0288 Calder, A. Cost comparisons in porker and baconer production. **(Kostenvergleiche in der Porker- und Baconerzeugung.)** Rhodesia agric. J. **59** (1962) Nr. 4. S. 218–220.

Länder wie z.B. Dänemark, in denen es nur einen Standardtyp und ein Standardgewicht für Schlachtschweine gibt, kennen die Diskussion um die Produktionskosten von Porkern und Baconschweinen nicht. In Rhodesien gibt es in dieser Hinsicht unter den Produzenten viele Mißverständnisse. In Rhodesien gibt es keine spezialisierte Pork- oder Baconproduktion, Porker sind hier meist ein Nebenprodukt der Baconerzeugung. Vf. analysiert an Hand zweier Modelle die Produktionskosten für beide Arten von Mastschweinen. K. Damm. 3715.

3-64/06-0289 Wandhoff. **Das belgische Piétrainschwein.** Dtsch. landwirtsch. Presse **86** (1963) Nr. 32. S. 319. – 4 Abb.

Die Piétrainschweine sind offensichtlich aus der Paarung verschiedener, teils englischer Rassen, wie der Berkshire, entstanden. Klare Aufzeichnungen über den Rassenursprung fehlen. Der Name der Rasse stammt vom Dorfe „Piétrain" in Belgisch-Brabant, denn hier wurde an der Herausbildung dieser Schweinerasse, auch mit Inzucht, am intensivsten gearbeitet. Auf Grund ihrer Fleischfülle fanden 1950 in einigen Provinzen Belgiens die Piétrainschweine ihre erste Anerkennung. 1961 gab es bereits 2184 Mitglieder dieser neuen Züchtervereinigung mit 1147 Ebern und 3275 Sauen. Die große Variationsbreite bei den einzelnen Leistungsmerkmalen der Piétrainschweine ist in der kurzen züchterischen Bearbeitung begründet. Hinsichtlich der Fleischfülle im Kamm und Kotelett sowie im Vorder- und Hinterschinken schneiden die Piétrainschweine bei Vergleichen günstig ab. Die Fleischfarbe ist heller. In Westdeutschland wurde das Piétrainschwein in die Rasse des Angler Sattelschweines eingekreuzt. 1961/62 waren in der Piétrain-Abteilung des Verbandes Angler-Sattelschweine 28 Sauen vorhanden. Sie wiesen eine durchschnittl. Leistung auf von: 10 geborenen Ferkeln pro Wurf, 15% Aufzuchtverlusten, 62,4 kg Vierwochenwurfgewicht. Auch an Veredelte Landschweine wurde in Westdeutschland das Piétrainschwein angepaart. Das erste Kreuzungsmaterial ist in seiner Färbung weiß, in seiner Länge liegt es zwischen den Ausgangsrassen, in der Schinkenfülle und in der Stärke des Rückenmuskels „besticht es den Schlachter und Verarbeiter". Günstige Ergebnisse zeigte die Anpaarung an Veredelte Landschweine im holländischen Typ. Empfohlen wird die Gebrauchskreuzung mit Piétrainschweinen für Ferkelerzeuger- oder Mästerbetriebe, die bez. Stallumwelt noch nicht alle Voraussetzungen für die Haltung moderner Fleischschweine erfüllen können. R. Kürbs. 3770.

3-64/06-0290 Stehle, K. **Aufgabe und Organisation der Schweineprüfringe.** Bayer. landwirtsch. Jb., Sonderh. **40** (1963) Nr. 2. S. 58–64.

Aufgabe der Schweineprüfringe (**I**) ist es, ein qualitativ einheitliches Marktangebot von größeren Posten zu erreichen, um bessere Preise zu erzielen, eine gewisse Arbeitsteilung in Ferkelliefer- und Mastbetrieb anzustreben, Zunahme und Futteraufwand festzustellen, die Kostenstruktur der Betriebe zu ermitteln und Maßnahmen zur Kostensenkung, bes. der Senkung des Futteraufwandes, vorzuschlagen. Die **I** sind eine Organisation der bäuerlichen Betriebe. Sie umfassen 60–70 Mitglieder. Jeder **I** hat einen Beratungsassistenten, der die angeschlossenen Betriebe im Abstand von 4–6 Wochen aufsucht. H.-G. Englisch. 3815.

3-64/06-0291 Kirsch, W., Fender, M., Rabold, K., Fewson, D. und Schoen, P.; Hohenheim, Inst. für Tierzuchtlehre. **Vergleichende Zucht-, Mast- und Ausschlachtungsversuche mit veredelten Landschweinen, Piétrain-Schweinen und F_1-Kreuzungstieren.** Züchtungskunde **35** (1963) Nr. 6. S. 254 bis 264. – 5 Tab., 11 Lit. Zus. in Russ., Engl., Franz.

Die Untersuchungen ergaben folgende Ergebnisse: In der Fruchtbarkeit besteht ein wesentlicher Unterschied zwischen den Rassen. Die Piétrain-Sauen zogen im Durchschnitt 2 Ferkel pro Wurf weniger auf als die VL. Bei der Mast hatten die Piétrain-Schweine geringere Zunahmen und eine schlechtere Futterverwertung. Die F_1-Kreuzungstiere erreichten das Leistungsniveau der VL. Der Anteil der fleischreichen Teilstücke war bei den Piétrain-Schweinen signifikant höher, dies beruht auf der größeren Fleischfülle von Schinken und Schulter. Die Kreuzungstiere wiesen im Vergleich mit den beiden reinen Rassen einen etwas höheren Verfettungsgrad auf. Für die Fleischbeschaffenheit waren die Unterschiede zwischen den Rassen gering. G. Koch. 3815.

3-64/06-0292 Snick, G. van und Lantsheere, W. Vergote de. Résultats comparatifs du contrôle des aptitudes économiques réalisés en 1962 dans les différentes stations experimentales d'engraissement de porcs. **(Vergleichende Ergebnisse der ökonomischen Eignungsprüfung 1962 in den verschiedenen Schweinemastprüfungsanstalten Belgiens.)** Rev. Agric. [Bruxelles] **16** (1963) Nr. 9. S. 1304–1338. – 12 Abb., 21 Tab.

Vff. geben eine nach Rassen getrennte zusammenfassende Übersicht über die in den einzelnen belgischen Mastprüfungsanstalten Bevel (151 Gruppen), Scheldewindeke (83 Gruppen), Wavre (101 Gruppen), Roulers (46 Gruppen) und Marloie (63 Gruppen geprüft) erzielten Leistungsergebnisse. Die Tageszunahmen schwankten im Durchschnitt der Stationen zwischen 639 und 702 g beim Belgischen Schwein und zwischen 500 und 587 g bei den Piétrain. Die entspr. Zahlen für die Futterverwertung waren 3,30–3,58 bzw. 3,54 bis 3,77. Im Fleischanteil waren die Piétrain (63,1–64,1%) den Belgischen Schweinen (59,0–64,3%) überlegen. Auf Grund der Einzelergebnisse in Zunahme, Futterverwertung, Schlachtertrag (Kotelett- und Schinkenanteil) und Fleisch-Fettverhältnis wurden Eliteeber und Sternsauen herausgestellt, deren Aufteilung nach Provinzen und Rassen angegeben wird. – Die ständige Erweiterung der Prüfungskapazität berechtigt zu der Hoffnung, daß bald die gesamte Zuchtschweineselektion auf der Basis der Prüfungsergebnisse erfolgen kann. A. Schaaf. 3820.

3-64/06-0293 Harrington, G.; Pearson, A. M. und Magee, W. T.; Cambridge, Univ., School of Agric.; East Lansing, Michigan State Univ. Subjective evaluations of cutting yields and rib-eye area in live hogs and carcasses. **(Subjektive Einschätzung der Ausbeute an Teilstücken und der Kotelettfläche bei lebenden Schweinen und Schlachtkörpern.)** J. Animal Sci. **22** (1963) Nr. 1. S. 169–172. – 7 Tab., 6 Lit.

Das Experiment umfaßt 6 Gruppen zu je 7 Tieren der Rassen Hampshire, Yorkshire, Tamworth, Duroc und Kreuzungen von Berkshire × Hampshire, Berkshire × Yorkshire, Chester White × Duroc, Duroc × Hampshire und Chester White × Hampshire in den Gewichtsklassen von 83,9–97,5 kg. Dabei wurden folgende Fragen subjektiv am lebenden Schwein und am Schlachtkörper eingeschätzt: 1. Welches Schwein hat eine große Kotelettfläche? 2. Welches Schwein hat einen hohen Anteil an unverputztem Kotelett- und Lendenstück? 3. Welches Schwein hat einen hohen Anteil an mageren Teilstücken (Schulter, Kotelett mit Lende und Schinken)? Danach wurden die Schlachthälften zerlegt und die Schlachtleistung ermittelt. Es wurden folgende Korrelationen zwischen der subjektiven Beurteilung und den Ausschlachtungsergebnissen gefunden:

	Lebend-beurteilung	Schlachtkörper-beurteilung
Frage 1	$0{,}28^{++}$	$0{,}47^{+++}$
Frage 2	0,10	$0{,}27^{+++}$
Frage 3	$0{,}54^{+++}$	$0{,}58^{+++}$

H.-G. Englisch. 3825.

3-64/06-0294 Kräußlich, H. **Ergebnis der Zerlegung von Schlachthälften getrennt nach den Schlachtleistungsnoten des Landesverbandes bayerischer Schweinezüchter.** Bayer. landwirtsch. Jb. 40 (1963) Nr. 5. S. 562–566. – 7 Tab.

Vom Vf. wurden 153 in der Mastprüfungsanstalt Schwarzenau gemästete Schweine nach Schlachtleistungsnoten klassifiziert, nach dem gebräuchlichen Schema zerlegt, die Teilstücke gewogen und der Wert für die einzelnen Teilstücke eingesetzt. Die 153 Tiere verteilten sich auf 4 Schlachtleistungsnoten. Die Tiere der Schlachtleistungsnote I waren neben höherer Masttagszunahme und günstigerer Futterverwertung durch die höchsten Werte bez. Schlachtlänge (⌀ 98,7 cm), Rückenmuskelfläche (⌀ 35,1 cm^2), Fleisch: Fettverhältnis (⌀ 1:0,82) und Schinkenpunkten (⌀ 8,4) gekennzeichnet. Die Zerlegung der Hälften erfolgte in a) wertvolle Teilstücke, b) Teilstücke mittlerer Preislage, c) Fettstücke, d) Teilstücke mit geringerem Wert und e) wertlose Teilstücke. Eindeutig ging daraus hervor, daß Schlachtleistungsnoten und -ausbeute gleichgerichtet lagen. In Richtung der Schlachtleistungsnoten I–IV verringerte sich am Schlachtkörper der Anteil an wertvollen Teilstücken um 2,60%, während bei den Fettstücken eine Erhöhung um 3,39% zu verzeichnen war. Finanziell ausgedrückt besitzt ein 100-kg-Schwein der Schlachtleistungsnote I gegenüber einem der Note IV einen um 14,– DM höheren Wert. Diese Tatsache ist für den Erzeuger dann von Interesse, wenn seine Schweine auch nach Qualität bezahlt werden und die Produktionskosten für Schweine mit Schlachtleistungsnote I nicht höher liegen. O. Siegl. 3825.

3-64/06-0295 Buck, S. F., Harrington, G. und Johnson, R. F.; Cambridge, Univ., A.R.C. Board. The prediction of lean percentage of pigs of bacon weight from carcass measurements. **(Die Bestimmung des prozentualen Anteils an magerem Fleisch durch Schlachtkörpermessungen bei Bacon-Schweinen.)** Animal Product. 4 (1962) Nr. 1. S. 25–36. – 2 Abb., 3 Tab., 11 Lit.

Vff. analysierten die bei Messung und Zerlegung von 250 Schweinen gesammelten Unterlagen, um den Wert von Schlachtkörpermessungen zu prüfen. Dabei waren die Differenzen bez. der Fleischeigenschaften zwischen den Geschlechtern größer als zwischen verschiedenen Zuchten. Die weibl. Tiere waren signifikant magerer als ihre männl. Wurfgeschwister. Die Überlegenheit der weibl. Tiere bez. ihres Fleischanteils, welche in ihrer größeren Kotelettmuskelfläche und in der dünneren Fettauflage über Schulter, Rücken und Lende zum Ausdruck kam, ist für alle Messungen signifikant. Bei den Large White war die Rückenspeckdicke über der Schulter signifikant höher als bei der Landrasse, dagegen zeigte die größte Fettauflage über der Lende eine leicht signifikante Differenz in entgegengesetzter Richtung, d.h., daß die Landrasse in der Fettauflage an diesem Punkt den Large White überlegen war. Ähnliche Unterschiede ergaben sich für die Messungen der Fettauflage über dem Augenmuskel, jedoch ohne Signifikanz. Die Landrasse war in Tiefe und Größe des Augenmuskels den Large White signifikant überlegen. Die Schlußfolgerungen aus diesen und anderen Beziehungen werden ausführlich diskutiert. O. Siegl. 3825.

3-64/06-0296 Hofmann, F. und Peter, W. **Die Anwendungsmöglichkeiten der Speckdickenmessung mit Ultraschall bei der Selektion in der Fleischschweinezucht.**. Arch. Tierzucht **7** (1964) Nr. 3. S. 255–287. — 16 Abb., 19 Tab., 66 Lit. Zus. in Russ., Engl. — nach Zus.
Zur schnellen züchterischen Verbesserung der Mast- und Schlachtleistung bedarf es neuer objektiver Selektionsverfahren unter Anwendung modernster technischer Hilfsmittel. Die Speckdickenmessung mit Ultraschall ist den anderen Methoden der Schlachtwertbestimmung am lebenden Schwein gesichert überlegen. Der Übereinstimmungsgrad von $r = 0{,}9$ zwischen den Messungen am lebenden und geschlachteten Schwein sowie die Beziehungen der mit Ultraschall getesteten Speckdicke zum Fleisch- ($r = -0{,}5$ bis $-0{,}7$) und Fettanteil ($r = +0{,}6$ bis $0{,}8$) berechtigen zu einer Anwendung in der Selektion nach höherem Fleischbildungsvermögen. Die Speckdickenkombination von 2 dorsalen und 2 lateralen Maßen stellt das Optimum in bezug auf Genauigkeit der Ablesung, Aussage über den Schlachtwert sowie hinsichtlich des Arbeitsaufwandes beim Messen und Verrechnen der Ergebnisse dar. An insgesamt 967 Deutschen Veredelten Landschwein-, 230 Deutschen Edelschwein- und 405 Deutschen Sattelschwein-Jungebern wurden die korrelativen Beziehungen zwischen Alter, Gewicht, Lebenstagszunahme und Speckdicke geprüft. Aus den Korrelationskoeffizienten wurden unter Anwendung multipler Regressionen Standardtabellen für die gleichzeitig vom Alter und dem Gewicht abhängige Lebenstagszunahme und Speckdicke aufgestellt. Die in ihren Anwendungsmöglichkeiten beschriebenen Standardtabellen können als objektive Grundlage für die züchterische Selektion nach einer Verbesserung der Mast- und Schlachtleistung im Rahmen des anzustrebenden Fleischschweintyps gelten. 3825.

3-64/06-0297 Spaendonck, R. van und Vanschoubroek, F. Vergelijkend onderzoek naar de dikte van de onderhuidse vetlaag gemeten door de ultrageluidsgolvenmethode en de insnijdingsmethode bij levende varkens. **(Vergleichende Untersuchungen über die Rückenspeckdicke beim lebenden Schwein durch das Ultraschall- und das Einschnittverfahren.)** Vlaams diergeneeskund. Tijdschr. **32** (1963) Nr. 9/10. S. 273–283.
Beim Vergleich beider Verfahren stellte sich heraus, daß die durch Ultraschall erzielten Ergebnisse 2,1 mm niedriger waren. In einem 2. Versuch wurde der Nachweis geführt, daß die Differenz durch den Druck des Tasters der Apparatur verursacht wurde. Die dadurch erzeugte Einbuchtung in der Haut betrug bei größeren Speckdicken bis zu 0,09 mm je mm Mehrdicke. Es ist daher zweckmäßig, für jeden Apparat eine Tabelle mit entspr. Korrekturwerten aufzustellen. K. Reinhardt. 3825.

3-64/06-0298 Hoffmann, Walter und Simon, Fritz. **Die Speckdickenmessung an lebenden Schweinen und ihre volkswirtschaftliche Bedeutung.** Fleischermeister **17** (1963) Nr. 1. S. 14–16. — 4 Abb., 1 Tab., 1 Lit.

Mit Hilfe des Ultraschall-Materialprüfgerätes 9024 und des Senkrechttastkopfes 9812 konnte in den durchgeführten Versuchen die Speckstärke am lebenden Tier genau festgestellt werden. Vff. schlagen vor, die zu messenden Schweine bis kurz vor dem Meßstand (3–5 m) mit Wasser zu besprühen, da für die Ankoppelung des Tastkopfes Wasser genügt. Zwischen Tastkopf und Hautoberfläche darf sich jedoch keine Luftschicht befinden. Der Prozentsatz von Meßfehlern war sehr gering. Das Messen kann von 1 AK durchgeführt werden (ohne An- und Abtrieb). Es wird aufgezeigt, was zur Verhinderung von Meßfehlern zu beachten ist. A. Schwarz. 3825.

3-64/06-0299 Hofmann, F. und König, I. **Untersuchungen über das Fleisch- und Fettwachstum in verschiedenen Alters- und Gewichtsklassen durch planimetrische Feststellungen am Schweinerücken.** Tierzucht **15** (1961) Nr. 7. S. 303–306. 3825.

3-64/06-0300 Ladan, P. E. und Belkina, N. N. K probleme ocenki skorospelosti i oplaty korma u svinej. **(Zum Problem der Beurteilung der Frühreife und der Futterverwertung bei Schweinen.)** Tr. Novočerk. zootechn. vet. in-ta **1962** Nr. 14. S. 53–63. — Aus: Referativnyj žurnal Moskva. Životnovodstvo, veterinarija **1963** Nr. 7.58.211. S. 26.
Vf. ist der Ansicht, daß es zweckmäßig ist, die Beurteilung der Frühreife und der Futterverwertung durch Bestimmung des Gehaltes an Eiweiß und Eiweißfraktionen im Blutserum der Schweine und der Fleisch-Fetteigenschaften mit Hilfe des Ultraschalls durchzuführen. Zwischen der Frühreife, der Futterverwertung und dem Gehalt an Gesamteiweiß sowie an Eiweißfraktionen des Blutes wurde eine stabile Abhängigkeit gefunden. Nach der Eiweißzusammensetzung des Blutes kann man Wachstum, Entwicklung und Frühreife der Schweine bestimmen. Die Eiweißzusammensetzung des Blutes der Schweine der Nordkaukasischen Rasse und der Großen Weißen Rasse änderte sich bei gleichen Fütterungs- und Haltungsbedingungen mit dem Alter. Bei der Nordkaukasischen Rasse vergrößerte sich der Gehalt an Gesamteiweiß bis zum Alter von 6 Mon. um 30% gegenüber dem Gehalt im Alter von 2 Wochen; bei der Großen Weißen Rasse nur um 9,8%. Bei der Nordkaukasischen Rasse war die Konzentration des Gesamteiweißes im Alter von 7–8 Mon. höher als bei der Großen Weißen Rasse; bei letzterer nahm nach 8 Mon. der Gehalt an Gesamteiweiß im Blut intensiver zu.
übersetzt v. G. Boetticher. 3835.

3-64/06-0301 Anonym. Identification of pigs. **(Die Identifizierung von Schweinen.)** Agric. Gaz. New South Wales **73** (1962) Nr. 10. S. 550. 551 bis 553. — 9 Abb.
Schweine können auf verschiedene Art gekennzeichnet werden: durch Ohrkerbung, durch Tätowierung, durch das Einziehen von Ohrmarken und durch Körpertätowierung. Die einzelnen Verfahren sind durch 8 Abb. und die Wiedergabe eines Kerbschlüssels zur Ohrkerbung instruktiv beschrieben.
H. Busse. 3902.

3-64/06-0302 Ergebnisse der Schweineproduktion in sozialistischen Großbetrieben der Nordbezirke. Ursprüngliches Thema: Offenstallhaltung bei Zucht- und Mastschweinen. Dummerstorf, Inst. Tierzuchtforsch. Dtsch. Akad. Landwirtsch.-Wiss. Berlin Abschlußber. (30/11. 1963).
Ziel der Untersuchungen war die Gewinnung exakter Unterlagen für die Methoden der Leitung und Planung der Schweineproduktion. Die Untersuchungen erfolgten in den Jahren 1960–62 in 4 LPG und 1 VEG. Die Erhebungen der verschiedenen Kennzahlen basieren auf der Kennzeichnung und Leistungsprüfung. Bes. Aufmerksamkeit galt der Erfassung der Bestandsentwicklung der verschiedenen Altersklassen. Hieraus konnten wertvolle Schlußfolgerungen für einen richtigen Produktionsablauf gezogen werden. Im

Durchschnitt der 3 Jahre wurden je Sau und Jahr in den 4 LPG 13,18 Ferkel geboren und 10,41 mit 8 Wochen aufgezogen. Je Tier des Durchschnittsbestandes wurden 200 g Zunahmen je Tag bzw. 73 kg im Jahr erreicht. Die Futterverwertung belief sich im Mittel in den LPG von 6,86–7,68 dt je GE. Die Bruttoproduktion bewegte sich in den LPG zwischen 119 und 135 dt je AK und Jahr. 3904.

3-64/06-0303 Kirsch, W., Fewson, D., Fender, M. und Werkmeister, F.; Hohenheim, Inst. für Tierzuchtlehre. **Kombinationszüchtung und Zuchtlinien-Kreuzung als Möglichkeiten zur Ausnutzung der erwünschten Eigenschaften der Piétrain-Schweine.** Züchtungskunde **35** (1963) Nr. 7. S. 305 bis 315. — 6 Lit. Zus. in Russ., Engl., Franz.
Als Möglichkeiten zur Ausnutzung der erwünschten Eigenschaften der Piétrain-Schweine werden die Kombinationszüchtung und die Zuchtlinien-Kreuzung diskutiert. Die Behandlung dieser Fragestellung umfaßt für beide Zuchtmethoden eine Darstellung der genetischen Grundlagen, der Paarungspläne und der Selektionsmaßnahmen. G. Koch. 3906.

3-64/06-0304 Kudrjawzew, P. N., Kosiner, A. B. und Lebedjew, J. W. **Die Gebrauchs- und Wechselkreuzung zwischen der Großen weißen Rasse, den fettwüchsigen Rassen und der Schwedischen Landrasse. 2. Mitt.** Arch. Tierzucht **7** (1964) Nr. 2. S. 119–133. — 13 Tab. Zus. in Russ., Engl. — nach Zus. 1. Mitt. vgl. 3-64/03-0326.
Zur Untersuchung der Wechselkreuzung wurden weibl. Tiere aus der Kreuzung Große Weiße Rasse × Schwedische Landrasse auf die Ausgangsrassen zurückgekreuzt und ihre Leistungen mit denen der reinrassigen Tiere verglichen. Von den 4 Gruppen mit jeweils 5 Sauen zeigten die Bastardsauen bessere Sauenleistungen als die reinrassigen, während bei der Schlachtleistungsprüfung die Schwedische Landrasse am fleischreichsten war. In einem weiteren Versuch wurden mit einer Vierrassenkreuzung (Große Weiße Rasse — Mirgoroder Rasse — Große Schwarze Rasse ♀ × Schwedische Landrasse ♂) große, kräftige Ferkel gewonnen, die Absatzgewichte von 17,7 kg hatten. Diese Nachzucht erreichte 100 kg Lgw. in 6–7 Mon., wobei sie für 1 kg Lgw. 4,03 sowj. FE verbrauchte. Die Schlachtleistungsprüfung zeigte fleischreiche Schlachtkörper. Als Grund für die Fruchtbarkeitssteigerung bei den Kreuzungen wurde eine bessere Lebensfähigkeit der Bastardembryonen und infolgedessen ein geringerer Abgang während der embryonalen Entwicklungsperiode festgestellt. Die Untersuchung über den Aufbau des Verdauungsapparates bei den Embryonen zeigte bei den Mischlingen besser entwickelte Gewebe. Durch Röntgenaufnahmen ließ sich außerdem nachweisen, daß die für die väterliche Rasse charakteristische Wirbelzahl bei den Mischlingen dominiert. 3906.

3-64/06-0305 Kadykov, K. G. Trechporodnoe skreščivanie svinej. **(Die Dreirassenkreuzung von Schweinen.)** S. ch. Sev. Kavkaza **1962** Nr. 10. S. 47–48. — Aus: Referativnyj žurnal Moskva. Životnovodstvo, veterinarija **1963** Nr. 8.58.52. S. 9.
Bei der Kreuzung wurden folgende Rassen verwendet: die Nordkaukasische Rasse, die Große Weiße Rasse und die Große Schwarze Rasse. Die Zweirassenmischlinge gehörten 2 Typen an: ♀ Große Weiße Rasse × ♂ Nordkaukasische Rasse sowie ♀ Nordkaukasische Rasse × ♂ Große Weiße Rasse, die Dreirassenmischlinge entspr. ♀ (♀ Große Weiße Rasse × ♂ Nordkaukasische Rasse) × ♂ Große Schwarze Rasse und ♀ (♀ Nordkaukasische Rasse × ♂ Große Weiße Rasse) × ♂ Große Schwarze Rasse. Die Fruchtbarkeit der zweirassigen Kreuzungssauen (mit der mütterlichen Grundlage der Großen Weißen Rasse) betrug beim ersten Wurf 9,8 Ferkel, die Milchleistung 61 kg, das Durchschnittsgewicht eines Ferkels im Alter von

2 Mon. 18,5 kg. Bei den zweirassigen Kreuzungssauen (mit der mütterlichen Grundlage der Nordkaukasischen Rasse) entspr. 9,4; 53,2 und 17,8; die Tiere aus der Dreirassenkreuzung wurden im Alter von 2 Mon. bis zum Gewicht von 95–100 kg auf Mast gestellt. Die Dreirassenmischlinge wurden fast 2 Mon. früher geschlachtet als die reinrassigen Tiere, wogen aber nur 7–13 kg weniger als diese, außerdem waren sie in den Kennzahlen der Fleischausbeute und des Futterverbrauches je kg Gewichtszunahme überlegen. Die Zweirassenmischlinge nahmen hinsichtlich der erwähnten Kennzahlen etwa eine Mittelstellung zwischen den reinrassigen Tieren und den Dreirassenmischlingen ein. Vf. empfiehlt, als mütterliche Rasse bei der Kreuzung die Große Weiße Rasse (als die konsolidierteste) und als väterliche — die Nordkaukasische und die Große Schwarze Rasse zu verwenden.

übersetzt v. G. Boetticher. 3906.

3-64/06-0306 Aslanjan, M. M. Osobennosti nasledovanija i ėmbrional'nogo razvitija porosjat pri skreščivanii svinej krupnoj beloj porody i švedskij landras. **(Die Besonderheiten der Vererbung und der embryonalen Entwicklung der Ferkel, die aus einer Kreuzung der Großen Weißen Rasse mit der Schwedischen Landrasse hervorgehen.)** Naučn. dokl. vysš. školy. Biol. n. **1962** Nr. 4. S. 179–184. — Aus: Referativnyj žurnal Moskva. Živоtnovodstvo, veterinarija **1963** Nr. 8.58.55. S. 9–10.

Der Versuch wurde auf dem Sowjetgut „Mytistschi" durchgeführt. Verwendet wurden Schweine der Großen Weißen Rasse (GW) der Fleisch-Speck-Richtung und der Schwedischen Landrasse (LR) der Fleisch-Bacon-Richtung. Es wurden 4 Gruppen zusammengestellt: I — ♀ LR × ♂ LR, II — ♀ LR × ♂ GW, III — ♀ GW × ♂ LR, IV — ♀ GW × ♂ GW (I und IV sind reinrassige Kontrollgruppen). Untersucht wurde die potentielle und tatsächliche Fruchtbarkeit der Gruppen. Die durchschnittl. tatsächliche embryonale Fruchtbarkeit war I 9,75; II 10,5; III 14,0; IV 13,12 Embryonen. Die durchschnittl. postembryonale Fruchtbarkeit der Gruppen war 10,33 (?); 9,7; 11,7; 11,0 Ferkel. Das Durchschnittsgeburtsgewicht eines Ferkels betrug 1,44; 1,60; 1,40; 1,30 kg. Das Gewicht der Embryonen vergrößerte sich vom 25.–115. Tag in Gr. I um das 3600fache, in II um das 2660fache, in III um das 4700fache und in IV um das 2600fache. Die Dauer der embryonalen Entwicklung betrug in den Gruppen 116,83; 115,5; 114,85; 113,5 Tage. Es wurden Unterschiede bei den Gruppen in der Durchschnittszahl der Wirbel, in den Eigenschaften des Muskel- und Fettgewebes und in der histol. Struktur des Magen-Darmkanals beobachtet. übersetzt v. G. Boetticher. 3906.

3-64/06-0307 Kučera, František. Provozní příklad zvyšování užitkovosti prasnic. **(Beispiel einer Steigerung der Nutzleistung von Sauen im Betriebsausmaß.)** Náš Chov **1963** Nr. 7. S. 237–238. — 3 Tab.

Auf den Farmen des Staatsgutes Mělník gelang es, im Laufe der Jahre 1960–62 bei einem durchschnittl. Bestand von 250–260 Zuchtsauen die durchschnittl. jährl. Anzahl von Würfen je Sau von 1,55 auf 1,81, die Zahl der je Wurf aufgezogenen Ferkel von 7,5 auf 7,9 und die je Sau jährl. aufgezogene Ferkelzahl von 11,64 auf 14,33 bei Verringerung der Abgänge von 10,2 auf 7,2 Ferkel zu steigern. Diese Ergebnisse wurden durch systematische Anwendung einer ganzen Reihe von Maßnahmen erzielt, bes. durch Ersatz gesundheitlich nicht entspr. Zuchtsauen durch Sauen aus gesunden Zuchten, sachgemäße Zuchtwahl und Leistungskontrolle und schließlich auch durch Anwendung der Gebrauchskreuzung mit Cornwall-Ebern. Dazu kam eine umfassende Schulung des Pflegepersonals, Ausnutzung des sozialist. Wettbewerbs u. a. ČSSR/ÚVTI. 3910.

3-64/06-0308 Konjuchova, V. A.; Poltawa, Forsch.-Inst. für Schweinezucht. Ispol'zovanie chrjakov pri iskusstvennom osemenenii. **(Die Zucht-**

verwendung von Ebern in der künstlichen Besamung.) Svinovodstvo, Moskva **18** (1964) Nr. 1. S. 38–39. – 1 Tab.
Von 10 Ebern der Großen Weißen Rasse im Alter von 2 Jahren wurde zunächst einmal, später (mit 3 Jahren) 2mal tägl. mittels einer künstlichen Vagina Sperma entnommen und u. a. Volumen, Aktivität sowie Resistenz des Ejakulats, außerdem die Anzahl der lebenden und toten Spermien bestimmt. Zur Ermittlung der Befruchtungsrate wurden 42 Sauen 2–3 Std. nach der Spermagewinnung besamt. Die Untersuchungen zeigen, daß trotz intensiver Zuchtbenutzung ausreichend hohe Befruchtungsziffern und gut entwickelte Ferkel erzielt werden können. I. Scholz/Dummerstorf. 3918.

3-64/06-0309 Kabozov, S. M. und Antonov, A. A. Kormlenie chrjakov pri ich intensivnom ispol'zovanii. **(Die Fütterung der Eber bei intensiver Zuchtverwendung.)** Svinovodstvo, Moskva **18** (1964) Nr. 1. S. 25–27. – 4 Tab.
Vom Unions-Inst. für Tierzuchtforsch. wurden 2 neue Futtergemische für Zuchteber entwickelt, deren Zusammensetzung genau beschrieben wird. Der Haferanteil der Ration wurde jedoch durch Körnermais und Gerste ersetzt. Der Futterwert dieser Rationen wurde an 3 Gruppen von Ebern untersucht, wobei Gr. I das Gemisch 1, Gr. II das Gemisch 2 und Gr. III (Kontrolle) das bisher übliche Futter erhielten. Während des 3monatigen Versuchs erfolgte jeden 2. Tag die Spermaentnahme. Bei der Untersuchung der Qualitätsmerkmale des Ejakulats zeigte sich, daß die Zahl der Spermien und deren Lebensdauer in den Gr. I und II bedeutend höher waren. Außerdem lag auch die Befruchtungsrate bei Sauen, die von Ebern der Versuchsgruppen belegt wurden, höher, und zwar bei I – 87%, II – 90% und III – 80%. Es folgen noch Angaben über Futterverbrauch und durchschnittl. tägl. Gewichtszunahme der Versuchstiere. I. Scholz/Dummerstorf. 3946.

3-64/06-0310 Groskreutz, K. A. **Vereinfachte Futterzuteilung in der Schweinemast.** Schweinezucht u. Schweinemast **10** (1962) Nr. 1. S. 4–7. 3954.

3-64/06-0311 Braude, R., Townsend, Jill, Harrington, G. und Rowell, J. G. A comparison of feeding growing pigs once or twice daily. **(Ein Vergleich der täglich ein- oder zweimaligen Fütterung wachsender Schweine.)** J. agric. Sci. **60** (1963) Nr. 3. S. 389–391. – 3 Tab., 2 Lit.
Dieser Versuch wurde mit über 400 Schweinen verschiedener Rassen und Kreuzungen als Gemeinschaftsarbeit von 17 Instituten durchgeführt. Bei Methode 1 wurde nur einmal tägl., und zwar morgens gefüttert; bei Methode 2 erfolgte die Fütterung zweimal tägl., nämlich morgens und nachmittags, mit je der Hälfte der Tagesration. Die Menge des tägl. verabreichten Futters pro Tier war bei beiden Verfahren gleich. Das durchschnittl. Anfangsgewicht lag bei 35–61 lb. pro Tier. Die Art der Unterbringung der Schweine und die verabreichte Futterkonsistenz (naß und trocken) sind von jedem Versuchsbetrieb erwähnt. Für die einzelnen Fütterungsabschnitte (32–36, 40–42. . . 166 bis 168, 169 und mehr lb.) sind die dazugehörigen tägl. Futterrationen pro Tier, welche von 2,0–6,5 lb. anstiegen, angeführt. Denjenigen Schweinen, die Trockenfutter erhielten, stand Tränkwasser ad. lib. zur Verfügung. Mit 204 lb. Lgw. wurden die Versuchsschweine geschlachtet. Folgende Ergebnisse wurden ermittelt (Resultate Methode 1 zu 2): Tägl. Gewichtszunahme in lb. = 1,342/1,355; Ausschlachtungsprozente = 73,83/74,75; Klasseneinteilung in % = AA+ = 37,3/41,4, AA = 18,6/13,2, A = 3,3/2,9, B+ = 31,1/28,2, B = 2,3/4,0, C = 5,6/8,0 und F = 2,8/2,3. R. Kürbs. 3954.

3-64/06-0312 Goret, P., Fontaine, M., Pilet, Ch. und Lemonnier, J.-B. Recherches expérimentales sur la prévention en porcherie de la pneumonie à virus du porc par les rayons ultraviolets germicides. **(Experimentelle**

Untersuchungen über die Prophylaxe der Viruspneumonie im Schweinestall durch keimtötende ultraviolette Strahlen.) Recueil Méd. vétérin. **139** (1963) Nr. 4. S. 307–318. — 8 Abb., 1 Tab., 3 Lit. Zus. in Engl., Span.
Schweineställe wurden in Einzelbuchten umgebaut und darin 15-W-Quecksilberdampflampen fest angebracht, die ununterbrochen UV-Licht von 2537 Å lieferten. Als Versuchstiere dienten Läufer von 15–25 kg, die aus einer 3 Jahre von Husten und Pneumonie freien Zucht stammten und noch bei der Sau im Alter von 41 Tagen gegen Schweinepest mit einer Vaccine von lapinisiertem auf Gewebekultur gewachsenen Virus geimpft worden waren. Die Unterbringung war gleichmäßig schlecht, in Räumen von 6 m × 5 m × 4 m, die Ventilation fehlerhaft, die Lichtverhältnisse schwach, die Feuchtigkeit übernormal. Die dauernde ultraviolette Bestrahlung der Versuchstiere zeigte im Gegensatz zum Menschen außer vorübergehenden leichten Hautrötungen und bisweilen Konjunktivitis keine nachteiligen Folgen. Die Läufer gewöhnten sich an die an sich schädliche Strahlenwirkung und wurden unempfindlich. Schwache und schon kranke Tiere besserten sich. Vff. stellen fest, daß die UV-Strahlen nach künstlicher Infektion den Krankheitsverlauf nicht hindern können, daß der Ansteckungsstoff zu 100% auf nicht infizierte, nicht bestrahlte Läufer übergegriffen hat, daß aber nur $^1/_3$ der nicht angesteckten, aber bestrahlten Läufer durch natürliche Ansteckung erkrankten. Die beiden anderen Drittel sind dank der Bestrahlung trotz Ansteckungsmöglichkeit gesund geblieben. Die UV-Bestrahlung mit einer Wellenlänge von 2537 Å stellt mithin eine wirksame Schranke zur Infektionsverhütung in einem verseuchten Bestand dar. Ihre Anwendung erscheint zur Vorbeugung dieser Viruskrankheit angezeigt. K. Preißler. 3985.

3-64/06-0313 Neumann, H.-J. **Diagnose und Bekämpfung der enzootischen Pneumonie der Schweine (Ferkel- und Schweinegrippe) im Rahmen des Schweinegesundheitsdienstes in Schleswig-Holstein.** Tierärztl. Umschau **18** (1963) Nr. 12. S. 633–636. — 1 Tab. 3985.

E. SCHAFE

3-64/06-0314 Rubner, A. **Gemeinde- und Genossenschaftsschäfereien im modernen Gewand.** Mitt. dtsch. Landwirtsch.-Ges. **78** (1963) Nr. **41.** S. 1279 bis 1282.
In der Landwirtschaft der BRD macht sich auf vielen Gebieten der genossenschaftliche Zusammenschluß bemerkbar. Vf. beschreibt Genossenschaftsschäfereien Nordbayerns, wobei die Eingliederung der Schafhaltung in intensive Landwirtschaftsbetriebe, wie in der Gemeinde Brunst bei Rothenburg o. T. und Weimersheim bei Weißenburg, eine bes. Berücksichtigung finden. Es werden Hinweise zur Ausdehnung der Vorsommerhutungen und der Winterweide gegeben und dabei die Vorteile bei der Anwendung des Elektrozaunes für Schafe dargelegt. S. Mertins. 4010.

3-64/06-0315 Sönmez, Reşit; Ankara, Univ. Breed characters and different productions in the Sakiz Sheep (Chios Schafe) of Turkey. **(Rassenmerkmale und verschiedene Leistungen beim Sakiz-[Chios-]Schaf in der Türkei.)** Z. Tierzücht. Züchtungsbiol. **78** (1963) Nr. 3. S. 281–286. — 2 Abb., 5 Tab., 7 Lit. Zus. in Dtsch.
In der Türkei gibt es ungefähr 30 Mill. Schafe. In der westlichen Türkei werden bes. in der Gegend von Çeşme und Izmir (Smyrna) Milchschafe, die Sakiz- oder Chios-Schafe, gehalten. Ihre Gesamtzahl beträgt 4000–5000 Köpfe. Sie werden allg. von Bauern gehalten, die 2 oder 3 Schafe besitzen. Die Wolle ist weiß mit einigen schwarzen Haaren. Am Kopf sind schwarze Abzeichen. Die Böcke sind gehörnt, die Schafe meist hornlos; 10–20% der Schafe haben kleine Hörner. Der Schwanz ist lang und dünn. Die wichtigsten Körpermaße der Schafe sind: Widerristhöhe 75,6 cm, Körperlänge 73,6 cm, Brusttiefe

33,8 cm, Brustumfang 95,5 cm. Schafe wiegen 40–50 kg, Böcke 55–60 kg. Es werden im ⌀ 2 Lämmer geboren. Die Wolle wird als grobe Mischwolle bezeichnet und ist für die Textilindustrie ungeeignet. Im Bestand der Ege-Universität Izmir gaben 12 Schafe ⌀ 210 kg Milch in 207 Tagen. Die Durchschnittsleistung der Schafe in bäuerlicher Haltung liegt bei 150 kg. Die Milch wird zu Yoghurt und weißem Käse verarbeitet. J. K. Hinrichsen. 4090.

3-64/06-0316 Pak, V. F. Nekotorye dannye ob akklimatizacii cigajskich ovec v Kazachskoj SSR. **(Einige Angaben über die Akklimatisierung der Zigaja-Schafe in der Kasachischen SSR.)** Životnovodstvo, Moskva **25** (1963) Nr. 8. S. 77–79. — 4 Tab., 6 Lit.
Aus den Gebieten der Ukraine und der RSFSR wurden Zigaja-Schafe nach Westkasachstan eingeführt, um zu untersuchen, inwieweit diese Rasse in Reinzucht in dem genannten Gebiet gehalten werden kann. Durch Versuche wird festgestellt, daß die Tiere widerstandsfähig und anspruchslos sind und sich gut an die natürlichen Klima- und Fütterungsbedingungen Westkasachstans anpaßten. Sie hielten das der Rasse eigene Lgw. und die Wollproduktivität. Die Wolleistung lag bei ⌀ 3,62 kg Wolle und 57,6% Rendement. Die Fruchtbarkeit der Schafe war zufriedenstellend, die geborenen Lämmer waren kräftig und entwickelten sich gut. Der Versuch dauerte 2 Jahre und bestätigte die gute Akklimatisierung der Zigaja-Schafe an die neuen ökologischen Bedingungen. K. Witt. 4090.

3-64/06-0317 Bukowski, W. Merynos czy owca kryżówka. **(Merino- oder Kreuzungsschafe.)** Nowe Rolnictwo **12** (1963) Nr. 10. S. 26–27.
Vf. untersucht die Veröffentlichungen in der Zeitschrift Nowe Rolnictwo, in denen die Lösung der Schwierigkeiten der polnischen Schafzucht bei der Merinosierung der inländischen Schafe behandelt wird. Die Versuche der Merinosierung in den bäuerlichen Betrieben schlugen fehl, denn in den meisten Betrieben sind nicht die Voraussetzungen vorhanden, feinwollige Schafe zu halten. Das einheimische Landschaf nimmt bei der Kreuzung mit Merinos nicht die positiven Merkmale des Körperbaus und der Wolleistung an und verliert die Widerstandsfähigkeit. Nach Änderung der landwirtsch. Struktur und nach Meliorationen kann man die Merinoschafzucht erweitern. Bessere Ergebnisse brachte die Kreuzung der einheimischen Mutterschafe mit Kreuzungsböcken im Wollsortiment C. In der Woiwodschaft Lodz wurde ein gekreuztes Schaf mit sehr großer Widerstandsfähigkeit und einer sehr guten Wolleistung gezüchtet, dessen Wolle für die Industrie geeignet ist. Die Schafbestände in der Woiwodschaft Lodz verringern sich nicht, wenn rentable Bedingungen geschaffen werden. Das Schaf muß ein untrennbarer Bestandteil der Viehbestände bleiben. Die Rayonierung ist einzuhalten, und es muß vor allem das Schaf in die Futterbilanz gleichwertig einbezogen werden. Bei der gegenwärtigen, allg. schlechten Ernährung der Schafe können sich nur Typenkreuzungen mit den Wollsortimenten BC und C halten.
PRL/CBR, übersetzt v. O. Kasperl. 4146.

3-64/06-0318 Skårman, Sven; Wiad, Sweden, Animal Breeding Inst. Crossbreeding experiments with sheep. **(Kreuzungsversuche mit Schafen.)** Kungl. Lantbrukshögskolans Ann. **29** (1963) S. 63–98. — 7 Tab., 31 Lit.
In Schweden werden neben 75% Landschafen auch Cheviot, Shropshire und Oxforddown, und zwar hauptsächlich in Süd- und Mittelschweden, gehalten. Außerdem gibt es in geringerer Zahl englische Leicester- und norwegische Dala- und Rygja-Schafe. In 6 Privatbetrieben wurden unter Einsatz von insgesamt 35 Böcken Kreuzungsversuche mit schwedischen Landschafen und Schafen der o. a. englischen Rassen sowie mit F_1-Kreuzungsschafen durchgeführt. Insgesamt wurden >3000 Lämmer erfaßt. Es ergab sich eine in vielen Fällen signifikante Überlegenheit der Kreuzungstiere im Geburtsgewicht, in den Zunahmen und in der Wolleistung im Vergleich zu den Landschafen. Bei

Kreuzungen Landschaf × Oxforddown oder Shropshire wurde eine schlechtere Wollqualität festgestellt. Die besten Felle hatten die Kreuzungstiere Leicester × Landschaf. Die Schlachtkörper der Kreuzungslämmer waren bei einem Mastendgewicht von 30 kg in der Qualität denen der Reinzuchtlämmer überlegen. Die Rotationskreuzung brachte die besten Ergebnisse bei Kreuzungen Shropshire × (Leicester × Landschaf). Auch die Kreuzung Shropshire × Cheviot brachte gute Ergebnisse. Die positive Stellungnahme zur Kreuzungszucht wird außer durch die Versuchsergebnisse noch durch zahlreiche Literaturangaben begründet. J. K. Hinrichsen. 4164.

3-64/06-0319 Anonym. Earlier introduction of rams advances breeding season of ewes and lambing. **(Frühzeitiger Einsatz der Böcke führt zum Vorverlegen des Belegens und der Ablammung.)** New Zealand J. Agric. **16** (1963) Nr. 6. S. 481. 483. 485. 487. – 5 Abb., 8 Lit.
Die Versuche wurden 1961 und 1962 in 2 Betrieben in Neu Seeland mit insgesamt 1600 Romney-Schafen durchgeführt. Im 1. Versuch wurden die Böcke am 2. März zur Vergleichsgruppe gegeben, während in den Versuchsgruppen die Böcke schon am 10. bzw. am 20. Februar eingesetzt wurden. Die Schafe zeigten um so früher Brunsterscheinungen, je früher die Böcke zugeteilt wurden. Im 2. Versuch hatte die Vorverlegung der Zuteilung der Böcke um 3 Wochen die gleiche Wirkung, während die Anwesenheit von vasektomierten Böcken keinen Erfolg hatte. Im 3. Versuch war die Wirkung am günstigsten, wenn die Böcke am 1. Febr. zugeteilt wurden. Die frühzeitigere Anwesenheit der Böcke führt einen Stress bei den Schafen herbei, dessen Wirkung von der Nebenniere über die Hypophyse zu den Eierstöcken geht. Zwischen jungen und alten Schafen wurden dabei keine Unterschiede beobachtet. Die Fruchtbarkeit der Schafe wird durch die Änderung des Zeitpunktes der Zuteilung nicht beeinflußt. Infolge des früheren Belegens werden die Lämmer früher schlachtreif. J. K. Hinrichsen. 4166.

3-64/06-0320 Devin, K. P., Kandalov, V. I. und Nasonovskij, N. M. O sposobach kastracii barančikov romanovskoj porody. **(Kastrationsmethoden bei Schafböcken der Romanow-Rasse.)** Ovcevodstvo, Moskva **9** (1963) Nr. 8. S. 11–12. 4180.

3-64/06-0321 Platikanov, N. und Lazarov, V. Kŭm vŭprosa za ritmičnostta na rasteneto i vlijanieto na promenlivoto ravnište na chraneneto vŭrchu prirasta i bŭdeštata produktivnost na agnetata. **(Wachstumsrhythmus und Einfluß eines unterschiedlichen Fütterungsniveaus auf den Zuwachs und die künftige Leistung der Lämmer.)** Izvestija na Instituta po životnovŭdstvo „Georgi Dimitrov" – Kostinbrod, Sofija **17** (1963) S. 5–14. – 1 Abb., 6 Tab., 7 Lit. Zus. in Russ., Dtsch.
13 Jährlinge wurden nach dem Absetzen im Laufe von 66 Tagen tägl. gewogen. Es wurde festgestellt, daß das Wachstum nicht gleichmäßig oder mit sich gleichmäßig verändernder Geschwindigkeit, sondern m. o. w. ungleichmäßig, jedoch ohne einen bestimmten Rhythmus verläuft. Die Zeiten des verstärkten und geminderten (sogar abklingenden) Wachstums sind in ihrer Dauer und Intensivität sehr verschieden. Ein wiss. Betriebsversuch mit 3 jeweils aus 14 abgesetzten Jährlingen bestehenden Gruppen wurde durchgeführt. Die Jährlinge der Kontrollgruppe erhielten ihr Futter gleichmäßig nach den herkömmlichen Normen, die beiden anderen Gruppen wurden im Wechsel ungleichmäßig auf Grund der gleichen Normen gefüttert, die jedoch alle 8 Tage um 25% vergrößert oder verringert wurden. Die ungleichmäßige Fütterung dauerte 10,5 Mon., wonach allen 3 Gruppen die gleiche Menge Futter verabreicht wurde. Im Gegensatz zu den Mitteilungen von W. I. Fjodorow und F. S. Olenin konnte im Versuch ein günstiger Einfluß des rhythmischen Wechsels in der Fütterung auf Wachstum und Produktivität der Jährlinge nicht nachgewiesen werden. NRB/ZSNTI, übersetzt v. S. Thienel. 4196.

3-64/06-0322 Beattie, A. W.; Queensland Dep. of Agric. and Stock. Relationships among productive characters of Merino sheep in North-Western Queensland. 1. Estimates of phenotypic parameters. **(Beziehungen zwischen Produktionseigenschaften von Merinoschafen in Nordwest-Queensland. 1. Mitt. Schätzungen von phänotypischen Parametern.)** Queensland J. agric. Sci. **18** (1961) Nr. 4. S. 437–445. – 5 Tab., 6 Lit.
Mitgeteilt werden Mittelwerte, Variationskoeffizienten, Korrelationen und Wiederholbarkeitswerte von 7 Vlieseigenschaften (Schurgewicht, Reinwollgehalt, Reinwollgewicht, Haardurchmesser, Variationskoeffizient des Haardurchmessers, Stapellänge und Kräuselungsfrequenz) sowie von 3 Körpereigenschaften (Lgw., Hals- und Körperfalten). Das Reinwollgewicht steht mit folgenden Eigenschaften signifikant in Beziehung: Schmutzwollgewicht $r = 0{,}84$, Reinwollgehalt $r = 0{,}56$, Stapellänge $r = 0{,}49$, Kräuselungsfrequenz $r = -0{,}45$, Halsfalten $r = 0{,}22$, Körperfalten $r = 0{,}20$, Lgw. $r = 0{,}13$. Die Wiederholbarkeit der geprüften Eigenschaften lag zwischen 0,45 und 0,80. Da Wollen mit hoher Kräuselungsfrequenz im Preis nur wenig günstiger liegen, empfiehlt Vf., bei der Selektion auf hohe Reinwolleistung die negative Korrelation zur Kräuselungsfrequenz nicht zu berücksichtigen. Wenn die Faltenzahl konstant gehalten werden soll, können nur ca. 50% des Selektionsdifferentials genutzt werden. K.-H. König. 4222.

3-64/06-0323 Beattie, A. W. Relationships among productive characters of Merino sheep in North-Western Queensland. 2. Estimates of genetic parameters, with particular reference to selection for wool weight and crimp frequency. **(Beziehungen zwischen Produktionseigenschaften von Merinoschafen in Nordwest-Queensland. 2. Mitt. Schätzungen genetischer Parameter unter besonderer Berücksichtigung der Selektion auf Wollgewicht und Kräuselungsfrequenz.)** Queensland J. agric. Sci. **19** (1962) Nr. 1. S. 17–26. – 2 Abb., 3 Tab., 14 Lit. 1. Mitt. vgl. vorst. Ref.
Über Töchter-Mütter-Korrelationen wurden folgende h^2-Werte errechnet: Schmutzwollgewicht 0,35, Rendement 0,40, Reinwollgewicht 0,34, Haardurchmesser 0,57, Variationskoeffizient des Haardurchmessers 0,43, Stapellänge 0,50, Kräuselungsfrequenz 0,57, Körpergewicht 0,54, Halsfaltengrad 0,26, Körperfaltengrad 0,30. Unter den ermittelten genetischen Korrelationen wird der zwischen Reinwollgewicht und Kräuselungsfrequenz mit $-0{,}96$ bestimmten die größte züchterische und wirtschaftliche Bedeutung beigemessen. Bei Berücksichtigung der derzeitigen Preisverhältnisse wird empfohlen, die Selektion allein auf das Reinwollgewicht auszurichten. K.-H. König. 4222.

3-64/06-0324 Altenkirch, W. und Kupatz, B. **Einfluß von Umwelt und Erbgut auf Körperform und Leistung beim Schaf. d) Hautstärke und Wolldichte in ihrem Einfluß auf die Wolleistung.** Dummerstorf, Inst. Tierzucht forsch. Dtsch. Akad. Landwirtsch.- Wiss. Berlin Plan-Nr.: 1701 16 h 2-43. Abschlußber. (30/11. 1963).
Im vorliegenden Forschungsauftrag wurden die Hautstärke und der Follikelbesatz bei den Merinofleischschafen in einer Tiergruppe von der Geburt bis zum 200. Lebenstag und in einer anderen am 300. Lebenstag dargestellt und die Beziehungen zum Schurertrag untersucht. Durch das Geburtsgewicht beeinflußt spielt die Hautstärke und bes. die Coriumstärke am Tage der Geburt für die schnelle Entwicklung der Follikelanlagen eine Rolle. Durch diese wird die Wollwachstumszeit bis zur ersten Schur verlängert und dadurch der Schurertrag erhöht. Die Stärke des Unterhautbindegewebes ist nicht vom Lgw. abhängig, sondern von der Fähigkeit des Organismus, Fett einzulagern. Die Follikeldichte wird bei Vergröberung der Wollen geringer. Diese Beziehung tritt in unterschiedlicher Höhe bei verschiedenen Nachkommengruppen auf. Im Alter von 300 Tagen ergibt sich bei Tieren mit einer dickeren Haut ein geringerer Follikelbesatz. Eine Verbesserung der Dichte bei gleichzeitiger Erhöhung der Stapeltiefe ist möglich. Auf den Schurertrag wirken,

wenn die gewünschten Besatzeigenschaften erreicht sind, die Länge und die Dichte der Wollen am stärksten. Eine Selektion in dieser Hinsicht muß unter Beachtung der gewünschten Wollfeinheit erfolgen. Eine Verbesserung der Wolldichte in der Merinofleischschafzucht ist möglich. 4222.

3-64/06-0325 Seebeck, R. M. und Tribe, D. E.; Parkville, Victoria, Australia, Univ. of Melbourne, School of Agric. The relation between the lamb production and the wool production of the ewe. **(Die Beziehung zwischen der Lämmerproduktion und der Wolleistung beim Schaf.)** Austral. J. Exp. Agric. Animal Husbandry **3** (1963) Nr. 9. S. 149–152. — 2 Tab., 10 Lit.

Die Untersuchungen wurden an 320 dreijährigen Kreuzungsschafen Border-Leicester × Merino in einem in Victoria/Australien gelegenen Betrieb mit Mastlämmererzeugung durchgeführt. Es wurden Southdown-, Ryeland- und Dorset-Horn-Böcke eingesetzt. Die Schur erfolgte im April. Die Lämmer wurden bei der Geburt und vor der Schlachtung gewogen. Die Auswertung erfolgte mit Hilfe der Varianzanalyse und der Methode der kleinsten Quadrate. Der Ertrag an Schmutzwolle bei den Müttern stand in enger Beziehung zu dem Schlachtgewicht der Lämmer, nicht aber zu ihrem Alter. Bei einer Selektion auf Schurgewichte werden die Zwillingsmuttern gegenüber den Einlingsmüttern benachteiligt. Der höhere Geldertrag für Zwillingslämmer gleicht die Mindereinnahmen für Wolle aus. Zwischen dem Geschlecht der Lämmer und der Wollproduktion ihrer Mütter war keine Beziehung festzustellen. J. K. Hinrichsen. 4222.

3-64/06-0326 Cockrem, F. A relationship between skin temperature and amount of wool grown on various positions on the New Zealand Romney Marsh sheep. **(Eine Beziehung zwischen der Hauttemperatur und dem Wollwachstum an verschiedenen Körperstellen bei neuseeländischen Romney-Marsh-Schafen.)** Nature [London] **196** (1962) Nr. 4854. S. 560–561. — 2 Tab., 6 Lit.

Die Auswertung der Daten ergab zunächst für das Wollwachstum und die Hauttemperatur eine kurvilineare Beziehung. Weiterhin wurde festgestellt, daß eine bestimmte Hauttemperatur an den Extremitäten mit einem geringeren Wollwachstum einherging als in den wichtigsten Vliespartien. Bei Sympathektomien trat zwar eine beträchtliche Steigerung der Hauttemperaturen, jedoch kein proportional erhöhtes Wollwachstum ein. Vermutlich muß ein bestimmter mit der Follikelpopulation in Verbindung stehender anderer Faktor auf das Wollwachstum an einer bestimmten Körperstelle einen Einfluß ausüben. Auf Grund der vorliegenden Ergebnisse beruhen ca. 50% der Variation des Wollwachstums bei den neuseeländischen Romney-Marsh-Schafen auf der Variation des den Follikeln verfügbaren Substrates. Die restliche Variation ist von Unterschieden im Follikelbestand selbst, wie der Follikelgröße, ihrer Dichte und dem Quotienten der Zahl der Sekundär- zur Zahl der Primär-Follikel, abhängig. H. Busse. 4222.

3-64/06-0327 Tanev, D. und Dimitrov, D. Proučvane za vlijanie na doeneto vŭrchu produktivnite kačestva pri tŭnkorunnite ovce. **(Untersuchung zum Einfluß des Melkens auf die Leistungseigenschaften bei Feinwollschafen.)** Naučni trudove. Visš selskostopanski institut „Georgi Dimitrov" — Kostinbród, Sofija **13** (1963) S. 399–413. — 15 Tab., 18 Lit.

Drei Gruppen von je 13 feinwolligen Dreirassen-Kreuzungsschafen befanden sich unter guten Fütterungsbedingungen in der allg. Herde. Die Schafe der Gr. I wurden 10 Tage nach dem Absetzen der 3,5 Mon. alten Lämmer nicht mehr gemolken, die Tiere der Gr. II wurden 75 Tage lang bis 10 Tage vor Beginn der Paarungskampagne gemolken, die Schafe der Gr. III wurden 115 Tage bis zum natürlichen Abschluß der Laktation gemolken (auch während der Paarungskampagne). Der Versuch erstreckte sich über 14 Mon. (vom

4. 4. 1960 bis 6. 6. 1961). Die Ergebnisse (in der Reihenfolge der Gruppen) sind folgende: Lgw. zu Beginn des Versuches 63,7; 63,7 und 64,4 kg, nach Abschluß des Melkens der Schafe der Gr. III – 61,8; 61,2; 61,4kg und nach der Schur am Ende des Versuches 60,1; 60,1; 60,90 kg; der Schurertrag war im Jahre 1960 – 2,310; 2,487 und 2,376 kg gewaschene Wolle, im Jahre 1961 – 2,521; 2,585 und 2,449 kg; Länge der Wollfaser am Ende des Versuches 5,96; 6,08 und 5,77 cm; beim Scheren am Ende des Versuches 8,62; 8,58 und 7,96 cm; der Milchertrag im Jahre 1960 – 0; 39,6 und 37,9 l; 1961 – 29,1; 32,7 und 30,2 l; Fruchtbarkeit 130,8; 153,8 und 130,8%; im Lgw. der Lämmer von gemolkenen oder nicht gemolkenen Schafen bestand kein Unterschied. Die Untersuchungen des Wollwachstums im Laufe der Melkperiode zeigen nur unwesentliche Unterschiede.

NRB/ZSNTI, übersetzt v. Th. C. Boetticher. 4226.

3-64/06-0328 Stacy, B. D., Brook, A. H. und Short, B. F. The relationship between suint and the sweat glands. **(Die Beziehungen zwischen Wollschweiß und den Schweißdrüsen.)** Austral. J. agric. Res. **14** (1963) Nr. 3. S. 340 bis 349. – 8 Abb., 4 Tab., 17 Lit.

Unter „suint" (= Wollschweiß) wird der mit kaltem Wasser gewonnene Extrakt von Schmutzwolle verstanden. Die Versuche wurden mit Merinoschafen durchgeführt, die z. T. normale Schweißdrüsen hatten, z. T. ohne Schweißdrüsen waren oder Anomalien in der Schweißdrüsenausbildung zeigten. Um klimatische Einwirkungen weitgehend auszuschalten, wurden die Tiere unter Decken gehalten. Die Wollproben wurden von der Mittelhand genommen, ebenso Hautproben von 1 cm Durchmesser. Wollschweiß wurde von Tieren mit Schweißdrüsen in wesentlich größeren Mengen produziert als von Tieren ohne Schweißdrüsen. Schafe mit vergrößerten Schweißdrüsen hatten eine bes. starke Wollschweißbildung. Gleichzeitig war der Gehalt an K im Wollschweiß, in der Haut und in der Flüssigkeit von implantierten Hautzysten beim Vorhandensein von Schweißdrüsen höher, während im Na-Gehalt nur geringe Unterschiede bestanden. Schafe mit normalen Schweißdrüsen erzeugen bei einer Körperoberfläche von 1 m^2 tägl. ca. 0,5–1 g Wollschweiß. Bei den Schafen ohne Schweißdrüsen wurde nur sehr wenig Wollschweiß festgestellt. Die wasserlöslichen Bestandteile des Vlieses sind also überwiegend Produkte der Schweißdrüsen, was bes. durch den hohen K-Gehalt des Wollschweißes deutlich wird. Dies wurde auch durch Untersuchungen an Böcken bestätigt, bei denen das Scrotum erwärmt wurde. Die Absonderungen der Schweißdrüsen enthielten 5mal so viel K wie Na, während bei Böcken ohne Schweißdrüsen am Scrotum keine Absonderung von Elektrolyten erfolgte. J. K. Hinrichsen. 4234.

3-64/06-0329 Skoczylas, A. Wełna krzyżówkowa, elementy zootechnicznej oceny jakości. **(Kreuzungswollen und die zootechnische Qualitätsbewertung.)** Roczniki Nauk rolniczych, Ser. D **103** (1963) S. 5–219. – 126 Tab., 206 Lit.

Die Arbeit behandelt Probleme der Eigenschaften von Kreuzungswolle sowie die Elemente der zootechnischen Qualität vom Gesichtspunkt der Wollkunde. Die Arbeit enthält Angaben aus der Weltliteratur auf diesem Gebiet sowie die Ergebnisse der Forschung, die im Schafzuchtbetrieb der SGGW durchgeführt wurden. Das Problem der „Kreuzungswolle" umfaßt sämtliche Wollarten, die für die Bekleidungsindustrie verwendet werden und in der Klassifikation zwischen Merino- und Mischwolle zu finden sind.

PRL/CBR, übersetzt v. O. Kasperl. 4236.

3-64/06-0330 Wodzicka-Tomaszewska, Manika. Effect of shearing on sheep. **(Der Einfluß der Schur auf die Schafe.)** New Zealand J. Agric. **107** (1963) Nr. 3. S. 203–205. – 1 Abb., 2 Tab. 4237.

3-64/06-0331 MacLeod, A. In-wintering stock ewe hoggs. **(Die Überwinterung von Mutterlämmern im Stalle.)** Scott. Agric. **42** (1962/63) Nr. 3. S. 139–141.
Die Mutterlämmer werden in Schottland entweder auf Bergweiden oder auf Feldgrasweiden mit oder ohne Beifutter von Konzentraten in den Frühjahrsmonaten überwintert. Ein weitverbreitetes System ist das „Abwintern" in Ackerbaubetrieben. Hier wirken die Transportkosten von den weitentfernten Farmen (40–45 s. je Tier) als begrenzender Faktor, obwohl eine vertragliche Bindung futtermäßig günstiger Betriebe, falls dem Inhaber der Bergschäferei die Kosten nicht zu hoch sind, diesem auch befriedigende Einnahmen verschafft. Die Tiere dürfen im Verhältnis zu der ihnen später zur Verfügung stehenden Weidequalität nur nicht vorzeitig angemästet werden. Für ärmere Bergschäfereien wurde die Stallüberwinterung als weitere Haltungsmethode im Verlaufe einer 5jährigen Untersuchung überprüft. Die Futterkosten für die Wintereinstallung von 4½ Mon. betragen danach 28–30 s. je Lamm. Arbeit und Gebäudeabnutzung sind hierbei noch nicht berücksichtigt. Die Methode spart im Vergleich zum Abwintern nicht viel ein, bringt aber die Lämmer bis zum Frühjahr in eine vertretbare Weidekondition. H. Busse. 4273.

3-64/06-0332 Medley, J. G. und Drummond, R. O. Tests with insecticides for control of lice on goats and sheep. **(Versuche mit Insekticiden zur Läusebekämpfung bei Schafen und Ziegen.)** J. econ. Entomol. **56** (1963) Nr. 5. S. 658–660. — 1 Tab., 2 Lit. 4276.

3-64/06-0333 *Doehner, Herbert.* **Handbuch der Schafzucht und Schafhaltung. 4. Teil. Die Leistungen des Schafes, Wolle, Fleisch, Milch, Leder, Dung.** Berlin; Hamburg: Verlag Paul Parey. 1954. (670 S. m. 340 Abb.) 17,5 × 24,5 cm. Die ausführliche Abhandlung über die vielseitigen Leistungen des Schafes beginnt mit Betrachtungen über die Schafwolle. In diesem Kap. werden zunächst die anatom.-histol. Grundlagen der Haut besprochen. Es folgen Ausführungen zur Wollkunde (Mikro-Morphologie, Mikro-Anatomie und Histologie des Wollhaares; chem. Feinbau der Schafwolle; wertbestimmende Eigenschaften des Wollhaares; Wollhaare im Verband; Beeinflussung des Wollwachstums; mech.-technol. Prüfungen am Wollhaar; Histo-Pathologie der Wolle; Feststellung von Wollschädigungen) und zur Wollgewinnung (Behandlung vor der Schur, Rückenwäsche, Streich- und Kammgarnspinnerei, Wirkerei und Strickerei, handwerkliche Verarbeitung). Das 2. Kap. beinhaltet Ausführungen über das Schaffleisch. In den einzelnen Unterkapiteln werden Beurteilung, Auswahl, Behandlung und Bewertung des lebenden Schafes für die Fleischerzeugung; die Gewinnung und Verwertung des Schaffleisches; Mastleistungsprüfungen und Mastviehausstellungen sowie die Statistik der Fleischerzeugung und des Fleischverbrauchs behandelt. Das 3. Kap. „Schafmilch" ist der Milchnutzung vom Altertum bis in die Gegenwart und den Eigenschaften, der Zusammensetzung und Verwertung der Schafmilch sowie ihrer biol. Abhängigkeit gewidmet. Die beiden letzten Kap. beschäftigen sich mit der Schafhaut und dem Schafdung. Ein Sachverzeichnis beschließt dieses Handbuch. Die Literatur ist jeweils am Schluß der einzelnen Kap. angeführt. F. Schenk.

3-64/06-0334 *Doehner, Herbert* und *Reumuth, Horst.* **Wollkunde.** Zweite, vollständig neugestaltete und erweiterte Auflage. Berlin; Hamburg: Verlag Paul Parey. 1964. (677 S. m. 353 Abb.) 17 × 24 cm. DM 89,—. Das vorliegende Werk ist eine völlig neubearbeitete und wesentlich erweiterte Ausgabe des erstmalig 1958 als ergänzter Sonderdruck des 4. Bandes vom Handbuch der Schafzucut und Schafhaltung unter dem Titel „Die Leistungen des Schafes" erschienenen Buches. Der umfangreiche Stoff wurde von den Herausgebern wie folgt gegliedert: Feinbau der Schafhaut; Feinbau des Haares; Entwicklung und Wachstum des Haares; chem. Feinbau der Schafwolle; quantitative chem. Prüfmethoden für Wolle; qualitätsbestimmende Eigenschaften der Wollhaare; Entstehung und Eigenschaften des Vlieses; Fettschweiß; genetische Grundlagen der Wollerzeugung; Einwirkung äußerer Faktoren auf das Wollwachstum; Mikrotechnik der Woll- und Haaruntersuchung; Pathologie der Wolle; wichtigste mikromorphologische Merkmale und Reaktionen zur Feststellung von Wollveränderungen und Wollschädigungen; Schafrassen und ihre Bedeutung für die Wollerzeugung; Schafwolle als Handelsobjekt; der deutsche Wollhandel; Wollverarbeitung; Statistik. Am Schluß des Buches befindet sich ein Sachverzeichnis, während die Literatur den einzelnen Kap. direkt angefügt ist. F. Schenk.

SPEZIELLE KLEINTIERZUCHT

A. ALLGEMEINES

3-64/06-0335 Anonym. **Situationsberichte über die Bienenzucht, Edelpelztierzucht, Ziegen-, Kaninchen- und Seidenraupenzucht.** Arch. Geflügelzucht Kleintierkunde **13** (1964) Nr. 1. S. 5–64. — 13 Abb. Zus. in Russ., Engl. — nach Zus.

Es wird ein Bericht über die Entwicklung und den gegenwärtigen Stand der Kleintierzuchtzweige Bienenzucht, Edelpelztierzucht, Ziegen- und Kaninchenzucht sowie Seidenraupenzucht in der DDR gegeben. Im einzelnen werden u. a. die volkswirtschaftliche Bedeutung, die Entwicklung und Leistungen der Tierbestände, Fragen der Organisation sowie der Forschung und Lehre erörtert. Darüber hinaus sind Maßnahmen angeführt, die nach Meinung der Arbeitsgemeinschaft Kleintierzucht der DAL zur Leistungssteigerung führen. Nach wie vor ist die Kleintierzucht für die Versorgung der Bevölkerung mit Nahrungsmitteln und Rohstoffen von großer Bedeutung. 4501.

3-64/06-0336 Rijskens, A. Le petit élevage en 1962. **(Die Kleintierzucht 1962 in Belgien.)** Rev. Agric. [Bruxelles] **16** (1963) Nr. 9. S. 1257–1289. – 6 Abb., 24 Tab.
Unter diesem Titel werden abgeschlossene Einzelbeiträge desselben Autors abgehandelt, die statistische Betrachtungen über die Entwicklung der Geflügelzucht, Kaninchenzucht, Ziegen- und Schafzucht sowie der Imkerei betreffen. – Die Hühnerzucht basierte auf 39 Herdbuchzuchten mit 70600 Tieren und 970000 Tieren in Vermehrungszuchten sowie auf 309 anerkannten Brütereien mit einer Brutkapazität von 12,3 Mill. Eiplätzen. Die staatl. Förderungsmittel betrugen bfr. 1 Mill., davon allein bfr. 425000 für die Hühnerleistungsprüfung in Gontrode. Legerassen sind Weiße Leghorn und Rhodeländer, Masttiere entstammen zu 95% aus Kreuzungen von Cornish und/oderWeißen Rock. Der Export betrug 1,8 Mill. Eintagsküken und 11 Mill. Bruteier, die Fleischerzeugung 90000 t, der Verzehr 9 kg Geflügelfleisch je Einwohner. – Als Rassegeflügel- und Kaninchenzüchter waren 47846 Mitglieder registriert. Ihre Leistung wird durch Teilnahme an Wettbewerben und durch Fellverkäufe (34834) nachgewiesen, die Bedeutung der Schaf- und Ziegenzucht durch die Zahlen der im Herdbuch eingetragenen Tiere (insgesamt 3448 Schafe und 607 Ziegen). – Die Imkerei umfaßte 76000 Bienenvölker.
A. Schaaf. 4501.

B. ZIEGEN

3-64/06-0337 Tanev, Iv., Chinkovski, C., Solomonov, Ch. und Dončev, P. Nova visokomlečna koza. **(Eine neue Ziegenrasse mit hoher Milchleistung.)** Izvestija na Instituta po životnovŭdstvo „Georgi Dimitrov" – Kostinbrod, Sofija **17** (1963) S. 49–69. – 6 Abb., 10 Tab., 7 Lit. Zus. in Russ., Engl.
Durch Kombinationskreuzung örtlicher Ziegen mit der Tschechischen Rasse im Saanentyp wurde bei sehr guter Fütterung und naturgemäßer Haltung eine hochproduktive Ziege gezüchtet. Das Lgw. mit 3 Jahren beträgt 53,4 bis 63,1 kg; das Lgw. der Böcke 64,1–84,4 kg; die Milchleistung 1960 betrug ⌀ 968,2 l und 1961 – 933,3 l; der Milchfettgehalt ⌀ 3,50%; die Fruchtbarkeit ⌀ 179,9%, 1956 – 202,2%. Die Ziegen sind den örtlichen Bedingungen gut angepaßt, sie sind widerstandsfähig gegen Krankheiten und ungünstige Umwelteinflüsse. NRB/ZSNTI, übersetzt v. E. Meyer. 4520.

C. GEFLÜGEL

3-64/06-0338 Mehner, Alfred. **Die heutige Stellung der deutschen Geflügelhaltung.** Dtsch. Geflügelwirtsch. **15** (1963) Nr. 31. S. 425–429.; Nr. 32. S. 444 bis 447.
Die Entwicklung der modernen Technik und die großen Fortschritte in der Züchtung, Haltung, Fütterung und Krankheitsbekämpfung ließen die Geflügelhaltung zu einem kapitalintensiven und arbeitsextensiven Betriebszweig der Landwirtschaft werden. Somit hat sich auch die Stellung der Geflügelhaltung innerhalb der Landwirtschaft von Grund auf geändert. Die neuzeitliche Geflügelhaltung gestattet eine beliebige Bestandsvergrößerung, und es

zeigt sich der Übergang zu einer industrialisierten Betriebsweise. Innerhalb der Geflügelhaltung hat sich eine Arbeitsteilung in Zucht-, Vermehrungs- und Ablegebetrieb herausgebildet. Während Zucht und Vermehrung in Spezialbetrieben vorgenommen werden, ist für den landwirtsch. Betrieb die Eiererzeugung von Bedeutung. Für den Umfang einer landwirtsch. Geflügelhaltung sind die vorhandenen, noch auszulastenden AK und die Abstimmung der aufgewandten Investitionen mit der Größe des Bestandes ausschlaggebend. Die Wirtschaftlichkeit eines Bestandes hängt nicht ab von seiner Größe, sondern von der Pflege und Fütterung der Tiere, den gesundheitlichen Maßnahmen und der Lösung des Eierabsatzes. Auch die Geflügelmast läßt sich auf Grund der hohen Vermehrungsrate des Geflügels industrialisieren. Innerhalb der EWG hat die BRD hinsichtlich Technik und Leistungsfähigkeit der Geflügelhaltung und der Organisation des Absatzes von Geflügelerzeugnissen weniger Erfahrung. Der Vorteil gegenüber den Nachbarländern liegt dagegen in der günstigeren Lage zu den Verbraucherzentren. Eine noch größere Konzentration um die Verbrauchergebiete ist anzustreben, um diese mit Frischware (Eier, Fleisch) versorgen zu können. Eine gute Ausbildung von Fachkräften auf dem Gebiet der Geflügelhaltung und eine unmittelbare betriebswirtschaftliche Beratung der bäuerl. Geflügelhalter sind notwendig, um der Geflügelhaltung in Zukunft eine fest umrissene Stellung in der Landwirtschaft zu sichern. E. Lippmann. 4601.

3-64/06-0339 Davey, A. D. Poultry and eggs. **(Geflügel und Eier.)** Agric. Inst. Rev. **17** (1962) Nr. 2. S. 26–29. 4601.

Hühner

3-64/06-0340 Haneberg, B. **Der Zuchtring Bayern.** Dtsch. Geflügelwirtsch. **15** (1963) Nr. 25. S. 349–350. – 4 Abb.

Mit dem Ziel, leistungsfähige Legehühner, die auch für ganzjährige Stallhaltung geeignet sind, zu züchten, wurde 1958 der „Zuchtring Bayern" gegründet. Seine Aufgabe bestand zunächst darin, die Herdbuchbetriebe mit überdurchschnittlichen Zuchtherden zusammenzufassen, einen Zucht- und Selektionsplan aufzustellen und nach modernen wiss. Gesichtspunkten zu arbeiten. Um diesen Zusammenschluß fortschrittlicher Züchter nach außen zu dokumentieren und deren Tiermaterial bes. hervorzuheben, hat sich der Bayer. Landesverband für seinen Zuchtring das Wort- und Bildzeichen „Edelweiß" ges. schützen lassen. Erleichtert wurde das Bayer. Zuchtprogramm durch den Umstand, daß einige Herdbuchzüchter schon sehr früh mit planmäßiger Inzucht gearbeitet haben. Der Zuchtring Bayern gliedert sich in 3 Abt. Abt. A: Die 24 dem Zuchtprojekt angeschlossenen Betriebe versorgen die Vermehrungsbetriebe mit leistungsfähigem Zuchtmaterial. Abt. B: Darin sind die Vermehrungsbetriebe enthalten, die Edelweiß-Meisterhybriden erzeugen. Z. Z. sind 95 Vermehrungsbetriebe Mitglied des Zuchtringes. Abt. C: Sie umfaßt 26 Herdbuchzuchten, die Eliteherden zur Erzeugung von Edelweißküken bilden. Der Bayer. Zuchtring läßt nur solche Linien bzw. Paarungen zu, die auf einem neutralen Prüfhof ihre überdurchschnittl. Leistungen bewiesen haben. Die bisherigen guten Ergebnisse rechtfertigen das Bemühen, den begonnenen Weg fortzusetzen und zu versuchen, die Zusammenarbeit der Betriebe noch enger zu gestalten. K. Löhle. 4608.

3-64/06-0341 Trail, J. C. M.; Entebbe, Uganda Livestock Exp. Stat. A note on the costs of egg production in Uganda. **(Ein Hinweis auf die Kosten der Eierproduktion in Uganda.)** East African agric. Forestry J. **29** (1963) Nr. 1. S. 62. – 1 Tab., 3 Lit.

Die als Beispiel angeführte mittlere Geflügelhaltung mit 500 Legehennen, die typisch für die Neugründungen in Uganda ist, besteht aus je 100 Tieren der von den Regierungsfarmen angebotenen Rassen Rhodeländer (I), Helle Sussex (II), Australorps (III), Helle Sussex × Rhodeländer (IV) und Weiße Leghorn × Rhodeländer (V). Die Hennen wurden 48½ Wochen (vom 161- bis 500-Tage-Alter) geprüft. Die Produktionskosten für 1 Dtzd. Eier beliefen sich — nach Abzug des Verkaufspreises für die Legehenne — auf 3 s. 60 d. während des ganzen Jahres; allerdings ist die Rassenwahl dabei wichtig, denn bei den Kreuzungstieren IV und V betrugen die Kosten nur 3,00 s. bzw. 3,03 s., bei I 3/42, bei II 3/68 und bei IV sogar 3/84. So brachten IV und V einen Gewinn von 10/11 s. bzw. 9/02 s. je Henne, I von 2/49, während II und III mit Unterbilanz abschlossen. C. Engelmann. 4608.

3-64/06-0342 Yelf, J. D. A valuable contribution to the poultry industry of Fiji and other islands. **(Ein brauchbarer Beitrag für die Geflügelindustrie der Fidschi-Inseln und anderer Inseln.)** Agric. J., Fiji **31** (1961) S. 26–28. — 1 Tab.
Auf den Fidschi-Inseln besteht ein hoher Bedarf an Geflügelfleisch, der einen Import in den Jahren 1954–60 von Eintagsküken aus Neuseeland und Australien in erhöhtem Maße notwendig machte. Man errechnete, daß die Roten Rhodeländer gegenüber den Weißen Leghorn nicht nur im Preis im Vorteil sind, sondern ihre etwas geringere Legeleistung durch ihr höheres Gewicht aufgewogen wird. Am vorteilhaftesten erwiesen sich Kreuzungen dieser beiden Rassen, die eine höhere Legeleistung und ein nahezu gleiches Körpergewicht wie die Roten Rhodeländer aufwiesen. Gegen Geflügelpocken wurden die Importe erfolgreich vacciniert, und man hofft, durch diese Maßnahmen die Versorgung verbessern zu können. B. Rempel. 4608.

3-64/06-0343 Anonym. **Ergebnisse der Staatlichen Hühnerleistungsprüfung 1961/62 in der Deutschen Demokratischen Republik.** Dtsch. Akad. Landwirtsch.-Wiss. Berlin, Inst. Tierzuchtforsch. Dummerstorf. Abt. Eliteleistungsbuch, Ergebn. **1961/62** (hrsg. 1963) S. 1–46.
Vom 1. 10. 1961–15. 9. 62 (= 350 Tage) wurden im 8. Jahrgang der Staatlichen Hühnerleistungsprüfung (HLP) 124 Wirtschaftsgeflügelgruppen (hauptsächlich Weiße Leghorn = 81 Gr. und New Hampshire = 24 Gr.) und 11 Rassegeflügelgruppen zu je 10 Hennen je Gruppe auf ihre Legeleistung geprüft. 22 der erstgenannten und 3 der letztgenannten erfüllten die Mindestbedingungen für die Eintragung ins Eliteleistungsbuch. Unterbringung, Haltung und Futterzusammensetzung glichen denen der Vorjahre. Die Legeleistungsprüfung erfaßte folgende Daten: Eizahl, Zahl der Wintereier, Eimasse sämtlicher Eier und im Durchschnitt je Ei, den für die Erzeugung von 100 g Eimasse benötigten Futteraufwand, Körperentwicklung der Tiere. Die höchste Eizahl erreichten New Hampshire mit 216,8 Eiern, Weiße Leghorn mit 200,4 Eiern. Die Rassegeflügelzüchter erreichten ⌀ 193 Eier. Der Futteraufwand war bei den mittelschweren Rassen größer als bei den leichten (401,1 g und 370,9 g). Die Einzelleistungen der besten Hennen sind aufgeführt. Die Verluste um 9% werden als normale Bestandsveränderung betrachtet. Leukose, Erkrankungen der Legeorgane und Gicht waren die häufigsten Abgangsursachen. Als Ergänzung zur Legeleistungsprüfung wird die Zuchtleistungsprüfung (Feststellung der Brutleistung und des Aufzuchtergebnisses) durchgeführt. Von 40 geprüften Gruppen haben 12 alle Bedingungen, auch die der Legeleistungsprüfung, erfüllt. Es sind Angaben über die Bruteiereinlage von je 10 Hennen, das Befruchtungs- und Schlupfergebnis, die Aufzuchtverluste und das Lgw. der Küken am 1. und 70. Tag in g nach Rassen und Betrieben geordnet, tabelliert. Die Mastleistungsprüfungen beginnen mit der stichprobenweisen Entnahme von 400 Bruteiern, deren Erbrütung in den HLP erfolgt. Von den geschlüpften Küken werden Gruppen von jeweils 100 männl. und 100 weibl. Tieren mit einem Alleinfutter, das mit 8% Schweinefett angereichert ist und 19,2% Rohprotein in 79,8 GN enthält, bis zum Alter von 10 Wochen ge-

mästet. Es folgt dann eine stichprobenweise Ausschlachtung von 20 Tieren je Gruppe, die sich auf Schlachthof- und Kaltgewicht und die Gewichtsangaben der Läufe, Keulen und Brust erstrecken. Von den im Berichtsjahr erbrüteten 16001 Eiern schlüpften 58,5% Küken, 7504 Küken wurden aufgestallt. Sie gehörten zu den mittelschweren Rassen oder Kreuzungen, erbrachten ø 1163g Lgw. bei einem Futteraufwand von 2,92 kg. Die ausgeschlachteten Tiere hatten ø 241 g Keulengewicht, 128 g Brustgewicht, und 56 g wogen die Läufe. Die Leistungen sind nach verschiedenen Gesichtspunkten geordnet tabelliert.
R. Menzel. 4656.

3-64/06-0344 Wessels, J. P. H. Relationship between known genetic factors and certain economically important characteristics of fowls. **(Beziehungen zwischen bekannten genetischen Faktoren und bestimmten wirtschaftlich wichtigen Eigenschaften des Huhnes.)** South African J. agric. Sci. **6** (1963) Nr. 2. S. 233–237.
Hahnenküken, die heterozygot für spätes Federwachstum (*Kk*) und/oder Silberfarbe (*Ss*) waren, wurden mit ihren rezessiven Vollbrüdern (*kk* und/oder *ss*) verglichen. Junghennen, homozygot für *S* (*S*-) und/oder *K*(*K*-), wurden mit Vollschwestern verglichen, die die Faktoren *k*(*k*-) und/oder *s*(*s*-) trugen. Der Faktor *K* hatte keinen Einfluß auf das 3- und 8-Wochen-Gewicht, Alter bei Geschlechtsreife, Lege-Intensität oder 300-Tage-Eierleistung. Das 8-Wochen-Gewicht der Hennenküken mit dem dominanten Faktor *S* lag signifikant höher (13,1 g) als das ihrer (*ss*) Vollschwestern.
K. Männel. 4660.

3-64/06-0345 Jaap, R. George; Columbus, Ohio Agric. Exp. Stat. Paired matings for control and selected populations of chickens. **(„Paired Matings" für Standard- und selektierte Populationen bei Hühnern.)** Poultry Sci. **42** (1963) Nr. 4. S. 1027–1028. – 1 Tab., 2 Lit.
Vf. adaptiert das System der „Paired matings" (Gowe et al., 1959) für einen Vergleich zwischen Standard- und selektierten Populationen aus je 40 Elternpaaren. In Linien, die nach überlegenem 8-Wochen-Gewicht selektiert wurden, vergrößerte sich die Varianz der Familiengröße, die in gewissem Umfange von der Heritabilität des Selektionsmerkmales abhängig ist, verminderte sich die Zahl effektiver Eltern und erhöhte sich der Inzuchtkoeffizient. Eine abschließende Betrachtung über die genetische Drift führte zu dem Ergebnis, daß die Selektion (unter gewissen Voraussetzungen) 10 Generationen hindurch fortgesetzt werden könnte, bevor eine genetische Drift von einer Standardabweichung im 8-Wochen-Gewicht zu erwarten ist.
A. Schaaf. 4660.

3-64/06-0346 Smith, L. T. und Nordskog, A. W.; Ames, Iowa State Univ. Studies on dominance and pleiotropy using segregating inbred lines of fowl. **(Untersuchungen über Dominanz und Pleiotropie bei Hühnern unter Verwendung von aufspaltenden Inzuchtlinien.)** Genetics 48 (1963) Nr. 9. S. 1141 bis 1152. – 1 Abb., 9 Tab., 17 Lit.
Vff. untersuchten die Dominanzbeziehungen dreier mutierter Gene (dominant weiß = *I*, Rosenkamm = *R* und geschlechtsgebundene Streifung = *B*) und den Einfluß dieser Gene auf Körpergewicht, Legeleistung und Eigewicht in aufspaltenden Inzuchtlinien. *I* war in den Spanierlinien unvollständig, in den Leghornlinien vollkommen dominant; in den Spanierlinien verringerte es das Wachstum signifikant, nicht aber in den Leghornlinien. *R* wurde in 3 Leghornlinien eingeführt und blieb nach 3 Rückkreuzungen im wesentlichen dominant. Genotypenunterschiede in *R* haben die gemessenen quantitativen Merkmale nicht beeinflußt. *B* wurde in der Spanierlinie geprüft. Die nicht gestreiften Hennen waren im Körpergewicht schwerer als die gestreiften. Unterschiede in Legeleistung und Eigewicht waren nicht signifikant.
A. Schaaf. 4660.

3-64/06-0347 Sokolova, A. N.; Nordwestl. Forsch.-Inst. für Landwirtsch. Vyvedenie vysokoproduktivnych linij kur, ustojčivych k nizkim temperaturam. **(Züchtung hochproduktiver Linien, die widerstandsfähig gegen niedrige Temperaturen sind.)** Pticevodstvo, Moskva **1963** Nr. 8. S. 30–31. — 4 Abb., 3 Tab.
Um die Legefähigkeit der Hennen im Winter bei Temperaturen unter ± 0 °C zu erhöhen, werden seit einigen Jahren im Institut die Küken bei Temperaturen von 12–16 °C vom 1. Lebenstag an aufgezogen. Die Tiere zeigen eine höhere Produktivität und eine höhere Widerstandsfähigkeit gegen niedrige Temperaturen als die Kontrollgruppen. Bisher wurden einige Tausend dieser gezüchteten Tiere an Geflügelbetriebe im Gebiet Leningrad übergeben. I. Rybka. 4667.

3-64/06-0348 Rasheed, A. A. und Oldfield, J. E.; Corvallis, Oreg., State Univ. Effect of clipping wings and tails in chicks. 1. Comparative data on growth, feed intake, feathering and meat quality. **(Die Wirkung des Flügel- und Schwanzkupierens bei Hühnerküken. 1. Mitt. Vergleichende Daten über Wachstum, Futteraufnahme, Feder- und Fleischqualität.)** Poultry Sci. **42** (1963) Nr. 4. S. 1001–1009. — 2 Abb., 4 Tab., 21 Lit.
Da die wachsenden eiweißhaltigen großen Deckfedern zweifellos viele Nährstoffe beanspruchen, sollte geprüft werden, wie sich Küken entwickeln, denen am 4. Lebenstag die 2 distalen Glieder der beiden Flügel und die distale Hälfte des Bürzels entfernt wurden. Die 34 kupierten Küken blieben im Lgw. hinter den Kontrolltieren zurück — um 175 g im 10-Wochen-Alter — und nahmen um 7,1% weniger Futter zu sich. Sie befiederten sich besser, vermutlich, um den fehlenden Wärmeschutz der Flügel auszugleichen. In der Futterverwertung unterschieden sich die Gruppen nicht, ebensowenig in bezug auf die Schlachtkörperqualität. C. Engelmann. 4667.

3-64/06-0349 Zločevskaja, K. V. und Orlov, M. V.; Sagorsk, Gebiet Moskau, Unions-Forsch.-Inst. für Geflügelzucht. Nekotorye storony ėmbrional'nogo razvitija kur zagorskoj porodnoj gruppy po sezonam goda. **(Einige jahreszeitliche Besonderheiten der Embryogenese bei den Hennen des Sagorsker Schlages.)** Sbornik rabot molodych učenych. Doklady na naučnoj konferencii aspirantov. Vsesojuznyj naučno-issledovatel'skij institut pticevodstva, Moskva **4** (1961, hrsg. 1962) S. 155–165. — 3 Abb., 6 Tab., 9 Lit.
Die Sagorsker Hennen sind Zwiehühner mit genügend guten Reproduktionseigenschaften, die bei entspr. Bedingungen ganzjährig biol. vollwertige Bruteier liefern. Mit Hilfe chem.-phys. und biol. Methoden wurde der Einfluß der verschiedenen Jahreszeiten auf die Qualität der Bruteier, die Brutdauer und -intensität sowie die Sterblichkeit der Embryonen untersucht. Im Vergleich zu den übrigen Jahreszeiten waren die Eiweißindexe im Frühjahr-Sommer kleiner. Im Winter trat eine Verlängerung der Brutdauer auf. Auch die Sterblichkeit der Embryonen unterliegt jahreszeitl. Veränderungen: so erhöht sich im Winter der Prozentsatz der Erstickungen. Die hauptsächlichen Abgangsursachen in den Herbst- und Wintermonaten sind Avitaminosen (B_{12} — 19% der untersuchten Eier), während im Frühjahr 3mal weniger Vit.-B-Mangelerscheinungen auftreten. W. Bonitz. 4674.

3-64/06-0350 Gottlieb, Gilbert; Raleigh, N. C., Dorothea Dix Hospital. Refrigerating eggs prior to incubation as a way of reducing error in calculating developmental age in imprinting experiments. **(Abkühlung der Eier vor der Bruteinlage als Verfahren, Irrtümer beim Berechnen der Entwicklungsphase bei Prägungsexperimenten zu vermeiden.)** Animal Behaviour **11** (1963) Nr. 2/3. S. 290–292. — 3 Abb., 10 Lit.
Die Kenntnis des Entwicklungsalters des Embryos bei Brutbeginn spielt bei ontogenetischen Analysen des Verhaltens von Vögeln eine Rolle. Bei 6- bis 7tägigem Aufenthalt bei 37–42 °F starben fortgeschrittene Embryonal-

stadien ab (Enteneier; vgl. Gottlieb, J. comparat. Physiol. **54** [1961] S. 422.). Jetzt galt es, zu bestimmen, bei welchem Entwicklungszustand die Abkühlung letal wirkt. 98 Eier von Pekingenten wurden nach 18; 27 und 36 Std. Bebrütung 5 Std. lang bei Raumtemperatur (72 °F) aufbewahrt, 6 Tage auf 37 °F abgekühlt, dann 5 Std. bei Raumtemperatur vorgewärmt und weiter bebrütet. 100 Hühnereier wurden nach 12; 18 und 24 Std. aus dem Brüter herausgenommen. Von den 27 und 36 Std. bebrüteten Entenembryonen überlebten nur einzelne die Prozedur; nicht anders erging es den 18 und 24 Std. bebrüteten Hühnchen. Die jüngeren Stadien nahmen keinen Schaden. Als empfindliche Phase ist für Enten- und Hühnerembryonen die abgeschlossene Bildung der Primitivrinne und das Erscheinen der beiden ersten Ursegmente anzusehen. Wurden als Abkühlungstemperatur 29 °F gewählt, nahm die Zahl der abgestorbenen Entenembryonen vom 3. Tag plötzlich zu (die Schlupffähigkeit sank von 81% auf 21% hinab). Diese 3tägige Abkühlung genügt vollauf, um die bereits weiterentwickelten „frischen" Enteneier von der Brut auszuschalten. C. Engelmann. 4676.

3-64/06-0351 Jeroch, H., und Kracht, W. **Der Einfluß verschiedener Antibiotika auf den Futterverzehr, die Lebendmasseentwicklung und die Futterverwertung bei Küken in neuen und einmal belegten Ställen.** Arch. Geflügelzucht Kleintierkunde **13** (1964) Nr. 2/3. S. 163–171. – 6 Tab., 19 Lit. Zus. in Russ., Engl. – nach Zus.

Es sollte der Einfluß verschiedener Antibiotica unter den Bedingungen eines „neuen Stalles" an wachsenden Küken der Rasse White Rock untersucht werden. Als Vergleich wurde der Versuch mit Küken gleicher Rasse im gleichen Stall wiederholt, wobei in Abänderung zum Versuch A noch das Antibioticum Oleandomycin eingesetzt wurde. Im Versuch A (neuer Stall) verbesserten alle zugesetzten Antibiotica den Futterverzehr, die Entwicklung des Lgw. und reduzierten den Futteraufwand. Die Antibioticawirkung konnte in diesem Versuch wahrscheinlich auch durch eine Beeinflussung des Stoffwechsels der Versuchstiere erklärt werden. Herauszustellen sind bes. die Effekte der Antibiotica mit dem schmalen antibakteriellen Spektrum, Penicillin und Streptomycin, die im Gegensatz zu Untersuchungen bei Vorhandensein einer artspezifischen Mikroflora beträchtliche Leistungsverbesserungen erzielten. Im Versuch B (zweiter Durchgang) erhöhte nur das Antibioticum OTC die Zunahme und reduzierte den Futteraufwand signifikant. Penicillin und Streptomycin konnten bei der zweiten Belegung des Stalles die Leistungen nicht verbessern. Ebenfalls erbrachte das Oleandomycin keinen Effekt. Unter praktischen Bedingungen sind nur die Breitenspektrumantibiotica OTC (Oxytetracyclin) und CTC (Chlortetracyclin) als Futterzusätze einzusetzen. Als nutritive Dosis werden 20 mg/1 kg Futter empfohlen. 4682.

3-64/06-0352 Landágora, F. T. und Arenas Montalvo, P.; Majaguez, Puerto Rico, Univ., Fac. of Agric. Increasing flesh pigmentation in growing chickens. **(Die Steigerung der Fleischpigmentierung bei heranwachsenden Küken.)** J. Agric. Univ. Puerto Rico **47** (1963) Nr. 2. S. 91–97. – 3 Tab., 12 Lit.

Die Samen der im tropischen Mittelamerika beheimateten, stark verwilderten und auch kultivierten *Bixa orellana* L. werden in Brasilien (und Europa) wegen ihres roten Farbstoffs zum Färben von Nahrungsmitteln und Salben, früher von Wollstoffen, verwendet. Derartige Samen, zu 0,5% einem Grundfutter aus Gelbem Mais (56%), Sojaextraktionsschrot (19%), Fischmehl (10%), Maisklebermehl (5%), Zuckerrohrmelasse (5%) und einem Vitamin-Antibiotica-Gemisch zugesetzt, vertieften die gelbe Ausfärbung von Läufen, Schnäbeln, Haut und Fett. In 3 Versuchen mit 225 Küken, die bis zur 9. Lebenswoche dauerten, färbten sich diese Körperstellen sattgelb, während die entspr. Partien bei den Kontrolltieren fahl aussahen. Auf das Lgw. wirkten sich die Samen nicht aus. Ebenfalls lebhafter, hier hellgelb, gefärbt waren beim Schlachtkörper das Fett um Muskelmagen, Darm und Hinterleib. Durch Verwendung von 0,5% Canthoxantin, einem Xanthophyllpräparat, nahm das Schlachtkörperfett eine tief gelbe bis gelbrote Färbung an, wobei sich die farblichen Veränderungen früher bemerkbar machten als bei der Gruppe, die den Samen des Annattostrauches bekommen hatte.

C. Engelmann. 4688.

3-64/06-0353 Engelhard, J. und Urban, W. **Ein Beitrag zum Aufbau und zur Organisation der Broilerproduktion in der Deutschen Demokratischen Republik.** Arch. Geflügelzucht Kleintierkunde **13** (1964) Nr. 2/3. S. 93–107. – Zus. in Russ., Engl. – nach Zus.

In der DDR ist der Aufbau einer Broilerproduktion und Masthuhnzüchtung vorgesehen, wozu entspr. Vorschläge unterbreitet werden. Für die Broilerproduktion werden sowohl Möglichkeiten der industriellen Mast in Großbetrieben mit Futterzulieferung als auch eine solche innerhalb der Landwirtschaft mit eigener Futtererzeugung aufgezeigt. Dabei wird auf die Betriebsgrößen und die zweckmäßigen Stalleinrichtungen eingegangen, womit die weiterhin behandelten Fragen des Aufbaus und der Organisation der Betriebe in engem Zusammenhang stehen. In ökonomischen Betrachtungen erfolgt abschließend jeweils eine Darstellung des zu erwartenden Betriebsergebnisses. Die Broilerküken erzeugt ein Vermehrungsbetrieb, für den ebenfalls die zweckmäßige Struktur und Organisation behandelt wird, während beim Zuchtbetrieb außerdem auch Zuchtziel und -verfahren Berücksichtigung finden. Vor den Schlußbetrachtungen zu dem Gesamtkomplex werden Anregungen für die Aufgaben der staatl. Leistungsprüfung, die Futterqualität und -bereitstellung sowie die Abnahme und Verwertung des Schlachtproduktes Broiler gegeben. 4690.

3-64/06-0354 Löhle, K. und Bock, M. **Die Legezeiten bei Hennen leichter Rassen und ihre Abhängigkeit von verschiedenen Faktoren.** Arch. Geflügelzucht Kleintierkunde **13** (1964) Nr. 2/3. S. 125–135. – 1 Abb., 11 Tab., 7 Lit. Zus. in Russ., Engl. – nach Zus.

Untersucht wurde die durchschnittl. Legezeit von insgesamt 260 Rebhuhnfarbigen-Italiener-Hennen und Weißen-Leghorn-Hennen. Die Legezeiten der Tiere waren in den einzelnen Monaten unterschiedlich. Insgesamt 73,1% aller Eier wurden vormittags, 26,9% in den Nachmittagsstunden gelegt. Außerdem wurde die durchschnittl. Legezeit der Hennen durch die Größe der Legeserien beeinflußt. In einer Übersichtstabelle wurden die an 50458 Eiern registrierten Verteilungen der Legezeit dargestellt. Es konnten Beziehungen zwischen Eigröße und Eiablagezeit gefunden werden. Eier mit einem hohen Gewicht wurden früher abgelegt als leichte Eier. Es hatte den Anschein, als ob bei niederen Stalltemperaturen (– 3 °C bis + 3 °C) die Hühner in den frühen Morgen- und späten Abendstunden seltener legen als bei hohen Stalltemperaturen 20–27 °C). Die durchschnittl. Zeit vom Betreten des Nestes bis zur Eiablage belief sich bei den untersuchten Tieren auf 66 Min./Ei. Die Untersuchungen werden fortgesetzt. 4700.

3-64/06-0355 Bichard, Maurice und Maund, B. A. The prediction of egg weight and value from samples. **(Die Information über Eigewicht und Eiwert bei Stichproben.)** Brit. Poultry Sci. 4 (1963) Nr. 2. S. 209-216.

285 Legehennen aus einer geschlossenen Linie waren im März 1961 geschlüpft und im Alter von 21 Wochen auf Einzelkäfige verteilt worden. Dort verblieben sie bis zum Alter von 68 Wochen. 108 Legehennen wurden zum Volltest herangezogen, 161 nur bis zur 36. Woche. Die Eier wurden tägl. zur gleichen Zeit gesammelt und nach den britischen Normen in 5 Gewichtsklassen eingeteilt. Mit Rechengeräten wurde das Ergebnis verschiedener

Testperioden mit dem Totaleieranfall von 36 bzw. 68 Wochen verglichen, wobei es, hauptsächlich des wirtschaftlichen Effektes wegen, auf Eigewichte und Eierpreise ankam; außerdem hat man sich bei 3 Berechnungen an spez. hypothetische Preisgrundlagen gehalten. Über 90% betrugen die Korrelationen, wenn man die 36-Wochen-Leistung an einem Tag pro Woche bzw. 3–5 Tage pro Mon. registrierte. Zu ähnlichen Ergebnissen für die 68-Wochen-Leistung führt eine Registrierung von 5 Tagen in der 55. Woche bzw. 1 Tag pro Woche bzw. 3 Tage pro Monat. Für die Entwicklung der Preiskurve in Abhängigkeit vom Eigewicht wurde eine Regression berechnet und näher diskutiert. S. Scholtyssek. 4700.

3-64/06-0356 Wladyka, E. J., Dawson, L. E. und Walker, R. W.; East Lansing, Michigan State Univ. The influence of ultrasonic treatment on egg quality. **(Einfluß von Ultraschallbehandlung auf die Eiqualität.)** Poultry Sci. **42** (1963) Nr. 1. S. 1154–1161. — 4 Tab.

Die untersuchten Eier wurden 2 Tage vor dem Waschen, das unter Einwirkung von verschiedenen Dosen von Ultraschall stattfand, künstlich mit einer bes. zusammengestellten Lösung verschmutzt. Weiter wurde die Wirkung einer Behandlung mit Wasser, Wasser und Pseudomonas, Wasser, Pseudomonas und Fäkalienmaterial jeweils mit und ohne Ultraschall untersucht und anschließend die Zahl der Bakterien auf der Kalkschale sowie auf der inneren und äußeren Schalenhaut festgestellt. Auf die Eiqualität hatte die Ultraschallbehandlung keinen Einfluß, ebenso auf die Zahl der Bakterien auf der Kalkschale. Dagegen stieg die Bakterienzahl im Ei an, was von Vff. auf mögliche Wirkung des Ultraschalls auf die Durchlässigkeit der Kalkschale zurückgeführt wird. B. Rempel. 4700.

3-64/06-0357 Groote, G. de und Reyntens, N.; Gontrode, Belgique, Stat. de Petit Élevage, Centre de Rech. Avicoles. L'amélioration de la couleur du jaune d'œuf par l'alimentation de la pondeuse. **(Die Verbesserung der Dotterfarbe über die Fütterung der Henne.)** Rev. Agric. [Bruxelles] **16** (1963) Nr. 2. S. 249–284. — 8 Abb., 17 Tab., 55 Lit.

In 4 Versuchen wurde an je 25 Rhodeländer-Hennen in Stallhaltung der Einfluß von β-Apo-8-Carotinoidsäureäthylester (I), Mais und eines Algenmehls geprüft. Bei einer Grundfuttermischung mit 4,5 mg dieses Carotinoids/kg steigerte die Zugabe von 3; 7,5 und 10 g I die Dotterfarbe beträchtlich, nämlich von 5,5 über 7,5 und 8,5 auf 9 Grade nach der Roche-Skala (spektrometrische Bestimmung). 15 und 20 g I einer nahezu carotinfreien Mischung zugesetzt, vertieften die Dotterfarbe von 4,5 auf 9,5 und 10,5. Enthielt das Grundfutter 6,8 mg O-Carotinoide/kg, verbesserten 1,5 und 3 g I zusätzlich die Dotterfarbe ebenfalls (von 6,5 auf 7,25 und 8, d. h. nicht optimal). 5% Algenmehl (*Ascophyllum nodosum*) entfärbte das Dotter, wenn damit die gleiche Menge Luzerne ersetzt wurde. Im ganzen wird die Standardfärbung 9 nur erreicht, wenn 14,5 mg O-Carotinoide/kg Futter enthalten sind, bei 19 mg/kg die Farbtiefe 10. Bei höherer Konzentration verläuft die Carotinresorption langsamer. Hier entsprachen in bezug auf die Dotterfärbung 100 mg I entweder 160 g Paprika oder 1 kg Luzernemehl (pelliert) oder 80 g Xanthophyllöl (3,3–4,4 g Xanthophyll/kg Öl), und Roter Mais färbte stärker als Gelber. C. Engelmann. 4700.

3-64/06-0358 Poppe, S. **Einfluß verschiedener Futterstoffe auf die Dotterpigmentierung von Hühnereiern.** Arch. Geflügelzucht Kleintierkunde **13** (1964) Nr. 2/3. S. 137–145. — 3 Abb., 5 Tab., 10 Lit. Zus. in Russ., Engl. — nach Zus.

In einem Fütterungsversuch mit 225 Legehennen (Weiße Leghorn × New Hampshire) wurde der Einfluß verschiedener Zulagen von Trockenfuttermitteln auf die Dotterfarbe geprüft. Am günstigsten beeinflußten Brennesseln, Koniferennadelmehl und stark mit N gedüngter Grünkohl die Dotterfarbe. Andere Futterstoffe, wie Mohrrüben und normal gedüngter Grünkohl, erhöhten zwar die Intensität der Dotterfarbe, jedoch müssen diese Steigerungen als nicht ausreichend betrachtet werden. Rapsextraktionsschrot und Rote Bete haben keinen wesentlichen Einfluß auf die Dotterpigmentierung. Die Dotterfarbe wurde chem. bestimmt und in µg % Carotin ausgedrückt. 4700.

3-64/06-0359 Poppe, S., Moldenhauer, H. und Meier, H. **Über den Einfluß von Grünhafermehlen auf die Dotterpigmentierung von Hühnereiern.** Arch. Geflügelzucht Kleintierkunde **13** (1964) Nr. 2/3. S. 147–153. – 9 Tab., 1 Lit. Zus. in Russ., Engl. – nach Zus.
In 3 Fütterungsversuchen wurde der Einfluß verschiedener Grünhafermehle als Zusatz zum Mischfutter auf die Dotterpigmentierung geprüft. Bei Zumischung dieser Grünmehle von weniger als 3% lag ein nur unzureichender Einfluß auf die Dotterpigmentierung vor. Lag die Konzentration von Carotin im Gesamtfutter über 4 mg/kg, so konnten Dotterfarben von über 500 µg % Carotinoiden erreicht werden. Ein weiterer Versuch sollte Aufschluß über die möglichen Lagerungsverluste von dotterfärbenden Pigmenten ergeben. Der Carotingehalt im gepreßten Fertigfutter ging bei einer 6monatigen Lagerung um ca. 25–30% zurück; dadurch wurde auch die Dotterfarbe der Eier entspr. vermindert. Für einen Vergleich zur Dotterqualität von „Auslaufhühnern" wurden 50 Eier aus einer Auslaufhaltung untersucht. 4700.

3-64/06-0360 Popov, A. A. Zoogigieničeskaja ocenka soderžanija kur v širokogabaritnom mechanizirovannom ptičnike. **(Zoohygienische Einschätzung der Hühnerhaltung im mechanisierten Großraumstall.)** Visnyk śil'śkogospodarśkoï nauky, Kyïv **4** (1961) Nr. 3. S. 75–79. – 3 Tab. Orig.: ukrain., Ausz.: russ. 4706.

3-64/06-0361 Wyrwich, D.' Zakładanie wybiegów i ich pielęgnacja. **(Die Anlage von Ausläufen für Hühner und ihre Pflege.)** Drobiarstwo **11** (1963) Nr. 4. S. 5–6.
Der Auslauf kann zu einer Futtermittelersparnis bis zu 50% beitragen. Die für ein Huhn vorgesehene Fläche soll 10–20 m² betragen. Zu kleine Ausläufe können wegen erhöhter Infektionsgefahr schädlich sein. Es werden Verfahren des Schutzes und des Ausstreuens kleiner Ausläufe mit Sand oder mit Stroh, das nach einer bestimmten Zeit gewechselt wird, behandelt, ferner die Zweckmäßigkeit von Wechselausläufen. Der Hühnerstall soll an einer Seite des Auslaufs liegen. Als Umzäunung ist die Verwendung von Netzen wegen ihrer Lichtdurchlässigkeit vorteilhaft; das Berasen des Auslaufs ist zweckmäßig. Auf die Auswahl der geeigneten Gräser wird eingegangen.
PRL/CBR, übersetzt v. R. Hüffer. 4707.

3-64/06-0362 Francis, D. W. und Roberson, R. H.; New Mexico, Agric. Exp. Stat. Body characteristics of White Leghorn pullets housed in cages and floor pens. **(Körpermerkmale Weißer-Leghorn-Hennen bei Batterie- und Bodenhaltung.)** Poultry Sci. **42** (1963) Nr. 1. S. 58–61. – 3 Tab., 12 Lit.
Über den Einfluß der verschiedenen Formen der Intensivhaltung auf die Ausbildung der Körpermerkmale liegen bisher widersprüchliche Angaben vor. Eine Erklärung sollten Versuche mit 240 Legehennen bringen, die aus 3 Stationen verschiedener Höhenlage stammten (240–720 ft.) und in 3950 ft. Höhe von der 25. Lebenswoche an insgesamt 308 Tage a) in Batterien, b) in Bodenhaltung untergebracht waren, zu 20 Hennen in jeder der 12 Gruppen. Beim Abschluß der Versuche bestanden in den Gruppen a und b keine Unterschiede in Lgw. und Schlachtkörpergewicht, auch die Legeleistung war gleich. Die anfangs etwas leichteren Käfighennen hatten aber stärker zugenommen (0,88 : 0,53 lb.). Die Angehörigen der einzelnen Stämme unterschieden sich

unabhängig von der Unterbringung voneinander. Das traf auch auf die Ausbildung der Organe zu: Der Stamm aus 7200 ft. Höhe wies insgesamt größere Herzen auf. Bezogen auf das Lgw. bestanden zwischen a und b in bezug auf die Größe von Kamm, Thyreoidea, Herz, Leber, Ovar und Nieren keinerlei Unterschiede. C. Engelmann. 4707.

3-64/06-0363 Scholtyssek, S. **Die Batteriehaltung von Legehennen.** Dtsch. Geflügelwirtsch. **15** (1963) Nr. 16. S. 207–209. — 6 Abb., 6 Lit.
Die bisherige Batteriehaltung in Einzelkäfigen ist durch die Mehrfachbesetzung pro Käfig abgelöst. Exakte deutsche Versuchsergebnisse liegen noch nicht vor, in der RST-Station in Kalifornien sind Durchschnittswerte für die Legeleistung von 259 Eiern für Einzeltiere und 260 Eiern für 4 Tiere pro Doppelkäfig erzielt. Nach bisher bekannten Abmessungen stehen im Einzelkäfig 900, bei 2 Tieren pro Käfig 648, bei 4 Tieren pro Käfig 462, bei 16 Tieren pro Käfig 675 und bei 25 Tieren pro Käfig 648 cm^2 je Tier zur Verfügung. Stehen die Käfige zu dritt übereinander, so ergeben sich Besatzdichten von 16–20 Tieren/m^2 Bodenfläche. Bei dieser großen Massierung von Tieren müssen in den neuen Batterieställen völlig andere Bedingungen erfüllt werden, wie höherer Luftwechsel, stärkere Beleuchtung und größerer Transportaufwand für Futter und Eier usw. U. Hofmann. 4707.

3-64/06-0364 Duben, Zdeněk. K problematice tuberkulózy drůbeže v terénu. **(Zur Problematik der Geflügeltuberkulose.)** Veterinářství **13** (1963) Nr. 5. S. 199–202. — 5 Abb., 1 Tab.
Auf dem Gelände der Geflügelhaltungen leben das ganze Jahr oder während eines Teiles desselben verschiedene Vögel, die gegen Tbc anfällig sind (bes. Spatzen, Stare, Amseln, Tauben, Mäuse, Ratten, Wühlmäuse) und mit ihrem Kot die Tbc-Keime verbreiten können. Die ganze Biozönose, zu der auch die im Boden lebenden Insekten und Organismen gehören, beteiligt sich an der Erhaltung und Verbreitung der Geflügel-Tbc. Der Grad der Verseuchung von Ausläufen wird durch den Prozentsatz von Hennen angegeben, die in der betr. Umgebung während der 1jährigen Legezeit infiziert werden, und ist für die Liquidierung der Tbc in der Haltung und für die Beurteilung der Tbc-Verbreitung im Verwaltungskreise wichtig. Wenn während der 1jährigen Legezeit mehr als 15% der Hennen angesteckt werden, ist der Auslauf stark verseucht, und man muß mit der Verbreitung der Seuche auch in der Umgebung der Geflügelhaltung rechnen. Ein solcher Auslauf muß aufgegeben werden, da es praktisch unmöglich ist, eine Genesung der Geflügelhaltung zu erreichen. Werden 0,17–3,0% Hennen angesteckt, so ist der Auslauf schwach verseucht, und die Genesung der Tiere ist bei konsequenten hygienischen Eingriffen möglich. In den meisten Fällen wird sich die allmähliche Liquidierung der Haltung und Überführung der Auslaufhaltungen auf Tiefstreu mit 1jährigem Zyklus bewähren. Ausläufe mit 0,1% Tbc-kranken Hennen können als einwandfrei betrachtet werden. ČSSR/ÚVTI. 4710.

3-64/06-0365 Anonym. Blackhead in poultry. **(Schwarzkopfkrankheit des Geflügels.)** Agric. Gaz. New South Wales **74** (1963) Nr. 10. S. 589–592. — 2 Abb. 4710.

3-64/06-0366 Quigley, George D. und Harding jun., Wallace C.; College Park, Univ. of Maryland. Use of Co-Ral as a systemic insecticide for layers. **(Gebrauch von Co-Ral als ein systematisches Insekticid bei Legehühnern.)** Poultry Sci. **42** (1963) Nr. 5. S. 1247–1248. — 1 Tab.
Vff. untersuchten die Wirkung von Co-Ral, dessen chem. Zusammensetzung in einer Fußnote angegeben ist, auf die Fliegen- und Läusebekämpfung. Gaben von 60 ppm bewirkten eine Reduktion der Fliegen am untersuchten Hühnerkot um 95,3%, während Gaben von 5 ppm nur eine Reduktion von

26,3% hervorriefen. Tiere in Käfighaltung wurden auch beobachtet, die Ergebnisse aber nicht eingehender ausgeführt und auch nicht in exaktem Zahlenmaterial niedergelegt. B. Rempel. 4710.

3-64/06-0367 Brandsch, H. **Die Geflügelzucht als vollwertiger Betriebszweig unserer sozialistischen Landwirtschaftsbetriebe (Rückblick auf die 11. Landwirtschaftsausstellung Leipzig-Markkleeberg).** Tierzucht **17** (1963) Nr. 8. S. 366–370.
Auf der 11. Landwirtschaftsausstellung in Leipzig-Markkleeberg wurden bei der Tierbeurteilung die ökonomischen Erfolge des Gesamtbetriebes bes. berücksichtigt. Um der Geflügelzucht zu einem vollwertigen Betriebszweig zu verhelfen, setzt sich der Bewertungsschlüssel für das Gesamturteil wie folgt zusammen: zu 80% aus dem Betriebsergebnis (20% aus Ergebnissen der Geflügelzucht, 20% tierische Produktion) und zu 20% aus der Form und Leistung der Ausstellungstiere. Die Ausstellung hat gezeigt, daß die VEG über leistungsstarke Hennenbestände verfügen, die zur Verbesserung der Gesamtleistung der Betriebe beitrugen, während das in den LPG trotz guten Tiermaterials noch nicht der Fall ist. Der Hennenbesatz/100 ha LN liegt in den meisten Betrieben sehr hoch. In den VEG ist ein mittlerer Hennenbesatz von 400–600 Hennen/100 ha LN anzustreben. Erster Preisträger der Südbezirke wurden das VE Lehr- und Versuchsgut Etzdorf (201 Hennen/100 ha, 180 Eier/Henne) und die LPG Themar/Suhl (945 Hennen/100 ha, 175 Eier/Henne, 80,9 kg/ha LN Geflügelfleisch). Den 1. Preis unter den VEG der Nordbezirke erhielten das VEG Criewen/Frankfurt (Oder) (250 Hennen/100 ha LN, 183 Eier/Henne, 27,4 kg/ha LN Geflügelfleisch) und die LPG Gr. Drewitz (950 Hennen/100 ha LN, 143 Eier/Henne, 127 kg/ha LN Geflügelfleisch). Es wird empfohlen, eine Spezialisierung auf eine Nutzungsrichtung innerhalb einer Tierart vorzunehmen. E. Lippmann. 4715.

Gänse

3-64/06-0368 Sládek, J. Bernikla bielolíca – Branta leucopsis (Bechst.) na Slovensku. **(Vorkommen der Nonnengans — Branta leucopsis [Bechst.] — in der Slowakei.)** Biológia [Bratislava] **18** (1963) Nr. 7. S. 539–540. – 1 Abb., 13 Lit.
Auf dem Gebiete der Slowakei wurde das Auftreten der Nonnen- oder Weißwangengans erstmalig im Jan. 1962 festgestellt. Das beschriebene Exemplar stammt von der Donau unweit des Hofes Čenkovo bei Mužla. Es befindet sich jetzt in den zool. Sammlungen der Hochschule für Forstwesen und Holzindustrie in Zvolen. Der rechte Flügel mißt 400 mm, der linke 395 mm, der Schwanz 120 mm, die Beine 70 mm und der Schnabel 28 mm. Die weiße Kopffarbe weist eine rosige Verfärbung auf. Die schwarze Farbe der Brust ist weniger intensiv als die des Halses. ČSSR/ÚVTI. 4730.

3-64/06-0369 Kramer, G. **Untersuchungen über Maßnahmen zur Verbesserung des Gänseschlupfes.** Arch. Geflügelzucht Kleintierkunde **13** (1964) Nr. 2/3. S. 67–91. – 5 Abb., 9 Tab., 39 Lit. Zus. in Russ., Engl. – nach Zus.
Der gegenwärtige Stand der Schlupfergebnisse bei Gänsen wurde für die DDR mit 41% Schlupf der Einlage ermittelt. Zur Verbesserung dieser Ergebnisse wurden Versuche über den Einfluß verschiedener Umweltfaktoren auf das Schlupfergebnis durchgeführt. In der Fütterung der Zuchtgänse erwies sich vor allem die Vitaminierung der Ration als bedeutungsvoll. 2500 IE Vit. A, 250 IE Vit. D_3 und 1,2 mg Vit. E je Zuchtgans als Tagesration während der Zuchtzeit ergaben eine Erhöhung des Schlupfergebnisses um 10% der Einlage. Futterrüben können in der Zuchtgänsefütterung bei Möhrenmangel ohne Nachteil für das Schlupfergebnis nur bei gleichzeitiger Vitaminierung in Höhe der Beispielration eingesetzt werden. Für den Bruterfolg

sind die Fütterungs- und Haltungsbedingungen in der Zeit vor der Eiablage entscheidend. Der Mon. März und Anfang Apr. erwiesen sich als beste Brutmonate. Von den anfallenden Eiern aus dieser Zeit kann mit einem überdurchschnittlichen Brutergebnis gerechnet werden. Ein Einfluß des Bodens und des Trinkwassers über die Elterntiere auf das Schlupfergebnis konnte nachgewiesen werden. Eine Nährstoffmenge von 40 mg P_2O_5/100 g Boden bei einem pH-Wert von 6–7,5 wurde als Optimum ermittelt. Neben den einflußnehmenden Umweltfaktoren auf das Schlupfergebnis macht sich die Erhöhung des genetisch bedingten Leistungsanteils notwendig. Die Durchführung der aufgezeigten züchterischen Maßnahmen läßt eine schnelle Verbesserung des Merkmals Schlupffähigkeit erwarten. Es war nicht möglich, an Hand des Blutbildes der Gänse eine Selektionsmethode für die Praxis zu erarbeiten. 4810.

3-64/06-0370 Landau, Ladislav, Miček, Joachim, Drobná, Vlasta, Babuškin, Vasil und Kostolanský, František. Charakteristika a priebeh znášky miestnych husí (slovenské podunajské). **(Charakteristik und Verlauf der Eiablage bei der einheimischen slowakischen Donau-Gans.)** Živočišná Výroba **8(36)** (1963) Nr. 6. S. 353–357. — 2 Abb., 1 Tab., 5 Lit. Zus. in Russ., Dtsch.
Untersuchungen an insgesamt 71 einheimischen Gänsen ergaben eine durchschnittl. Anzahl von 21,8 gelegten Eiern je Gans. Das Gesamtgewicht der je Gans gelegten Eier betrug ⌀ 3,86 kg. Die je Gans produzierte Eimasse hängt in erster Linie von der Anzahl der gelegten Eier (Korrelationskoeffizient 0,83) ab. Der Korrelationskoeffizient zwischen der produzierten Eimasse (je Gans) und dem Durchschnittsgewicht der Eier ist niedrig (0,35). Die Versuchsgänse legten ⌀ 78,87 Tage lang Eier, und das am häufigsten jeden 2. Tag. Die Anzahl der Brutansätze variierte bei den einzelnen Legegänsen von 1–6. Die Anzahl der Eier in den ersten Ansätzen betrug 9–10 Stck. und verringerte sich bei den weiteren Ansätzen. ČSSR/ÚVTI. 4860.

3-64/06-0371 Landau, Ladislav, Miček, Joachim, Drobná, Vlasta, Babuškin, Vasil und Kostolanský, František. Úloha frekvencie znášky v liahnivosti husích vajec. **(Aufgabe der Legefrequenz bei der Brutfähigkeit von Gänseeiern.)** Živočišná Výroba **8(36)** (1963) Nr. 6. S. 358–360. — 2 Abb. Zus. in Russ., Franz., Dtsch.
Die variationsstatistische Bearbeitung von Ergebnissen der Legeleistungskontrolle bei insgesamt 71 Gänsen uneinheitlicher genetischer Herkunft entkräftigte die in der Praxis anzutreffende Ansicht, daß eine hohe Legeleistung eine Ermüdung der Zuchtenten und damit eine Verschlechterung der Brutfähigkeit der Eier bedingt. Die Untersuchungsergebnisse weisen im Gegenteil darauf hin, daß die Ruheperiode während langer Legepausen keinen günstigen Einfluß auf die biol. Aktivität des Embryos hat. Durch Verlängerung der Legepausen wird die Brutfähigkeit der Eier sogar herabgesetzt. Die höchste Brutfähigkeit wurde festgestellt, wenn die Eier jeden 2. Tag oder in Intervallen von 2–3 Tagen gelegt wurden.
ČSSR/ÚVTI. 4860.

Enten

3-64/06-0372 Mastihuba, T. und Mašura, D. Ekonomika výroby kačíc na niektorých JRD v Západoslovenkom kraji. **(Ökonomik der Entenproduktion in einigen LPG des westslowakischen Bezirks.)** Drůbežnictví [Praha] **11** (1963) Nr. 6. S. 84–85. — 4 Tab.
Die Kenntnis der ökonomischen Kennziffern der Entenhaltung macht es möglich, den Produktionsverlusten vorzubeugen. In Betracht kommen fol-

gende Kennziffern: Zusammenhang von Legeleistung und Brutfähigkeit, Durchschnittsgewicht der zum Verkauf angebotenen Ente, Erzeugungskosten je 1 kg Lgw. in Kčs (Futterkosten, Löhne, Gestehungskosten der Jungenten, sonstige Auslagen). Um die Entenhaltung richtig und ökonomisch zu gestalten, müssen die Grundprinzipien der Entenhaltung eingehalten und erkannt werden. ČSSR/ÚVTI. 4965.

3-64/06-0373 Hänske, L. und Rudolph, W. **Aufzucht von Entenküken auf Metallrosten.** Tierzucht 17 (1963) Nr. 8. S. 375–379. – 2 Abb., 7 Lit.
Vff. berichten über gute Erfahrungen mit der Haltung auf Rosten in anderen Ländern und führten selbst einen Aufzuchtversuch auf Rosten im Vergleich zur Einstreu durch. 8 Gruppen von je 60 Entenküken wurden 14 Tage lang auf verschiedenen Rosten und in Bodenabteilen mit Einstreu gehalten. Als Material für die Roste wurden verwendet: Stahldrahtgewebe 8/8 mm, 10/10 und 12,5/12,5 mm, Wellendrahtgeflecht 15/15 mm, Streckmetall 46/10 mm und Holz. Die Zunahme war in allen 8 Gruppen gut. Das Lgw. betrug mit 13 Tagen 384–408 g. Die niedrigsten Gewichte wurden auf Holzrosten erreicht. Vff. werten die übrigen Schwankungen als normal. Die Verluste waren gering. Verletzungen an den Füßen und an der Haut traten nicht auf. Den geringsten Verschmutzungsgrad wiesen die Roste aus Stahldrahtgewebe 12,5/12,5 mm und Wellendrahtgeflecht 15/15 mm auf. Streckmetall wird bei größerer Maschenweite 46/14 mm ebenfalls als geeignet angesehen. In weiteren Untersuchungen soll geprüft werden, ob die Besatzstärke erhöht werden kann. H. Sommerfeld. 4965.

3-64/06-0374 Ochman, Z. I. und Masliev, I. T.; Alma-Ata, Kasach. Forsch.-Inst. für Tierzucht. Opyt vyraščivanija mjasnych utjat na vodoemach Južnogo Pribalchaš'ja. **(Untersuchungen über die Entenmast auf den Gewässern des südlichen Balchasch-Gebietes.)** Sbornik rabot molodych učenych. Doklady na naučnoj konferencii aspirantov. Vsesojuznyj naučno-issledovatel'skij institut pticevodstva, Moskva 4 (1961, hrsg. 1962) S. 140-147. – 7 Tab.
Kasachstan und das südliche Balchasch-Gebiet verfügen über viele Seen mit reicher Vegetation, die sich ausgezeichnet zur Entenmast eignen. Die Enten fressen im Alter von 70 Tagen tägl. 600–850 g *Potomogeton pectinatus*; in 130 Tagen verzehren sie 70 kg. Der Ertrag des Potomogeton beträgt 50 t/ha. Da die Pflanzen sehr eiweißarm sind, ist es notwendig, tierisches Eiweiß in Form von Fischabfällen zuzufüttern. W. Bonitz. 5000.

Truthühner

3-64/06-0375 Schlegel, F. **Die Aufzucht und Haltung von Puten in der Geflügelfabrik „Starinskoje" im Gebiet Kiew.** Tierzucht 17 (1963) Nr. 4. S. 180 bis 184. – 5 Abb., 6 Tab.
Vf. berichtet über die Aufzucht und Haltung von Puten in der Geflügelfabrik „Starinskoje", einem Sowchos, der im Kiewer Gebiet liegt und über eine LN von 10082 ha verfügt. Der Zuchtbestand betrug 1962 insgesamt 10000 Tiere. Es wurden 208000 Putenküken bei einem Aufzuchtergebnis von 94,2% aufgezogen. Die Legeleistung je Tier betrug 98,5 Eier, das durchschnittl. Schlupfergebnis lag bei 70,9%. Gehalten wurden die Breitbrüstige Bronzepute und die Moskauer Weiße Pute. Der Zuchttierbestand ist in 5 Herden zu je 2000 Tieren unterteilt. Haltung, Fütterung und Verpaarungsmethoden der Puten werden beschrieben. Eine Vermehrungsherde besteht durchschnittl. aus 1800 bis 2000 Tieren, die von 2 AK betreut werden. Jede verendete Pute wird entweder im Betrieb oder in einem Tiergesundheitsinstitut in Kiew untersucht. K. Löhle. 5052.

3-64/06-0376 Woodard, A. E., Wilson, W. O. und Mather, F. B.; Davis, Univ. of California. The egg-laying rhythm of turkeys in cages. **(Der Lege-**

rhythmus von Truthühnern in Käfigen.) Poultry Sci. **42** (1963) Nr. 5. S. 1131 bis 1133. — 1 Abb., 2 Tab.
Die Legezeit Breitbrüstiger Bronzeputen wurde in einem 2monatigen Versuch erfaßt, wobei die Hennen in der Zeit von 6^{00}–20^{00} Licht erhielten. Vff. stellten fest, daß 74% aller Eier in der Zeit von 12^{00}–20^{00}, 20% zwischen 6^{00} und 12^{00} und 5,5% während der Nachtstunden gelegt wurden. 6 oder mehr Eier wurden in langen Folgen am Morgen gegen 9^{30} bis abends 19^{00} gelegt.
B. Rempel. 5090.

3-64/06-0377 *Chlebarov, G.* und *Totev, S.* **Rezultati ot rabotata po sŭzdavane na novata kokoša poroda bŭlgarska černa edra.** (Ergebnisse der Arbeit zur Schaffung der neuen Hühnerrasse Bulgarische Große Schwarze.) Sofija: BAN. 1963. (115 S. m. 19 Abb., 9 Tab. u. 16 Lit.) Vff. bringen eine Beschreibung der angewendeten Methodik und Technik der Züchtung, Fütterung und Haltung von Küken und Hühnern sowie die erhaltenen Ergebnisse in Zusammenhang mit dem von den Autoren gesteckten Ziel: Züchtung einer Gebrauchsrasse durch Kombinationskreuzung von Schwarzem Schumener Huhn mit Rhodeländer-Hahn. Im Ergebnis der Kreuzung wurden 1950 192 Junghennen mit einer Legeleistung von ⌀ 205 Eiern (112 Junghennen mit einer Legeleistung von mehr als 200 Eiern und einer max. Legeleistung von 283 Eiern) aufgezogen. Im Laufe der letzten beiden Jahre wurden verschiedene Typen der Kreuzung und Paarung von Kreuzungstieren der Ausgangsrassen angewandt (im Jahre 1951 5 Typen und im Jahre 1952 10 Typen) mit dem Ziel, „die Erbfaktoren zu lockern" und verschiedene Formen zu erhalten. Mitteilungen über die Leistungen der im Ergebnis dieser Kreuzungen und Paarungen erhaltenen Nachzucht sowie über die in den letzten Jahren bis 1960 erhaltene Nachzucht werden nicht gemacht. Die durchschnittl. Legeleistung von 297 Hennen, die zu den Zuchtgruppen gehören (16 Gruppen), betrug 1960 — 170,7 5Eier mit einem Gewicht von ⌀ 59,18 g und einem Lgw. der Hennen von ⌀ 2,177 kg; die Durchschnittslegeleistung von 288 Hennen in den Zuchtgruppen betrug 1961—185,4 Eier, während 268 Hennen in den Rassegruppen 1962 — 198 Eier legten bei einer durchschnittl. Legeleistung der F_1-Hennen der Rassegruppen im Jahre 1951 von ca. 235 Eiern (die individuelle Legeleistung betrug 210-238).
NRB/ZSNTI, übersetzt v. Th. C. Boetticher.

3-64/06-0378 *Kumanov, S.*, *Nozcev, S.* und *Conkov, C.* **Plemennata rabota v pticevŭdstvoto.** (Die Zuchtarbeit in der Geflügelhaltung.) Sofija: Zemizdat. 1963. (290 S. m. 34 Abb., 89 Tab. u. 142 Lit.) Das Buch beinhaltet die Beschreibung der Rassen des landwirtsch. Geflügels, die Leistungen, die Brut, Zuchtmethoden, Selektion, die Züchtung von Hybridgeflügel durch Kreuzung von Inzuchtlinien, Leistungskontrolle, Alter und Nutzungsdauer des Geflügels, Organisation und Durchführung der Zuchtarbeit. NRB/ZSNTI, übersetzt v. Th. C. Boetticher.

D. KANINCHEN

3-64/06-0379 Pavlov, M. K.; Balaschicha, Gebiet Moskau, Landwirtsch. Unions-Inst. für Fernstudium. Ocenka porod krolikov po moločnosti. **(Die Beurteilung der Kaninchenrassen nach der Milchleistung.)** Krolikovodstvo i zverovodstvo, Moskva **6** (1963) Nr. 4. S. 4–6. — 2 Tab.
Nach der Milchleistung der Häsinnen und noch besser nach dem Milchleistungskoeffizient (Verhältnis zwischen der durchschnittl. Tagesmilchleistung und dem Lgw. der Häsin nach dem Werfen) kann die Eignung der Kaninchen für die Mast bis zum Ende des 2. Lebensmonats bestimmt werden. Die Kaninchen der Rassen Blaue Wiener, Graue Riesen, Großsilber und Chinchilla sind für die Aufzucht von Jungtieren für die Mast bis zum Ende des 2. Lebensmonats geeignet. Die Häsinnen dieser Rassen hatten eine Tagesmilchleistung beim 1. Wurf (Winterwurf) von 198 g (Blaue Wiener), 174 g (Graue Riesen), 185 g (Großsilber) und 160 g (Chinchilla). Das durchschnittl. Gewicht ihrer Jungtiere betrug mit 2 Mon. entspr.: 1511 g, 1543 g, 1380 g und 1445 g. Das Gewicht der Jungtiere entsprach nicht immer der Milchleistung. Die in der Futterration der Tiere übliche Eiweißmenge von 8–9 g/100 g Futter sicherte nicht die normale Milchleistung und das schnelle Wachstum der Jungtiere. Außerdem konnte bei der Außenhaltung der Tiere die niedrige Wintertemperatur einen negativen Einfluß ausüben. Bei den Versuchen mit den Jungtieren des 3. Wurfes (von Großsilber- und Chinchillakaninchen) waren 12 g Eiweiß in 100 g Futter enthalten. Dabei lag die durchschnittl. Milchleistung pro Tag bei 211 g (Chinchilla) und 213 g (Großsilber). Das durchschnittl. Lgw. der Jungtiere im Alter von 2 Mon. war entspr. 1575 g und 1753 g. Bis zum 20. Lebenstag verbraucht ein Jungtier pro 1 g Gewichtszunahme ca. 2,5 g

Milch. Der Koeffizient der Futterverwertung (Verhältnis zwischen dem durchschnittl. Gewicht der Jungtiere im Alter von 2 Mon. im Wurf und dem Lgw. des Muttertieres nach dem Werfen) betrug bei den Chinchillas 31% und bei den Großsilberkaninchen 40%. Die Tiere der Rasse Großsilber haben höhere Masteigenschaften und verwerten das Futter besser. K. Witt. 5260.

3-64/06-0380 Gedymin, J. Żywienie i pielęgnowanie królików w okresie letnim. **(Fütterung und Pflege der Kaninchen im Sommer.)** Hodowca drobnego Inwentarza **11** (1963) Nr. 5. S. 9–10.
Bis zum Absetzen bildet die Muttermilch eine Quelle hochwertigen Eiweißes. Als Beispiel für die Zusammensetzung der Tagesrationen für junge Kaninchen im Alter von 2–3 Mon. gelten 150 g Grünfutter, 40 g Hafer, 30 g Heu. Eine ebenso intensive Fütterung verlangen auch die Muttertiere. Säugende Muttertiere sollen mit Magermilch getränkt werden. Häsinnen in der zweiten Trächtigkeitshälfte und säugende Häsinnen müssen mineralstoffhaltige Futtermittel erhalten, wie Salze, Phosphate, Ca und Kochsalz. Die Zuchtrammler benötigen ebenfalls viel Eiweiß (ca. 20 g/Tag) und Vitamine. Zuviel Kraftfutter führt oft zu einer Verfettung, was die Fortpflanzungsfähigkeit negativ beeinflußt. Der Stall muß trocken, genügend hell und luftig sein. Die Bewegung wird durch Ausläufe gewährleistet. Bürsten der Pelzkaninchen während des Wachstums fördert die Fellreife. Das Sommerfutter der Angorakaninchen soll im Hinblick auf das ständige Nachwachsen der Haare etwas mehr Eiweiß enthalten (ca. 10%). Sehr günstig ist auch die Mast junger Kaninchen, weil bei ihnen die Futterverwertung am besten ist. Zur Intensivmast der Jungkaninchen gehört leichtverdauliches eiweißreiches Futter. Die Tagesration kann aus 150 g Grünfutter, 50 g Hafer, 50 g hochwertigem Kraftfuttergemenge und 30 g Heu bestehen. Reichliches Tränken ist notwendig.
PRL/CBR, übersetzt v. O. Kasperl. 5265.

3-64/06-0381 Velikovskaja, Ju. A.; Moskau, Landwirtsch. Timirjasew-Akad. Mjasnye kačestva krolikov porod serebristyj i „šinšilla". **(Fleischqualität der Kaninchen der Rassen Großsilber und Chinchilla.)** Krolikovodstvo i zverovodstvo, Moskva **6** (1963) Nr. 4. S. 7–8. — 5 Abb., 1 Tab.
Die Kaninchen der Rasse Großsilber sind mit 2 Mon. frühreifer als die Chinchillas. Sie haben höhere Lebend- und Schlachtgewichte, mehr Fleisch und Fett, eine bessere Fettqualität und eine höhere Ausbeute an eßbaren Innereien. Männl. Kaninchen der Rasse Großsilber hatten mit 2 Mon. ein durchschnittl. Lgw. von 1920 g, die Chinchillas dagegen nur 1777 g. Die Großsilberkaninchen hatten 36,87% Fleisch, 8,18% Knochen und 3% Fett, die Chinchillas 38,27% Fleisch, 8,64% Knochen und 0,6% Fett. Die Großsilberkaninchen hatten ø 27 g Innenfett und 31 g Außenfett, die Chinchillas 11 g Innenfett, Außenfett fehlte. Im Vergleich mit den Zahlenwerten der Neuseeländer Rasse, die spez. für die Aufzucht von Jungtieren zum Schlachten im Alter von 2 Mon. gezüchtet wurde, zeigte sich, daß diese Tiere nur höhere Lebendgewichte hatten (2000–2100 g), in den anderen Kennziffern aber den genannten Rassen ähnlich waren. K. Witt. 5270.

E. PELZTIERE

3-64/06-0382 Sprehn, Curt E. W. **Zur Geschichte der Pelztierkrankheiten. Die Entwicklung in der deutschen Pelztierzucht.** Pelzgewerbe [N. F.] **14** (1963) Nr. 2/3. S. 60–73. 5301.

3-64/06-0383 Helgebostad, A. Hygiene i pelsdyrgarden. **(Hygiene und Pelztierzucht.)** Norsk Pelsdyrbl. **37** (1963) Nr. 22. S. 399–400. 5301.

3-64/06-0384 Papert, Reuben. 1963 — et år med forandringer. **(1963 — ein Jahr mit Veränderungen.)** Norsk Pelsdyrbl. **37** (1963) Nr. 19. S. 332–334. — 4 Abb.

Europa hat sich zum wichtigsten Markt für Felle entwickelt und steht – außer bei Nerzen – vor den USA. Es nimmt 40% der Nerzfellproduktion auf. Als Handelsorte haben Leningrad und Leipzig an Bedeutung gewonnen. In Leipzig werden auch Felle aus Afghanistan, Indien, Iran und Irak angeboten. 1962/63 wurden insgesamt ca. 17 Mill. Nerzfelle erzeugt. 1963/64 soll eine Produktion von 17462000 Fellen erreicht werden. Vom Gesamtwert der Fellerzeugung machen Nerzfelle 65% aus. In der Verwendung der Nerzfelle sind Veränderungen eingetreten. In den USA werden von 10 Mill. Nerzfellen 45% als Besatz für Mäntel verwendet, 25% für Stolen, 15% für Capes und Jacken sowie 15% für Mäntel. Die Stolen verlieren an Bedeutung. Die mittleren und niedrigen Preisklassen der Nerze gewinnen an Bedeutung, ebenso auch die Verwendung für sportliche Kleidungsstücke. J. K. Hinrichsen. 5302.

3-64/06-0385 Marchlewski, Z. Wpływ systemu i terminu kryć na płodność norek. **(Einfluß des Decksystems und der Deckzeit auf die Fruchtbarkeit des Nerzes.)** Hodowca drobnego Inwentarza **11** (1963) Nr. 2. S. 8–9. – 1 Tab.

Der Verlauf der Paarungszeit ist für die Anzahl der Nachkommen von grundsätzlicher Bedeutung. Bei einmaligem Decken der Nerze war der Prozentsatz an leeren Weibchen am höchsten. Die durchschnittl. Wurfgröße eines Weibchens war zwar groß an Zahl, umgerechnet auf die Zahl der weibl. Tiere in der Gruppe erwies sie sich jedoch als sehr klein. 2maliges Decken an 2 aufeinanderfolgenden Tagen brachte auch keinen Erfolg. Bessere Ergebnisse konnten bei 2maligem Decken der Weibchen in Abständen von 6–10 Tagen erzielt werden. 3maliges Decken, das auf einer 2maligen Wiederholung 6–10 Tage nach dem ersten Decken beruht, hatte eine wesentliche Verringerung des Prozentsatzes an leeren Weibchen bei gleichzeitiger Vergrößerung der Fruchtbarkeit der tragenden Weibchen zur Folge. Dies läßt sich mit einer möglichen zusätzlichen Befruchtung bei dem Verfahren des 2- und 3maligen Deckens erklären sowie mit dem richtigen Erfassen des Zeitpunktes der Brunst, die bei Nerzen i. allg. in der zweiten Märzdekade auftritt. Dieser Termin ist für das Decken der Nerze der günstigste.

PRL/CBR, übersetzt v. R. Hüffer. 5302.

3-64/06-0386 Helgebostad, A., Svenkerud, R. und Ender, F. Sterility in mink induced experimentally by deficiency of vitamin B_6. **(Sterilität beim Nerz, durch Vitamin-B_6-Mangel experimentell hervorgerufen.)** Acta veterin. scand. **4** (1963) Nr. 3. S. 228–237. – 5 Abb., 2 Tab., 9 Lit.

Beim Nerz wurde Hodenhypoplasie experimentell durch Vit.-B_6-armes Futter hervorgerufen, dem Desoxypyridoxin zugesetzt worden war. Dem Futter waren gleiche Mengen von Vit. A, D und E und die verschiedenen B-Vitamine zugesetzt, mit Ausnahme von Vit. B_6. Die Hoden waren klein und atrophisch. Die histol. Untersuchung derselben ergab Aspermie und deutliche Degeneration des spermiogenetischen Gewebes. Bei Nerzfähen trat Resorptionssterilität nach Verabreichung des gleichen Futters ein. Eine Resorption der Feten wurde durch Laparotomie und Uterotomie Mitte Mai, 55–60 Tage nach der Paarung, bestätigt. In der Kontrollgruppe, bei der das Futter durch Vitamine einschließlich des Vit. B_6 ergänzt worden war, zeigten die Tiere normale Verhältnisse. G. Bendrat. 5302.

3-64/06-0387 Frindt, A. Znaczenie witaminy E w żywieniu rozplodowych zwierząt futerkowych. **(Die Vitamin-E-Bedeutung in der Ernährung der Pelz-Muttertiere.)** Hodowca drobnego Inwentarza **11** (1963) Nr. 2. S. 7–8.

Das den weibl. Pelztieren verabfolgte Futter muß vitaminreich sein, bes. an Vit. A und E, die den Fortpflanzungsprozeß beeinflussen. Vit.-E-Mangel führt zu Störungen in der hormonalen Ausscheidung der Hypophyse und verursacht eine anormale Entwicklung der befruchteten Eizelle, ja selbst ein Absterben des Fetus. Bei den männl. Tieren verlieren die Spermien an Beweglichkeit oder sie gehen zugrunde. Die entstandenen pathologischen Veränderungen sind irreversibel. Es treten auch Degenerationserscheinungen des Nervensystems meistens im Hirn auf. Vit. E ist enthalten in Pflanzenkeimen, Öl, Hefe, Eigelb, Leber und Milch. Das Verabfolgen von Vit. E muß vor der Paarungszeit, spätestens ab Jan., beginnen. Das zum Keimen vorgesehene Korn muß rein und voll sein, und die Keime müssen gründlich zerquetscht werden, da sie anders für fleischfressende Tiere nicht bekömmlich sind. Bessere Ergebnisse liefert Vit. E in synthetischer Form mit Tran gemischt. Dieses Verfahren erfordert einen geringeren Arbeitsaufwand und ist wirtschaftlicher. PRL/CBR, übersetzt v. R. Hüffer. 5302.

3-64/06-0388 Anonym. Skinnproduksjonen 1962/63. **(Fellproduktion1962/63.)** Norsk Pelsdyrbl. **37** (1963) Nr. 19. S. 336–337. – 2 Tab.
In der Berichtszeit wurden in Norwegen 1000105 Nerz- und 98269 Fuchsfelle erzeugt. Von den Nerzen waren ca. 335000 dunkle, 457000 braune, 47000 silberblaue, 69000 Saphir und 37000 weiße Typen, während 55000 verschiedenen Mutationstypen zugehörten. Die Nerzzucht ist hauptsächlich in Hedmark und Rodamark ansässig, die Fuchszucht in Oppland.
J. K. Hinrichsen. 5302.

3-64/06-0389 Anonym. Tłuszcze zwierząt futerkowych. I. Charakterystyka tłuszczu norek (Mustela vision Schreb.). **(Die Fette der Pelztiere. 1. Mitt. Charakteristik des Nerzfettes [Mustela vision Schreb.].)** Med. weteryn. **19** (1963) Nr. 5. S. 250–254. – 4 Tab., 9 Lit. PRL/CBR. 5302.

3-64/06-0390 *Eckardt, Harry.* **Das große Handbuch der Chinchillazucht.** Miltenberg/Main: Verlag Harry Eckardt. 1963. (416 S. m. Abb., Tab. u. Sachreg.) 15,5 × 22 cm. In diesem umfangreichen, in deutscher Sprache bisher einmaligen Handbuch hat Vf. auf Grund seiner eigenen reichen Erfahrungen alle Fragen, die mit der Chinchillazucht zusammenhängen, wie Entstehung, Fütterung, Krankheiten, Pelzen u.a., ausführlich behandelt. Die Darstellung ist so gehalten, daß sowohl dem Anfänger auf dem Gebiet der Chinchillazucht wie auch den Züchtern und Tierärzten für ihre eigene Tätigkeit wertvolle Anregungen vermittelt werden. Die dem Text beigefügten Abb. sind eine gute Bereicherung und tragen wesentlich zum Verständnis bei. Erfreulich ist, daß dem Werk ein Literaturverzeichnis mit über 6000 Quellenangaben angefügt ist, so daß die Möglichkeit für ein intensives Studium der Originalliteratur gegeben ist. Ein Sachregister erleichtert das Nachschlagen. F. Schenk.

G. BIENEN

3-64/06-0391 Doull, K. M.; Adelaide, Univ., Waite Agric. Res. Inst. Economic trends in Australian beekeeping. **(Ökonomische Arbeitsrichtungen in der australischen Bienenzucht.)** Bee Wld. **44** (1963) Nr. 3. S. 105–106. 111–113.
Die australische Bienenzucht hat in den letzten Jahrzehnten einen deutlichen Aufschwung genommen. Ein Höchststand der Völkerzahl (490175) wurde 1950/51 erreicht. $^1/_3$–$^1/_4$ dieser Völker ist in bezug auf Honigproduktion gewöhnlich nicht rentabel. 1960/61 wurden in Australien 5693 Imker gezählt. Berufsimker bearbeiten 250 und mehr Völker. In Queensland besaßen 1960 nur 4% der registrierten Imker, in Westaustralien 8% mehr als 250 Völker. Im gesamten Commonwealth bearbeiten wahrscheinlich nicht mehr als 500 Imker hauptberuflich mehr als 250 Völker. Über 80% aller Imker besitzen weniger als 50 Völker. Die Honigproduktion Australiens erreichte 1948/49 einen Höhepunkt mit 53,2 Mill. lb. In Victoria stieg die durchschnittl. Honigproduktion pro Imker in den Jahren 1913–1960/61 von 347 lb. auf 7086 lb. – Mit den angestiegenen Preisen für Imkereibedarf hat der Anstieg des Honigpreises in den vergangenen Jahren nicht Schritt gehalten. Durch die industrielle Modernisierung kann dieses Mißverhältnis aber weitgehend kompensiert werden. Die Imker haben wenig Einfluß auf die Festlegung des Honigpreises. Es bestehen aber noch Möglichkeiten, die Produktionskosten für Honig zu

senken. Bedeutungsvoll ist der Honigexport. 1948/49 wurden von den 53 Mill. lb. 33 Mill. lb. exportiert. Auch die Bedeutung der Wanderung wird erwähnt. R. Bährmann. 5406.

3-64/06-0392 Wendt. **Neuseeland und seine Bienenzucht.** Westf. Bienenztg. 76 (1963) Nr. 12. S. 358–360. 5406.

3-64/06-0393 Bilaš, G. Uslovija medosbora i osobennosti različnych ras pčel. **(Die Trachtverhältnisse und die Eigenschaften der verschiedenen Bienenrassen.)** Pčelovodstvo, Moskva 40 (1963) Nr. 5. S. 13-17.
Da die heimischen Rassen sich in einigen Gebieten den durch Intensivierung der Landwirtschaft veränderten Trachtverhältnissen nicht mehr anpassen, schlägt Vf. vor, solche Rassen dorthin einzuführen und dort zu züchten, wo deren Entwicklungsrhythmus der neuen Umwelt entspricht. *Apis carnica* und die Gebirgsform *Apis caucasica* haben einen frühzeitig einsetzenden Entwicklungsrhythmus. Beim Beginn einer schwachen Tracht schränken sie die Bruterzeugung ein. Diese Bienenrassen benutzen besser als manche anderen das zeitig beginnende polyflore, schwache, aber dauernde Trachtangebot. Für die Zentralrussische Biene *Apis mellifica* ist der spät einsetzende Entwicklungsrhythmus typisch. Unter schwachen Trachtverhältnissen vergrößern sie die Bruterzeugung und schwärmen. Diese Bienen nutzen das konzentrierte zeitig-spätsommerliche, monoflore, nicht sehr dauernde, aber starke Trachtangebot. Zur Erklärung der besseren Ausnutzung der polyfloren Tracht von Kaukasischen Gebirgsbienen im Vergleich zu den Zentralrussischen Bienen bringt Vf. folgende Hypothese vor: 1. Die Völker der Kaukasischen Gebirgsbiene haben mehr Suchbienen als die der Zentralrussischen Bienen; 2. die Kaukasischen Gebirgsbienen können sich schneller auf andere Trachtquellen umstellen; 3. die Sammelbienen der verschiedenen Rassen haben verschiedene Fähigkeit zur Flormigration während eines Ausfluges. H. Oschmann. 5425.

3-64/06-0394 Zerebkin, M. V. Količestvo belka i žira v tele pčely. **(Die Menge an Eiweiß und Fett im Körper der Biene.)** Pčelovodstvo, Moskva 40 (1963) Nr. 11. S. 34-36. — 3 Tab. 5425.

3-64/06-0395 Jay, S. C.; Harpenden, Herts., Rothamsted Exp. Stat. The longitudinal orientation of larval honey bees (Apis mellifera) in their cells. **(Längsorientierung von Honigbienenlarven [Apis mellifera] in ihren Zellen.)** Canad. J. Zool. 41 (1963) Nr. 5. S. 717–723. — 5 Abb., 3 Tab., 6 Lit.
Korrekte Orientierung in der Zelle ist für Arbeitsbienen- und Drohnenlarven lebensnotwendig. Unter natürlichen Bedingungen kommen Fehllagen bei allen 3 Kasten nur selten vor. Die Zellen der 3 Kasten wurden durch Gelatinekapseln nachgeahmt, mit in Form, Ventilation und Oberflächenbeschaffenheit veränderlichen Endwänden. Weiterhin wurde der Einfluß von Zellänge und Schwerkraft geprüft. Arbeitsbienenlarven richten sich in erster Linie nach dem Faktor Oberflächenbeschaffenheit der Zellendwände, d. h. glatter Boden, rauher Deckel. Weniger Einfluß hat die Form der Zellendwände (rund-flach). Bei Drohnenlarven spielt ebenfalls die Oberflächenbeschaffenheit von Zellboden und -deckel die größte Rolle. Königinnenlarven werden von der Schwerkraft und möglicherweise auch von dem rauhen Kokon beeinflußt. M. Biedermann. 5425.

3-64/06-0396 Weddig, G. **Können Bienen in ihrer Wohnung auch Licht vertragen?** Garten u. Kleintierzucht, Ausg. C 2 (1963) Nr. 23. S. 7–9. — 10 Abb. 5425.

3-64/06-0397 Morse, Roger A.; Ithaca, N.Y., Cornell Univ. Swarm orientation in honeybees. **(Schwarmorientierung bei Honigbienen.)** Science [Washington] 141 (1963) Nr. 3678. S. 357–358. — 2 Abb., 4 Lit.
Grundlage für die Versuche bildeten Kunstschwärme. Bei Versetzen der Königin in einem Käfig wurde das Orientierungsverhalten des Schwarmes be-

obachtet. Der Schwarm nimmt die Gegenwart der Königin wahr. Er wird von ihr nicht zu seinem Bestimmungsort geführt. Die Schwarmbienen kehren zu einer Königin zurück, die dem Schwarm nicht folgen kann. Die Bienen werden durch Duftstoffe von der Königin angelockt, die aus Kopfdrüsen stammen. R. Bährmann. 5425.

3-64/06-0398 Goetze, G. **Auslese auf Langrüßligkeit.** Bienenwelt [Graz] 4 (1962) Nr. 1. S. 6–10. 5455.

3-64/06-0399 Hejtmánek, J. Chovatelský význam veku v plemenom výbere. **(Die züchterische Bedeutung des Alters der Bienenvölker für die Zuchtwahl.)** Včelár **37** (1963) Nr. 6. S. 124–125. – 2 Tab.
Vf. untersuchte die Beziehungen zwischen der Honigproduktion der einzelnen Jahrgänge und der durchschnittl. Gesamtlebensleistung der Bienenvölker. Er stellte fest, daß sich bei slowakischen Bienen das Verhältnis der Produktion im 1.–3. Jahr zum Gesamtlebensdurchschnitt der Produktion durch den Korrelationskoeffizienten $r = +0{,}6513$ ausdrücken läßt. Die festgestellten Größen der untersuchten Beziehungen ermöglichen die Voraussage der erwarteten durchschnittl. Honigproduktion einerseits auf Grund des Durchschnittswertes aus den ersten 2 Jahren, andererseits aus den Teilproduktionen. Die Honigproduktion des Bienenvolkes im 1. Jahr signalisiert verläßlich die Gesamtlebensleistung. Der Honigertrag im 1. Jahr ist deshalb als Hauptindikator für die Zuchtwahl anzusehen. ČSSR/ÚVTI. 5455.

3-64/06-0400 Adam; Buckfastleigh, Devon, St. Mary's Abbey. Some economic aspects of cross-breeding. **(Einige ökonomische Gesichtspunkte der Kreuzungszucht.)** Bee Wld. **44** (1963) Nr. 3. S. 102–104. 113.
Aus einer fortschrittlichen Bienenhaltung ist die Kreuzungszucht nicht fortzudenken. Sie bietet bedeutende ökonomische Vorteile durch das Entstehen von Neukombinationen oder Wirtschaftsrassen, die höhere Honigerträge liefern können. Bei der Kreuzungszucht der Bienen bestehen bes. Probleme, die zu unterschiedlichen Ansichten über den Wert dieser Zuchtart geführt haben. – Praktisch erwiesen ist z. B. in vielen Fällen die Dominanz der Königin bei der Vererbung der Resistenz oder Anfälligkeit gegenüber Milbenseuche. Bedeutsam ist bei der Kreuzungszucht auch der Heterosiseffekt, da er allen Inzuchterscheinungen entgegenwirkt. Er tritt bei den Bienen oft nicht schon in der F_1-Generation, sondern häufig erst in Folgegenerationen vorteilhaft zutage, z. B. durch Anstieg der Fruchtbarkeit. Bei der Kreuzungszucht der Bienen lassen sich selten Vorhersagen über die Resultate treffen. Entscheidend bleibt das Experiment. Einzelheiten über die Ergebnisse der Kreuzung verschiedener europäischer Bienenrassen untereinander werden mitgeteilt.
R. Bährmann. 5455.

3-64/06-0401 Oeser, G.-A. **Königinnenzucht. Warum? Wie? Womit?** Garten u. Kleintierzucht, Ausg. C **2** (1963) Nr. 5. S. 16.; Nr. 8. S. 16.; Nr. 9. S. 16.; Nr. 10. S. 16. – 24 Abb.
In dieser Artikelserie beschreibt Vf. zunächst die Selbstherstellung von Zuchtgeräten und will danach die verschiedenen Aufzuchtmethoden von Bienenköniginnen schildern, wonach sich jeder die seinem Stande und seinen Händen genehmste Methode aussuchen soll. Danach wird die Königinnenverwertung eingehend besprochen. In der 2. Folge wird der Bau eines Anbrütekästchens mit 3 Waben in allen Einzelheiten beschrieben, in dem sich ein starkes schwarmbereites Volk aus allerjüngsten Larven in künstlichen Weiselnäpfchen Königinnen nachziehen soll. In der 3. Folge wird die Herstellung eines Zuchtrahmens erklärt und in der 4. Folge eine genaue Anleitung zur Selbstherstellung eines Abkehrtrichters aus Weißblech gegeben für den Fall, daß man den Anbrütekasten als Feglingskasten verwendet. G. Droege. 5460.

3-64/06-0402 Kettner, H., Koch, G. und Gernert, G. **Vergleiche zwischen Ein- und Zweivolkbetrieb in der Bienenzucht.** Arch. Geflügelzucht Kleintierkunde **13** (1964) Nr. 2/3. S. 173–185. — 1 Abb., 7 Tab., 21 Lit. Zus. in Russ., Engl. — nach Zus.
Von 1956-61 wurden je 5 Einzelvölker mit 5 Doppelvölkern aus der Herbstvereinigung und weiteren 5 Doppelvölkern aus der Frühjahrsvereinigung hinsichtlich ihrer Entwicklung und des bei den einzelnen Betriebsweisen notwendigen Aufwandes und des erzielten Ertrages verglichen. Die Doppelvölker brachten trotz ihrer frühzeitigeren Entwicklung keine oder nur geringe Mehrerträge gegenüber den Einzelvölkern, die sich aber statistisch nicht sichern ließen und den beim Zweivolkbetrieb stark erhöhten Aufwand nicht rechtfertigen. Der Zweivolkbetrieb in den untersuchten Formen kann aus wirtschaftlichen Gründen nicht empfohlen werden. Die Schlußfolgerungen hinsichtlich Ablegerverwertung und Reservevolkbildung bei Bienenständen in ausgesprochenen Frühtrachtlagen werden dargelegt. 5465.

3-64/06-0403 Kettner, H. **Eine Methode, die Bestäubungsleistung von Honigbienen bei landwirtschaftlichen Kulturen nachzuweisen.** Arch. Geflügelzucht Kleintierkunde **13** (1964) Nr. 2/3. S. 187–192. — 2 Tab., 4 Lit. Zus. in Russ., Engl. — nach Zus.
Nach eingehender Schilderung der bisher gebräuchlichen Methoden zur Ermittlung der Bestäubungsleistung von Honigbienen bei landwirtsch. Kulturen wird eine neue Methode beschrieben. Sie basiert auf der durch den beschränkten Flugradius der Bienen und die Besatzdichte von Bienenvölkern je Flächeneinheit gegebenen Bestäubungsintensität. Der Vergleich wird mit Hilfe der Varianzanalysen durchgeführt. An Hand eines Beispiels wird die Methode erläutert. 5480.

3-64/06-0404 Kalinowski, J. Klatki hodowlane i klatki do poddawania matek. **(Zuchtkäfige und Käfige zur Beigabe der Bienenkönigin zum Volk.)** Pszczelarstwo **1963** Nr. 5. S. 13–14. — 2 Abb.
Bei der Züchtung von Bienenköniginnen darf es nicht zur Bildung von wilden Königinnenzellen kommen. Die Verwendung von Zuchtkäfigen mit einem Trenngitter statt eines Netzes ermöglicht, die Königinnen einige Tage im Volk zu halten, ohne den Verlust ihres Wertes befürchten zu müssen, denn sie haben ständigen Kontakt mit den Bienen. Gewöhnlich sind sie energischer als „herausgebissene“ Königinnen in Käfigen mit Netz. Dies kann die Folge einer richtigen Fürsorge um die Bienen sein, die leicht in das Innere der Käfige gelangen können. Der Käfig für die Beigabe der Königin oder für ihre evtl. Versendung ist aus einem Holzklötzchen mit einer großen, durch ein Netz gesicherten Öffnung angefertigt, an welcher die Kanäle in den Wänden des Käfigs für Honig- und Zuckerteig oder Kandis einmünden. Die Königin wird in den Käfig durch die längere Öffnung hereingelassen, und beide Kanäle werden mit Teig gefüllt. Nach Reinigung des kleineren Kanals von Teig kommen die Bienen in das Innere, und die Königin gewöhnt sich an sie; die Königin wird dann vom Volk leichter aufgenommen. Während der Beigabe der Königin dürfen die Käfige nicht mit den Öffnungen nach oben gestellt werden, denn das kann ein Herabfließen des Teigs auf die Königin zur Folge haben.
PRL/CBR, übersetzt v. R. Hüffer. 5480.

3-64/06-0405 Taranov, G. F. Šire ispol'zovat' semi-pomesi dlja povyšenija medosbora. **(Mehr Gebrauchskreuzungen zur Erhöhung des Honigertrages.)** Pčelovodstvo, Moskva **40** (1963) Nr. 5. S. 27–31. — 2 Abb.
Es wird empfohlen, in südlichen und zentralen Gebieten der UdSSR die Kreuzungen auszunutzen, die durch Paarung der Weisel der Grauen Grusinischen Hochgebirgsbiene mit den heimischen Drohnen entstehen. In nordischen Gebieten darf man solche Kreuzungen nur zu Prüfungszwecken anwenden. Die Bastardvölker zeigen erhöhte Leistungen, fallen aber leichter

Krankheiten zum Opfer und sind weniger widerstandsfähig im Winter. Sie sollen bes. sorgfältig behandelt werden. Es wird empfohlen, in den folgenden Jahren die Wechselkreuzungen zur Erzielung des Heterosiseffektes anzuwenden. H. Oschmann — T. Gubina. 5480.

3-64/06-0406 Pičugin, V. A. Zimovka pčel v različnych uslovijach. **(Das Überwintern der Bienen unter verschiedenen Bedingungen.)** Pčelovodstvo, Moskva **40** (1963) Nr. 8. S. 17-18. 5485.

3-64/06-0407 Bröker, Walter. **Zuckerfutter.** Bienenpflege **1963** Nr. 11. S. 259-261.
Zuckerfütterung ist eine Notlösung. Der Zucker, der den Bienen als Winterfutter gereicht wird, ist etwas völlig anderes als Honig. Dieser ist ein Naturprodukt und enthält eine Menge lebensnotwendiger Stoffe, jener ist ein Fabrikprodukt und besteht nur aus Kohlenhydraten. Erst wenn die Bienen dem Zucker Fermente zusetzen, entsteht daraus ein Erhaltungsfutter. Einige im Bienenkörper vorhandene Fermentsysteme werden genannt. Wichtig ist, daß die Biene aus Pollen oder Pollenersatzstoffen genügend Eiweißstoffe für die Bildung von Fermenten aufnehmen kann. Vf. empfiehlt für die Winterfütterung folgende Zuckerlösung: 60 Teile Zucker und 40 Teile Wasser. R. Bährmann. 5494.

3-64/06-0408 Wahl, Oscar; Marburg/L., Lehr- und Versuchsanst. für Bienenzucht. **Vergleichende Untersuchungen über den Nährwert von Pollen, Hefe, Sojamehl und Trockenmilch für die Honigbiene (Apis mellifica).** Z. Bienenforsch. **6** (1963) Nr. 8. S. 209-280. — 4 Abb., 43 Tab., 115 Lit. Zus. in Engl., Franz.
Vf. testete in 11jährigen Untersuchungen die Wirkung von Pollen und Pollengemischen, Bierhefe, Torulahefe, Sojamehlen verschiedener Zubereitung, Trockenmager- und -vollmilch sowie verschiedener Gemische dieser Mittel auf die Lebensdauer gekäfigter, weiselloser Bienen, auf die Ausbildung der Pharynxdrüsen als Beispiel für die Entwicklung des physiol. Zustandes und auf den Brutansatz der Bienen. Geprüft wurden weiterhin Gewicht, Lebensdauer und Brutfähigkeit der mit verschiedenen Futtermitteln erbrüteten Arbeiterinnen und Ausbildung der Geschlechtsorgane, Begattungsfähigkeit und Legeleistung von Königinnen. Resultate: Zwischen der bienenphysiologischen Wirksamkeit und dem Eiweißgehalt der verschiedenen Pollenarten besteht ein unverkennbarer Zusammenhang. Natürliche Pollengemische sind trotz ihres geringeren Gehaltes an Eiweiß und Vitaminen allen anderen Eiweißmitteln in der Wirkung überlegen, wenn das Futter in hoher Konzentration und in beliebiger Menge geboten wird. Das dürfte vornehmlich auf der besseren Annahme und der größeren Attraktivität des Pollens beruhen. Hefe und Sojamehl können den mittelguten, Trockenmilch den mäßig wirksamen Pollenarten gleichgestellt werden. Durch Mischungen ist die Wirkung zu steigern. Die mit Pollenersatzmitteln erbrüteten Bienen zeigen keine Mängel und sind bei Pollennahrung uneingeschränkt brutfähig, bei Fütterung mit dem gleichen Eiweißmittel, mit dem sie erbrütet wurden, ist ihre Brutfähigkeit herabgesetzt. Bei Königinnen, die vergleichsweise mit Pollen und Pollenersatzmitteln erbrütet wurden, zeigten sich keine gesicherten Unterschiede hinsichtlich Gewicht, Größe, Ausbildung der Geschlechtsorgane, Begattungsfähigkeit und Legeleistung. G. Droege. 5494.

3-64/06-0409 Armbruster, L. **Vom Honigabfüllen und Honigkennzeichnen vom Mehrverdienen.** Bienenpflege **1963** Nr. 11. S. 254-256.
Vf. kennzeichnet die Vorteile von Pergapackungen (paraffiniertes Papier, Jagenberg-Werke, Düsseldorf) für Honig. Eine Pergapackung kann 5- bis 6mal so billig sein wie eine Glaspackung. Ein Kniffverschluß ist vorteil-

hafter als ein Deckelverschluß. Einzelheiten über das Füllen und Verschließen der Becher werden mitgeteilt. Wichtig ist auch eine zweckdienliche Aufschrift, wobei „vom Erzeuger abgefüllt" bes. vermerkt werden sollte.
R. Bährmann. 5496.

3-64/06-0410 Callow, R. K.; London, Nat. Inst. für Med. Res. Chemical and biochemical problems of beeswax. **(Chemische und biochemische Probleme bei Bienenwachs.)** Bee Wld. **44** (1963) Nr. 3. S. 95–101. – 4 Abb., 17 Lit.

Die Komponenten des Bienenwachses setzen sich aus langen Ketten von C-Atomen zusammen. 4 Gruppen verschiedener Bestandteile konnten aufgefunden werden: Paraffine, org. Säuren, Alkohole und Ester. Verschiedene Methoden werden besprochen, die in der Vergangenheit dazu geführt haben, die einzelnen Fraktionen darzustellen. Zuerst wurden die Hydroxysäuren genauer untersucht. Hauptbestandteil dieser Gruppe ist die 14-Hydroxypalmitinsäure. Die Ester dieser Säure sollen für die eigentümliche Plastizität des Bienenwachses verantwortlich sein. Weitere Bestandteile des hydrolisierten Wachses lassen sich in 2 Gruppen einteilen. Die eine von beiden enthält Paraffine, ein- und zweiwertige Alkohole, die andere besteht aus Säuren und Hydroxysäuren. Über die Entstehung der einzelnen Bestandteile ist z. Z. noch wenig bekannt. R. Bährmann. 5496.

3-64/06-0411 Anonym. Kak opredelit' valovoj vychod voska? **(Bestimmung des Bruttoertrages an Wachs.)** Pčelovodstvo, Moskva **40** (1963) Nr. 11. S. 32–33. 5496.

3-64/06-0412 Melicher, Karl. **Der zerlegbare Wander- und Heimstand für Beuten mit Ober- oder Hinterbehandlung.** Bienenwelt [Graz] **4** (1962) Nr. 1. S. 21–24. 5520.

3-64/06-0413 Foote, H. Len. Problems of certifying bees and used beekeeping equipment for interstate movement. **(Probleme bei der Ausstellung von Seuchenfreiheitsbescheinigungen für Bienen und gebrauchte Imkereigeräte bei zwischenstaatlicher Wanderung.)** State Calif., Dep. Agric., quart. Bull. **52** (1963) Nr. 1. S. 18-20. – 1 Abb.

Jedes Frühjahr werden mehr als 30000 Bienenvölker von ihren Winterplätzen in Kalifornien zu ihren Sommerständen in 13 anderen Staaten gebracht. Außerdem werden ca. 20 t Paketbienen und mehr als 200000 Königinnen meist in die nördl. Gebiete versandt. Ein Bienenstandsüberwachungsdienst sorgt dafür, daß die Bösartige Faulbrut nicht weiter verbreitet wird. Die Gesetze über die Einfuhr von lebenden Bienen und gebrauchten Imkereigeräten sind in den 18 westl. Staaten Nordamerikas sehr unterschiedlich. Zwei von ihnen verbieten jegliche Einfuhr, während die anderen Seuchenfreiheitsbescheinigungen unterschiedlicher Art verlangen, die zwischen 10 Tagen und einigen Monaten Gültigkeit haben können. Vier Staaten wünschen eine Markierung der Imkereigeräte, die seuchenfrei befunden wurden. Um den Bienenstandsüberwachungsstellen ihre Arbeit zu erleichtern, wurden diese Bieneneinfuhrgesetze der einzelnen Staaten, in einem Band gesammelt, herausgegeben. Für eine Seuchenfreiheitsbescheinigung, die im Frühjahr vor dem 1. Apr. ausgestellt wird, muß bereits im Herbst nach dem 15. August der Bienenstand besichtigt werden. Vf. zweifelt den Wert der Markierung von seuchenfreien Imkereigeräten an und macht auf die Folgen der leichtfertigen Ausgabe von Seuchenfreiheitsbescheinigungen ohne Besichtigung des Bienenstandes aufmerksam. Er tritt für Vereinheitlichung der Bieneneinfuhrgesetze ein. H. Kettner. 5555.

3-64/06-0414 Ježek, Pavel. Vztah draselných solí k medovicové toxikóze včel. **(Beziehung der Kaliumsalze zur Honigtautoxikose der Bienen.)** Sborník

Vysoké Školy zemědělské Brně, Řada B **10(31)** (1962) Nr. 3/4. S. 109–112. – 6 Abb., 1 Tab., 8 Lit. Zus. in Russ., Dtsch.

Um die Wirkung der K-Salze auf die Bienen und die histol. Struktur des Bienenmagens zu erklären, verfolgte man das Betragen von 6tägigen Arbeitsbienen nach Verabreichung einer Saccharoselösung in aqua dest. mit Zusatz von KCl. Dabei wurde festgestellt, daß die K-Salze bereits bei einer Konzentration von 0,3% für die Bienen schädlich sind. Die durchschnittl. Lebensdauer der mit einer Zucker- und KCl-Lösung gefütterten Biene bewegte sich zwischen 21,61 und 42,62% der durchschnittl. Lebensdauer der Kontrollbienen, die mit Zuckersirup ohne KCl gefüttert wurden, und war von der KCl-Konzentration der verfütterten Lösung indirekt abhängig. Der toxische Einfluß von KCl wurde auch bei der histol. Untersuchung des Bienenmagens nachgewiesen. ČSSR/ÚVTI. 5570.

3-64/06-0415 Palmer-Jones, T. und Forster, I. W.; Wellington, Wallaceville Animal Res. Stat.; Oamaru, New Zealand, Dep. of Agric. Effect on honey bees of Dipterex, Thiodan, and Phosdrin applied as sprays to white clover (Trifolium repens L.). **(Die Wirkung von Dipterex, Thiodan und Phosdrin, das im Sprühverfahren im Weißklee [Trifolium repens] angewendet wird, auf Honigbienen.)** New Zealand J. agric. Res. **6** (1963) Nr. 3/4. S. 303 bis 306. – 8 Lit.

Teile von Samenanbauflächen von Weißklee wurden in den frühen Morgenstunden vor Beginn des Bienenfluges mit den einzelnen Mitteln besprüht. Zur Feststellung der Toxizität sammelten Vff. Gruppen von 25–60 Bienen von den behandelten Flächen, hielten sie in Käfigen und stellten nach 48 Std. die Sterblichkeit fest. – Dipterex (1,2 lb./acre) und Thiodan (0,7 lb./acre) erzeugten nur eine sehr geringe, für die Praxis bedeutungslose Sterblichkeit bei den Sammelbienen. Phosdrin (0,4 lb./acre) verursachte dagegen eine hohe Sterblichkeit. Die Bienenvölker selbst zeigten bei den ersten beiden Mitteln keinerlei Schäden, bei Phosdrinanwendung aber brachten im Extremfalle 2 Völker an den 2 folgenden Tagen pro Tag je über 500 tote Bienen heraus. M. Biedermann. 5570.

3-64/06-0416 *Böttcher, Hellmut.* **Die Phacelia als Bienenweide und landwirtschaftliche Futterpflanze.** Wittenberg Lutherstadt: A. Ziemsen Verlag. 1963. (44 S. m. 27 Abb. u. 60 Lit.) 14,5 × 20,5 cm. DM 3,– = Die Neue Brehm-Bücherei Nr. 317. In diesem Büchlein wird eine umfassende Kenntnis der Phacelia vermittelt, die Imkern und Landwirten gleichermaßen nützlich ist. Anfangs wird eine sorgfältige Beschreibung ihrer bot. Merkmale, ihrer Herkunft und ihrer Namengebung gegeben. Als Bienenweidepflanze wird die Phacelia wegen ihres sehr guten Nektar- und guten Pollenwertes geschätzt. Ihre lange Blühdauer und Anspruchslosigkeit an die Aussaatzeit macht sie bes. wertvoll. Als Futterpflanze ist sie anspruchslos an Klima, Boden und Belichtung, ist schnellwüchsig und hat einen hohen Zeitleistungsfaktor. Sie eignet sich bes. als Sommerzwischenfrucht und läßt sich auch noch als Stoppelfrucht verwenden. Aussaatmengen, Pflegemaßnahmen, Ernte etc. werden ausführlich behandelt. Phacelia wird als Grünfutter und Silage, allein und im Gemisch, von Rindern, Schweinen, Schafen, Ziegen und Kaninchen gern gefressen. Vom Heuen ist abzuraten. Phacelia eignet sich gut zur Gründüngung zwischen Obstanlagen. Neuerdings verwendet man sie als Lockpflanze, die in schmalen Streifen an und in Rotklee- und Luzernevermehrungsschlägen eingesät wird. Durch den intensiven Bienenbeflug dieser Streifen werden auch die sonst weniger gern besuchten Rotklee- und Luzerneblüten bestäubt. G. Droege.

H. SEIDENRAUPEN

3-64/06-0417 Petrosjan, E. A. O fiziologičeskoj pričine preždevremennogo oživlenija jaic u tutovogo šelkoprjada. **(Über die physiologische Ursache vorzeitiger Belebung der Eier von [Maulbeerbaum-] Seidenraupen.)** Izvestija Akademii nauk Armjanskoj SSR, Erevan **16** (1963) Nr. 4. S. 71–76. – 1 Abb., 1 Tab., 5 Lit. Orig.: russ., Ausz.: armen.

Vf. führte Versuche mit Eiern verschiedener Seidenraupen durch. Bes. Augenmerk legte er auf die Dauer der Diapause unter bes. Bedingungen, woraus er Schlüsse auf die Übertragung der Erstlingseigenschaften zieht.

Vorzeitige Belebungen der Eier zeigten im Ergebnis eine Verkürzung der Dauer der embryonalen Diapause, welche bei der embryonalen Formgebung der Eier zu einer höheren Stufe führt. G. Rothe. 5656.

3-64/06-0418 Karpov, A. Je.; Inst. für Zool. der Akad. der Wiss. der Ukrain. SSR. Pro eksperymental'nu aktyvaciju latentnogo poliedrovogo virusu u šovkovyčnogo šovkoprjada na embrional'nij stadiï. **(Die experimentelle Aktivierung des latenten Polyedervirus im Embryonalstadium der Seidenraupe.)** Dopovidi Akademiï nauk Ukraïnśkoï RSR, Kyïv **1963** Nr. 5. S. 661 bis 664. — 1 Tab., 13 Lit. Orig.: ukrain. Ausz.: russ., engl.
Eier des Seidenspinners *Bombyx mori* L. wurden vom 6.–9. Inkubationstag einer Kühlung (1–2 °C, 1–3 Tage) oder einer Bestrahlung mit weichen X-Strahlen (λ = 80.8 Å) unter Anwendung von Dosen zwischen 1000 und 5000 r unterworfen. Diese Behandlungen verursachten eine Aktivierung des latenten Polyedervirus und induzierten eine nukleare Polyedrie in Raupen des 4. und 5. Stadiums sowie auch in den Vorpuppen und Puppen. Der Polyedriebefall betrug ⌀ 19,0 ± 1,6% nach Bestrahlung (5,9 ± 2,2% bei der Kontrolle) und 41,7 ± 2,5% nach Kühlung (15,7 ± 2,3% bei den Kontrollen). — Der im Orig. enthaltenen Tab. ist zu entnehmen, daß mit stärkerer Strahlendosis sowohl die Schlupffähigkeit der behandelten Brut als auch die abs. und rel. Zahl der Polyedrien sprunghaft abnehmen. H. Rost. 5656.

3-64/06-0419 Vartapetjan, B. B.; Moskau, Pflanzenphysiol. Timirjasew-Inst. der Akad. der Wiss. der UdSSR. Ėndogennaja voda tutovogo šelkoprjada. **(Endogenes Wasser der Maulbeerbaum-Seidenraupe.)** Biochimija, Moskva **28** (1963) Nr. 5. S. 764–768. — 1 Abb., 2 Tab., 5 Lit. Zus. in Engl.
Ziel der Untersuchungen war es festzustellen, inwieweit ein Austausch des Stoffwechselwassers mit der Luftfeuchtigkeit stattfindet. Zu diesem Zweck wurde die Atmosphäre des Versuchsraumes mit $^{18}O_2$ angereichert und das bei der Biosynthese entstehende Wasser auf $H_2{}^{18}O$ untersucht. Die Versuche wurden mit *Bombyx mori* durchgeführt; die Versuchsanordnung der Biosynthese und die Darstellung von $^{18}O_2$ sind beschrieben. Die Ergebnisse haben ergeben, daß der Gehalt an $H_2{}^{18}O$ im Tierkörper mit der Einwirkungszeit des $^{18}O_2$ progressiv steigt, bis ein nahezu vollständiger Austausch gegen Ende des Insektenlebens erreicht worden ist und einem Gleichgewichtszustand zustrebt. G. Rothe. 5656.

3-64/06-0420 Bounhiol, Jean-Jacques und Moreau, Robert; Bordeaux, Fac. des Sci. Importance de la pression sanguine dans l'extension des ailes chez le jeune papillon de Bombyx mori L. **(Die Bedeutung des Blutdruckes für die Ausbreitung der Flügel beim jungen Falter von Bombyx mori L.)** C. R. hebd. Séances Acad. Sci. **256** (1963) Nr. 26. S. 5638–5641. — 2 Abb., 1 Tab., 2 Lit.
Die bei der Entfaltung der Flügel am stärksten wirkende Komponente ist das unter Druck in das Flügelgeäder gepreßte Blut. Bei Verminderung des Blutdruckes (Kauterisation oder Abbinden der Flügelwurzel, Hämorrhagie bei Flügelamputation) verlängert sich die normal 15 Min. betragende Entfaltungszeit bis auf das Doppelte, während sie bei Erhöhung des Blutdruckes durch Injektionen von Ringer-Lösung in die Präimagines bis auf 5 Min. reduziert werden kann. Die Extirpation von 1–3 Flügelknospen bei der Raupe zur Verminderung der Flügelzahl beim Falter bewirkt eine graduelle Abnahme der Entfaltungszeit (Erhöhung des Blutdruckes). Eine Erhöhung des Blutdruckes erreicht auch der schlüpfende Falter selbst durch das „Schlucken" von Luft durch die Mundöffnung (im Gegensatz zu der Annahme der Mitwirkung von Tracheenluft): Kauterisation der Mundöffnung bei der Präimago zieht eine Verzögerung der Entfaltungszeit von 5 Min. nach sich, die selbst durch Injektion nur unvollständig kompensiert werden kann. H. Rost. 5656.

3-64/06-0421 Golański, K. Występowanie chorób w hodowlach jedwabnika morwowego w Polsce w latach 1956–1960. **(Das Auftreten von Krankheiten in Maulbeerseidenspinnerzuchten in Polen 1956-1960.)** Med. weteryn. **19** (1963) Nr. 4. S. 188–190. — 1 Tab. 5680.

TIERERNÄHRUNG

ALLGEMEINES

3-64/06-0422 Nehring, K. **10 Jahre Oskar-Kellner-Institut für Tierernährung Rostock.** Dtsch. Akad. Landwirtsch.-Wiss. Berlin, Tagungsber. **1963** Nr. 63. S. 19–36. 7010.

B. CHEMISCHE BESTANDTEILE DES TIERKÖRPERS UND DER FUTTERMITTEL

3-64/06-0423 Nerge, I. **Vorläufige Ergebnisse über den Gehalt an Gerüstsubstanzen in Futterstoffen.** Dtsch. Akad. Landwirtsch.-Wiss. Berlin, Tagungsber. **1963** Nr. 63. S. 147–162. — 17 Tab., 8 Lit. Zus. in Russ., Engl. — nach Zus.

Im November 1961 wurde mit der serienmäßigen Durchführung der Gerüstsubstanzanalyse begonnen. Es wurde der Gehalt an Cellulose, Pentosanen und Lignin in Getreide, Leguminosen-, Öl- und Rübensamen, Ölsaatrückständen, Getreidenachprodukten, Wurzelfrüchten, Trocken- und Zuckerschnitzeln, Rauhfutterstoffen und einer großen Anzahl von Grünfutterstoffen in verschiedenen Vegetationsstadien ermittelt. Im Gerüstsubstanzgehalt der verschiedenen Futtermittel treten große Unterschiede auf. Allgemein überwiegt der Cellulosegehalt, es folgt der Pentosan-, dann der Ligningehalt. Der Gesamtgehalt an Gerüstsubstanzen ist stets größer als der Rohfasergehalt und übersteigt letzteren oft beträchtlich. Auf Grund vergleichender Rohfaser- und Cellulosebestimmungen wird die Möglichkeit erwogen, die unzulängliche Rohfaserbestimmung durch die Cellulosebestimmung zu ersetzen. Die Untersuchung der eigentlichen Rohfaserfraktion einiger Futtermittel ergab eine durchschnittliche Zusammensetzung von 80% Cellulose, 10% Pentosanen und 8% Lignin. Bei Untersuchung der NFE-Fraktion entfielen auf den Anteil an Gerüstsubstanzen 30–70%, an leichtlöslichen Kohlenhydraten dementsprechend nur 70–30%. Eine Aufgliederung des Gerüstsubstanzgehaltes auf die Rohfaser- und NFE-Fraktion zeigte, daß auf die Rohfaserfraktion 83% des Cellulosegehaltes, 22% des Pentosangehaltes und ca. 25% des Ligningehaltes entfallen. Über 70% des Ligningehaltes werden praktisch bei der Rohfaserbestimmung nicht erfaßt und erscheinen in der Fraktion der N-freien Extraktstoffe. In N-Steigerungsversuchen zu Grünhafer war mit steigender N-Gabe ein allgemeiner Anstieg des Gerüstsubstanzgehaltes zu beobachten. Die durchgeführten Schnittzeitenversuche demonstrierten mit Fortschritt der Vegetation einen beträchtlichen Anstieg der Gerüstsubstanzen, wobei besonders der Ligningehalt eine starke Erhöhung erfuhr. 7145.

3-64/06-0424 Nelson, J. H., Glass, R. L. und Geddes, W. F.; St. Paul, Univ. of Minnesota. The triglycerides and fatty acids of wheat. **(Die Triglyceride und Fettsäuren des Weizens.)** Cereal Chem. **40** (1963) Nr. 4. S. 343 bis 351. — 3 Abb., 3 Tab., 12 Lit.

Aus dem Weizenkorn der Kleie, dem Embryo und dem Endosperm wurden die Lipide bei Zimmertemperatur mit wassergesättigtem n-Butanol extrahiert und die Triglyceride an Silicagel chromatographisch abgetrennt. Ihre Fraktionierung durch Gegenstromverteilung mit dem Lösungsmittelgemisch Nitroäthan-Furfurol-Skellysolve F (4:4:10) ergab 3 Hauptklassen von Triglyceriden (A, B, C). Sie wurden verseift und die Fettsäuren als Methylester gaschromatographisch identifiziert und bestimmt. Die Fettsäuren der Triglyceride des Weizenkorns bestanden aus 59% Linol- (I), 16,7% Palmitin- (II) und 16,5% Ölsäure (III) sowie aus Linolen-, Arachidon-, Palmitol- und Stearinsäure. A setzte sich zusammen aus 32,4% I, 34,6% II und 28,9% III, B aus 59,8% I, 20,6% II und 10,9% III sowie C aus 84,8% I, 3,5% II und 3,5% III. In den Fraktionen A–C nahm die Kettenlänge der Fettsäuren und die Zahl der Doppelbindungen zu. Für die Gesamtlipide und die Triglyceride des Embryos, des Endosperms und der Kleie wurden ähnliche Ergebnisse erhalten. Zur vollständigen Klärung sind noch weitere analytische Arbeiten erforderlich. W. Franzke. 7180.

3-64/06-0425 Segal, L. **Stufenweise Denaturation von Eiweißen.** Acta biol. med. german. [Berlin] **10** (1963) Nr. 5/6. S. 488–500. – 10 Abb., 19 Lit. Zus. in Russ., Engl.

In vorliegenden Untersuchungen wurde die Wärmedenaturation eines reinen, globulären Eiweißes schrittweise verfolgt, um festzustellen, ob die Denaturation stufenweise erfolgt. Zu diesem Zweck wurde kristallisiertes Rinderserumalbumin auf verschiedene Temperaturen erwärmt. Bei einer Temperatur von über 60 ° zeigte das Elektropherogramm eine zweite, langsamer laufende Fraktion; die Extinktionskurve im UV-Bereich entspricht der leicht angesäuerter Albuminlösungen. Zwischen 61° und 65° tritt eine Erhöhung des Dipolmoments und eine Verschiebung des isoelektrischen Punktes nach der alkalischen Seite ein (von pH 4,9 nach 5,2). In der Ultrazentrifuge zeigt sich nur ein Maximum, d. h. es entstehen positive Ladungen durch Bruch von H-Brücken, ohne daß eine Änderung des Molekulargewichtes erfolgt. Bei 70° bildet sich ein zweites Maximum heraus, das etwa einer tetrameren Fraktion entspricht. Zwischen 80 und 85° zeigt sich im Elektropherogramm eine einzige, im Globulinbereich laufende Fraktion; die Extinktion zeigt eine Erhöhung bei 240 mμ, das Dipolmoment ist etwas erhöht, alkalische Gruppen werden durch Brechen von Seitenkettenbrücken frei. Bei Temperaturen über 85° steigt die Extinktion weiter an, ein Teil der Teilchen aggregiert; in der Ultrazentrifuge verschwinden die niedermolekularen Fraktionen, und es tritt Polydispersion der schneller laufenden Fraktion ein; die verschiedensten Gruppen, H-Brücken und Seitenkettenbrücken verändern sich. E. Kolb. 7225.

3-64/06-0426 Lee, J. W. und Wrigley, C. W.; North Ryde, New South Wales, C.S.I.R.O., Wheat Res. Unit. The protein composition of gluten extraced from different wheats. **(Die Proteinzusammensetzung des aus verschiedenen Weizensorten extrahierten Glutens.)** Austral. J. exp. Agric. Animal Husbandry **3** (1963) Nr. 9. S. 85–88. – 2 Abb., 1 Tab., 8 Lit.

Proben der gemahlenen Weizenkörner und von Weizenmehl (70%ige Ausmahlung) von 14 verschiedenen Sorten wurden nach vorheriger Behandlung mit 0,01 mol. $Na_4P_2O_7$ (pH 7) mit 0,05 n Essigsäure extrahiert. Ein Teil des Extraktes wurde dialysiert, anschließend auf einer Säule von Carboxylmethylcellulose chromatographiert und im Eluat die Absorption bei 280 mμ gemessen. Der Rest des Essigsäureextraktes wurde nach Gefriertrocknung zur elektrophoretischen Auftrennung auf Polyacrylamidgel verwandt. Die Diagramme von 8 *Triticum-vulgare*-Sorten zeigten jedes für sich ein charakteristisches Bild. Es waren zwar gewisse Ähnlichkeiten bei manchen Sorten vorhanden, jedoch erschien es nicht möglich, irgendwelche Gruppierungen vorzunehmen und Beziehungen zwischen den Ergebnissen der chromatographischen oder elektrophoretischen Untersuchungen und der Backqualität aufzustellen. Die Eiweißzusammensetzung der einzelnen Sorten scheint genetisch bedingt zu sein. Es zeigten sich diesbezüglich keine Unterschiede in Abhängigkeit vom Standort, während zwischen nahe verwandten Sorten Ähnlichkeiten der Diagramme festgestellt wurden. K. Koepke. 7225.

3-64/06-0427 Fletcher, J. C., Robson, A. und Todd, Joan; Torridon, Wool Ind. Res. Assoc. The sulphur balance in wool. **(Das Schwefelgleichgewicht in der Wolle.)** Biochem. J. **87** (1963) Nr. 3. S. 560–567. — 2 Tab., 51 Lit.
Bei Vergleichsuntersuchungen an Wolle zwischen Gesamt-S und der Summe aus Methionin, Cystein und Cystin ergibt sich stets ein zu hoher Gesamt-S-Wert. Ferner ist der chromatographisch aus Wollehydrolysaten bestimmte Gehalt an meso-Cystin + Cystin beträchtlich niedriger als der colorimetrisch bestimmte Cystingehalt. Dies ist auf Sekundärreaktionen bei der Säurehydrolyse zurückzuführen, bei denen unter anderem verschiedene Tri- und Tetrasulfide entstehen, die eine geringere Farbausbeute bewirken. Vff. berichten über neue Vergleichsuntersuchungen an australischer Merinoschafwolle unter Anwendung unterschiedlicher Analysenmethoden (colorimetrische, chromatographische, radiometrische, gravimetrische und polarographische Methoden). Besondere Aufmerksamkeit wird dem Mechanismus der Hydrolyse gewidmet und durch Anwendung von ^{35}S-markierter Wolle wird festgestellt, daß der Gesamt-S in der Wolle nur in Form von Cystein, Cystin und Methionin vorliegt. Lediglich sog. „jungfräuliche" Wolle enthält Spuren von Cysteinsäure und Lanthionin. Aus den Untersuchungsergebnissen wird ein S-Gehalt in der Wolle von 3,66 ± 0,12% mitgeteilt.
G. Sternkopf. 7230.

3-64/06-0428 Bramstedt, Fritz; Hamburg, Univ., Physiol.-Chem. Inst. **Jahreszeitliche Einflüsse auf den Gehalt der Fischmuskulatur an freien Aminosäuren und deren Bedeutung für die Qualität.** Z. Ernährungswiss., Suppl. **1963** Nr. 3. S. 51–63. — 5 Abb., 1 Tab., 20 Lit.
Vf. bestimmte mittels der papierchromatographischen und mikrobiol. Methode die freien Aminosäuren in der Muskulatur der wichtigsten Nutzfische. Ergebnis: Während des Sommers und Winters wurden charakteristische Unterschiede gefunden. Die Lysinwerte schwanken bei allen untersuchten Arten am stärksten, dann kommen die Aminosäuren Leucin, Isoleucin und Glutaminsäure, bei Methionin und Histidin sind die Unterschiede geringer. Diese Schwankungen können zusammen mit dem ebenfalls vorkommenden Inosinmonophosphat geschmackliche Veränderungen bedingen. Der Gehalt an freien Aminosäuren erfährt besonders starke Schwankungen während der Totenstarre, insbesondere Lysin. Ein Vergleich des Gehalts an freien Aminosäuren in der Fischmuskulatur ist schwierig, da der Zeitpunkt nach dem Fang, die Lagerungsbedingungen und der Zeitpunkt vor oder nach der Totenstarre von Einfluß sind. I. Schröder. 7230.

3-64/06-0429 Chlouverakis, C. Adipose tissue lipoprotein lipase activity in rats of two different ages. **(Fettgewebe-Lipoprotein-Lipaseaktivität in Ratten unterschiedlichen Alters.)** Nature [London] **196** (1962) Nr. 4859. S. 1103. 7300.

3-64/06-0430 Wheeler, K. P. und Whittam, R.; Oxford, Univ. Some properties of a kidney adenosine triphosphatase relevant to active cation transport. **(Einige für den aktiven Kationentransport wichtige Eigenschaften der Nieren-Adenosintriphosphatase.)** Biochem. J. **85** (1962) Nr. 3. S. 495 bis 507. 7300.

3-64/06-0431 Comberg, G. und Meyer, H. **Ein Beitrag zum Mineralstoff- und Spurenelementgehalt des Weidegrases in Nordwestdeutschland.** Dtsch. tierärztl. Wschr. **70** (1963) Nr. 9. S. 235–239. — 1 Abb., 2 Tab., 33 Lit.
Die Versorgungsverhältnisse der Rinder mit Mineralstoffen und Spurenelementen während des Weideganges sind bisher noch nicht ausreichend geprüft worden. In 16 repräsentativen Grünlandbetrieben Nordwestdeutschlands mit unterschiedlichen Bodenarten (Moor, Sand, Flußmarsch, Seemarsch)

wurden auf 57 verschiedenen Weideflächen insgesamt 179 Grasproben entnommen, um sie auf ihren Gehalt an Ca, P, Mg, K, Na, Cu und Mn zu untersuchen. In der Tr.-Subst. wurden dabei folgende Mittelwerte festgestellt: Ca = 0,58%, P = 0,37%, Mg = 0,21%, K = 2,75%, Na = 0,12%, Cu = 8,42 ppm, Mn = 255 ppm. Diesen Werten stehen etwa folgende Bedarfsnormen der 20-l-Kuh gegenüber: Ca = 0,57%, P = 0,3%, Mg = 0,25%, K = 0,5%, Na = 0,17%, Cu = 4–5 ppm, Mn = 50 ppm. Aufgrund der vorliegenden Ergebnisse wird die Mineralstoff- und Spurenelementversorgung der Weidetiere diskutiert. E. Wiesner. 7350.

C. UNTERSUCHUNGS- UND VERSUCHSMETHODIK

3-64/06-0432 Osborne, R. V. Lead-210 and polonium-210 in human tissues. **(^{210}Pb und ^{210}Po in Humangeweben.)** Nature [London] **199** (1963) Nr. 4890. S. 295. — 12 Lit. 7400.

3-64/06-0433 Paloheimo, Lauri; Helsinki, Univ. Food analysis and the evaluation of foods. **(Futtermittelanalysen und die Bewertung der Futtermittel.)** Nord. Jordbrugsforskn. **44** (1962) Nr. 2. S. 78–86. — 2 Abb., 5 Tab., 6 Lit.

Vf. behandelt das Problem der Erfassung der unverdauten Futterbestandteile im Kot. Die Tr.-Subst. des Kotes enthält eine exogene Fraktion, eine endogene Fraktion und eine Bakterienfraktion (B). Letztere beträgt ca. 30% der Kottrockensubst. Zur näheren Untersuchung von B gibt Vf. ein Verfahren an zur Isolierung von B aus dem Kot von Kühen. Vf. stellt aus B ein Pulver her und findet in der Tr.-Subst. folgende Bestandteile: 27% Asche, 22,5% Rohprotein, 11% Lipide und 39,5% Kohlenhydrate. An wasserlöslichen Bestandteilen = 16,2% Asche, 8,3% Rohprotein und 18% Kohlenhydrate. Weiterhin wurden 16,2% Lignin (nur scheinbares Lignin, da sehr widerstandsfähige Substanzen) im B-Pulver ermittelt. Es wird geschlußfolgert, daß die gewöhnlichen Methoden für Lignin- und Membransubstanzbestimmung zu hohe Werte für den Kot geben. — Weiterhin untersucht Vf. 8 rohfaserreiche Futtermittel und gibt die Gehaltswerte an Rohprotein, Cellulose, Pentosane, andere Kohlenhydrate, Lignin und Rohfaser an. Anhand der Ergebnisse wird im Zusammenhang mit der Beschaffenheit der Zellwandstrukturen die Brauchbarkeit der üblichen Rohfaserbestimmung erörtert. — Vf. schlußfolgert, daß es unmöglich ist, die Verdaulichkeit der Rohfaser und der N-freien Extraktstoffe getrennt zu ermitteln. Er schlägt vor, für beide bisherigen Gruppen gemeinsam den Begriff Rohkohlenhydrate (sowohl bei den Gesamtnährstoffen als auch den verdaulichen Nährstoffen) zu verwenden. H. Bergner. 7455.

3-64/06-0434 Adachi, Susumu und Sugawara, Hiroshi. Separation of ketose and aldose by chromatography on an ion-exchange column. **(Trennung von Ketose und Aldose durch Chromatographie an der Ionenaustauschersäule.)** Arch. Biochem. Biophysics **100** (1963) Nr. 3. S. 468–471.

Vff. beschreiben ein säulenchromatographisches Verfahren zur Differenzierung von Saccharidgemischen in Aldosen und Ketosen mittels Amberlite IRA-400 (Säulendimension: 2 × 30 cm). Das Harz (Korngröße: 0,2–0,4 mm) wird nach Waschen mit 1 n HCl in die Bisulfitform überführt (1 m HSO_3-Lösung), mit Wasser vom Überschuß befreit und mit 75%igem n-Propanol behandelt. Auftragmenge: ca. 100 mg je Komponente, Zuckermischung gelöst in 10 ml 75%igem n-Propanol. Mit 75%igem n-Propanol werden die Ketosen, mit Wasser die Aldosen eluiert. Volumina der Einzelfraktionen: 7,5 ml; Durchflußrate: 0,5 ml/Min.; Zimmertemperatur; automatischer Fraktionssammler (Siphon-Prinzip). Bestimmung der Saccharide: Pikrinsäuremethode; Papierchromatographie: Circulartechnik, n-Butanol/Pyridin/Wasser (3:2:1,5) bzw. n-Butanol/Essigsäure/Wasser (4:1:2), Anilinhydrogenphthalat als Sprühmittel. Die Trennmöglichkeiten für Gemische aus Rhamnose, Fructose, Lactulose, Tagatose, Sorbose, Saccharose, Glucose, Maltose, Galactose, Xylose oder Arabinose werden angegeben. H. Ruttloff. 7485.

3-64/06-0435 Hoffmann, F.; Tharandt, Fak. für Forstwirtsch., Inst. für Bodenkunde und Standortslehre. **Beitrag zur Methode der Stickstoffbestimmung nach Kjeldahl.** Z landwirtsch. Versuchs- u. Untersuchungswes. **9** (1963) Nr. 4/5. S. 293-296. — 1 Abb., 1 Tab., 2 Lit.
Die etwa 0,5 g org. Subst. enthaltende Bodenprobe wird im 250-ml-Kjeldahlkolben mit 20 ml konz. H_2SO_4 und einer Spatelspitze Selenreaktionsgemisch 40-60 Min. aufgeschlossen. Danach wird mit ca. 70 ml H_2O verdünnt und nach Abkühlung an den Destillationsapparat, der eingehend beschrieben ist, angeschlossen. Der Aufschluß wird mit 60 ml konz. NaOH versetzt und H_2O-Dampf durchgeleitet. Das übergehende Destillat (ca. 50 ml) wird in 10 ml ausgekochtes aqua dest. frei eingetropft. Spätestens 30 Min. nach Beendigung der Destillation sollte das übergegangene NH_3 direkt mit 0,1 n oder 0,05 n H_2SO_4 und Methylrot oder Tashiro als Indikator titriert werden. Die Lösung sollte nicht mehr als 25 mg N/Destillation enthalten. Mit 3 Kjeldahlapparaturen lassen sich so mehr als 10 N-Bestimmungen/Std. durchführen.
P. Stoß. 7495.

3-64/06-0436 O'Donnell, I. J., Thompson, E. O. P. und Inglis, A. S. N-acetyl groups in wool and extracted wool proteins. **(N-Acetylgruppen in Wolle und extrahierten Wolleproteinen.)** Austral. J. biol. Sci. **15** (1962) Nr. 4. S. 732–739. 7500.

3-64/06-0437 Izumi, Kunihiko, Makino, Mayumi und Yasmashina, Ikuo. Isolation and analysis of a carbohydrate-amino acid complex from an enzymatic digest of α_1-acid glycoprotein of human plasma. **(Isolierung und Analyse eines Kohlenhydrat-Aminosäure-Komplexes aus einem enzymatischen Digest von α_1-Säureglycoprotein von Humanplasma.)** J. Biochemistry [Tokyo] **51** (1962) Nr. 5. S. 365–369. — Orig.: engl. 7500.

3-64/06-0438 Nagai, Yutaka, Yagisawa, Shiroki und Noda, Haruhiko. Hydrolysis of peptides containing sarcosine and alanine by collagenase. **(Die Hydrolyse von Sarkosin und Alanin enthaltenden Peptiden durch Kollagenase.)** J. Biochemistry [Tokyo] **51** (1962) Nr. 5. S. 382–383. — Orig.: engl. 7500.

3-64/06-0439 Ohnishi, Tsuyoshi und Ohnishi, Tomoko. Extraction of contractile protein from liver mitochondria. **(Die Extraktion von kontraktilem Protein aus Lebermitochondrien.)** J. Biochemistry [Tokyo] **51** (1962) Nr. 5. S. 380–381. — Orig.: engl. 7500.

3-64/06-0440 Yamashina, Ikuo und Makino, Mayumi. The properties of a carbohydrate-amino acid complex from ovalbumin. **(Die Eigenschaften eines Kohlenhydrat-Aminosäure-Komplexes von Ovalbumin.)** J. Biochemistry [Tokyo] **51** (1962) Nr. 5. S. 359–364. — Orig.: engl. 7500.

3-64/06-0441 Kotaki, Akira, Kurioka, Umiko und Satake, Kazuo. Studies on insulin. IV. On the amino acid composition of the glycyl chain of bonito insulin-I. **(Studien über Insulin. 4. Mitt. Über die Aminosäurezusammensetzung der Glycylkette von Bonito-Insulin-I.)** J. Biochemistry [Tokyo] **51** (1962) Nr. 5. S. 375–379. — Orig.: engl. 3. Mitt. vgl. LZ. Abt. III 8 (1963) Nr. 6. S. 1936 7500.

3-64/06-0442 Colacicco, Giuseppe. Urea cation in the mechanism of denaturation of proteins. **(Das Harnstoffkation im Mechanismus der Denaturation von Proteinen.)** Nature [London] **198** (1963) Nr. 4880. S. 583–584. 7500.

3-64/06-0443 Schrohenloher, Ralph E. The degradation of human-γ-globulin by trypsin. **(Der Abbau von Human-γ-Globulin durch Trypsin.)** Arch. Biochem. Biophysics **101** (1963) Nr. 3. S. 456–465. – 7 Abb., 1 Tab., 24 Lit. 7500.

3-64/06-0444 Fazekas, S., Gorth, St., Webster, R. G. und Datyner, A.; Canberra, Dep. of Microbiol; Kensington, School of Textile Technol. Two new staining procedures for quantitative estimation of proteins on electrophoretic strips. **(Zwei neue Färbeverfahren zur quantitativen Bestimmung von Proteinen auf Elektrophoresestreifen.)** Biochim. biophysica Acta [Amsterdam] **71** (1963) Nr. 2. S. 377–391. – 6 Abb., 2 Tab., 16 Lit.
Anstelle bisher gebräuchlicher Proteinfarbstoffe wie Azokarmin, Amidoschwarz oder Bromphenolblau wird die Anwendung von 2 spez. Textilfarbstoffen (Triazin- bzw. Triphenylmethanfarbstoff) zur quantitativen elektrophoretischen Proteinbestimmung beschrieben. Besonders geeignete Bedingungen sind: Verwendung von Celluloseacetat als Träger, Anlegen höherer Spannung (10 V/cm) und ein pH-Bereich von pH 8,95. Die Proteinfarbstoffkomplexe folgen bei Anwendung direktphotometrischer Methoden dem Beerschen Gesetz im Bereich von 2 (0,5)–50 (20) μg/cm. Hierbei ist das Transparenzverfahren dem Absorptionsverfahren vorzuziehen, da letzteres eine um das 4fache verminderte Empfindlichkeit aufweist. Die Reproduzierbarkeit liegt für Einzelbestimmungen für das Gesamtprotein bei $\pm 10\%$, für Amidoschwarz bei 25%. Bei besonders exakter Dosierung der aufzutragenden Menge lassen sich Konzentrationen von Proteinmischungen rel. zueinander mit einer Abweichung bestimmen, die kleiner als $\pm 3\%$ ist. G. Sternkopf. 7500.

3-64/06-0445 Loftfield, Robert B., Hecht, Liselotte I. und Eigner, E. Ann; Boston, Massachusetts Gen. Hospital; Harvard Univ., Huntington Memorial Hospital. The measurement of amino acid specificity of transfer ribonucleic acid. **(Die Messung der Aminosäurenspezifität der Überträgerribonucleinsäure.)** Biochim. biophysica Acta [Amsterdam] **72** (1963) Nr. 3. S. 383–390. – 6 Abb., 31 Lit.
Mittels spez. Hemmungsanalysen (Methode von Ingold und Shaw) ermittelten Vff. die rel. Geschwindigkeiten der Aminoacylierung löslicher Ribonucleinsäuren der pH-5-Fraktion verschiedener Säugetiere auf radiochemischem Wege. Folgende Aminosäuren wurden untersucht: Leucin, Isoleucin, Valin, Norvalin und Alloisoleucin. Die als Eiweißbausteine vorkommenden Aminosäuren zeigten keinerlei wechselseitige kompetitive Hemmung, woraus geschlußfolgert wird, daß der Einbau „falscher" Aminosäuren in die Aminosäure-spez. Überträgerribonucleinsäuren höchstens im Verhältnis 1:10000 vorkommt. Isoleucin wird durch Alloisoleucin im Verhältnis 1:20 und Valin im Verhältnis 1:300 substituiert. Die hohe Spez. der Überträgerribonucleinsäuren weist nach Ansicht der Vff. darauf hin, daß bei den weiteren Stufen der Proteinbiosynthese keine weitere Diskriminierung hinsichtlich der Einhaltung der richtigen Aminosäurensequenz erforderlich erscheint.
R. Schiemann. 7505.

3-64/06-0446 Rjadčikov, V. G. Opredelenie aminokislot v kormach. **(Die Bestimmung der Aminosäuren in Futtermitteln.)** Izvestija Timirjazevskoj sel'skochozjajstvennoj akademii, Moskva **1962** Nr. 4. S. 218–227. – 2 Abb., 4 Tab., 15 Lit. Zus. in Engl.
Es werden die verschiedenen Methoden der Hydrolyse von Futtermitteln untersucht. Dabei wird festgestellt, daß die N-Verluste und die Ausbeute an essentiellen Aminosäuren bei der Hydrolyse verschiedener Futtermittel im Ölbad, in Ampullen und im Autoklaven unterschiedlich sind. Für Gerste und Ölsaaten ist die Hydrolyse im Autoklaven die beste Methode, dagegen für Heu die in Ampullen, wobei bei Verlängerung der Dauer der Hydrolyse auf 3,5–4 Std. das Ergebnis bei der Hydrolyse im Autoklaven verbessert werden

kann. Bei Vergrößerung des Verhältnisses von Futtermittel (g) und Salzsäure (ml) auf 1:200 sinken die N-Verluste. Bei der Hydrolyse im Autoklaven ist die Ausbeute an Cystin und Threonin geringer als bei der Hydrolyse in Ampullen. K. Witt. 7505.

3-64/06-0447 Wünsche, J. **Neuere Ergebnisse der Bausteinanalyse von Futterproteinen.** Dtsch Akad. Landwirtsch.-Wiss. Berlin, Tagungsber. **1963** Nr. 63. S. 111–120. — 4 Abb., 2 Tab., 18 Lit. Zus. in Russ., Engl. — nach Zus.
Nach dem mikrobiol. Verfahren wurden insgesamt 38 Futtermittel auf ihren Gesamtgehalt an essentiellen und halbessentiellen Aminosäuren (saure bzw. alkalische Hydrolyse) sowie auf den verfügbaren Anteil dieser Aminosäuren (enzymatische Hydrolyse) untersucht und die Beziehungen zur an Ratten ermittelten biologischen Wertigkeit nach verschiedenen Berechnungsverfahren geprüft. Die statistische Aufarbeitung des Materials führte zu folgenden Ergebnissen: 1. Der aus den 4 limitierenden Aminosäuren (Lysin, Tryptophan, Methionin + Cystin) berechnete Eck-AS-Index liefert ebenso gute, wenn nicht bessere Beziehungen zur biologischen Wertigkeit wie der auf allen essentiellen Aminosäuren beruhende EAA-Index. Besonders für die mikrobiol. Aminosäurenbestimmung bedeutet die Beschränkung auf nur 4 Aminosäuren eine beträchtliche Vereinfachung und Beschleunigung des Analysenverfahrens. 2. Die enzymatisch verfügbaren Aminosäuren der Proteine ein und derselben Futtermittelart stehen in wesentlich engerer Korrelation zur biologischen Wertigkeit als die Gesamt-Gehalte an Aminosäuren. 3. Unter Berücksichtigung der Beziehungen, die zwischen der mikrobiol. Verfügbarkeit der Aminosäuren enzymatischer Proteinhydrolysate und der biologischen Wertigkeit bestehen, können auch die Werte der Proteine verschiedener Futtermittelarten mit großer Zuverlässigkeit untereinander verglichen werden. 7505.

3-64/06-0448 Wünsche, J. **Über die Anwendung der mikrobiologischen Methode zur Bestimmung des Gehaltes an Aminosäuren.** Dtsch. Akad. Landwirtsch.-Wiss. Berlin, Tagungsber. **1964** Nr. 64. S. 23–31. — 2 Abb., 5 Tab., 3 Lit. Zus. in Russ., Engl. — nach Zus.
Es wird über Prinzip und Durchführung der mikrobiologischen Aminosäurenbestimmung berichtet. Durch Vereinfachung der Arbeitstechnik bei der Herstellung der Testmedien konnte eine beträchtliche Arbeits- und Zeiteinsparung erreicht werden. Umfangreiche Untersuchungen eines Aminosäurengemisches (nicht hydrolysiert und „hydrolysiert") und von 3 Futtermittelhydrolysaten auf 6 Aminosäuren ergaben — mit Ausnahme von Cystin — eine mittlere Streuung der mikrobiologischen Methode von ± 5 bis $\pm 6\%$. Die Vor- und Nachteile des mikrobiologischen Verfahrens werden kurz erörtert. 7505.

3-64/06-0449 Matthias, W. **Chromatographische Methoden zur Bestimmung von Aminosäuren auf Grund der Erfahrungen des „Quedlinburger Arbeitskreises für Eiweißanalytik".** Dtsch. Akad. Landwirtsch.-Wiss. Berlin, Tagungsber. **1964** Nr. 64. S. 7–20. — 6 Abb., 3 Tab., 17 Lit. Zus. in Russ., Engl. — nach Zus.
Nach einer zusammenfassenden Darstellung der verschiedenen chromatographischen Analysenmethoden zur quantitativen Bestimmung von Aminosäuren werden die z. Z. leistungsfähigsten Methoden an Ionenaustauschersäulen ausführlicher besprochen. Am Schluß wird über die Ergebnisse von 3 mit einer größeren Zahl von Instituten durchgeführten Vergleichsanalysen berichtet. 7505.

3-64/06-0450 Schröder, I. **Bericht über die Auswertung der von der Forschungsgemeinschaft „Eiweiß in der Tierernährung" organisierten Aminosäuren-Enquête.** Dtsch. Akad. Landwirtsch.-Wiss. Berlin, Tagungsber. **1964** Nr. 64. S. 33–36. — 1 Tab. Zus. in Russ., Engl. — nach Zus.

Auf Grund der Ergebnisse der im Jahre 1962 durchgeführten Enquête wurden neue Enquête-Untersuchungen organisiert. Bestimmt wurden die Eckaminosäuren Lysin, Methionin, Cystin und Tryptophan. Die Ergebnisse werden kurz diskutiert. Während beim Aminosäurengemisch eine befriedigende Übereinstimmung erzielt wurde, konnte das bei den Hydrolysaten i. allg. nicht erreicht werden. Es ergibt sich daher die Notwendigkeit, bei weiteren Enquête-Untersuchungen den Schwerpunkt auf Aminosäurebestimmungen aus Hydrolysaten zu legen. 7505.

3-64/06-0451 Bock, H.-D. **Auswertung der 2. Enquête über Methoden zur Bestimmung der biologischen Wertigkeit des Eiweißes in Futterstoffen.** Dtsch. Akad. Landwirtsch.-Wiss. Berlin, Tagungsber. **1964** Nr. 64. S. 63–70. – 9 Tab., 5 Lit. Zus. in Russ., Engl. – nach Zus.
Es wird ein kurzer Bericht über die 2. von der Forschungsgemeinschaft „Eiweiß in der Tierernährung" organisierte Enquête bez. der Methoden zur Bestimmung der biol. Wertigkeit von Futterproteinen an Albinoratten gegeben. Abschließend wird ein Vorschlag für eine neue Enquête mit besser standardisierten Versuchsbedingungen zur Diskussion gestellt. 7505.

3-64/06-0452 El Khadem, Hassan S., El-Shafei, Zaki M. und Abdel Rahman, Mohammed M. A.; Alexandria, Egypt, U. A. R., Univ. of Alexandria, Fac. of Sci. Solvents for the paper chromatography of amino acids and sugars without spraying. **(Laufmittel für die Papierchromatographie von Aminosäuren und Zuckern ohne anzusprühen.)** Analyt. Chem. **35** (1963) Nr. 11. S. 1766. – 2 Tab., 2 Lit.
Durch Zugabe von Ninhydrin bzw. Benzidin oder p-Anisidin zum Laufmittel können Entwicklung und Anfärbung der Chromatogramme kombiniert werden. Vff. geben folgende Laufmittelsysteme an, die für diese Methode geeignet sind. Für Aminosäuren: Äthanol-Wasser (75:25), n-Butanol-2 n Essigsäure (20:20), Methanol-Pyridin-Wasser (80:4:20), Isopropanol-Phenol-Wasser (7:70:25), n-Butanol-Phenol-Essigsäure-Wasser (20:20:8:40), n-Butanol-Essigsäure-Wasser (in 5 verschiedenen Mischungsverhältnissen). Für Zucker: n-Butanol-Essigsäure-Wasser (40:10:50). Vff. nehmen an, daß auch noch andere Laufmittel geeignet sind. Die Aminosäureflecken werden nach der Entfernung der Laufmittel aus dem Papier (3–6 Std. bei Raumtemperatur) schärfer abgebildet als nach der früheren Methode. Die Zuckerchromatogramme werden nach der Entwicklung bei 100° 10 Min. getrocknet. An Aminosäuren wurden Glycin, Alanin, Valin und Threonin, an Zuckern Glucose, Galactose, Arabinose und Rhamnose getrennt. I. Schröder. 7505.

3-64/06-0453 Vajntraub, I. A.; Kischinjow, Univ., Lab. für Eiweißchem. Nepreryvnoe poljarografičeskoe opredelenie dinitrofenilaminokislot. **(Kontinuierliche polarographische Bestimmung von Dinitrophenyl-Aminosäuren.)** Biochimija, Moskva **28** (1963) Nr. 4. S. 661–663. – 3 Abb., 5 Lit. Zus. in Engl.
Vf. beschreibt eine Methode, die gestattet, DNP-Asparaginsäure, DNP-Serin, DNP-Glycin und DNP-Valin nach säulenchromatographischer Trennung an Polyamidharzen in kontinuierlichem Durchfluß polarographisch zu bestimmen. Der mittlere quadratische Fehler der Einzelbestimmung lag bei allen 4 DNP-Aminosäuren unter 2%. J. Wünsche. 7505.

3-64/06-0454 Wherrett, J. R. und Cumings, J. N.; London, Nat. Hospital, Inst. of Neurol. Detection and resolution of gangliosides in lipid extracts by thin-layer chromatography. **(Nachweis und Trennung von Gangliosiden in Lipoid-Extrakten mit Hilfe der Dünnschichtchromatographie.)** Biochem. J. **86** (1963) Nr. 2. S. 378–382. – 2 Abb., 46 Lit.
Vff. berichten über Nachweis und Trennung dieser Stoffklasse mit Hilfe der Dünnschichtchromatographie. Zu diesem Zweck wird das frisch erhaltene Material aus tierischem Gewebe (Gehirn, Milz, Niere) nach der Methode von

Folch, Ascoli etc. extrahiert, gewaschen, homogenisiert und filtriert. Der Extrakt wird bis zur Trockene bei 40–45° eingedampft und in Chloroform-Methanol (2:1) so aufgenommen, daß die Konzentration 250 mg/ml der Ausgangsmenge entspricht. Es wird die Dünnschichtchromatographie-Apparatur nach Stahl verwendet. Die 20 × 20 cm-Platte wird mit einer 0,25-0,5 mm dicken Silikagel G-(Merck)-Schicht belegt und 1-6 Std. bei 110° getrocknet. Beste Trennung: nach 3–4 Std. Trockenzeit. In einer Länge von 1,25 cm wird die Probe aufgetropft. Bei der Trennung wurde das Lösungsmittelsystem Chloroform – Methanol – 2,5 n NH_3 (60:35:8) verwendet. Weitere 6 Lösungsmittelsysteme sind angegeben. Die Entwicklung der Chromatogramme erfolgt mittels Resorcin-HCl 8 Min. bei 150°. Die Vorbereitung des Entwickleragens ist beschrieben. Die entwickelten Substanzen erscheinen als violette Flecken auf weißem Grund (Neuraminsäureverbindungen, u.a. Glyceride, Phosphate, Sulfate, Polyglycerinphosphate). Diphosphoinosite konnten nicht identifiziert werden. G. Rothe. 7515.

3-64/06-0455 Decker, P.; Hannover, Tierärztl. Hochschule, Physiol. Inst. **Zur Bestimmung der flüchtigen Fettsäuren im Panseninhalt.** Dtsch. tierärztl. Wschr. **69** (1962) Nr. 18. S. 509–513. – 4 Abb., 1 Tab., 15 Lit.
Für ernährungsphysiol. Untersuchungen in den Vormägen ist die schnelle Bestimmung der flüchtigen Fettsäuren von großer Bedeutung. In vorliegender Arbeit wird die gaschromatographische Analyse von flüchtigen Fettsäuren der Vormägen beschrieben. Zur Verfügung stand ein Fraktometer Typ 116 E der Firma Perkin-Elmer (Bodenseewerk), das mit Thermostat, Flammenionisationsdetektor und Philips Kompensationsschreiber ausgerüstet ist. Als Säule wurde ein 2 m langes und 6,35 mm starkes Gefäß verwendet, das als stationäre Phase 20% eines Gemisches von Diäthylhexylsebacinat und freier Sebacinsäure auf Kieselgur der Marke Celite 545 enthält. Der Zusatz der freien, nicht flüchtigen Sebacinsäure dient dazu, eine Absorption der flüchtigen Fettsäuren an basischen Stellen der Trägeroberfläche zu unterbinden. Zur Unterdrückung von Störeffekten wird ein Zusatz von 5–10% Ameisensäure zum Pansensaft empfohlen, der die Freisetzung der Fettsäuren aus ihren Salzen bewirkt und die Ausbildung schmälerer und höherer Maxima gewährleistet. Die Zurückhaltung eines Teiles der Fettsäuren in der Säule und deren Erscheinen im nächsten Chromatogramm wird dadurch verhindert. Für die Bestimmung werden zu 0,5 ml Pansensaft jeweils 25 μl konzentrierte Ameisensäure gegeben und zentrifugiert; vom Überstand werden 10 μl in den Gaschromatographen injiziert. Ein Eichgemisch ähnlicher Zusammensetzung wird jeweils zu Beginn und nach jeweils 3–5 Pansensaft-Chromatogrammen analysiert; die Fehlerbreite der Methode wird mit 4–6% angegeben. E. Kolb. 7520.

3-64/06-0456 Scharf, H.; Halle/S., Martin-Luther-Univ. Halle-Wittenberg, Inst. für Pflanzenzücht. **Zur refraktometrischen Fettgehaltsbestimmung in kleinkörnigen Ölsaaten.** Z. landwirtsch. Versuchs- u. Untersuchungswes. **9** (1963) Nr. 4/5. S. 399–403. – 3 Abb., 2 Tab., 6 Lit.
2 g lufttrockene Ölsaat werden in einem verschraubten Stahlgefäß mit Polyamid als Dichtungsmaterial, (Zeichnungen mit Maßen sind angegeben) zusammen mit 3 Stahlkugeln (16 mm Dm.) und 3ml α-Bromnaphthalin 35 Min. geschüttelt. Der entstandene Brei wird mit der Wasserstrahlpumpe über einen Hirschtrichter abgesaugt und der Brechungsindex an einigen Tropfen der klaren Lösung ermittelt. Zur Berechnung des Fettgehalts aus dem Brechungsindex vgl. Leithe (Z. Unters. Lebensmittel **71** [1936] S. 33.) und Littmann (Zeiss-Nachr. **2** [1938] S. 241.). Die beschriebene Methode genügt züchterischen Zwecken, wenn unter gleichen Umweltsbedingungen aufgewachsene Leinproben untersucht werden. Bei Leinproben von Anbauorten verschiedener geographischer Breite muß zur refraktometrischen Fettbestimmung auch der Brechungsindex der Öle bestimmt werden. P. Stoß. 7520.

3-64/06-0457 Bowyer, D. E., Leat, W. M. F., Howard, A. N. und Gresham, G. A.; Cambridge, Dep. of Pathol. and Agric. The determnation of the fatty acid composition of serum lipids separated by thin-layer chromatography and a comparison with column chromatography. **(Die Bestimmung der Fettsäurezusammensetzung der Serumlipoide mit der Dünnschichtchromatographie und ein Vergleich mit der Säulenchromatographie.)** Biochim. biophysica Acta [Amsterdam] **70** (1963) Nr. 4. S. 423–431. – 2 Abb., 4 Tab., 8 Lit.
Die Serumlipoide werden mit der Dünnschichtchromatographie an Kieselgel in die einzelnen Phospholipoide (Lecithin, Lysolecithin und Sphingomyelin und die neutralen Lipoide (Steroidester, freie Fettsäuren und Triglyceride) aufgetrennt. Die so erhaltenen Serumlipoidkomponenten werden mit 2', 7'-Dichlorfluorescein im UV-Licht nachgewiesen und aus der Dünnschichtplatte herausgenommen. Die Bestimmung der jeweiligen Fettsäurezusammensetzung geschieht gaschromatographisch. Dazu werden die aus der Dünnschichtplatte gewonnenen Lipoidfraktionen mit Methanol/Schwefelsäure transmethyliert und an Polyäthylenglycol/Celite getrennt. Die vergleichsweise vorgenommenen säulenchromatographischen Bestimmungen wurden nach der Methode von Bottcher u. a. (vgl. Recueil Trav. chim. **78** [1959] S. 794.; J. Atherosclerosis Res. [Amsterdam] **1** [1961] S. 36.) durchgeführt. Die Kombination Dünnschichtchromatographie/Gaschromatographie zeigt eine hohe Reproduzierbarkeit der Ergebnisse und keinen Verlust an ungesättigten Fettsäuren infolge von Oxydationen. Der Vergleich mit der Säulenchromatographie ergibt für die neutralen Lipoide gute Übereinstimmung. Bezüglich der Phospholipoide sind die Übereinstimmungen unterschiedlich, beim Sphingomyelin wurden große Unterschiede in den Ergebnissen erhalten. Es werden genaue Arbeitsvorschriften und methodische Einzelheiten mitgeteilt. G. Sternkopf. 7520.

3-64/06-0458 Harke, H. P. und Vogel, P.; Hamburg-Bahrenfeld, Margarine-Union GmbH, Hauptlab. **Beitrag zum Nachweis von tierischen Fetten in Pflanzenfetten.** Fette, Seifen, Anstrichmittel **65** (1963) Nr. 10. S. 806–809. – 3 Abb., 1 Tab., 11 Lit. Zus. in Russ., Engl., Franz.
Zur Umgehung der zeitraubenden Digitonin-Fällungsmethode bei der Abtrennung der Sterine aus Fetten und Ölen bzw. dem Unverseifbaren verwenden Vff. chromatographische Methoden. Sie isolieren die Sterine nach der Methode der Dünnschichtchromatographie an Kieselgel G (Merck) mit dem Fließmittel Chloroform-Tetrachlorkohlenstoff (9:1) bzw. mit Chloroform. Die Lokalisierung geschieht am Randchromatogramm mit Phosphorwolframsäure (10%ig in 96%igem Äthylalkohol). Aus dem nicht angefärbten Teil des Chromatogramms werden die Sterine mit Benzol bzw. mit Äther extrahiert. Die weitere Auftrennung geschieht papierchromatographisch mit umgekehrten Phasen. Dazu wird das Papier (S. & S. 2043 b) mit einer bei 120–125°/10 Torr siedenden Petroleumfraktion als stationäre Phase bis zu 16% vom Papiergewicht imprägniert. In der Form des Ringchromatogramms werden die gewonnenen Sterinextrakte mit einem Fließmittel Essigester-Eisessig-Wasser (2:6:2), (gesättigt mit der stationären Phase) aufgetrennt und ebenfalls mit Phosphorwolframsäure nachgewiesen. Am Beispiel von Mischungen aus Kokosfett und Talg und aus Sojaöl und Rüböl wird die beschriebene Trenn- und Nachweismethode praktisch erläutert. G. Sternkopf. 7520.

3-64/06-0459 Doizaki, William M. und Zieve, Leslie. Quantitative estimation of some phosphatides and their hydrolysis products by thin layer chromatography. **(Quantitative Bestimmung von einigen Phosphatiden und ihren Hydrolyseprodukten durch Dünnschichtchromatographie.)** Proc. Soc. exp. Biol. Med. **113** (1963) Nr. 1. S. 91–94. – 2 Tab., 15 Lit. 7525.

3-64/06-0460 Patti, A. Anne, Bonanno, Philip, Frawley, Thomas F. und Stein, A. A.; Albany, N. Y., Union Univ., Albany Med. Coll. Preliminary studies on the application of gas phase chromatography to separation and identification of steroids in biological fluids. **(Vorläufige Untersuchungen über die Anwendung der Gaschromatographie zur Trennung und Identifizierung von Steroiden in Körperflüssigkeiten.)** Acta endocrinol. [Copenhagen], Suppl. **42** (1963) Nr. 77. S. 1–34. – 19 Abb., 8 Tab., 23 Lit.

Die Gaschromatographie gestattet u.a. den Nachweis kleinster Mengen von Steroiden, wie sie beispielsweise in Körperflüssigkeiten vorkommen. Es ist jedoch nicht möglich, allein mit dieser Methode genaue Bestimmungen in einem Material durchzuführen, das eine Vielzahl von Steroiden enthält. Daher ist es notwendig, durch Anwendung bewährter Extraktions- und Auftrennungsmethoden Steroidgruppen mit Verbindungen ähnlicher Konstitution darzustellen. In der vorliegenden Arbeit wurde die Gaschromatographie zur Bestimmung von Pregnandiol, 17-Ketosteroiden, Oestrogenen und Corticosteroiden angewandt. Bei der verwendeten Apparatur kam Argon als Trägergas zur Anwendung, die chromatographische Säule war mit einem Silikonpolymeren gefüllt, die Registrierung erfolgte radiographisch. Ergebnis: Pregnandiol wurde im Urin normaler und schwangerer Frauen bestimmt. Aufarbeitung mit enzymatischer Hydrolyse zeigte die besten Ergebnisse. Der Pregnandiolnachweis im Plasma mißlang. Auch die Auftrennung und Identifizierung der gewöhnlich vorkommenden 17-Ketosteroide (z.B. Dehydroepiandrosteron und Androsteron) war mit Hilfe der Gaschromatographie möglich. Bei den Oestrogenen konnten Oestron und Oestradiol, nicht dagegen Oestriol (selbst bei hochschwangeren Frauen nicht) im Harn nachgewiesen werden. Von den Corticosteroiden wurden gaschromatographisch im Urin Cortisol sowie Tetrahydrocortisol und Tetrahydrocortison identifiziert. H. Grychtolik. 7530.

3-64/06-0461 Michalec, Č.; Prag, Lab. für Proteosynthese und Proteinstoffwechsel. Paper chromatography of some cholesterol derivatives. **(Papierchromatographie einiger Cholesterinderivate.)** J. Lipid Res. **4** (1963) Nr. 1. S. 110–112. – 3 Abb., 9 Lit.

Nach einem 1 dimensionalen Verfahren können Cholesterin, α-Cholestanol, α-Koprostanol und β-Koprostanoauf mit Al_2O_3 (I) oder auf mit Silikagel (II) imprägniertem Papier getrennt werden. Dabei wird β-Cholestanol nicht vom Cholesterin getrennt. Die Trennung gelingt jedoch nach Bromierung zu Cholesterylbromid im 2 dimensionalen Verfahren (Fließmittel: erster Lauf – Benzol, zweiter Lauf – Benzol/Brom (100:0,5). (I): Chromatographiepapier mit 7,5% Al_2O_3, Benzol als Fließmittel, Zimmertemperatur; (II): mit Silikagel imprägniertes Cellulose- oder Glasfaserpapier, 5% Diäthyläther in Petroläther als Fließmittel, 60–90° Arbeitstemperatur. Die Flecke werden mit einer 10%igen Lösung von Phosphomolybdänsäure in Äthanol oder mit einer 0,001%igen Lösung von Rhodamin B in 0,25 m K_2HPO_4-Lösung sichtbar gemacht. Rhodamin B in Verbindung mit (II) ermöglicht den Nachweis von weniger als 1 μg eines Sterins neben dem 500fachen Überschuß eines anderen und eignet sich zur densitometrischen halbquantitativen Auswertung.
G. Sternkopf. 7530.

3-64/06-0462 Iso, Toshio. Studies on the high voltage paperelectrophoresis of adrenocortical steroids and their related compounds. II. Some conditions for the electrophoretic separation of cortisone, hydrocortisone and their 21-acetates. **(Studien über die Hochspannungspapierelektrophorese der adrenocortikalen Steroide und ihre verwandten Verbindungen. 2. Mitt. Einige Bedingungen für die elektrophoretische Trennung von Cortison, Hydrocortison und ihren 21-Acetaten.)** J. Biochemistry [Tokyo] **51** (1962) Nr. 5. S. 345–349. – Orig.: engl. 7530.

3-64/06-0463 Thommen, H. und Wiss, O.; Basel, Hoffmann-La-Roche u. Co. **Die Isolierung von Apo-carotinalen aus Luzernemehl.** Z. Ernährungswiss., Suppl. **1963** Nr. 3. S. 18–23. – 3 Abb., 4 Tab., 9 Lit. Zus. in Engl., Franz.

Vff. geben eine Methode zur quantitativen Bestimmung von β-Apo-8 carotinal und β-Apo-10-carotinal (Carotinaldehyde) an, die als Zwischenprodukte beim Übergang von β-Carotin in Vit. A betrachtet werden, Pro-Vit.-A-wirksam sind und als Dotterfarbstoffe Bedeutung erlangt haben. Das untersuchte Luzernegrünmehl enthielt 70 mg β-Carotin, 110 mg Xanthophyll, 4 mg β-Apo-10-carotinal(I)- und 0,9 mg β-Apo-8-carotinal(II). Als Ausgangssubst. wurden 500 kg Luzernegrünmehl verwendet. Das Material wird mit tiefsiedendem Petroläther erschöpfend extrahiert (es entstehen 15 kg Petrolätherkonzentrat in denen 165 g Trockenmasse enthalten sind) und folgendermaßen aufgearbeitet: Filtration durch Kieselgel, kalte Verseifung mit methanolischer KOH, mit Äther ausgezogen, ätherische Lösung mit Wasser gewaschen, an Na_2SO_4 getrocknet und unter N eingeengt. Unverseifbares wird an Kieselgel verteilt und mit Äther ausgewaschen, es verbleibt ein unverseifbarer Extrakt von 250 g. Dieser wird mit verschiedenen Lösungsmitteln (Petroläther, Äther, Benzol, Methanol, Petroläther-Benzol-Mischung, Hexan — 92% — Methanol) behandelt und mehrere Male mit Hilfe der Säulen- und Dünnschichtchromatographie (Alox I, 12% Wasser; Hostalen) aufgetrennt. Es entstehen 25 Fraktionen, das Auftrennungsschema und die Gewichte der einzelnen Fraktionen werden angegeben. Die in Frage kommenden Fraktionen (19, 20) werden spektrophotometrisch ausgemessen und mit Hilfe der Absorptionsmaxima von 435 mμ und 458 mμ der Aldehydanteil eingeschätzt. Durch Umsetzung mit 2-Diphenylacetyl-1,3-indandion-1-hydrazon unter genau beschriebenen Bedingungen wurden die Indandionhydrazone der Carotinale hergestellt und identifiziert. Der Schmelzpunkt, das UV-Absorptionsvermögen, der R_f-Wert, die Ergebnisse der Mikroanalyse (C, H, N) und die IR-Spektren der Indandionhydrazone von I und II werden mitgeteilt. M. Hoffmann. 7535.

3-64/06-0464 Norman, Anthony W. und Luca, Hector F. de. Chromatographic separation of mixtures of vitamin D_2, ergosterol, and tachysterol$_2$. **(Chromatographische Trennung von Mischungen von Vitamin D_2, Ergosterin und Tachysterin.)** Analyt. Chem. **35** (1963) Nr. 9. S. 1247–1250. — 3 Abb., 1 Tab., 21 Lit. 7564.

3-64/06-0465 Stowe, Howard D.; East Lansing, Michigan State Univ., Coll. of Veterin. Med. Separation of β- and γ-tocopherol. **(Trennung von β- und γ-Tocopherol.)** Arch. Biochem. Biophysics **103** (1963) Nr. 1. S. 42–44. — 1 Abb., 8 Lit.

Durch Anwendung der 1 dimensionalen Dünnschichtchromatographie (stationäre Phase: Kieselgel G; mobile Phase: Petroläther-Isopropyläther-Aceton-Äthyläther-Eisessig (85:12:4:I:I) lassen sich β- und γ-Tocopherol (**I**) untereinander sowie von α- und δ-**I** trennen. Die Laufzeit beträgt bei Raumtemperatur 70 Min. Entwickelt werden die Chromatogramme mit Phosphomolybdänsäure (9%ig) in abs. Alkohol. H. Ackermann. 7566.

3-64/06-0466 Siebert, Günther, Schmitt, Albert und Träxler, Gerhard; Mainz, Univ., Physiol.-Chem. Inst. **Reinigung und proteolytische Spezifität eines neuen Kathepsins aus Dorschmilz.** Hoppe-Seyler's Z. physiol. Chem. **332** (1963) Nr. 1/6. S. 160–177. — 5 Abb., 8 Tab., 29 Lit. Zus. in Engl.

Vff. beschreiben die Isolierung eines Kathepsins mit neuer Spezifität aus gefrorener Dorschmilz und untersuchen die Wirkungsweise durch Inkubation der B-Kette des Insulins. Das gereinigte Enzym wird als einheitlich und frei von Peptidasen nachgewiesen. Es greift synthetische Protease-Substrate nicht an, das pH-Optimum liegt bei pH 5,0. Die Angriffsstellen des Enzyms bei der B-Kette des Insulins werden angegeben. I. Schröder. 7580.

3-64/06-0467 Nisizawa, Kazutosi, Morimoto, Isao, Handa, Nobuhiko und Hashimoto, Yohichi. Cellulose-splitting enzymes. VII. Starch zone electrophoresis of cellulase and other carbohydrases from Irpex lacteus. **(Cellulose**

spaltende Enzyme. 7. Mitt. Stärkezonenelektrophorese von Cellulase und anderen Carbohydrasen von Irpex lacteus.) Arch. Biochem. Biophysics **96** (1962) Nr. 1. S. 152–157. 7580.

3-64/06-0468 Kramer, D. N. und Guilbault, George G. A substrate for the fluorometric determination of lipase activity. **(Ein Substrat für die fluorometrische Bestimmung der Lipaseaktivität.)** Analyt. Chem. **35** (1963) Nr. 4. S. 588 bis 589. — 1 Abb., 3 Lit. 7580.

3-64/06-0469 Fasella, Paolo, Hammes, Gordon G. und Vallee, Bert L. Concerning the role of metals in enzymic transamination. **(Die Rolle von Metallen bei der enzymatischen Transaminierung.)** Biochim biophysica Acta [Amsterdam] **65** (1962) Nr. 1. S. 142–143. — 1 Tab., 8 Lit. 7580.

3-64/06-0470 Lunaas, Torleiv; Oslo, Norway, Veterin. Coll. A rapid method for the quantitative estimation of urinary oestrogens in the pregnant mare. **(Eine Schnellmethode zur quantitativen Bestimmung von Östrogenen im Harn trächtiger Stuten.)** Acta chem. scand. **16** (1962) Nr. 8. S. 2064–2065. — 1 Abb., 1 Tab., 3 Lit.
An Hand von 60 Harnproben trächtiger Stuten, die während des 5. und 6. Monats nach dem Decken entnommen wurden, demonstriert Vf. den Wert der von ihm entwickelten Bestimmungsmethode. Die Östrogene lassen sich dabei sowohl colorimetrisch als auch fluorometrisch in guter Übereinstimmung ermitteln. Die Ergebnisse zeigen, daß die von den Stuten ausgeschiedenen Östrogenmengen in weiten Grenzen variieren. L. Sperling. 7595.

3-64/06-0471 Brüggemann, J. und Zentz, Ch.; München, Univ., Inst. für Physiol. und Ernähr. der Tiere. **Zur Bestimmung von Ethoxyquin (Santoquin) in Futtermischungen.** Z. Tierphysiol., Tierernähr. Futtermittelkunde **18** (1963) Nr. 2. S. 99–110. — 3 Abb., 5 Tab., 5 Lit.
Das Antioxydans Ethoxyquin (Santoquin) findet auf Grund seiner Wirksamkeit bei der Erhaltung hochoxydabler Stoffe in Mischfuttermitteln in zahlreichen Ländern Verwendung. Da die Zulassung eines derartigen Präparates in der DBR und den EWG-Ländern von der Erfüllung einiger Forderungen abhängig ist (Unbedenklichkeit für das damit gefütterte Tier, nicht nachteilige Beeinflussung der eßbaren tierischen Produkte, Bestehen eines geeigneten Nachweisverfahrens in Futtermitteln, im Tierkörper und seinen Produkten, leichte Handhabung beim Fütterungseinsatz und Stabilität), überprüften Vff. die bestehenden geeigneten Bestimmungsmethoden und verbesserten sie. Ihr bewährtes Verfahren wird in allen Einzelheiten geschildert.
C. Engelmann. 7605.

3-64/06-0472 Himes, J. B., Metcalfe, L. D. und Hubata, Robert; Chicago, Armour & Co., Food Res. Div. The determination of the diallyl derivatives of diethylstilbestrol and hexestrol in feeds and other materials. **(Die Bestimmung der Diallyl-Derivate von Diäthylstilböstrol und Hexöstrol in Futtermitteln und anderen Stoffen.)** J. agric. Food Chem. **10** (1962) Nr. 5. S. 404–406. — 2 Abb., 3 Tab., 10 Lit.
Vff. beschreiben eine Methode zur quantitativen Bestimmung von Hexöstrol, Diäthylstilböstrol und ihrer Diallyl-Derivate in Futtermitteln und Materialien wie Milch, Eiern u.a. Sie extrahieren die synthetischen Östrogene mit einer Mischung von 7% Äthanol in Chloroform und unterwerfen sie nach Reinigung der Papierchromatographie. Die Methode gestattet nicht nur eine genaue Analyse der genannten östrogenen Stoffe, sondern ermöglicht auch ihre Bestimmung in Gegenwart von Phenolen. Ergebnisse der Analyse von verschiedenen Futterstoffen, Milch und Eiern mit bekanntem Gehalt an synthetischen Östrogenen liefern die Bestätigung dafür. L. Sperling. 7610.

3-64/06-0473 Fritzsche, K. und Hensel, A.; Tharandt, Inst. für Forstwiss. der Dtsch. Akad. der Wiss. zu Berlin. **Erfahrungen bei der Magnesium-**

bestimmung mit Titangelb. Z. landwirtsch. Versuchs- u. Untersuchungswes. **9** (1963) Nr. 4/5. S. 289-292. — 1 Abb., 1 Tab., 6 Lit.
Das pflanzenverfügbare Mg des Bodens wurde nach Schachtschabel (vgl. Z. Pflanzenernähr., Düng., Bodenkunde **67** [1954] S. 9.) unter Verwendung von Jena-Therm.-Gefäßen und Rundfilter (388 mittel) bestimmt. Für die Zugabe der Reagentien wurden Kippautomaten und automatische Pipetten verwendet. Es erwies sich als zweckmäßig, nur so viel Probelösungen zu fällen und zu filtrieren, wie an den folgenden 2-3 Tagen weiter untersucht werden können. An einem Arbeitstag können so bei 60–70 Proben Störionen ausgefällt und die Lösungen zum Anfärben einpipettiert sowie etwa 100 so vorbereitete Proben angefärbt und ausgemessen werden. Die Meßanordnung und das Aufstellen der Eichkurve werden ausführlich beschrieben. P. Stoß. 7630.

3-64/06-0474 Smith, Hamilton. Estimation of strontium-84 in biological material by neutron activation analysis. **(Bestimmung von Strontium-84 in biologischem Material durch Neutronenaktivierungsanalyse.)** Analyt. Chem. **35** (1963) Nr. 6. S. 749-751.
Vf. beschreibt ein Verfahren zur Bestimmung von geringen Mengen Sr in biol. Material, wo kein Radio-Sr verwandt werden kann. Von dem Material werden Niederschläge von Ca- und Sr-Oxalat hergestellt und im Reaktor durch thermische Neutronen in einem n, γ-Prozeß aktiviert. Dabei wird das ^{84}Sr, das in natürlichem Sr mit 0,46% enthalten ist, in ^{85}Sr umgewandelt. Von der aktivierten Probe werden nach Zusatz von inaktivem Trägor-SrCa und Ba chemisch (Salpetersäure-Verfahren) abgetrennt und Sr als Carbonat gefällt. Die ^{85}Sr-Aktivität der Proben wird mit einem Szintillationszähler durch Auszählen der γ-Impulse um 0,51 MeV bestimmt und mit einem Standard verglichen. Empfindlichkeit der Methode: 10^{-9} g Sr, Genauigkeit: $\pm 2\%$.
K. Krawielitzki. 7630.

3-64/06-0475 Harley, John H.; New York, U. S. Atomic Energy Commiss. Radiochemical determination of strontium-90. **(Radiochemische Bestimmung von Strontium 90.)** J. Assoc. off. agric. Chemists **46** (1963) Nr. 3. S. 371–380. — 3 Tab., 11 Lit.
Um das ^{90}Sr in Futtermitteln oder anderen landwirtschaftlichen Produkten bestimmen zu können, muß zunächst durch trockene (500–550°) oder nasse Verbrennung (möglichst nicht in H_2SO_4, da deren Verwendung im späteren Analysengang Sr-Verluste verursachte) die org. Substanz beseitigt und das ^{90}Sr auf chemischem Wege bzw. über Ionenaustausch isoliert werden. Infolge seiner geringen Menge ist ein Zusatz von nicht radioaktivem Sr (Träger) nötig. Nachdem das ^{90}Sr (mit β = 0,61 MeV) mit seinem Tochterprodukt ^{90}Y (mit β = 2,3 MeV) ins radioaktive Gleichgewicht gekommen ist (wozu in Anbetracht der rel. kurzen Halbwertszeit von 2,5 Tagen etwa 2 Wochen erforderlich sind), wird das über seine durchdringende β-Strahlung gut meßbare ^{90}Y isoliert (wobei die Sr-Fraktion durch eine Carbonatfällung ebenfalls gewonnen wird, um von der gleichen Probe noch eine ^{89}Sr-Bestimmung durchführen zu können) und dann der Radioaktivitätsmessung zugeführt. Das ^{90}Sr kann auch in einer Kationenaustauschersäule adsorbiert werden und die ^{90}Y-Elution erst nach Gleichgewichtseinstellung erfolgen. In einigen Tabellen werden die für die verschiedensten Proben (Eier, Früchte, Milch, Pflanzenwurzeln, Knochen, Fleisch, Brot) optimalen Trocknungs- und Verbrennungstemperaturen sowie die Mengen angegeben, die für eine Ausbeute von 10 g Asche bzw. auch 1 g Ca erforderlich sind. H. E. Freytag. 7630.

3-64/06-0476 Webb, M. S. W. und Wordingham, M. L.; Woolwich, London, Roy. Arsenal, Atomic Energy Res. Etablishment. The direct flame photometric determination of strontium: calcium ratios in the ash of human bones and teeth. **(Die direkte flammenphotometrische Bestimmung von Strontium: Calcium-Verhältnissen in der Asche von menschlichen Knochen und Zähnen.)**

Analyt. chim. Acta [Amsterdam] 28 (1963) Nr. 5. S. 450–456. – 2 Abb., 3 Tab., 15 Lit.
Proben von Knochen oder Zähnen werden in konz. HCl gelöst und das Sr/Ca-Verhältnis unter Standardbedingungen direkt im Flammenphotometer unter Verwendung einer O_2-Propanflamme, die mit einem O_2-Mantel zur Ausschaltung des störenden Einflusses des Phosphats umgeben wird, gemessen. Im Konzentrationsbereich von 20 bis 1000 ppm Sr, bezogen auf Ca, ist die Meßgenauigkeit von der Konzentration unabhängig und zeigt eine Standardabweichung von 10 ppm Sr, bezogen auf Ca. Zur Testung der Methodik auch hinsichtlich der Reproduzierbarkeit der Bestimmungen wurden Vergleichsanalysen mit Hilfe der Emissionsspektroskopie, der Röntgenstrahlenfluoreszens und der Neutronenaktivierung durchgeführt, die die Brauchbarkeit der ausgearbeiteten Methodik unterstreichen. R. Schiemann. 7630.

3-64/06-0477 Planas, José; Valladolid, Univ. Serum iron in normal and castrated mammals. **(Serumeisen bei normalen und kastrierten Säugetieren.)** Nature [London] **197** (1963) Nr. 4863. S. 186-187. – 1 Tab., 11 Lit.
Vf. prüfte bei männl. Rindern, Pferden, Eseln, Schafen und männl. und weibl. Schweinen den Einfluß der Kastration auf den Serumeisengehalt und die Gesamteisenbindungskapazität. Im allgemeinen ist der Serumeisengehalt bei den kastrierten Tieren niedriger, ohne daß sich jedoch dieses Ergebnis sichern ließ. Die Gesamteisenbindungskapazität wurde durch die Kastration bei den einzelnen Tierarten unterschiedlich beeinflußt. Bei Rindern, Pferden und Schafen ist die Gesamteisenbindungskapazität bei den unkastrierten, bei Eseln, männl. und weibl. Schweinen bei den kastrierten höher. Diese Befunde sind statistisch nicht gesichert. M. Anke. 7635.

3-64/06-0478 Sandev, Sašo. Opredeljane na karbamid v silaža. **(Bestimmung von Harnstoff in der Silage.)** Selskostopanska nauka, Sofija **1(7)** (1962) Nr. 12. S. 1353-1356. – 1 Abb., 3 Lit. Zus. in Russ., Engl.
Die Modifikation der Urease-Methode zur Bestimmung des Harnstoffes wird beschrieben. Das NH_3 wird mit Hilfe der Vakuumdestillation im Wasserextrakt der zu untersuchenden Silage bestimmt. Eine andere Wasserextraktprobe wird mit Urease behandelt und mit Hilfe der Vakuumdestillation die Gesamt-NH_3-Menge im Extrakt ermittelt. Die Differenz der beiden Werte ergibt das aus dem Harnstoff entstehende NH_3.
NRB/ZSNTI, übersetzt v. Ch. Eshkowa. 7700.

3-64/06-0479 Reichl, J. **Vorschlag eines Modells der linearen Programmierung optimaler Futterrationen im Zusammenhang mit den Ergebnissen der kontinuierlichen Bestimmung der Verdaulichkeit von Grünfutter.** Dtsch. Akad. Landwirtsch.-Wiss. Berlin, Tagungsber. **1963** Nr. 63. S. 183–187. – 4 Abb., 2 Tab. Zus. in Russ., Engl. – nach Zus.
Es wird die Methode der linearen Optimierung von Futterrationen an Hand graphischer Darstellungen (3 dimensionale Koordinatensysteme) erläutert. Weiterhin wird angedeutet, wie die lineare Optimierung von Kombinationen zwischen Grünfutter und Beifutter unter Zuhilfenahme der Ergebnisse von kontinuierlichen Verdauungsversuchen mit Grünfutter durchgeführt werden kann. 7750.

3-64/06-0480 Laube, W. **Untersuchungen zur kontinuierlichen Bestimmung der Verdaulichkeit von Grünfutterstoffen im Verlauf der Vegetation.** Dtsch. Akad. Landwirtsch.-Wiss. Berlin, Tagungsber. **1963** Nr. 63. S. 165–182. – 8 Abb., 6 Tab., 5 Lit. Zus. in Russ., Engl. – nach Zus.
1. Zur Ermittlung der optimalen Schnittzeitspannen von Grünfutter für die Frischverfütterung und Konservierung ist ein Verfahren zur Feststellung der Änderungen erforderlich, die im Futterwert des Grünfutters und im Ertrag an verdaulichen Nährstoffen während des Wachstums eintreten. 2. Ausgehend

von der klassischen Methode des Verdauungsversuches wird ein Verfahren abgeleitet, das die kontinuierliche Bestimmung der Verdaulichkeit und damit des Futterwertes von Grünfutter während der Vegetation sowie bei gleichzeitiger Feststellung der Bruttoertragsentwicklung auch die Ermittlung des Verlaufes der Erträge an verdaulichen Nährstoffen gestattet. 3. Zur Ermittlung des für diese Methodik bedeutungsvollen zeitlichen Abstandes zwischen Futteraufnahme und der dieser Futteraufnahme entsprechenden Kotausscheidung bei Schafen wurde ein Versuch unter abwechselnder Verabreichung zweier Rationen mit hoher und niedriger Verdaulichkeit durchgeführt, wobei beide Rationen nach Art und Zusammensetzung gleich waren. Der Versuch ergab einen 2–3-tägigen Abstand zwischen Futteraufnahme und Kotausscheidung. Demgegenüber wurde jedoch als Nebenergebnis ein nur nach Stunden zählender Zeitraum zwischen der Futteraufnahme und der für diese Futteraufnahme charakteristischen Harn-N-Ausscheidung ermittelt. 4. An Beispielsversuchen wird die Festlegung optimaler Schnittzeitspannen aus dem Verlauf von Futterwert und Ertrag bei Grünroggen dargestellt. 7750.

3-64/06-0481 Bock, H.-D. **Über Stickstoffbilanzversuche — Problematik und Ergebnisse.** Dtsch. Akad. Landwirtsch.-Wiss. Berlin, Tagungsber. **1963** Nr. 63. S. 97–101. — 1 Abb., 7 Tab., 26 Lit. Zus. in Russ., Engl. — nach Zus.
1. Die Versuche an Ratten mit ^{15}N-markiertem Futter ergeben keinen Hinweis, daß N aus Proteinverbindungen des Futters in elementarer Form freigesetzt wird. 2. In 6 Bilanzversuchen an Ratten traten „N-Defizite" beim Vergleich des nach der N-Bilanzmethodik und auf Grund der Tierkörperanalyse ermittelten N-Ansatzes auf, die bei Anwendung einer verbesserten Methodik unter 4% der N-Einnahme lagen. 3. 2 analog durchgeführte N-Bilanzversuche an insgesamt 120 Küken ergaben „N-Defizite" von weniger als 1% der N-Einnahme. 4. Die Anwendung des Aufschlußverfahrens nach Foerster führte im Vergleich zur normalen Kjeldahl-Methode zwar zu höheren N-Gehaltswerten in den untersuchten Substanzen, hatte auf die Größe des sog. N-Defizites jedoch keinen Einfluß, da sich diese höheren N-Gehaltswerte bei der Bilanzierung kompensieren. 5. Die dargelegten Ergebnisse lassen darauf schließen, daß die gefundenen geringfügigen negativen Differenzen im N-Ansatz nicht physiol. bedingt sein können, sondern vielmehr als durch die Methodik und Technik derartiger Versuche bedingt zu beurteilen sind. 7755.

3-64/06-0482 Gebhardt, G. **Zur Bewertung der Eiweißqualität von Nahrungs- und Futtermitteln mit Hilfe des Tierversuches.** Dtsch. Akad. Landwirtsch.-Wiss. Berlin, Tagungsber. **1964** Nr. 64. S. 47–61. — 11 Abb., 23 Lit. Zus. in Russ., Engl. — nach Zus.
Der biol. Eiweißwert wird am sichersten mittels der N-Bilanz-Methodik nach Thomas/Mitchell an wachsenden Tieren bestimmt. Bis auf die Höhe der N-Gabe lassen sich die Versuchsbedingungen rel. gut standardisieren. Mit Hilfe der N-Bilanz können entspr. Verwertungsmaße erhalten werden. Diese werden in ihrer Abhängigkeit von der Höhe der N-Gabe untersucht, und dafür wurde gezeigt, daß der retinierte N in Abhängigkeit von der N-Gabe je nach der Eiweißqualität verschieden schnell entspr. einer Wachstumskurve einem Grenzwert zustrebt. Die Steilheit wird für die verschiedenen Eiweiße von dem jeweiligen Exponenten *b* bestimmt, der damit als ein Maß für den biol. Eiweißwert (Bewertungsmaß) angesehen werden kann. Die sich daraus ergebenden Schlußfolgerungen werden diskutiert. 7755.

3-64/06-0483 Marten, G. C., Wedin, W. F. und Donker, J. D. A comparison of two established fecal index systems for estimating the digestibility and consumption of forages by grazing dairy cattle. **(Ein Vergleich von 2 aufgestellten Kot-Index-Systemen zur Bestimmung der Verdaulichkeit und Aufnahme des Futters durch Milchkühe auf der Weide.)** Agronomy J. **55** (1963) Nr. 3. S. 265 bis 268. — 1 Abb., 3 Tab., 23 Lit.

An Holsteinkühen wurden in den Monaten Juni, Juli und August der Jahre 1958 und 1959 3 Weidemischungen mit Hilfe der Chromogen (**I**)- und Nitrogen-chromoxydmethode (**II**) auf die Verdaulichkeit der org. Substanz geprüft. Als Standard wurde der auf Grund des Lebendgewichtes und der Milchproduktion kalkulierte TDN-Bedarf genutzt. Die Versuchsperioden dauerten jeweils 8 Tage in jedem Monat. Der Versuchsplan (Weideparzellverteilung), die Technik der tägl. Kotgewinnung, die analytischen Verfahren und die Zusammensetzung des Weidefutters werden kurz beschrieben. Beide Methoden zeigten eine hochsignifikante Korrelation der Werte. Die Verdaulichkeit des Futters zeigte aber bei II höhere Werte. Die Verdaulichkeit der org. Substanz zeigte im Durchschnitt der 3 geprüften Weidefutter und der 3 Monate bei I 1958 69,9% und 1959 64,2% bei II 1958 74,4% und 1959 71,8%. Vergleicht man I und II mit dem Standard (TDN-Bedarf) auf der Grundlage der aufgenommenen Menge an verdaulicher org. Substanz, ist die höhere Verdaulichkeit von II in besserer Übereinstimmung mit dem Standard. Beide Methoden zeigen aber den signifikanten Rückgang der Verdaulichkeit des Weidefutters von 1958 zu 1959, wenn auch der Rückgang bei II nur etwa die Hälfte von dem bei I entspricht.
M. Hoffmann. 7760.

3-64/06-0484 Paar, Gary E. und Hawkins, George E. Automatic titration of fecal indicator chromium and micro-Kjeldahl nitrogen. **(Automatische Titration von fäkalem Chromindikator und Mikrokjeldahl-Stickstoff.)** J. Dairy Sci. **46** (1963) Nr. 3. S. 239–241. – 2 Tab., 4 Lit. 7760.

3-64/06-0485 Horszczaruk, F. und Bock, H. D.; Rostock, Oskar-Kellner-Inst. für Tierernähr. der Dtsch. Akad. der Landwirtsch.-Wiss. zu Berlin. **Eine Modifikation des von K. Schiller vorgeschlagenen Stoffwechselkäfigs für Ratten.** Z. Versuchstierkunde **2** (1963) Nr. 3/4. S. 126-131. – 3 Abb., 10 Lit.
Die neue Anordnung bewirkt eine bessere Trennung von Kot und Harn und verringert den Arbeitsaufwand zu ihrer quantitativen Erfassung. 7785.

3-64/05-0486 Smirnov, G. P.; Orenburg, Med. Inst. Novaja metodika opredelenija osnovnogo obmena u životnych. **(Eine neue Methodik zur Bestimmung des Grundumsatzes bei Tieren.)** Problemy ėndokrinologii i gormonoterapii, Moskva **9** (1963) Nr. 2. S. 49-51. – 2 Lit.
Die Methode zur Grundumsatzbestimmung nach Douglas-Halden wird so modifiziert, daß sie für kleine Labortiere angewendet werden kann. Das zu untersuchende Tier befindet sich in einem Exsiccator, der von einem bestimmten Luftvolumen durchströmt wird. Aus den gasanalytisch ermittelten Gehalten der Luft an CO_2, O_2 und N_2 läßt sich der Grundumsatz berechnen. Die einzelne Bestimmung dauert nicht länger als 20 Min. Für 300–350 g schwere erwachsene Ratten wird mit der Methodik ein Grundumsatz von 17–20 kcal/100 g Körpergewicht gefunden, für 150–160 g schwere junge Ratten ein Grundumsatz von 27–30 kcal/100 g Körpergewicht. Nach Gaben von 600 mg/kg Methylthiouracil tägl. per os sinkt der Grundumsatz bei jungen Ratten innerhalb von 3 Tagen, bei erwachsenen Tieren innerhalb von 12–15 Tagen um 20–25% gegenüber der Norm. Durch tägl. Gaben von 300 mg/kg Thyreoidin per os steigt der Grundumsatz beträchtlich. J. Müller. 7802.

3-64/06-0487 Chapman jun., H. L., Cox, D. H., Haines, C. E. und Davis, G. K.; Belle Glade, Florida Agric. Exp. Stat. Evaluation of the liver biopsy technique for mineral nutrition studies with beef cattle. **(Die Einschätzung der Leberbiopsietechnik in Mineralstoffwechselversuchen mit Mastrindern.)** J. Animal Sci. **22** (1963) Nr. 3. S. 733–737. – 3 Abb., 4 Tab., 6 Lit.
Während 8 Jahren wurde routinemäßig bei Hunderten von Tieren die Leberbiopsie durchgeführt. Es ergaben sich nur geringgradige oder überhaupt keine Differenzen im Fe-, Cu-, Mo- und Xanthinoxydasegehalt sowie in der Menge der Leberrespiration und dem Tr.-Subst.-Gehalt, welche auf die unterschied-

liche Stelle der Biopsie zurückgeführt werden konnten. Signifikant wurden dagegen der Leber-Mo- und der Leber-Cu-Gehalt durch erhöhte Mo- und Cu-Aufnahme beeinflußt. Die angewendete Methodik erwies sich als durchaus geeignet. B. Busch. 7820.

3-64/06-0488 Prockop, Darwin, Kaplan, Arnold und Udenfriend, Sidney. Oxygen-18 studies on the conversion of proline to collagen hydroxyproline. **(^{18}O-Untersuchungen über die Umwandlung von Prolin in Kollagenhydroxyprolin.)** Arch. Biochem. Biophysics **101** (1963) Nr. 3. S. 499–503. — 2 Tab., 16 Lit. 7830.

3-64/06-0489 Dontcheff, L. Possibilités et limites de l'utilisation du ^{14}C dans les études métaboliques. **(Möglichkeiten und Grenzen der Anwendung von ^{14}C bei stoffwechselphysiologischen Untersuchungen.)** Ann. Nutrit. Alimentat. [Paris] **17** (1963) Nr. 3. Techn. S. B 71–B 78. — 1 Abb., 35 Lit. 7830.

3-64/06-0490 Jolchine, G. und Moyse, A. L'emploi du ^{14}C dans les études du métabolisme végétal. **(Anwendung von ^{14}C bei Untersuchungen des pflanzlichen Stoffwechsels.)** Ann. Nutrit. Alimentat. [Paris] **17** (1963) Nr. 3. Techn. S. B 79 bis B 105. — 4 Abb., 2 Tab., 115 Lit. 7830.

3-64/06-0491 *Frissel, M. J.* and *Kisieleski, W. E.* **The simultaneous determination of C^{14} and H^3 in biological material, using the Schöniger combustich technique.** Wageningen: Inst. voort loepassing van atoomenergie in de landbouw. (6 S.) 4° = Rapport, Instituut voor toepassing van atoomenergie in de Landbouw, No. 3. (Sr. 2977, 3).

3-64/06-0492 *Ludwieg, Friedrich.* **Radioaktive Isotope in Futter- und Nahrungsmitteln. Herkunft, Bestimmung, Bewertung.** München: Thiemig. 1962. (VIII, 143 S.) 8° = Thiemig-Taschenbücher Bd. 7. (1963 A 535).

3-64/06-0493 *Tüller, Raimund.* **Zur Methodik des Tiertests bei der Qualitätskontrolle von Futtermischungen für Geflügel.** Diss. Univ. Bonn, Landwirtsch. Fak. 1960. (153 S.)

3-64/06-0494 **Metodičeskie rekomendacii po opredeleniju mikroėlementov v počvach, rastitel'nych i životnych organizmach.** (Methodische Empfehlungen zur Bestimmung von Spurenelementen in Böden, in pflanzlichen und tierischen Organismen.) Hrsg. Instn.: Min. sel'skogo chozjajstva SSSR. Vsesojuznyj naučno-issledovatelskij institut životnovodstva (VIŽ). Moskva: ONTI VIŽa. 1963. (61 S.) 8°. (1963 A 1241)

D. ERNÄHRUNGSPHYSIOLOGIE

Verdauung und Resorption

3-64/06-0495 Anonym. Carbohydrate digestion and absorption. **(Verdaulichkeit und Resorption der Kohlenhydrate.)** Nutrit. Rev. **21** (1963) Nr. 9. S. 279–281.

Neuere Vorstellungen über den aktiven Transport (**I**) von Zuckern und die Resorption (**II**) von Disacchariden (**III**) werden an Ergebnissen der „Darm-Sack-Methodik“ (Mittelteil des Dünndarmes ausgehungerter Hamster) dargestellt. **I** erfolgte bei 14 Zuckern [Pyranring, CH_3 an C_5, OH (Glucosekonfig.) an C_2] (nicht bei Mannose, Fructose und Pentosen) entgegen dem Konz.-Gradienten (Energiequelle: umsetzb. Zucker, Fett- und Fettsäuren) und wird bei Glucose durch anaerobe Verhältnisse, Phlorizin und einem 2. **I**-Zucker (Galactose) inhibitiert. **III** treten in die Darmepithelzellen („Bürstenrand“) der Zotten ein, werden von den dort lokalisierten Enzymen (nicht, wie früher angenommen, im Darmsaft) hydrolysiert und gelangen von hier durch **I** als Monosaccharide in die Darmwand. Ungeklärt ist, wie **III** in die Darmzellen gelangen, da keine andere Zellwand der Säugetiere als für **III** permeabel bekannt ist. A. Chudy. 7852.

3-64/06-0496 Alexander, D. Pauline und Nixon, D. A.; London, St. Mary's Hospital, Med. School. Reabsorption of glucose, fructose and meso-inositol by the foetal and post-natal sheep kidney. **(Die Rückresorption von Glucose, Fructose und Mesoinosit in der foetalen und postnatalen Schafniere.)** J. Physiol. [London] **167** (1963) Nr. 3. S. 480–486. — 1 Abb., 3 Tab., 9 Lit.

Bei insgesamt 8 Schaffoeten (59. bis 135. Trächtigkeitstag) und bei 2 neugeborenen Schaflämmern (10 Std. und 7 Tage alt) wird die renale Ausscheidung von Glucose, Fructose und Mesoinosit untersucht. Die foetale Niere kann von der Mitte der Trächtigkeit an die glomerulär filtrierte Glucose vollständig rückresorbieren. Fructose wird etwa in gleichem Umfang rückresorbiert, erscheint aber auf Grund des wesentlich höheren Plasmaspiegels im foetalen Harn. Mit steigendem Blutglucosespiegel steigt auch die Rückresorptionsrate. Bei Verabreichung von Phlorizin (8–22 mg/100 g Lgw.) während der Glucoseinfusion kommt es zur Hemmung der Glucose-, Fructose- und Mesoinositrückresorption. H.-A. Ketz. 7852.

3-64/06-0497 Karmen, Arthur, Whyte, Malcolm und Goodman, DeWitt S.; Bethesda, Md., Nat. Heart Inst. Fatty acid esterification and chylomicron formation during fat absorption. 1. Triglycerides and cholesterol esters. **(Fettsäureveresterung und Chylomikronenbildung während der Fettabsorption. 1. Mitt. Triglyceride und Cholesterinester.)** J. Lipid Res. 4 (1963) Nr. 3. S. 312 bis 321. — 10 Tab., 27 Lit.

Mischungen ähnlicher Mengen ^{14}C-markierter Fettsäuren (FS) (Palmitin-, Stearin-, Öl- und Linolsäure) in Mischung mit wechselnden Mengen nicht markierter FS wurden den Ratten über eine Magenintubation gegeben und die Untersuchungsproben mittels einer Kanüle aus dem Ductus thoracicus entnommen. Chylus und Chylomikronlipoide wurden zur Abtrennung der Cholesterinester und Glyceride an Silikagelsäulen chromatographiert. Nach Bestimmung der Gesamtaktivität der Lipoidfraktionen wurden aus diesen mittels Gaschromatographie die Gesamtmange an FS, die einzelnen FS und ihre Aktivität bestimmt. Daraus ergaben sich quantitative Aussagen über die rel. Spez. des Einbaues jeder FS in die einzelnen Chylomikron-Lipoid-Fraktionen und darüber, in welchem Maße in jeder der Fraktionen die FS endogenen Ursprungs sind (in den Chylomikron-Triglyceriden 43% und in den Cholesterinestern 54%). Mit Ausnahme einer geringen Unterscheidung bezüglich der Stearinsäure zeigt der Ablauf der Fettabsorption und Chylomikronen-Triglycerid-Bildung keine Spez. der FS rel. zueinander. Demgegenüber zeigt die Cholesterinesterbildung eine deutliche Spez. für Ölsäure, die unabhängig von der Futterzusammensetzung ist, selbst bei Einbeziehung von hohen Cholesterindosen und langer Vorfütterung. G. Sternkopf. 7852.

3-63/06-0498 Whyte, Malcolm, Karmen, Arthur und Goodman, DeWitt S.; Bethesda, Md., Nat. Heart Inst. Fatty acid esterification and chylomicron formation during fat absorption. 2. Phospholipids. **(Fettsäureveresterung und Chylomikronenbildung während der Fettabsorption. 2. Mitt. Phospholipoide.)** J. Lipid Res. 4 (1963) Nr. 3. S. 322–329. — 11 Tab., 22 Lit. 1. Mitt. vgl. vorst. Ref.

Die Untersuchungen unterlagen den gleichen Bedingungen wie in der 1. Mitt.; es wurden jedoch in Ergänzung dazu die Phospholipoide untersucht. Diese wurden bei der säulenchromatographischen Trennung an Silikagel erhalten. Zur Gewinnung des reinen Lecithins wurde rechromatographiert und die Gesamtfettsäuremenge auf Gesamtaktivität und auf Einzelfettsäuren (FS) in Menge und Aktivität gaschromatographisch bestimmt. Unterschiedliche FS aus dem Futter der Ratten werden nicht gleichmäßig in die Chylomikronen des Lecithins eingebaut. Es besteht eine deutliche rel. Spez. für Stearinsäure und eine geringere für Linolsäure. Ölsäure findet am wenigsten dabei Verwendung. Zwar variiert mit dem Futter der Einbau unterschiedlicher Futter-FS, jedoch werden weitaus mehr endogene FS eingebaut, sodaß die FS-Zusammensetzung des Lecithins als konstant und von der Nahrung unabhängig zu betrachten ist. Damit ist der endogene Einfluß in der gleichen Chylomikronprobe auf den Lecithinaufbau größer als auf die Steroidester und Triglyceride.
G. Sternkopf. 7852.

3-64/06-0499 Anonym. The site of intestinal absorption of neutral fat and fatty acids. **(Der Ort der Darmresorption von neutralem Fett und Fettsäuren.)** Nutrit. Rev. **20** (1962) Nr. 3. S. 90–92. 7852.

3-64/06-0500 Christensen, Halvor N., Feldman, Bruce H. und Hastings, A. Baird; Ann Arbor, Univ. of Michigan; La Jolla, Calif., Scripps Clin. and Res. Foundation. Concentrative and reversible character of intestinal amino acid transport. **(Konzentrierender und umkehrbarer Charakter des Aminosäurentransportes im Darm.)** Amer. J. Physiol. **205** (1963) Nr. 2. S. 255 bis 260. — 7 Abb., 1 Tab., 15 Lit.
In Ratten werden 1-^{14}C-markierte α-Aminoisobuttersäure oder 1-Aminocyclopentancarbonsäure injiziert (ca. 100 mg/kg Lgw.). Nach wenigstens 24 Std. wird eine geeignete Verdünnung der gleichen Aminosäurenlösung in eine abgebundene Darmschlinge in situ eingeführt. Die Veränderung in der Aminosäurenverteilung wird durch Messung der Radioaktivität verfolgt. Dabei ergeben sich im Dünndarm Verteilungsverhältnisse im Bereich von 12–100 für die Aminosäurenmenge im Plasma im Verhältnis zur Menge in der Lösung im Darmlumen. Die Werte können je nach Konzentration entweder durch Absorption der Aminosäure durch den Darm aus der Lösung oder Freigabe der Aminosäure aus dem Darm in die Lösung erreicht werden. Die Freisetzung der Aminosäure aus dem Darm wird beschleunigt durch Anwesenheit derselben Aminosäure oder auch einer anderen in der Lösung im Darm. Im Colon ergeben sich Verteilungsverhältnisse, die in der Nähe von 1 liegen. Ausführliche Besprechung der Ergebnisse. H. Kreienbring. 7852.

3-64/06-0501 Eriksson, Sture und Schmekel, Johannes; Uppsala, Dep. of Animal Nutrit. A comparison between the ability of reindeer and sheep to digest their feed. **(Ein Vergleich zwischen dem Verdauungsvermögen von Ren und Schaf.)** Kungl. Lantbrukshögskolans Ann. **28** (1962) S. 175–180. — 4 Tab., 7 Lit.
In 11 Versuchen am Ren und 10 am Schaf mit 4 verschiedenen Futtermischungen wurde festgestellt, daß keine wesentlichen Differenzen in der Verdaulichkeit der einzelnen Nährstoffe zwischen beiden Tierarten bestehen.
B. Piatkowski. 7862.

3-64/06-0502 Reid, C. S. W.; Palmerston North, D. S. I. R. Diet and the motility of the forestomachs of the sheep. **(Die Ration und die Motilität der Vormägen des Schafes.)** Proc. New Zealand Soc. Animal Product. **23** (1963) S. 169–188. — 6 Abb., 31 Lit.
Zur Beobachtung der Motilität wurde ein Teil der Rumen- oder Reticulumwand durch eine beschriebene Operationstechnik an die Körperoberfläche gelegt. Danach sind Fascien und Muskulatur entfernt und nur die Haut liegt auf dem freigelegten Teil. An dieser Stelle werden die Bewegungen mit bloßem Auge sichtbar und sind mit einem entsprechenden Recorder leicht festzuhalten. Charakteristische Unterschiede ergaben sich zwischen leeren und gefüllten Vormägen. Nach 18–24 stündigem Fasten war die Frequenz der koordinierten Kontraktion (**I**) zwischen Rumen und Reticulum sehr niedrig, ebenso die Bewegungsfolge des Rumens (**II**) und die lokale Aktivität. Die Intervalle bei **I** betragen 1–3 Minuten. **I** und **II** sind kürzer und fast gleichzeitig. Bei Fütterung erhöht sich die Frequenz von **I** auf 3 je Min., die lokale Aktivität nimmt zu und 30 Min. nach dem Füttern verändert sich die Folge von **I** und **II** (**I** bei Hunger 12 Sek., nach der Fütterung 30 Sek.). Nach Fütterung von Heu ist die Folge Reticulum, Rumen dorsal, Rumen Vorder- und Hauptkammer und der hintere ventrale Blindsack registriert worden. Die Höhe der verzehrten Futtermenge beeinflußte Ausmaß und Persistenz der Kontraktionsabläufe. Bei Pelletfütterung konnten 4 Std. nach Fütterung von 1 kg Erscheinungen ähnlich denen beim Fasten ermittelt werden. Eine Mittelstellung nahm Grünfutter ein, zwischen Weide und Stallfütterung scheinen diesbezüglich keine Unterschiede

zu bestehen. Je schmackhafter das Futter war, um so höher lag die Frequenz der Kontraktion. Die möglichen Auswirkungen auf die Magenverdauung werden diskutiert. B. Piatkowski. 7862.

3-64/06-0503 McDonald, P., Macpherson, H. T. und Watt, J. A.; Edinburgh, School of Agric. The effect of histamine on silage dry-matter intake. **(Die Wirkung von Histamin auf die Trockensubstanzaufnahme von Silage.)** J. Brit. Grassland Soc. 18 (1963) Nr. 3. S. 230–232. — 1 Abb., 2 Tab., 10 Lit.
Der Histamingehalt in der Grassilage (Tr.-Subst.) schwankt zwischen 0-844 mg/kg. Aus Untersuchungen der Literatur ist bekannt, daß Histamin, i. v. verabreicht, die Motilität des Pansens vermindert. Die Verabreichung von 0,5 g Histamin als Diphosphat an Schafe in einer Gelatinekapsel per os läßt keine Wirkungen erkennen. 1 g je Schaf und Tag als Dihydrochlorid beeinflußte nicht den Tr.-Subst.-Verzehr von Silage. B. Piatkowski. 7862.

3-64/06-0504 Campling, R. C., Freer, M. und Balch, C. C.; Shinfield, Reading, Nat. Inst. of Res. in Dairying. Factors affecting the voluntary intake of food by cows. 6. A preliminary experiment with ground, pelleted hay. **(Faktoren, die die freiwillige Futteraufnahme bei Kühen beeinflussen. 6. Mitt. Eine vorläufige Untersuchung mit gemahlenem pelletierten Heu.)** Brit. J. Nutrit. 17 (1963) Nr. 2. S. 263–272. — 1 Abb., 8 Tab., 18 Lit. 5. Mitt. vgl. LZ. Abt. III 8 (1963) Nr. 12. S. 2578.
Die Zeit für die Zerkleinerung der Rauhfutterteilchen, damit sie vom Reticulo-Rumen zum Blättermagen passieren, könnte einer der entscheidensten Faktoren für die Aufenthaltsdauer im Pansen sein. Dies kann durch das Mahlen und Pelletieren erfolgen. Zu den Untersuchungen wurden 4 güste nicht laktierende Kühe herangezogen. An sie wurde vergleichsweise gemahlenes, pelletiertes und langes Heu gleicher Qualität verabreicht. Die Verzehrsleistung war bei beiden Formen gleich, die Verdaulichkeit des gemahlenen Heues im Pansen war aber um 19% niedriger (bes. Rohfaser, N. fr.-E.). Der Abbau von Baumwollfäden, die sich im ventralen Pansensack befanden, erfolgte bei Langheufütterung ca. 9 × schneller. Bei unbegrenzter Futteraufnahme war die Aufenthaltsdauer von gefärbten Futterteilchen im Verdauungstrakt bei beiden Formen etwa gleich (Langheu bzw. Pellets 65 bzw. 63 Std.), obgleich die Exkretion eher begann und später beendigt war. Bei begrenzter Fütterung war die pelletierte Form kürzere Zeit im Verdauungskanal (56 gegenüber 85 Std.). Die Wirkung des Mahlens wird davon abhängen, in welchem Umfang die Aufenthaltsdauer des Futters und seine Abbaurate beeinflußt werden.
B. Piatkowski. 7862.

3-64/06-0505 Engelhardt, W. v.; Hannover, Tierärztl. Hochschule, Physiol. Inst. **Der Wasseraustausch an der Pansenwand.** Naturwissenschaften **50** (1963) Nr. 9. S. 357–358. — 1 Tab., 10 Lit.
Bei 42 kg bis 60 kg schweren Ziegen beträgt der Wasseraustausch in jeder Richtung durch die Pansenwand 7,2 l bis 71,0 l, im Durchschnitt 42 l. Erhöhter NH_3-Gehalt, erhöhte pH-Werte und Erregungszustände hemmen den Nettozufluß zum Pansen. Die Steuerung des Wasseraustausches ist noch wenig geklärt. Über die ständig mit Gewebswasser dem Pansen zufließende Menge an Harnstoff konnte bestätigt werden, daß sie etwa 10 g pro Tag ausmacht.
H. H. Budzier. 7862.

3-64/06-0506 Tribe, D. E. und Peel, Lynnette; Melbourne, Univ., School of Agric. Total salivation in grazing lambs. **(Der Gesamtspeichelfluß bei weidenden Schaflämmern.)** Austral. J. agric. Res. 14 (1963) Nr. 3. S. 330–339. — 3 Tab., 21 Lit.
Mit Hilfe von Ösophagus-Fisteln wurde bei weidenden 13-88 Tage alten Lämmern und bei 2jähr. Hammeln die Sekretionsgeschwindigkeit des Gesamt-

speichels gemessen. In einzelnen Fällen erfolgte ferner zeitweilig ein gleichzeitiges getrenntes Sammeln des Parotisspeichels vom übrigen (Nichtparotis-) Speichel. Während der ersten 4 Lebenswochen ist der Gesamtspeichelfluß sehr gering, in der 5. Lebenswoche erreicht er jedoch sehr schnell dieselbe Höhe wie bei ausgewachsenen Schafen. Die getrennte Bestimmung des Speichelflusses zeigte jedoch, daß die Nichtparotis-Sekretion selbst bei den 88 Tage alten Lämmern noch nicht die volle Höhe wie bei ausgewachsenen Schafen erreicht hatte. Sie betrug bei den Hammeln 41%, bei den Lämmern dagegen nur 26% der Gesamtsekretion. Die Speichelanalyse auf N, Na und P ergab, daß sich die Zusammensetzung des Gesamtspeichels im Lebensalter zwischen 32 und 88 Tagen nicht verändert. Der Parotisspeichel enthält weniger N und mehr Na als der übrige Speichel. J. Wünsche. 7862.

3-64/06-0507 Lombard, P. E. und Schalkwyk, A. van. Veranderinge in samestelling van voere tydens monsterneming met behulp van'n slukdermfistel. **(Veränderungen der Futterzusammenstellung während der Probeentnahme mit Hilfe einer Speiseröhrenfistel.)** South African J. agric. Sci. **6** (1963) Nr. 2. S. 205 bis 212. — 6 Tab., 8 Lit.

Die von Torell (vgl. J. Animal Sci. **13** (1954) S. 878-884.) entwickelte Speiseröhrenfistel wird bei 2 Dorperhammeln angewendet, um die chemische Zusammensetzung von 7 Futtersorten (3 Heusorten, 3 Grünfuttersorten, 1 Kraftfutter) bevor und nachdem sie gefressen wurden, zu vergleichen. 36 und 60 Std. nach der Futteraufnahme erfolgte die Untersuchung. Das Kraftfutter zeigte keine bedeutenden Veränderungen. Die 3 Heusorten nahmen signifikant im Asche- und P-Gehalt zu und im Gehalt an N-fr. E. ab. Hinsichtlich Asche und N-fr. E zeigten die Grünfuttersorten dieselbe Tendenz. Im Gegensatz zu Klee und Rotgras (*Themeda triandra*) blieb bei grüner Luzerne der Anstieg im P-Gehalt aus. Es wird gefolgert, daß die Speiseröhrenfistel bei Versuchen mit Rauhfutter nur zur Bestimmung von Eiweiß, N-fr. E., Rohfaser und Ca benutzt werden kann. K. Männel. 7862.

3-64/06-0508 Hickson, J.C.D.; Cambridge, Univ. The effect of stimulation of the vagus nerves on pancreatic secretion in the pig. **(Der Stimulationseffekt des Nervus vagus auf die Pankreassekretion des Schweines.)** J. Physiol. [London] **168** (1963) Nr. 1. S. 24P-25P. — 2 Lit.

Bei 6-10 Wochen alten Schweinen bewirkte die Stimulierung des *N. vagus* durch Chloralose-Anästhesie eine reiche Produktion von Pankreas mit hoher Konz. an Amylase und Bikarbonat. Die Zugabe von Atropin verminderte die Pankreasproduktion nur geringfügig, aber der Amylasegehalt ging stark auf die Gehalte nach Injektion von Sekretin zurück. Die Injektion von Acetylcholin bewirkte hohe Amylasegehalte im Pankreas. In diesem Fall hebt Atropin die Sekretion auf. Sekretin stimulierte eine erhöhte Pankreasproduktion. Beim Hund war die Stimulierung des *N. vagus* und die Injektion von Acetylcholin nicht so wirksam auf die Pankreasproduktion wie beim Schwein. Durch Atropin wurden beim Hund die Effekte aufgehoben. Die Ergebnisse lassen vermuten, daß der *N. vagus* beim Schwein eine größere Rolle bei der Kontrolle der Pankreassekretion spielt als beim Hund. W. Jentsch. 7870.

3-64/06-0509 Schabalina, A. T. **Der Einfluß des Alters der Hühner auf die Verdaulichkeit der Futterrationen.** Arch. Geflügelzucht Kleintierkunde **13** (1964) Nr. 2/3. S. 155-161. — 3 Tab., 10 Lit. Zus. in Russ., Engl. — nach Zus.

Die Ergebnisse der Versuche lassen folgende Schlußfolgerungen zu: 1. Es wird eine gewisse Neigung zu herabgesetzter Proteinverdaulichkeit bei über 2-3 Mon. alten Küken wahrgenommen. 2. Die Verdaulichkeit der Rohfette ist bei legenden Junghennen geringer als bei nichtlegenden. 3. Bei den Küken der Leghorn- und der Rhodeländer-Rasse ist eine gewisse Abnahme der Verdaulichkeit der Rohfette im Alter von 2 Mon. zu bemerken. Die Küken der

Rasse Faverolle zeigen dieselbe Neigung, da jedoch dem Verdauungskoeffizienten dieser Indexziffer große individuelle Unterschiede zugrundeliegen, ist statistisch keine Sicherung vorhanden. 7884.

3-64/06-0510 Platikanov, N., Češmedžiev, B., Penčev, Ch. und Najdenov, T. Vŭrchu količestvotonna izsledvanija furaž v dvete dažbi na diferencialnija opit za opredeljane smilaemostta na furažite. **(Die Menge des untersuchten Futters von zwei Rationen im Differenzversuch zur Bestimmung der Verdaulichkeit der Futtermittel.)** Izvestija na Instituta po životnovŭdstvo „Georgi Dimitrov" – Kostinbrod, Sofija **17** (1963) S. 157-172. – 8 Tab., 11 Lit. Zus. in Russ., Dtsch.

Auf Grund der erzielten Ergebnisse gelangen die Autoren zu den folgenden Ergebnissen: 1. die Verdaulichkeit einer aus 2 und mehr Futtermitteln bestehenden Ration ist nicht das ausgewogene Mittel der Verdaulichkeit der einzelnen Futtermittel; 2. der Einfluß eines der Futtermittel auf die Verdaulichkeit der Gesamtration hängt von ihrem Anteil ab, ist ihr aber nicht proportional; 3. die besten Ergebnisse liefert der differenzierte Versuch, wenn das untersuchte Futter einen Anteil von 20-30% an der Gesamtration besitzt und wenn in der Ration des 2. Versuchs 50% (für Eiweißfutter 40%) der Grundration durch das untersuchte Futter ersetzt werden.

NRB/ZSNTI, übersetzt v. S. Thienel. 7888.

3-64/06-0511 *Krzywanek, Hansdieter.* **Untersuchungen über diurnale Änderungen im Ruminationsverhalten aufgestallter und weidender Schafe.** Diss. Vet.-Med. Fak. Berlin-Dahlem. 1963. (48 S.) 8°. (Diss. 9269)

Intermediärer Stoffwechsel

3-64/06-0512 Bernhard, Karl, Leisinger, Susanne und Wagner, Heribert; Basel, Univ., Physiol.-Chem. Inst. **Über das vermehrte Auftreten von Fettsäuren mit 10–14 C-Atomen in den Depotfetten säugender Ratten und den Übergang der Linolsäure von den Müttern auf die Jungen.** Z. Ernährungswiss., Suppl. **1963** Nr. 3. S. 5-9. – 5 Tab., 3 Lit.

Vff. untersuchten die Fettsäurezusammensetzung der Depot- und Leberlipoide 1-9 Wochen alter Ratten, die bis zur 3. Woche mit Muttermilch und etwas Kuhmilch und danach mit fettarmem Futter ernährt wurden. Das Milchfett bestand zu 40% aus Fettsäuren mit 8-14 C-Atomen, aus 21-25% Palmitin-, 1,7-2,8% Stearin- und 11,7% Linolsäure. Bei den säugenden Tieren enthielt das Depotfett etwa die gleiche Menge an Laurin-, Myristin- und Myristoleinsäure wie das Milchfett. Caprinsäure war in geringerer Menge vorhanden. Nach Ernährungsänderung gingen die Gehalte an niedrigkettigen Säuren auf 1-3% zurück. Die Gehalte an Palmitin-, Linol- und Stearinsäure blieben etwa gleich, der Gehalt an Palmitoleinsäure nahm von 6 auf 11% zu, der an Ölsäure erhöhte sich von 25 auf 46%. Die Leberfettsäuren zeigten keine wesentliche Veränderung. Die essentiellen Fettsäuren werden bei guter Ernährung während der Gravidität reichlich auf die Feten übertragen.

W. Jentsch. 7910.

3-64/06-0513 Lundquist, F., Fugmann, Ulla, Rasmussen, H. und Svendsen, I. The metabolism of acetaldehyde in mammalian tissues. Reactions in rat-liver suspensions under aerobic conditions. **(Der Stoffwechsel von Acetaldehyd in Säugetiergeweben. Reaktionen in Rattenlebersuspensionen unter aeroben Bedingungen.)** Biochem. J. **84** (1962) Nr. 2. S. 281-286. 7910.

3-64/06-0514 Haessler, Herbert A. und Isselbacher, Kurt J. The metabolism of glycerol by intestinal mucosa. **(Der Stoffwechsel von Glycerin in Darmmucosa.)** Biochim. biophysica Acta [Amsterdam] **73** (1963) Nr. 3. S. 427-436. 7910.

3-64/06-0515 Coxon, R. V. und Robinson, D. S.; Oxford, Univ.; Sir William Dunn School of Pathol. Fatty acid transport in thoracic duct, hepatic and intestinal lymph during fasting and after feeding glucose. **(Der Fettsäuretransport durch den Ductus thoracicus und durch die Lymphe der Leber und des Darmes während des Hungers sowie nach Glucoseverfütterung.)** Quart. J. exp. Physiol. cognate med. Sci. **47** (1962) Nr. 3. S. 252–257. – 2 Abb., 1 Tab., 13 Lit.

Bei 160-200 g schweren Ratten und 8-16 kg schweren Hunden wird der Fettsäuretransport im Ductus thoracicus sowie in der Lymphe der Leber und des Darmes während einer 48 Std. langen Hungerperiode sowie nach Glucoseverfütterung untersucht. Die Versuchsergebnisse zeigen, daß bei Ratten auch während des Hungers in der Lymphe des ductus thoracicus veresterte Fettsäuren nachweisbar sind. Die Herkunft dieser veresterten Fettsäuren wird diskutiert. In diesem Zusammenhang wird die Zurückhaltung veresterter Fettsäuren während der Resorption in der Darmwand und die Ausschüttung aus den Fettdepots in die Lymphbahnen erörtert. Die nach reiner Glucoseverfütterung in der Lymphe des ductus thoracicus der Ratte nachweisbaren veresterten Fettsäuren können möglicherweise nach der Resorption im Darmepithel synthetisiert worden sein. Die bei hungernden Ratten von 200 g in 24 Std. durch die Lymphe des ductus thoracicus transportierte Menge an veresterten Fettsäuren macht etwa 50 mg aus. Das ist im Vergleich zu den für den Kalorienumsatz hungernder Ratten (200 g) benötigten Fettmengen von 2 g pro 24 Std. nur ein geringer Anteil. Die Versuche an hungernden Hunden zeigen, daß überschüssige veresterte Fettsäuren in der Lymphe des Darmes, aber nicht in der Leberlymphe nachweisbar sind. H.-A. Ketz. 7920.

3-64/06-0516 Mosolov, V. V. und Afanaśev, P. V.; Moskau, Biochem. Bach-Inst. der Akad. der Wiss. der UdSSR. Vlijanie žirnych kislot na fermentativnye svojstva tripsina. **(Der Einfluß der Fettsäuren auf die fermentativen Eigenschaften des Trypsins.)** Doklady Akademii nauk SSSR, Moskva **152(31)** (1963) Nr. 3. S. 748–750. – 3 Abb., 13 Lit.

Vff. untersuchen den Einfluß der Fettsäuren auf die fermentativen Eigenschaften des Trypsins. Als Versuchsmaterial diente ein aus Benzoyl-L-arginin mit Trypsin und NaOH gewonnenes Hydrolysat. Die Fettsäuren wurden als Na-Salze eingesetzt; hergestellt wurden sie bei einem pH von 7,9–8,0. In diesem Bereich erfolgten auch die Untersuchungen. Vff. führten mehrere Versuchsserien durch, bei denen sowohl die Konzentration des Trypsins als auch der verwendeten Säuren variiert wurde. Die Ergebnisse sind diskutiert und tabellarisch wiedergegeben. G. Rothe. 7920.

3-64/06-0517 Ku, Edmond C.-C., King, Kendall W. und Engel, R. W.; Blacksburg, Va., Polytechn. Inst. Nutritional factors influencing the efficiency of utilization of essential amino acids: Level of nonessential nitrogen. **(Nahrungsfaktoren, die den Grad der Verwertung von essentiellen Aminosäuren beeinflussen: Das Niveau an nichtessentiellem Stickstoff.)** J. Nutrit. [Philadelphia] **77** (1962) Nr. 4. S. 433-438. – 1 Abb., 3 Tab., 7 Lit.

Zum Studium des Schicksals von essentiellem Aminosäure-N und NH_3-N im Stoffwechsel wurden mit einer Mutante von *Escherichia coli* bei ausreichender und begrenzter Versorgung mit NH_3 als nichtessentiellem N Versuche durchgeführt, bei denen ^{15}N zur Markierung von L-Leucin, L-Threonin und NH_4Cl benutzt wurde. Die Aminosäuren-Zusammensetzung der im NH_3-Mangelmedium gewachsenen Zellen war quantitativ verschieden von der normalen, während der lösliche Aminosäuren-Pool der Zellen alle Aminosäurenvorstufen des Proteins enthielt. Die Ergebnisse mit ^{15}N zeigten, daß nur wenig Methionin-N aus NH_3 oder Leucin gebildet wird, daß aber Threonin einen erheblichen Anteil N zum Methionin beisteuert. Bei ausreichender Versorgung mit NH_3 war der Grad der Leucin-Verwertung wesentlich stärker als bei ungenügender, bei der beträchtliche Verluste an Leucin durch Umwandlung in Verbindungen wie Asparaginsäure u. a. auftraten. Threonin wurde auch bei der hohen NH_3-Gabe in starkem Maße abgebaut. L. Sperling. 7930.

3-64/06-0518 Cohn, C., Joseph, D., Bell, L. und Oler, A.; Chicago, Ill., Michael Reese Hospital and Med. Center, Med. Res. Inst. Feeding frequency and protein metabolism. **(Fütterungshäufigkeit und Proteinstoffwechsel.)** Amer. J. Physiol. **205** (1963) Nr. 1. S. 71-78. — 5 Abb., 5 Tab., 28 Lit.
♂ Ratten der Lebendmasse von 160-200 g wurden mit verschiedenen Rationen mit Proteingehalten zwischen 0 und 67% vergleichsweise ad libitum bzw. per Magensonde 2mal tägl. zwangsweise mit der gleichen Menge gefüttert. Nach 14 Versuchstagen wurden die Tiere getötet und der Fettgehalt der Tierkörper bestimmt. In anderen Versuchsreihen wurde die Gesamt-N- und Harnstoff-N-Bestimmung in Abhängigkeit von der Fütterungsart sowie auch die Corticosteronbestimmung im Harn sowie in der Nebenniere der Tiere durchgeführt. Einige Tiere wurden Nebennieren-ektomiert und zwangsweise im Vergleich mit scheinoperierten Tieren gefüttert. Die Zwangsfütterung führte in allen Fällen zu einem erhöhten Fettgehalt der Tierkörper gegenüber den mit der gleichen Futtermenge ad libitum gefütterten Tieren. Mit steigendem Proteingehalt der Diät vergrößerten sich die Differenzen zwischen den Gruppen. Die Zwangsfütterung ergab ferner eine Erhöhung der N-Ausscheidungen im Harn um etwa 37%. Adrenalektomie hatte keinen Einfluß auf die Erhöhung der N-Ausscheidung bei der Zwangsfütterung. Vff. schlußfolgern, daß der Intermediärstoffwechsel des Proteins zur Fütterungshäufigkeit in enger Beziehung steht. Bei geringer Fütterungshäufigkeit, also höherer temperärer Aminosäurenresorption, wird weniger Eiweiß anabolisiert und mehr N im Harn ausgeschieden. Dieser höhere Eiweißabbau führte zu einer erhöhten Fettsynthese im Organismus. R. Schiemann. 7930.

3-64/06-0519 Barnabei, Ottavio, Papa, Sergio und Quagliariello, Ernesto. The effect of 3-hydroxyantranilic acid on protein synthesis by rat liver preparations. **(Der Einfluß von 3-Hydroxyantranilsäure auf die Proteinsynthese in Rattenleberpräparaten.)** Arch. Biochem. Biophysics **101** (1963) Nr. 3. S. 523-525. — 3 Tab., 14 Lit. 7930.

3-64/06-0520 Manner, Georg und Gould, Bernard S. Collagen biosynthesis, the formation of hydroxyproline and soluble-ribonucleic acid complexes of proline and hydroxyproline by chick embryo in vivo and by a subcellular chick-embryo system. **(Kollagenbiosynthese, die Bildung von Hydroxyprolin und lösliche Ribonucleinsäurekomplexe von Prolin und Hydroxyprolin im Hühnerembryo in vivo und in einem subcellularen Hühnerembryosystem.)** Biochim. biophysica Acta [Amsterdam] **72** (1963) Nr. 2. S. 243-250. 7930.

3-64/06-0521 Schein, A. H. und Tung, F. Appearance of parenterally administered proteins in saliva. **(Das Auftreten von parenteral zugeführten Proteinen im Speichel.)** Nature [London] **196** (1962) Nr. 4859. S. 1092-1093. 7930.

3-64/06-0522 Braun, George A., Marsh, Julian B. und Drabkin, David L.; Philadelphia, Univ. of Pennsylvania, Graduate School of Med. Amino acid incorporation into protein by liver mitochondria from nephrotic and partially hepatectomized rats. **(Aminosäureeinbau in Protein durch Lebermitochondrien aus nephrotischen und partiell leberektomierten Ratten.)** Biochim. biophysica Acta [Amsterdam] **72** (1963) Nr. 4. S. 645-647. — 2 Tab., 13 Lit.
Nach Messungen über den Einbau von 2-^{14}C-Glycin in Proteine von Lebermitochondrien und -mikrosomen von normalen, nephrotischen und partiell leberektomierten Ratten ergibt sich, daß bei letzteren die Proteinsynthese sowohl in den Mitochondrien als auch in den Mikrosomen erhöht ist, während

bei den Lebern nephrotischer Tiere zwar die Proteinsynthese der Mikrosomen (Bildung von Plasmaprotein) erhöht, die der Mitochondrien aber eher erniedrigt ist. Daraus schließen Vff., daß die mitochondriale Proteinsynthese eng mit der Zellvermehrung, nicht jedoch mit der Plasmaproteinsynthese verbunden ist. R. Schiemann. 7930.

3-64/06-0523 Wagle, S. R.; Indianapolis, Indiana Univ., Med. School. Influence of growth hormone, cortisol and insulin on the incorporation of amino acids into protein. **(Der Einfluß von Wachstumshormon, Cortison und Insulin auf den Einbau von Aminosäuren in Protein.)** Arch. Biochem. Biophysics **102** (1963) Nr. 3. S. 373-378. — 3 Tab., 15 Lit.
Normalen und hypophyseektomierten Ratten wurde ^{14}C-markiertes Alanin i.p. injiziert und nach Gaben von Wachstumshormon, Insulin bzw. Cortison der ^{14}C-Einbau in isolierte Proteine aus Leber, Nebenniere, Niere, Herz und Muskel radiochemisch untersucht. Analoge Untersuchungen unter Erweiterung auf die Aminosäuren Glutaminsäure, Methionin und Phenylalanin wurden an Leberschnitten und der pH-5-Fraktion von Rattenlebermikrosomen durchgeführt. Hypophyseektomie hatte eine Verminderung des Aminosäureneinbaues zur Folge, die durch Gaben von Insulin und Wachstumshormon wieder rückgängig gemacht werden konnte. Cortison erhöhte bei normalen Ratten den Aminosäureeinbau, nicht jedoch bei alloxandiabetischen Tieren. Hungern verminderte bei Normaltieren die Einbaurate, nicht aber bei hypophyseektomierten Ratten. Bei den Normaltieren wurde diese Inhibierung durch Hungern bei erneuter Fütterung sofort aufgehoben.
R. Schiemann. 7930.

3-64/06-0524 Anonym. Hepatic synthesis of plasma proteins in the dog. **(Die Synthese von Plasmaproteinen in der Leber des Hundes.)** Nutrit. Rev. **20** (1962) Nr. 4. S. 118–119. 7930.

3-64/06-0525 Hurych, Josef und Chvapil, Miloš. Conversion of proline into hydroxyproline and their incorporation into hydroxyproline-containing compounds in skin slices of chicken embryos. **(Umwandlung von Prolin in Hydroxyprolin und seine Inkorporation in Hydroxyprolin enthaltende Verbindungen in Hautschnitte von Hühnerembryos.)** Biochim. biophysica Acta [Amsterdam] **65** (1962) Nr. 1. S. 170–172. — 1 Abb., 1 Tab., 10 Lit. 7930.

3-64/06-0526 Downes, A. M., Lyne, A. G. und Clarke, W. H. Radioautographic studies of the incorporation of ^{35}S-cystine into wool. **(Radioautographische Untersuchungen über die Inkorporation von ^{35}S-Cystin in Wolle.)** Austral. J. biol. Sci. **15** (1962) Nr. 4. S. 713–719.—2 Abb., 13 Lit.
Es wurde die Verteilung der Radioaktivität in Hautproben und in ausgerupften Wollhaaren von 2 erwachsenen Corriedale-Schafen untersucht. Die Proben wurden in Abständen nach erfolgter i.v. Injektion von DL- und L-^{35}S-Cystin genommen. Die Ergebnisse zeigen, daß sich die Radioaktivität eine Std. nach der Injektion auf die Gesamtheit der unkeratinisierten Wollwurzel ausdehnt. Sie tritt zuerst in der suprabulbaren Region des Follikels auf und breitet sich zur keratinisierten Region hin aus. Weniger als 3% der Verteilung der Radioaktivität während der ersten Std. konnte auf der Basis des Wollwachstums erklärt werden. B. Kupatz. 7930.

3-64/06-0527 Lubin, Martin. A priming reaction in protein synthesis. **(Eine wichtige Reaktion bei der Proteinsynthese.)** Biochim. biophysica Acta [Amsterdam] **72** (1963) Nr. 2. S. 345-348. 7930.

3-64/06-0528 Hopwood, M. L., Karg, H. und Gassner, F. X. Conjugation of C^{14}-diethylstilbestrol by chicken liver in vitro. **(Konjugation von ^{14}C-Diäthylstilböstrol durch Hühnerleber in vitro.)** Proc. Soc. exp. Biol. Med. **113** (1963) Nr. 1. S. 233–238. — 4 Tab., 14 Lit. 7960.

Energiewechsel

3-64/06-0529 Rossum, G. D. V. van. Respiration and glycolysis in liver slices prepared from rats of different foetal and post-natal ages. **(Respiration und Glykolyse in Leberschnitten, die aus Ratten verschiedenen Alters, foetal und postnatal, hergestellt wurden.)** Biochim. biophysica Acta [Amsterdam] 74 (1963) Nr. 1. S. 15-23. 8007.

3-64/06-0530 Beaton, John R.; Toronto, Ontario, Defence Res. Med. Lab. Protein repletion in rats during cold exposure. **(Proteinüberschuß bei Ratten während Kälteexposition.)** Canad. J. Biochem. Physiol. **41** (1963) Nr. 9. S. 1865–1870. – 2 Abb., 1 Tab., 9 Lit.
Von 80♂ Ratten wurden 10 als Kontrolltiere bei Versuchsbeginn getötet und die anderen 11 Tage mit proteinfreier Ration ernährt, bei 22° gehalten und Körpergewichtsveränderung und N-Retention gemessen. Von diesen Tieren wurden wiederum 10 getötet. Die verbleibenden 60 Tiere erhielten 20% Casein in der Ration. 30 Tiere wurden bei 22° und 30 bei 2-3° gehalten. Nach 1, 3 und 7 Tagen wurden je 10 Tiere getötet. Die Caseinzugabe bewirkte bei hohen (**I**) und niedrigen (**II**) Temperaturen gehaltenen Ratten einen schnellen Anstieg im Serumproteingehalt und abs. und rel. hohe Leberproteingehalte, die bei **II** die Werte von **I** überstiegen. Die Futteraufnahme stieg bei **II** stärker als bei **I**. Die Gewichtszunahmen und die N-Retention waren bei **I** höher als bei **II**. Es wird die Schlußfolgerung gezogen, daß, obwohl Kälte den N-Stoffwechsel verändert, sie nicht die Bildung von Leber- und Serumprotein bei Proteinverabreichung an Ratten vermindert, die vorher proteinfrei ernährt wurden. W. Jentsch. 8012.

3-64/06-0531 Marton, A. V., Sellers, E. A. und Kalow, W.; Toronto, Ontario, Univ. Effect of cold on rats chronically exposed to malathion. **(Der Einfluß der Kälte auf Ratten, denen längere Zeit Malathion verabreicht wurde.)** Canad. J. Biochem. Physiol. **40** (1962) Nr. 12. S. 1671–1676. – 1 Abb., 1 Tab., 16 Lit.
An Ratten wurden 4000 ppm Malathion, ein Insektizid (org. P-Verbindung), ohne besonderen Einfluß auf Befinden, Wachstum und Futteraufnahme gegenüber der Kontrollgruppe verabreicht. Schur und Umgebungstemperatur von 1,5° wurde von den Versuchstieren kürzere Zeit als von den Kontrolltieren vertragen. Bei einer Körpertemperatur von ca. 18 ° trat bei beiden Gruppen der Tod ein. Die Kontrolltiere konnten eine erhöhte Wärmeproduktion über längere Zeit aufrecht erhalten als die Tiere mit Malathion. Durch Malathion wurde die Aktivität der Cholinesterase im Plasma vermindert, durch Kältestress blieb sie unbeeinflußt. W. Jentsch. 8012.

3-64/06-0532 Helbacka, N. V. und Casterline jun., J. L.; College Park, Univ. of Maryland. Plasma CO_2 capacity of laying hens. **(Die Plasma-CO_2-Kapazität legender Hennen.)** Poultry Sci. **42** (1963) Nr. 2. S. 450–451. – 2 Tab., 5 Lit.
Während der Versuchsperiode verminderten sich die Eierproduktion, die Schalendicke und die Haugh-Einheiten, das Eigewicht nahm zu. Die Blut-CO_2-Kapazität blieb konstant, die Mittelwerte lagen bei 44 Vol.%. Es bestand keine Korrelation zwischen dem CO_2-Gehalt und der Eiqualität. Hungernde Hennen hatten einen niedrigeren CO_2-Gehalt und niedrigeren pH-Wert. B. Busch. 8015.

3-64/06-0533 Kostin, A. P. Obmen ėnergii i nekotorye pokazateli krovi u molodnjaka krupnogo rogatogo skota mjasnych i moločnych porod. **(Energiewechsel und einige Kennzahlen des Blutes beim Jungvieh der Fleisch- und Milchrassen.)** V sb.: Biol. osnovy povyšenija mjasn. kačestv. s.-ch. životnych, Kiev **1962** S. 34–40. – Aus: Referativnyj žurnal Moskva. Životnovodstvo, veterinarija **1963** Nr. 7.58.96. S. 12.

Untersucht wurden bei verschiedenen Rinderrassen die Saisonschwankungen des Gaswechsels, die Kennzahlen der Lungenatmung, der Wärmebildung und des Wärmeverlustes, Kennzahlen des Blutes, die Sättigung des venösen Blutes mit O_2, der Gehalt und die Funktionen des Plasmaeiweißes. Auf den O_2-Verbrauch übte die Lufttemperatur einen Einfluß aus. Eine Temperatursteigerung vergrößerte den O_2-Verbrauch. Junge Tiere der Fleischrassen verbrauchten mehr O_2 als solche der Milch- oder Milch-Fleischrassen. Der höchste O_2Verbrauch je Std. und Kg Lgw. wurde bei den Tieren der kasachischen weißköpfigen Rasse (I), der geringste bei der Schwyzer Rasse (II) festgestellt. Bei der I wurden die Atembewegungen bei Erhöhung der Lufttemperatur häufiger und die Tiefe der Atmung geringer. Im Körper der Tiere der Fleischrassen bildete sich eine größere Wärmemenge. Die Temperatursteigerung der Luft verstärkte die Verdunstung des Schweißes, mit dem die Tiere der II 52% der Wärme und diejenigen der I 43% der Wärme verloren; eine Steigerung der Lufttemperatur bis auf 27-28° vergrößerte die Schweißabsonderung bei den Tieren der II um 17%, bei denen der I um 13%. Die größte Zahl von Erythrozyten im Blut und die höchste Sättigung des venösen Blutes mit O_2 wurde bei der I und die größte Eiweißmenge im Blutplasma bei den Tieren der Fleischrassen und bei der schwarzbunten Milchrasse festgestellt.

übersetzt v. G. Boetticher. 8030.

Eiweißstoffwechsel

3-64/06-0534 Lyman, Richard L. und Wilcox, Sue Stewart; Berkeley, Univ. of California. Effect of acute amino acid deficiencies on carcass composition and pancreatic function in the force-fed rat. I. Deficiencies of histidine, methionine, phenylalanine and threonine. **(Wirkung eines akuten Aminosäuremangels auf die Körperzusammensetzung und Pankreasfunktion bei zwangsgefütterten Ratten. 1. Mitt. Mangel an Histidin, Methionin, Phenylalanin und Threonin.)** J. Nutrit. [Philadelphia] **79** (1963) Nr. 1. S. 28-36. — 4 Tab., 10 Lit.

An Ratten wurde 10 Tage lang ein Futter verabreicht, das frei von Histidin, Methionin, Phenylalanin oder Threonin war. Obwohl die Mangeltiere eine geringere Körpermasse als die Kontrolltiere aufwiesen, waren die Relationen zwischen Wasser, Fett und Eiweiß in den Körpern der Ratten der Mangel- und Kontrolltiere gleich. Analysen der Pankreas- und Darmferment-Aktivitäten 2 und 23 Std. nach der Fütterung ergaben, daß ein akuter Mangel jeder beliebigen essentiellen Aminosäure die Enzymaktivität des Pankreassekretes reduziert. Das Fehlen von Histidin in der Diät verursachte den größten Abfall in der Enzymaktivität des Pankreassekretes. Auch ein Mangel an Methionin senkte die Pankreaslipase- und Protein-Aktivitäten, hatte aber eine geringere Wirkung auf die Amylase-Aktivität. K. Gruhn. 8042.

3-64/06-0535 Lyman, Richard L. und Wilcox, Sue Stewart; Berkeley, Univ. of California. Effect of acute amino acid deficiencies on carcass composition and pancreatic function in force-fed rat. II. Deficiencies of valine, lysine, tryptophan, leucine and isoleucine. **(Wirkung eines akuten Aminosäuremangels auf die Körperzusammensetzung und Pankreasfunktion bei zwangsgefütterten Ratten. 2. Mitt. Mangel an Valin, Lysin, Tryptophan, Leucin und Isoleucin.)** J. Nutrit. [Philadelphia] **79** (1963) Nr. 1. S. 37-44. — 6 Tab., 17 Lit. 1. Mitt. vgl. vorst. Ref.

Es wurden Ratten 10 Tage lang mit einer Diät gefüttert, die frei von Valin, Lysin, Tryptophan, Leucin oder Isoleucin war. Die Tiere wurden 2, 5 und 23 Std. nach der Fütterung getötet. Der Pankreas- und Darminhalt wurde auf seine Aktivität an Lipase, Protease und Amylase geprüft. Die Amylaseaktivität wurde auch im Plasma untersucht. Ferner erfolgte die Bestimmung der Verdaulichkeit und der Körperzusammensetzung. Nur in der

Gruppe, in der Isoleucin fehlte, war die Zusammensetzung der Körper signifikant von denen der Kontrollen verschieden. Die Ratten, die eine Diät erhielten, die frei von Valin, Tryptophan, Leucin oder Isoleucin war, zeigten die geringste Fähigkeit, die Pankreasenzymaktivitäten zu behalten. Die Plasmaamylaseaktivität korrelierte nicht mit der funktionellen Kapazität des Pankreas, was bedeutet, daß das Blutenzym möglicherweise nicht aus dem Pankreas stammt. K. Gruhn. 8042.

3-64/06-0536 Yang, S. P., Steinhauer, John E. und Masterson, Jo Ella; Lafayette, Ind., Purdue Univ. Utilization of a delayed lysine supplement by young rats. **(Ausnutzung einer verzögerten Lysinergänzung bei jungen Ratten.)** J. Nutrit. [Philadelphia] **79** (1963) Nr. 2. S. 257–261. — 5 Tab., 10 Lit.

Vff. berichten über Versuche an jungen Ratten, in denen die Ausnutzung einer durch Magensonde oder auf andere Weise zugefügten Lysinergänzung nach einer adäquaten, aber proteinfreien Basaldiät untersucht wurde. Die Ergebnisse zeigen, daß junge Ratten Protein synthetisieren können, wenn ihnen eine adäquate Nahrung, welche Protein mit Lysinmangel aufweist, 12 Std. verabreicht wird und wenn den Tieren dann in den nächsten 12 Std. eine proteinfreie Basaldiät und eine einzige tägl. Lysindosis durch Magensonde gegeben oder dieselbe Basaldiät mit Lysinzusatz gefüttert wird. K. Gruhn. 8042.

3-64/06-0537 Lebeda, M. Vliv zimní a letní krmné dávky na krevní bílkoviny dojnic. **(Einfluß der Winter- und Sommerfuttergabe auf die Bluteiweißstoffe der Milchkühe.)** Sborník Vysoké Školy zemědělské Brně, Řada B **11 (32)** (1963) Nr. 2. S. 131–137. — 3 Abb., 14 Lit. Zus. in Russ., Dtsch.

Das Gesamteiweiß des Blutserums schwankte im Laufe des Jahres nur wenig (es betrug ⌀ 9,41–9,43 g%). Die Eiweißfraktionen des Blutserums zeigten eine markante Dynamik, und ihr gegenseitiges Verhältnis wies zwischen den beiden Herden einen merklichen Unterschied auf. Die Herde mit wenig Eiweißfutterstoffen zeigte ein niedrigeres Verhältnis der Albumine zu den Globulinen (Quotient A/G war um 13,5% niedriger). Während der Weideperiode stiegen die Werte des A/G-Quotienten bei der Herde mit weniger wertvoller Futtergabe, während bei der Herde, die besser gefüttert wurde, diese Werte zurückgingen; im Winter sank der Quotient in beiden Fällen. Die Albumine sanken im Vorfrühjahr beträchtlich, um zur Weidezeit einen merklichen Anstieg zu verzeichnen. ČSSR/ÚVTI. 8042.

3-64/06-0538 Teeri, A. E. und Colovos, N. F.; Durham, Univ. Effect of urea in the ration of cattle on vitamin synthesis in the rumen. **(Wirkung von Harnstoff in der Rinderration auf die Vitaminsynthese im Pansen.)** J. Dairy Sci. **46** (1963) Nr. 8. S. 864–865. — 3 Tab., 8 Lit.

Vff. verabreichten an 4 Kühe sowohl mit rohfaserreichen (22%) als auch mit rohfaserarmen (19%) Rationen unterschiedliche Harnstoffmengen (0, 16, 32 und 64 g/Tag), untersuchten die Kot- und Harnausscheidungen mikrobiologisch auf ihren Nikotinsäure-, Riboflavin- und Vit.-B_{12}-Gehalt und zogen daraus Rückschlüsse auf den Einfluß des Harnstoffs auf die B-Vit.-Synthese im Pansen. Es zeigte sich, daß die Harnstoffütterung keine Verringerung der Vit.-Exkretion und demzufolge auch keinen ungünstigen Einfluß auf die Syntheseaktivität im Pansen ausübte. Bei den rohfaserarmen Rationen mit hohen Harnstoffzusätzen fanden sich die statistisch gesichert höchsten Nikotinsäure- und Riboflavinausscheidungen. Die Vit.-B_{12}-Ausscheidungen zeigten keine statistisch gesicherten Differenzen. J. Wünsche. 8050.

3-64/06-0539 Simeonov, S., Najdenov, N., Pramatarska, P. und Acev, G. Proučvane vŭrchu vrednoto vlijanie na karbamida pri kravite.

(Untersuchung des schädlichen Einflusses von Carbamid bei Kühen.) Izvestija na Veterinarnija naučnoizsledovatelski institut za nezarazni bolesti i zoochigiena, Sofija **3** (1963) S. 83-90. — 1 Tab., 20 Lit.
Kühen mit einem durchschnittlichen Gewicht von 580 kg und einer durchschnittlichen Milchleistung von 3500 kg während der Laktationsperiode wurde 40 Tage lang zusätzlich zur Futterration Carbamid verabreicht. Es wurde festgestellt, daß beim einmaligen Verabreichen von 110 g Carbamid tägl. im Gemisch mit Kraftfutter oder Maissilhge oder von 145 g Carbamid in Melasse gelöst und dem Kraftfutter hinzugefügt, kein schädlicher Einfluß auf den Organismus der Kühe zu beobachten ist. Nach einer vorherigen Vorbereitung der Kühe durch Gaben mit geringen Carbamidmengen rief eine Gabe von 300 g Carbamid tägl. zu 2 gleichen Dosen in einem Abstand von 6 Std. oder eine einmalige Gabe von 180-200 g Carbamid (0,50 g je kg Lgw. — keine Vergiftungen hervor. Bei Kühen, die vorher nicht vorbereitet wurden, bewirkte eine Gabe von 100 g Carbamid (0,20 g je 1 kg Lgw.) eine Vergiftung. Bei Verfütterung mit Wasser verdünntem Carbamid verringert sich die verträgliche Dosis um die Hälfte und es besteht Vergiftungsgefahr für die Tiere. Bei einer schweren Vergiftung der Tiere mit Carbamid übt das rechtzeitige perorale Einführen von 1 l Essig verdünnt mit 3 l Wasser und eine dreimalige i. v. Einspritzung alle 15-20 Min. einer Mischung von 1000 ml einer 45%igen Glutaminsäurelösung, 500 ml einer 40%igen Traubenzuckerlösung, 240 ml Glykoffein und 500 ml physiol. Kochsalz-Lösung eine heilende Wirkung aus.
NRB/ZSNTI, übersetzt v. I. Posdirca. 8050.

Stoffwechsel stickstofffreier Nährstoffe

3-64/06-0540 Spurný, O. und Lebeda, M. Změny hladiny ketonových látek v krvi krav v průběhu roku. **(Spiegelveränderungen der Kentonstoffe im Blut von Kühen während des Jahres.)** Sborník Vysoké Školy zemědělské Brně, Řada B **11 (32)** (1963) Nr. 2. S. 193-203. — 5 Abb., 2 Tab., 23 Lit. Zus. in Russ., Dtsch.
Während der Frühjahrsmonate lag der Ketonspiegel bei beiden Herden am tiefsten und in den Endphasen der Laktation und zur Zeit der Trockenstellung (Ende des Weideganges und die ersten Wintermonate) am höchsten. Der Bereich der min. und max. Ketonwerte bewegte sich bei der Herde, die besser gefüttert wurde, im Laufe des Jahres zwischen 2,8-14,33 mg%, bei der schlechter gefütterten Herde zwischen 1,91-16,0 mg%. An den Bewegungen der Ketonstoffe war vor allem die Beta-Oxybuttersäure beteiligt.
ČSSR/ÚVTI. 8062.

3-64/06-0541 Anonym. Electron microscopy and biochemical studies of chyle, serum, and liver after fatty meals. **(Elektronenmikroskopische und biochemische Untersuchungen von Chylus, Serum und Leber nach Fettverzehr.)** Nutrit. Rev. **21** (1963) Nr. 7. S. 212-215.
Ratten erhalten 2 ml Wasser, Maisöl oder Butterfett verabfolgt. In den nächsten 4-6 Std. werden elektronenmikroskopisch in ungefärbten Schnitten der osmiumfixierte Cyclus und in mit Bleihydroxyd oder Uranylacetat gefärbten Schnitten Chylus, Blut und Leber untersucht. Chemisch werden in Chylus, Blut und Leber sowie im verzehrten Fett Triglyceride, Sterine und Phospholipide bestimmt. Dabei ergeben sich in Blut und Chylus beträchtliche Unterschiede. Besonders überrascht, daß nach Butterverzehr die Serumtriglyceridwerte nicht ansteigen, obwohl in Phasenpräparaten zahlreiche Chylomikronen beobachtet werden. Da in den Arterienwänden selbst nach Maisölaufnahme, wo sie im Blut leicht erkennbar sind, Fettpartikel nicht gefunden werden, wird angenommen, daß sie in Partikelgrößen eintreten, die unter der in der vorliegenden Arbeit mit 100 A° als effektiv benannten liegen. B. Gaßmann. 8066.

3-64/06-0542 Anonym. Cholesterol feeding and the thyroid gland. **(Cholesterinfütterung und Schilddrüse.)** Nutrit. Rev. **21** (1963) Nr. 7. S. 219 bis 221.
Zusammenfassende Darstellung mehrerer Arbeiten, aus der hervorgeht, daß bei Kaninchen, Meerschweinchen, Hamstern und Ratten der Plasma- und Lebercholesterin- sowie der Gesamtlipidspiegel ansteigen, sobald dem Versuchsfutter 1% Cholesterin zugesetzt wird. Die Plasmacholesterinkonzentration steigt beim Kaninchen am höchsten und bei der Ratte am wenigsten an. In der Leber nimmt der Cholesteringehalt am meisten beim Hamster und am wenigsten beim Kaninchen zu. Der Einfluß der Cholesterinfütterung auf die Schilddrüse ist unterschiedlich. Soweit, wie beim Kaninchen und Meerschweinchen, typische atherosklerotische Schäden beobachtet werden, ist auch die Schilddrüse unterentwickelt. Follikelzahl und -form sowie das Kolloid werden jedoch auch bei Ratten und Hamstern durch die Cholesterinzulagen zum Futter beeinflußt. B. Gaßmann. 8066.

3-64/06-0543 Miller, Edward C., Menge, H. und Denton, C. A.; Beltsville, Md., U.S. Dep. of Agric. Effects of long-term feeding of a fat-free diet to laying hens. **(Die Wirkung langfristiger Fütterung einer fettfreien Diät an Legehennen.)** J. Nutrit. [Philadelphia] **80** (1963) Nr. 4. S. 431-440. – 3 Abb., 2 Tab., 22 Lit.
3 Gruppen, je 15 weiße Leghornjunghennen, erhielten ad libitum in einem 40-Wochen-Versuch folg. Rationen: Gruppe (I) 20% Protein (22,6% isoliertes Sojabohnenprotein + 0,9% Aminosäuren), 61,3% Glucose, 5% Cellulose, Mineralstoff- und Vitaminmischung ad 100 (Fettgehalt 0,05-0,07%), Gruppe (II) gleiche Ration, nur 5% Glucose durch 5% Schweineschmalz ersetzt; Gruppe (III) Legehennenmischung mit 19,6% Protein. Zweimal wöchentlich wurde techn. besamt. Registriert wurden Futteraufnahme, Legeleistung, Lgw. und Eigewicht; bestimmt wurde in Sammelproben je Gruppe am Versuchsende gaschromatographisch der Fettsäurengehalt einiger Gewebe, in 28tägigen Perioden der des Blutplasmas und der Eidotter, das Gewicht des frischen Eidotters, Fruchtbarkeit und Schlupffähigkeit. Resultate bei den Gr. I, II und III: Zunahmen an Lgw. 266, 287 und 301 g/Tier; Futteraufnahme 96, 93, und 123 g/Tier und Tag; Fruchtbarkeit 89, 87 und 89%; Schlupffähigkeit 82, 90 und 93%. Die Legeleistung der Gr. I und II war trotz großer individueller Unterschiede im ⌀ gleich, die von Gr. III signifikant höher, aber das Eigewicht waren signifikant different: $I < II < III$. Gewicht und Gesamtfettgehalt des Dotters war nur bei III signifikant höher als bei I ($II < I$ bzw. $I = II$). Bei der Gr. I ergab sich eine Brutzeitverlängerung am Versuchsende um 24–36 Std., Verarmung an Linol- und Arachidonsäure und Zunahme des C_{20}-Triengehaltes im Fett des Plasmas, des Eigelbs und einiger Gewebe. Dennoch war in der Brust- und Oberschenkelmuskulatur Linol- und Arachidonsäure in beträchtlicher Menge vorhanden. Die C_{20}-Trienvermehrung konnte im Fett der Gr. III und II nicht gefunden werden. A. Chudy. 8066.

3-64/06-0544 Jensen, Leo S. und Shutze, John V.; Pullman, Washington State Univ. Essential fatty acid deficiency in the laying hen. **(Mangel an essentiellen Fettsäuren bei der Legehenne.)** Poultry Sci. **42** (1963) Nr. 4. S. 1014-1019. – 2 Abb., 4 Tab., 12 Lit.
Leghornküken wuchsen unter 3 verschiedenen Futtermischungen vom Schlupf bis zur Reife heran und bekamen von der 20. Woche bei Käfighaltung ähnliche Mischungen weiterhin, nämlich a) fettfrei (62,8% Cerelose, 30,0% entfettetes Fischmehl), b) wie a) mit 5% Saffloröl als Zusatz, c) praxisüblich (74,7% Gelber Mais, 5% Fischmehl, 8% Sojaextraktionsschrot u. a. m.). Die Hennen wurden künstlich besamt, die Eier erbrütet und die 2. Generation ebenfalls auf Legeleistung geprüft. Die Hennen der 1. Generation a) und b)

unterschieden sich in der Eierproduktion nicht und wurden von c) übertroffen. In der 2. Generation blieb Gruppe a hinter b zurück, und c legte am besten. Das einzelne Ei war in Gruppe b stets um 2–6 g schwerer als in a. Die Diät a verschlechterte die Schlupfprozente — aber nicht die Fruchtbarkeit — freilich nur zu Beginn des Legejahres. In den Eiern ließen sich nur Spuren oder gar keine Linol-, Linolen- und Arachidonsäure nachweisen, so daß es fraglich ist, ob diese Fettsäuren für Küken überhaupt essentiell sind, zumal auch Gruppe a lebensfähige Küken hervorbrachte.
C. Engelmann. 8066.

3-64/06-0545 Beare, Joyce L., Murray, T. K., McLaughlan, J. M. und Campbell, J. A.; Ottawa, Canada, Dep. of Nat. Health and Welfare. Relative effects of rapeseed oil and corn oil on rats subjected to adrenalectomy, cold, or pyridoxine deprivation. **(Relative Wirkungen von Rapsöl und Maisöl auf Ratten, die einer Adrenalektomie, einem Kälteeinfluß oder einem Pyridoxinentzug unterworfen wurden.)** J. Nutrit. [Philadelphia] **80** (1963) Nr. 2. S. 157–161. — 1 Abb., 3 Tab., 20 Lit.
In Fütterungsversuchen mit ♂ Ratten (Stamm Wistar) wurde Rapsöl (**I**) und Maisöl (**II**) unter Bedingungen verglichen, die den Fettstoffwechsel beeinflussen können. Die Ratten erhielten in einer gereinigten Grundfutterration jeweils 20% **I** oder **II**. Adrenalektomie veränderte die niedrigeren Futteraufnahmen und Gewichtszunahmen bei **I**- gegenüber **II**-Verabreichung nicht. Kälte und Pyridoxin-Entzug hatten mit **I** eine ungünstigere Wirkung als mit **II**. Die Fettablagerung bei den Pyridoxin-Mangelratten war bei **I**-Fütterung geringer als bei **II**-Fütterung. Eine Analyse des Körperfetts der Pyridoxin-Mangelratten zeigte, daß **I** (aber nicht **II**) den Anteil der Palmitinsäure erhöhte und den der Linolensäure reduzierte. Die Erucasäure war im Fett der nicht mit Pyridoxin versorgten Tiere etwas höher als bei denen mit Pyridoxin-Ergänzung.
J. Wünsche. 8066.

3-64/06-0546 Sell, J. L. und McKirdy, J. A.; Winnipeg, Canada, Univ. of Manitoba. Lipids in chick urine: the influence of dietary rapeseed oil. **(Lipide im Kükenharn: Der Einfluß von Rapsöl in der Ration.)** Poultry Sci. **42** (1963) Nr. 2. S. 380–383. — 2 Tab., 8 Lit.
Die Lipidausscheidung im Harn wurde durch einen Rapsölanteil von 10% nicht erhöht (Kontrolle 1,76% bzw. Rapsöl 1,74% der Harn-Tr.-Subst.). Die Verdaulichkeit bzw. Verwertung von Rapsöl betrug 84,3 bzw. 83,3%, die umsetzbare Energie 8,58 kcal/g.
B. Piatkowski. 8066.

3-64/06-0547 Lambiotte, Maurice; Bellevue, Centre de Rech. sur la Nutrit. Utilisation du cholestérol radioactif dans l'étude de l'influence des lipides alimentaires sur le métabolisme du cholestérol. **(Nutzbarmachung des radioaktiven Cholesterins in der Studie über den Einfluß der alimentären Lipide auf den Stoffwechsel des Cholesterins.)** Ann. Nutrit. Alimentat. [Paris] **17** (1963) Nr. 4/5. S. B 237–B 246.
Zwischen dem Stoffwechsel des Cholesterins exogenen Ursprunges (Nahrung) und dem endogenen Ursprunges (Synthese im Organismus) bereitet es versuchsmäßig Schwierigkeiten zu unterscheiden. In der Arbeit wird gezeigt, wie es möglich ist, unter Anwendung einer bestimmten Versuchsanordnung und unter Verwendung von Cholesterin-$4^{14}C$ zu detaillierten Schlußfolgerungen zu kommen.
H. Steger. 8066.

3-64/06-0548 *Kolb, Alfred.* **Die Ausnutzung von verschiedenen Nahrungsfetten und deren Einfluß auf den Cholesteringehalt im Blutserum und in der Leber bei der Albinoratte.** Diss. Vet.-med. Fak. Gießen. 1962. (44 S.) 8°. (Diss. 9107)

Mineralstoffwechsel

3-64/06-0549 Anonym. Loss of nutrients through the skin. **(Nährstoffverlust durch die Haut.)** Nutrit. Rev. (1963) Nr. 9. S. 266–269. — 12 Lit.

Aus Literaturstudien wird geschlußfolgert, daß beträchtliche Mengen von Na, K, Mg, Fe und N durch den Schweiß bei Menschen ausgeschieden werden, die warmen Umgebungstemperaturen und hohen Luftfeuchtigkeiten ausgesetzt sind. In einigen Versuchen wurden bei Na 54–68%, bei K 19–44%, bei Mg 10–15%, bei Fe 4–5% und bei P nur 0,4–1,2% der Gesamtexkretion im Schweiß ausgeschieden. Bei Bilanzstudien und evtl. auch bei Versuchen zur Bestimmung des Bedarfs an Mineralstoffen sollte unter extremen Umweltbedingungen dieser Ausscheidungsquelle unbedingt Rechnung getragen werden. R. Schiemann. 8105.

3-64/06-0550 Sullivan, T. W. Studies on the potassium requirement of turkeys to 4 weeks of age. **(Untersuchungen über den Kaliumbedarf 4 Wochen alter Puten.)** Poultry Sci. **42** (1963) Nr. 5. S. 1072–1075. — 3 Tab., 9 Lit.
Je 10 Eintagsputen in Aufzuchtbatterien dienten zu den 4 Versuchen von 4 Wochen Dauer. Die halbsynthetische Futtermischung (46% Sucrose, 37% Sojabohnenprotein, 4,5% Sojabohnenöl, 30% Celluloseflocken, Mineralstoffe und Vitamine) enthielt 0,075% K. KCl wurde zu 0,175; 0,275; 0,475; 0,575 und 0,375% zugesetzt. Die Zunahmen waren bei 0,375% KCl am besten; die höheren Zugaben riefen bereits Wachstumsdepressionen hervor. Die Futterverwertung ging mit der Zunahme etwa parallel. Bei nur 0,075 oder 0,175% KCl überlebte keine Pute den 21. Tag. Der Kalimangel äußerte sich in unspezifischen Reaktionen: Verzögertes Wachstum, Schwäche und Ataxie. Tetanische Anfälle gingen den Todesfällen voraus. Antibiotica-Gaben (Penicillin-Streptomycin 1:3) änderten den K-Bedarf nicht. Die erforderliche K-Menge ist in den üblichen Futtermischungen enthalten; eine zusätzliche Gabe erübrigt sich daher. C. Engelmann. 8122.

3-64/06-0551 Anonym. Retention of radioactive sodium by rats. **(Retention von radioaktivem Natrium bei Ratten.)** Nutrit. Rev. **20** (1962) Nr. 10. S. 313–315. 8122.

3-64/06-0552 Guegen, L. und Mathieu, C.-M.; Jouy-en-Josas, Seine-et-Oise, Centre Nat. de Rech. Zootechn. L'utilisation des éléments minéraux de la ration par le veau. **(Die Verwertung der Mineralstoffe in der Ration durch das Kalb.)** Ann. Zootechnie **11** (1962) Nr. 2. S. 115–134. — 8 Abb., 11 Tab., 20 Lit. Zus. in Engl.
In Stoffwechselversuchen wurde an Kälbern im Alter von 2–15 Wochen die Mineralstoffbilanz (Ca, P, Mg, K, Na) bei verschiedenen Rationen durchgeführt. Gruppe I (8 Kälber) erhielt nur Vollmilch (bis 14 l tägl.), Gruppe II (5 Kälber) begrenzte Milchmengen bis 7 Lebenswochen und zusätzlich Kraftfutter und Heu. Die Tiere der Gr. I bzw. II nahmen 902 bzw. 665 g tägl. zu; wurde der Inhalt der Verdauungsorgane abgerechnet, so betrug der Zuwachs 874 bzw. 490 g. Die Tiere der Gruppe II erhielten eine größere Menge an Ca, P und Mg, wodurch genauere Aussagen über die Verwertung erschwert werden. Die Verwertung der Mineralstoffe war in Gr. I besser als in II, was evtl. mit einer stärkeren Exkretion zusammenhängen kann. Die retenierten Mengen waren in beiden Gruppen etwa gleich hoch, nur in Gr. I war die von Mg niedriger und von K höher als in Gr. II. Die P-Exkretion im Harn war beträchtlich (Gr. I 90% der gesamten P-Ausscheidung, Gr. II 66-25%). Die P-Ausscheidung im Kot erhöhte sich mit zunehmendem Alter nur in Gr. II. Je kg Schlachtkörper war der Gehalt in Gr. II an Ca 1,6, an P 1,5, an K 1,4, an Mg 3,6 mal so hoch als bei Gr. I. Für früh abgesetzte Kälber mit einem Lgw. von 100 kg empfehlen die Vff. 7 g Ca, 5 g P, 3,5 g K, 2 g Na und 2 g Mg je kg Futter-Tr.-Subst. B. Piatkowski. 8123.

3-64/06-0553 Rotenberg, S. Przemiana wapnia w organiznie owiec przy zamianie cześci białka paszy mocznikiem. **(Der Calciumstoffwechsel im Orga-**

nismus der Schafe beim Ersatz eines Teiles der Eiweißstoffe des Futters durch Harnstoff.) Zeszyty naukowe wyższej Szkoły rolniczej Szczecinie **1962** Nr. 8. S. 91–99. — 1 Abb., 1 Tab., 4 Lit.
Die Versuche haben gezeigt, daß das Ersetzen von 30% Futtereiweiß durch Harnstoff keinen wesentlichen Einfluß auf die Ca-Bilanz (^{45}Ca) und auf die Ausscheidungsart des Ca aus dem Tierorganismus ausübt. Die Ca-Exkretion im Darm beträgt ungefähr 13% der mit dem Kot ausgeschiedenen Menge.
PRL/CBR, übersetzt v. O. Kasperl. 8123.

3-64/06-0554 Zimmerman, D. R., Speer, V. C., Hays, V. W. und Catron, D. V.; Ames, Iowa Agric. and Home Econ. Exp. Stat. Effect of calcium and phosphorus levels on baby pig performance. **(Wirkung der Calcium- und Phosphorgehalte auf die Leistung von Ferkeln.)** J. Animal Sci. **22** (1963) Nr. 3. S. 658–661. — 7 Tab., 12 Lit.
Um die optimalen Ca- und P-Gehalte in an Milchprodukten (Trockenmagermilch, Casein, Lactose) reichen Rationen für die Ernährung von 2–7 Wo. alten Ferkeln zu ermitteln, wurden 6 umfangreiche Versuche durchgeführt. Niedrige P- und hohe Ca-Gehalte (Ca:P = 1,6:1 und weiter) verschlechterten die Gewichtszunahmen. Die Futterverwertung schien durch Ca und P unabhängig voneinander beeinflußt zu werden. Hohe Ca-Gehalte in der Ration (>0,8%) verringerten, P-Gehalte bis zu 0,6% verbesserten die Futterverwertung. Die höchsten Ca (1,0%)- und P (0,7%)-Gehalte bewirkten die beste metatarsale Calcifizierung. Für max. Leistungen und eine angemessene Skelettentwicklung dürfte ein maximaler Ca-Gehalt von 0,8% und ein Mindest-P-Gehalt von 0,6% am günstigsten sein. J. Wünsche. 8123.

3-64/06-0555 Petruchin, I. V. Potrebnost' porosjat-ot-emyšej v magnii. **(Der Magnesiumbedarf von Absatzferkeln.)** Živottnovodstvo, Moskva **25** (1963) Nr. 5. S. 75–78. — 2 Abb., 1 Tab.
25 Kreuzungsferkel im Alter von 35–40 Tagen erhielten eine „synthetische" Ration aus 25% säurehaltigem Casein, 32% Kartoffelstärke, 31% Maisstärke, 5% Sonnenblumenöl, 3% Kiefernnadelmehl; 0,125% Methionin; 4,16% Mineralstoffgemisch; 0,207% Vitamingemisch und 0,0065% salzsaurem Biomycin. Die Rationen der einzelnen Gruppen unterschieden sich lediglich durch den Mg-Gehalt. Dabei ergab sich, daß bei einem Mg-Gehalt des Futters unter 0,04% bei den Ferkeln Mg-Mangel auftritt, der sich durch schlechtes Wachstum, Absinken der Körpertemperatur, Gefäßerweiterung, Beschleunigung der Herztätigkeit, Schuppenbildung der Haut, Gelenkschwäche, klonisch-tonischen Krämpfen und Senkung des Gehalts an anorg. Mg im Blut bemerkbar macht. Um eine normale Entwicklung zu gewährleisten, müssen Ferkel bis zu 60–70 Tagen Futter mit 0,06% Mg und danach mit 0,08% Mg erhalten (bei einem Gehalt von 0,86% Ca und 0,556% P). Mg-Mangel kann durch Zusatz von $MgSO_4$, $MgCO_3$ oder gebrannter Magnesia ausgeglichen werden. B. Schenk. 8123.

3-64/06-0556 Nugara, Denis und Edwards jun., Hardy M.; Athens, Univ. of Georgia. Influence of dietary Ca and P levels on the Mg requirement of the chick. **(Der Einfluß des Ca- und P-Spiegels im Futter auf den Mg-Bedarf des Kükens.)** J. Nutrit. [Philadelphia] **80** (1963) Nr. 2. S. 181–184. — 3 Tab., 11 Lit.
Das gereinigte Grundfutter, das den Eintagsküken (Weiße Plymouth) zur Verfügung stand, enthielt 23 ppm Mg und 0,15% P. Als Steigerungen wurden geboten: 0,6% Ca + 0,3% P; 0,6% Ca + 0,6% P; 0,6% Ca + 0,9% P; 1,2% Ca + 0,3% bzw. 0,6% bzw. 0,9% P. Der Mg-Bedarf nahm zu, sobald der Anteil an Ca oder P anstieg; die entsprechenden Werte waren 461; 524; 562; 517; 577 und 594 ppm Mg in der Futtermischung. Um die Toxizität des Mg zu prüfen, setzten Vff. dem Grundfutter (mit 0,3% P und 0,6% Ca) 0; 1600; 3200; 6400 und 12800 ppm Mg hinzu. Von 6400 ppm Mg

an blieben die Küken im Wachstum zurück, und ihre Sterblichkeit nahm zu. Die hohen Mg-Gaben (6400 und 12800 ppm) setzten den Anteil an Knochenasche herab; gleichzeitig stieg aber der Mg-Gehalt in den Knochen von 0,48% bzw. 1,17% (0 bzw. 3200 ppm Mg) auf 1,40% an. C. Engelmann. 8123.

3-64/06-0557 Itoh, Hiroshi und Hatano, Tadashi; Sendai, Japan, Tohoku Univ., Fac. of Agric. Calcium metabolism in the rabbit. II. Time distribution of intravenously administered radiocalcium in the young rabbit. **(Der Calciumstoffwechsel des Kaninchens. 2. Mitt. Die Verteilung intravenös verabreichten Radiocalciums in Abhängigkeit von der Zeit bei jungen Kaninchen.)** Tohoku J. agric. Res. **12** (1961) Nr. 4. S. 327–340. – 4 Abb., 2 Tab., 15 Lit. Orig.: engl. 1. Mitt. vgl. Tohoku J. agric. Res. **11** (1960) Nr. 4. S. 341.

22 Kaninchen erhielten am 50. Lebenstag 0,5 ml einer neutralen $CaCl_2$-Lösung, die 20 μc ^{45}Ca enthielt, i. v. injiziert. Sie wurden $^1/_2$ bis 24 Std. nach der ^{45}Ca-Verabreichung geschlachtet und der Gesamt-Ca- und ^{45}Ca-Anteil ihrer Organe und Ausscheidung untersucht. Das verabreichte ^{45}Ca wurde rasch und in erheblichem Umfang zu dem Verdauungskanal und dessen Inhalt transportiert. Alle Teile des Verdauungskanals waren an der Ca-Exkretion beteiligt, der Dünndarm spielt dabei die Hauptrolle. Die Ca-Exkretion dieses Segmentes überstieg die Ca-Resorption. Im Caecum wurde wahrscheinlich mehr endogener Ca als Nahrungs-Ca resorbiert, während im Colon endogener Ca und Nahrungs-Ca zu gleichen Teilen aufgenommen wurden. Unmittelbar nach der Injektion war ^{45}Ca im Knochen. Erhebliche Ca-Mengen verließen mit dem Harn den Körper. Zwischen der Ca-Aufnahme des Knochens und der Ca-Exkretion im Harn bestand eine negative Beziehung.
M. Anke. 8123.

3-64/06-0558 Itoh, Hiroshi und Hatano, Tadashi; Sendai, Japan, Tohoku Univ., Fac. of Agric. Calcium metabolism in the rabbit. III. Time distribution of intravenously administered radiocalcium in the mature rabbit. **(Der Calciumstoffwechsel des Kaninchens. 3. Mitt. Die Verteilung intravenös verabreichten Radiocalciums in Abhängigkeit von der Zeit beim erwachsenen Kaninchen.)** Tohoku J. agric. Res. **12** (1961) Nr. 4. S. 341–349. – 1 Abb., 2 Tab., 7 Lit. Orig.: engl. 2. Mitt. vgl. vorst. Ref.

An 30 erwachsenen Kaninchen wurden die gleichen Untersuchungen wie bei jungen Kaninchen (vgl. 2. Mitt.) durchgeführt. Das i. v. injizierte Ca verschwand bei den erwachsenen Kaninchen viel rascher aus dem Blut als bei den jungen. Wiederum waren alle Teile des Verdauungskanals und insbes. der Dünndarm an der Ca-Exkretion beteiligt. Im Magen und Caecum wurde bei den erwachsenen Kaninchen mehr Ca als bei den jungen akkumuliert. Der Transport des Ca durch den Verdauungskanal erfolgte bei den älteren Tieren langsamer als bei den wachsenden. Der Knochen erwachsener Kaninchen nahm weniger Radiocalcium auf als der der jungen. M. Anke. 8123.

3-64/06-0559 Finkelstein, James D. und Schachter, David; New York City, Columbia Univ. Active transport of calcium by intestine: effects of hypophysectomy and growth hormone. **(Der aktive Transport des Calciums durch die Eingeweide: Die Wirkung der Hypophysenentfernung und der Wachstumshormone.)** Amer. J. Physiol. **203** (1962) Nr. 5. S. 873–880. – 4 Abb., 7 Tab., 22 Lit.

In vitro konnte am Rattenduodenum festgestellt werden, daß 4 bis 5 Tage nach der Hypophysenentfernung der aktive Ca-Transport anstieg, um sich 2 bis 3 Wochen nach der Operation merklich zu verringern. Der verminderte Transport beruht auf der verringerten Überführung des Ca zur Serosa, wobei sowohl die Ca-Aufnahme der Mucosa als auch der Transport zur Oberfläche der Serosa gehemmt waren. Die Hypophysenentfernung verringerte gleichfalls den Fe-Transport und erhöhte den Galaktose-Transport im Jejenum. Die Behandlung der hypophyselosen Ratten mit Wachstumshormon von Rindern brachte den Transportmechanismus wieder in Ordnung. Prolaktin des Schafes hatte auf den Ca-Transport die gleiche Wirkung. Cortison-, l-Thyrosin- und Oestradiolgaben verminderten den Ca-Transport 2 Wochen nach der Hypophysenentfernung. M. Anke. 8123.

3-64/06-0560 Consolazio, C. Frank, Matoush, LeRoy O., Nelson, Richard A., Hackler, L. Ross und Preston, E. Eugene; Denver, Colo., U. S. Army Med. Res. and Nutrit. Lab. Relationship between calcium in sweat, calcium balance, and calcium requirements. **(Beziehungen zwischen dem Calciumgehalt des Schweißes, dem Calciumgleichgewicht und dem Calciumbedarf.)** J. Nutrit. [Philadelphia] **78** (1962) Nr. 1. S. 78–88. — 12 Tab., 20 Lit.

Durch starkes Schwitzen verliert der Mensch bis zu 20 mg Ca in der Stunde. Dieser Verlust sollte bei dem Ca-Bedarf berücksichtigt werden. 7 bei einer Temperatur von 70,85 und 100 °F lebende junge Männer gaben stündlich 8,1; 11,6 und 20,2 mg Ca mit dem Schweiß ab. Diese Mengen entsprechen 21,8; 25,8 und 33,2% des insgesamt exkretierten Ca. Auch nach 4tägiger Akklimatisation bei 100 °F war die im Schweiß exkretierte Ca-Menge (17 mg/Std.) hoch. Die Gesamtmenge des im Schweiß ausgeschiedenen Ca steigt mit zunehmender Schweißmenge. Unter diesen Bedingungen steigt demnach auch der Ca-Bedarf des Menschen. Der Körper kann diesen Verlust auch nach der Akklimatisation anscheinend nicht durch eine Verringerung der Ca-Ausscheidung im Harn kompensieren. Zur Regulierung der Ca-Ausscheidung im Harn werden wahrscheinlich Monate vom Körper benötigt. M. Anke. 8123.

3-64/06-0561 Aschkenasy, A.; Paris, Hospital de la Pitié. Effets de la privation de protéines alimentaires sur la production de l'érythropoïétine étudiée à l'aide du ^{59}Fe. **(Wirkungen des Entzuges von Nahrungseiweiß auf die Produktion von Erythropoietin, untersucht mit Hilfe von ^{59}Fe.)** Ann. Nutrit. Alimentat. [Paris] **17** (1963) Nr. 4/5. S. B 207-B 224.

An Wistarratten, die 1 bzw. 2 Wochen N-frei ernährt waren, wurde die Wirkung des erythropoetischen Effektes von verschiedenen Rattenplasmaarten verglichen. Neben einer Injection von 0,8–1,0 μC ^{59}Fe (als $FeCl_3$) erhielten die Tiere Plasmagaben von normal ernährten, von mit Phenylhydrazin anaemisch gemachten, von proteinfrei ernährten und von nach Eiweißentzug wieder voll ernährten Ratten. Aus den Befunden (Hämatokrit, Hämoglobin, Reticulocyten, ^{59}Fe in Blut, Leber, Knochenmark) wird der Schluß gezogen, daß bereits in den ersten Tagen des Eiweißentzuges die Bildung von roten Blutkörperchen zum Stillstand kommt und der erythropoetische Faktor aus dem Plasma verschwindet. Die Zufuhr dieses Faktors in Form von mit Phenylhydrazin anaemisch gemachten Plasmas hebt die Hemmung zur Blutbildung des Knochenmarkes auf und bewirkt eine Verschiebung von ^{59}Fe aus der Leber nach dem Mark und dem zirkulierenden Blut. Die gleiche, aber viel schwächere Wirkung hat Plasma von Ratten, die nach eiweißfreier Fütterung wieder voll ernährt wurden. H. Steger. 8127.

3-64/06-0562 Cox, Dennis H. und Harris, Dorothy L.; Tifton, Georgia Coastal Plain Exp. Stat. Reduction of liver xanthine oxidase activity and iron storage proteins in rats fed excess zinc. **(Die Verminderung der Leberxanthinoxydaseaktivität und der eisenhaltigen Proteine durch Fütterung überschüssigen Zinks.)** J. Nutrit. [Philadelphia] 78 (1962) Nr. 4. S. 415–418. — 2 Tab., 16 Lit.

Vf. prüften den Einfluß von 0,4% Zn auf die Xanthinoxydaseaktivität und den Ferritin- und Hämosideringehalt der Rattenleber. Die Zn-Fütterung verringerte die Xanthinoxydaseaktivität der Leber schon kurze Zeit nach der Zn-Aufnahme. Der Mo-Gehalt der Leber blieb unbeeinflußt. Sowohl der Ferritin- wie der Hämosiderinanteil der Leber wurde durch die Zn-Beifütterung reduziert, jedoch war der Ferritinverlust größer als der an Hämosiderin. Das Ferritin schien unter den beschriebenen Bedingungen labiler als das Hämosiderin zu sein. M. Anke. 8127.

3-64/06-0563 Davis, P. N., Norris, L. C. und Kratzer, F. H.; Davis, Univ. of California. Iron deficiency studies in chicks using treated isolated soybean protein diets. **(Eisenmangelstudien bei mit isoliertem Sojabohneneiweiß gefütterten Küken.)** J. Nutrit [Philadelphia] **78** (1962) Nr. 4. S. 445–453. – 2 Abb., 6 Tab., 18 Lit.
Der Fe- und Cu-Gehalt von isoliertem Sojabohneneiweiß wurde durch Waschen mit H_2O nicht beeinflußt, während er sich durch die Behandlung mit Na_2EDTA um 50 und 65% verringerte. Das Fe des unbehandelten Sojabohneneiweißes konnte von den Küken zum Wachstum und zur Hämoglobinbildung verwendet werden, während das dem behandelten Sojabohneneiweiß zugesetzte Fe nicht zu diesem Zweck genutzt werden konnte. Das im Na_2EDTA behandelten Sojabohneneiweiß verbliebene Fe kann zu einem kleinen Teil für Wachstum und Hämoglobinbildung verwendet werden. Der Fe-Mangel verursachte bei den New Hampshireküken Federdepigmentation, die in keiner Beziehung zur Cu-Versorgung stand. Die Versuche zeigten, daß unter verschiedenen Bedingungen der mit 20 bzw. 40 ppm angegebene Mindest-Fe-Gehalt des Kükenfutters zu niedrig sein kann. M. Anke. 8127.

3-64/06-0564 Hill, C. H., Matrone, G., Payne, W. L. und Barber, C. W. In vivo interactions of cadmium with copper, zinc and iron. **(In vivo Wechselwirkungen zwischen Cadmium und Kupfer, Zink und Eisen.)** J. Nutrit. [Philadelphia] **80** (1963) Nr. 3. S. 227–235. – 1 Abb., 6 Tab., 13 Lit.
In umfangreichen Fütterungsversuchsreihen an Küken wurden die Gewichtszunahmen, die Mortalität, Erythrocytenzahl, Hämatokrit, Hämoglobingehalt sowie Cytochromoxydaseaktivität festgestellt und histologische Untersuchungen der Aortenwand durchgeführt. Bei Fe- und Cu-freier Nahrung traten nach Aufnahme von 25–400 ppm Cd Vergiftungen ein, die sich in Form von Wachstumshemmung, erhöhter Sterblichkeit, mikrocytärer hypochromer Anämie, Atonie und Verlängerung des Muskelmagens äußerten. Durch die Aufnahme von Cd wurde bei Küken der Bedarf an den chemisch verwandten Elementen Cu und Zn erhöht. Die benötigte Cu-Menge nahm ab, wenn gleichzeitig genügend Fe gegeben wurde. Durch Cu-Zulage konnte die Mortalität des Cd herabgesetzt werden. Zn-Zugabe dämpfte den Einfluß auf die Gewichtszunahme und auf die Veränderung des Muskelmagens. Fe-Zusatz wirkte sowohl in Bezug auf die Gewichtszunahme als auch bezüglich der Überlebensrate einer Cd-Vergiftung entgegen. I. Müller. 8127.

3-64/06-0565 Kirchgessner, M. und Weser, U.; Weihenstephan, Inst. für Tierernähr. der TH München. **Spurenelemente im Stoffwechsel wachsender Schweine bei unterschiedlichen Kupfer-Zulagen.** Z. Tierphysiol., Tierernähr. Futtermittelkunde **18** (1963) Nr. 3. S. 181–186. – 3 Tab., 17 Lit.
Aus den Stoffwechseluntersuchungen an wachsenden Schweinen (15 und 30 kg) geht hervor, daß durch $CuSO_4$-Zulagen (0,5 bzw. 1 g je kg Futter) die Retention von Co verdoppelt (bei 15 kg Lgw.) bzw. verdreifacht (30 kg Lgw.) wird. Ebenfalls steigt die Retention von Fe, Zn und Mn. Die höhere Retention wird auf eine bessere Resorption zurückgeführt. Schwermetalle in biol. Subst. sind überwiegend an Aminosäuren, Proteine etc. gebunden, und zwar unterschiedlich stark. Cu-Verbindungen sind in der Lage, andere Metalle aus dem Proteinkomplex zu verdrängen. Beide Cu-Zulagen erhöhten den Co- und Cu-Gehalt im Harn. B. Piatkowski. 8127.

3-64/06-0566 Wolf, Ernest, Kollonitsch, Valerie und Kline, Charles H.; Pompton Plains, N. J., Charles H. Kline & Co., Inc. A survey of selenium treatment in livestock production. **(Eine Zusammenfassung über die Selenbehandlung der Viehbestände.)** J. agric. Food Chem. **11** (1963) Nr. 4. S. 355 bis 360. — 3 Abb., 3 Tab., 56 Lit.

Die Vff. geben einen zusammenfassenden Bericht über die verbreitetste und am besten beschriebene Se-Mangelkrankheit, der „white muscle disease" (WMD), die auch als „Muskeldystrophie" oder „stifflamb disease" bezeichnet wird. Die WMD kommt hauptsächlich bei Lämmern und Kälbern vor, tritt aber auch bei Pferden, Ziegen, Geflügel und anderen Tierarten auf. Die Krankheit wurde in allen Schafzuchtgebieten der Welt, insbesondere in Australien, Kanada, Neuseeland, Südafrika, der Türkei, England, den USA und auch in Deutschland beobachtet. Die Behandlung erfolgte in den einzelnen Gebieten mit 0,1 ppm Se als Selenit, mit Se und Vit. E und mit Vit. E allein per os oder durch Injektion. M. Anke. 8127.

3-64/06-0567 *Bersin, Theodor.* **Biochemie der Mineral- und Spurenelemente.** Frankfurt a. M.: Akad. Verlagsges. 1963. (XVI, 695 S. m. 99 Abb. u. Farbtaf.) 8°. (1963 A 991)

Stoffwechsel der Vitamine und anderer Wirkstoffe

3-64/06-0568 Davison, K. L. und Seo, J.; Ithaca, N. Y., Cornell Univ. Influence of nitrate upon carotene destruction during in vitro fermentation with rumen liquor. **(Einfluß von Nitrat auf die Carotin-Zerstörung während der in vitro-Vergärung mit Pansensaft.)** J. Dairy Sci. **46** (1963) Nr. 8. S. 862 bis 864. — 2 Tab., 6 Lit.

Mehrere Berichte über das Auftreten von Vit.-A-Mangel bei der Rindermast und die carotinzerstörende Wirkung von Nitraten bei alleiniger Verfütterung von Mais und Maissilage veranlaßten Vff., zu überprüfen, ob auch bei anderen Fütterungsregimen (Luzerne-Timothe-Heu, Kraftfutter) durch einen höheren Nitratgehalt in der Ration die Carotin-Verwertung beeinträchtigt wird. In vivo-Versuche mit Färsen und in vitro-Versuche mit deren Pansensäften bei steigenden Nitrat-Zusätzen führten zu negativen Ergebnissen. Nitratzusätze zu einer handelsüblichen Ratten-Diät ließen Vit.-A-Verluste nur in Verbindungen mit der Lagerungszeit, nicht aber im Zusammenhang mit dem Nitratgehalt erkennen. J. Wünsche. 8152.

3-64/06-0569 Lenkeit, W. und Hoyer, E.; Göttingen, Univ., Inst. für Tierphysiol. und Tierernähr. **Untersuchung über die Speicherung und über die Ausscheidung von Vitamin A nach ungenügender Vitamin-A-Versorgung bei legenden Hühnern.** Z. Tierphysiol., Tierernähr. Futtermittelkunde **18** (1963) Nr. 2. S. 114–125. — 4 Abb., 6 Tab., 28 Lit.

Es sollte geprüft werden, ob Hühner — wie Kuh und Sau — langwährende Fütterungsperioden mit Vit.-A-armen Futtermischungen überstehen, wenn sie vorher reichlich mit Vit. A versorgt wurden. 46 einjährige New-Hampshire wurden in 2 Versuchsreihen, I. 32 Wochen lang, II. bis zu Ende der Legetätigkeit a) bei reichlicher Vit.-A-Zufuhr (8223 IE Vit. A. + 0,158 mg Carotin/kg Futter), b) ohne Vitaminzufuhr, 8 Wochen lang, c. wie b) 16 Wochen, d) wie b) 24 Wochen, e) wie b) 32 Wochen gehalten. In der Vorversuchszeit (225 Tage) hatten die Hennen 750 IE Vit. A/Tier aufgenommen. Am Ende der jeweiligen Versuchszeit wurde der Vit.-A-Gehalt in den inneren Organen und dem Ei bestimmt, an 2 Hennen darüberhinaus die Ausscheidung mit dem Ei nach der Umstellung von reichlicher auf ungenügende Vitaminversorgung ermittelt. Die Leber speicherte in der Hauptsache das Vit. A. Ihre Depots wurden bei Ib) bis zu 90% aufgebraucht (bis zu 3,0 IE/g); im Eierstock, Lunge, Niere, Milz, Dünndarm und Fettgewebe kam es zu keiner nennenswerten Speicherung. Nach 16 Wochen enthielten alle Organe nur noch geringe Vit.-A-Mengen (Ovar 0,3–4,0 IE/g; Dünndarm 0,3–0,7; Nieren 0,2 bis 1,2, Leber 0,1–1,0, Lunge 0,3, Fettgewebe 0,1–0,2 IE/g. Nach 24 Wo.

waren in Ovar und Dünndarm noch 1,9–5,0 bzw. 0,3–0,5 IE/g vorhanden; nach 32 Wo. waren auch diese praktisch aufgebraucht, nur Niere und Dünndarm behielten ihren geringen Vit.-A-Gehalt. Auf den Vit.-A-Gehalt im Ei hat das Carotin aus der Vorperiode keinen Einfluß; die Legeleistung geht bei ungenügender Vit.-A-Versorgung schon bei I b) stark zurück. Der Vitamingehalt der Eier sinkt bei II b) bereits um 85% ab, doch scheiden die Hennen I d noch 1 IE Vit. A/g Dotter aus. Damit erlischt die Legetätigkeit.
C. Engelmann. 8152.

3-64/06-0570 Anonym. The conversion of beta-carotene to vitamin A ester by rat liver. **(Die Umwandlung von β-Carotin zu Vitamin A in der Rattenleber.)** Nutrit. Rev. 21 (1963) Nr. 8. S. 238–240. — 5 Lit.
Zur Klärung der Frage, ob resorbiertes β-Carotin (**I**) in der Leber zu Vitamin-A-Ester (**II**) umgewandelt wird, wurde die Leber mit O_2-gesättigter Krebs-Ringer-Bikarbonatpufferlösung (KRL) gewaschen. Danach wurde ^{14}C-**I** in KRL durch die Leber geleitet. In bestimmten Zeitabständen wurden jeweils 2 ml Spülflüssigkeit entnommen. Nach einer Spüldauer von 2 Std. sind 18 bis 24% der Gesamtaktivität im Leberhomogenat enthalten, wobei die Hälfte der Aktivität der **I**-Fraktion und ein Drittel der **II**-Fraktion angehört. Die Identifizierung des **II** erfolgte nach Hydrolyse spektrophotometrisch als Vit.-A-Alkohol (**III**), nach Oxydation des **III** mit MnO_2 als Vit.-A-Aldehyd (**IV**) und als IV-Semicarbazon. In der Spülflüssigkeit selbst ist der Anteil an **II** 1%. Eine Steigerung des **II**-Anteils in der Spülflüssigkeit nach Zusatz von Na-Glykocholat wurde nicht festgestellt, es wird jedoch die **I**-Aufnahme durch die Leber erhöht. Eine maximale **I**-Umwandlung wird bei Zusatz von 15% Serum zur Spülflüssigkeit erreicht. Eine Aussage über den Weg der Umwandlung kann noch nicht gegeben werden. H. Ackermann. 8152.

3-64/06-0571 Anonym. The conversion of retinene to vitamin A acid by liver enzymes. **(Die Umwandlung von Retinin in Vitamin-A-Säure durch Leberenzyme.)** Nutrit. Rev. **21** (1963) Nr. 7. S. 215–217.
Vit.-A-Säure ist bei A-Mangelratten in der Aufhebung der Wachstumshemmung wirksamer als der Alkohol, vermag jedoch Augenschäden nicht zu restaurieren. Beziehungen zwischen Vit. A und Eiweißstoffwechsel sind mehrfach beschrieben worden, desgleichen die Freisetzung proteolytischer Enzyme aus Lysosomen von Hühnerembryogewebekulturen und Zusammenhänge zwischen Vit. A und Nebennierenrindenhormonen. Neue Gesichtspunkte zum Vit.-A-Wirkungsmechanismus liefert die Isolierung eines Enzyms, das Vit.-A-Säure aus dem Aldehyd bildet. Es befindet sich im Überstand zentrifugierter Rattenleberhomogenate (85000 × g) und läßt sich durch Fällung mit $(NH_4)_2SO_4$ (0–45%ige Sättigung) anreichern. Das bei 45–70%iger Sättigung fällbare Eiweiß enthält ein Enzym, das den Aldehyd zum Alkohol reduziert. Das erstere wird durch $NADH_2$, das letztere durch GSH und $NADH_2$ in der Wirksamkeit gesteigert. Es scheint so, daß die Säure ein Intermediärprodukt bei der Bildung der „aktiven Form" des Vit. A darstellt.
B. Gaßmann. 8152.

3-64/06-0572 Bakŭrdžiev, K. Stimulirane na rasteža na prasetata. II. Značenie na vitamin D_2 za rasteža i ustojčivostta na prasetata. **(Stimulation des Ferkelwachstums. 2. Mitt. Bedeutung von Vitamin D_2 für das Wachstum und die Widerstandsfähigkeit der Ferkel.)** Izvestija na Naučnoizsledovatelskija institut po biologija i patologija na razmnožavaneto na selskostopanskite životni, Sofija **3** (1962) S. 137–141. — 2 Tab., 4 Lit. Zus. in Russ., Engl.
Die Injektion von 1200000 IE Vit. D_2 an Schweine (vom 85. bis zum 95. Tage ihrer Trächtigkeit) und Ferkel (am 3.–4. Tag nach ihrer Geburt) von 200000 IE Vit. D_2 war für das Wachstum und die Entwicklung der Ferkel von guter Wirkung, womit auch ihre Anfälligkeit gegenüber Krankheiten und die Sterblichkeit um 50% vermindert wurden. Ähnliche Ergebnisse

wurden auch bei 3–4tägigen Ferkeln durch Injektion von 2,5 cm^3 Ca-Glukonat, im Abstand von 15 Tagen mit 5 cm^3 wiederholt, erzielt.
G. Radew. 8154.

3-64/06-0573 Orstadius, K., Nordström, G. und Lannek, N. Combined therapy with vitamin E and selenite in experimental nutritional muscular dystrophy of pigs. **(Die kombinierte Vitamin-E-Selenittherapie bei über die Nahrung experimentell ausgelöster Muskeldystrophie bei Schweinen.)** Cornell Veterinarian **53** (1963) Nr. 1. S. 60–71. — 5 Abb., 1 Tab., 14 Lit.
Es wurde die hemmende Wirkung verschiedener Dosierungen einer α-Tokopherol- und Selenbehandlung bei Schweinen bei einer über die Nahrung experimentell ausgelösten Muskeldystrophie untersucht. Eine kombinierte Therapie hatte die besten Ergebnisse. Als Kriterium ihres Nachweises diente ein erhöhter Glutamin-Oxalessigsäure-Transaminasegehalt im Plasma.
H. Busse. 8156.

3-64/06-0574 Mokadi, Shoshana und Budowski, P. Relationship between vitamin E and encephalomalacia in chicks. **(Beziehung zwischen Vitamin E und Encephalomalacie bei Küken.)** Brit. J. Nutrit. **17** (1963) Nr. 3. S. 347–355. 8156.

3-64/06-0575 Miller, Herman T. und Luckey, T. D. Intestinal synthesis of folic acid in monoflora chicks. **(Intestinale Synthese von Folsäure bei Küken mit einer Monoflora.)** J. Nutrit. [Philadelphia] **80** (1963) Nr. 3. S. 236 bis 242. — 2 Abb., 2 Tab., 9 Lit.
Auf Grund der Versuche wird (im Gegensatz z. B. zum Vit. B_1) eine direkte Resorption der im Intestinum bakteriell synthetisierten Folsäure angenommen.
H. Haenel. 8158.

3-64/06-0576 Bush, L. J. und Reuber, H. W.; Stillwater, Oklahoma State Univ. Effects of feeding diethylstilbestrol on the development and reproductive performance of dairy cattle. **(Einflüsse der Fütterung von Diaethylstilboestrol auf die Entwicklung und die Geschlechtstätigkeit bei Milchrindern.)** J. Dairy Sci. **46** (1963) Nr. 7. S. 740–742. — 2 Abb., 1 Tab., 9 Lit.
Es wurde der Einfluß einer kontinuierlichen Fütterung von Diaethylstilboestrol (**I**) geprüft, und zwar erhielten die Tiere vom 4.–6. Lebensmonat 5 mg, vom 6.–12. 10 mg und vom 12. bis zum Kalben 15 mg täglich. Bis zum Alter von 15 Monaten bewirkte die **I**-Fütterung eine signifikant bessere Gewichtsentwicklung, später verringerten sich die Differenzen. Die Entwicklung der Milchdrüse war nur geringfügig, Konzeption und Produktion eines normalen Kalbes nicht beeinflußt. Erhielten Kühe 30 Tage nach dem Abkalben 15 mg **I**, so war das Reproduktionsgeschehen beeinträchtigt.
B. Piatkowski. 8175.

3-64/06-0577 Beleńkij, N. G. und Padučeva, A. L. Dejstvie destruktatov belka na gormonal'nuju aktivnost' gonadotropinov. **(Wirkung der Eiweißabbauprodukte auf die hormonale Aktivität der Gonadotropine.)** Vestnik sel'skochozjajstvennoj nauki, Moskva **7** (1962) Nr. 7. S. 99–103. — 5 Tab., 3 Lit. Zus. in Engl., Franz., Dtsch. 8175.

3-64/06-0578 Sosa, Enrique, Wallace, H. D., Warnick, A. C. und Combs, G. E.; Gainesville, Florida Agric. Exp. Stat. Influence of high level antibiotic at breeding on reproductive phenomena in gilts. **(Einfluß hoher Antibioticagaben zur Zeit der Zuchtbenutzung auf die Zuchtleistung von Jungsauen.)** J. Animal Sci. **22** (1963) Nr. 3. S. 749–751. — 3 Tab., 4 Lit.
In 2 Versuchen (Frühjahr und Herbst 1961) mit insgesamt 87 Kreuzungs-Jungsauen wurde geprüft, ob hohe Antibioticagaben (200 g Zn-Bacitracin bzw. Tylosin/t Futter) — verabreicht vom Beginn der 1. Brunst bis zum 25. oder 40. Tag der Trächtigkeit — Einfluß auf die Zahl der Ovulationen

und lebenden Embryonen sowie auf die Embryonenentwicklung haben. In beiden Versuchen bewirkten die Antibiotica eine signifikante Steigerung der Zunahmen und eine deutliche Verbesserung der Futterverwertung. Die Zahl der offensichtlichen Ovulationen und die Gewichte und Längen der Embryonen lagen bei den Antibioticagruppen geringfügig höher; die Kontrollgruppen wiesen die Tendenz einer besseren Überlebensrate der Embryonen auf. Da keiner der Unterschiede statistisch gesichert war, ergibt sich, daß in Zuchten mit guten Wurfgrößen Antibioticagaben während der Brunst- und Trächtigkeitszeit keinen Einfluß auf die Zuchtergebnisse haben.
J. Wünsche. 8185.

3-64/06-0579 Mozgov, I. E. Vsasyvanie, raspredelenie i vyvedenie tetraciklinov u svinej. **(Aufnahme, Verteilung und Ausscheidung der Tetracycline bei Schweinen.)** Svinovodstvo, Moskva 17 (1963) Nr. 5. S. 34–36. — 1 Tab.
8185.

3-64/06-0580 Griffin, S. A. und Merriman, G. M.; Knoxville, Univ. of Tennessee. Thiofuradene as an anthelmentic and growth stimulant for swine. **(Thiofuradin als ein Anthelminticum und Wachstumsstimulans für Schweine.)** J. Animal Sci. 22 (1963) Nr. 3. S. 575–578. — 5 Tab., 7 Lit.
In 2 Versuchen mit 104 Duroc- und Hampshire-Schweinen, die zum großen Teil mit Askariden infiziert waren, wurde die Wirksamkeit der Präparate Thiofuradin (I) (= ein Nitrofuran) und Hygromycin (II) als Anthelmintica und Wachstumsstimulantien geprüft. Bei allen Gruppen, die II mit dem Futter erhielten, wurden nach dem Schlachten keine Askariden entdeckt. Die mit I versorgten Gruppen wiesen nach dem Schlachten einen höheren Prozentsatz an unreifen Askariden auf als die nicht behandelten. Weder I noch II verringerten die durch die Askariden-Wanderung an Lebern und Lungen verursachten Schäden. Am jeweiligen Versuchsende ergaben sich zwischen den behandelten und unbehandelten Gruppen keine signifikanten Unterschiede in bezug auf Lgw. oder Futterverwertung. J. Wünsche. 8195.

3-64/06-0581 Cunningham, H. M., Friend, D. W. und Nicholson, J. W. G.; Nappan, Canada Dep. of Agric. Effect of epinephrine on nitrogen and fat deposition of pigs. **(Einfluß von Epinephrin auf die Stickstoff- und Fettablagerung bei Schweinen.)** J. Animal Sci. 22 (1963) Nr. 3. S. 632–636. — 4 Tab., 18 Lit.
Mit Schweinen verschiedenen Alters wurden 6 Versuche zur Bestimmung des Einflusses längerwährender s. c. Injektionen von Epinephrin in Öl (I) auf die Protein- und Fettablagerung bei beschränkter Fütterung durchgeführt. Als Kriterien dienten Wachstum, C-N-Bilanz und Ergebnisse von Ausschlachtungsversuchen. Tägl. Injektionen von 0,15 mg I/kg Lgw. resultierten bei 65 kg-Schweinen in signifikant besseren Gewichtszunahmen und N-Retentionen. Ferner wurden signifikant geringere Harnmengen und geringfügige Verminderungen der CO_2-Produktion, jedoch keine merkbaren Veränderungen in der Fettablagerung festgestellt. Tägl. Injektionen von 0,20 bis 0,0625 mg I/kg erhöhten bei 2–8 Wochen alten Schweinen den Prozentsatz an Schlachtkörperprotein, verringerten aber die Gewichtszunahmen und die Fettablagerung. J. Wünsche. 8195.

3-64/06-0582 Drepper, K. und Zucker, H. **Rindermast mit Methylthiouracil (MTU).** Tierzüchter 15 (1963) Nr. 11. S. 389–390. — 3 Tab.
An 12 Bullenpaaren mit einem Gewicht von 410 kg wurde in einer 27tägigen Endmast an je einen Paarling 5 g Methylthiouracyl (MTU) zugefüttert. Während bei den Kontrolltieren eine Zunahme von 1,07–1,59 kg erreicht wurde, lag sie bei der MTU-Gruppe zwischen 1,56 und 2,93 kg. Der Verzehr an Tr.-Subst. je kg Gewichtszunahme lag um 48% niedriger als bei den Kontrolltieren. Die Fleischausbeute war gleich. Die MTU-Gruppe hatte im

Muskelgewebe 1% mehr Wasser und 1% weniger Rohprotein als die Vergleichsstiere. Eine Anreicherung von MTU im Gewebe erfolgte nicht. Libido und Spermaqualität wurden durch die Beifütterung von MTU nicht beeinträchtigt. Herbert Winkler. 8195.

3-64/06-0583 Eliseev, J. G. und Brandis, B. M. NRV v kormlenij krupnogo rogatogo skota i ptici. **(Ein Erdölwuchsstoff in der Rinder- und Geflügelfütterung.)** Životnovodstvo, Moskva **26** (1964) Nr. 1. S. 16–18. — 3 Tab.

Der Erdölwuchsstoff (NRV) wirkt positiv auf das Wachstum der Küken, verbessert die N-Ausnutzung und garantiert zusammen mit Vit. B_{12} die besten Gewichtszunahmen sowie die beste N-, K- und P-Ausnutzung. Bei Jungrindern konnte in anderen von Gabibow und Agajew durchgeführten Versuchen mit Gaben von 4–6 mg des Erdölwuchsstoffes eine Verbesserung der Tageszunahmen erzielt werden. H. Schwiderski/Dummerstorf. 8195.

3-64/06-0584 *Pankrath, Martin.* **Wasserbedarf landwirtschaftlicher Nutztiere. Mengennormen.** Leipzig: S. Hirzel Verlag. 1963. (VIII, 99 S. m. 25 Diagr., 21 Tab. u. 2 Taf.) 16,5 × 24 cm. Wasser ist für die Leistungen und Gesundheit der Tiere eine unbedingte Voraussetzung. Bisher fehlen aber genaue Angaben über den tatsächlichen Wasserbedarf der landwirtsch. Nutztiere. Vf. hat zur Klärung dieser Frage 3jährige Versuche in landwirtsch. Betrieben durchgeführt. In die Untersuchungen waren einbezogen 308 660 GV Kuh, 67 878 GV Jungvieh, 99 505 GV Schwein, 123 768 GV Schaf, 44 508 GV Pferd und 1 217 617 Stck. Hühner. Die ermittelten Einzelnormen für den tägl. Wasserbedarf der Tierarten belaufen sich auf: Kühe, im Stall, ohne Milchbehandlung: ø 48 l, max. 121 l; Jungvieh, im Stall: 27 l (70 l); Schweine, herkömmliche Haltung: 49 l (70 l), moderne Haltung: 96 l (190 l); Schafe: 26 l (80 l); Pferde: 34 l (70 l); Hühner, Intensivhaltung auf Tiefstreu (stehendes Wasser): 59 l/GV Huhn bzw. 0,216 l/Huhn (120 l/GV bzw. 0,435 l/Huhn); Intensivhaltung auf Tiefstreu (Tropf- und Durchlauftränke): 320 l/GV bzw. 1,155 l/Huhn (1004 l/GV bzw. 3,624 l/Huhn); bei Normalhaltung mit Auslauf: 50 l/GV bzw. 0,172 l/Huhn (88 l/GV bzw. 0,263 l/Huhn. Vf. beschreibt die Untersuchungsvoraussetzungen und die Versuchsmethodik und diskutiert die Ergebnisse. In einem bes. Kap. beschäftigt sich Vf. mit der Anwendung der Wasserbedarfsnormen (Einzel- und Komplexnormen). Tabellen-, Diagramm-, Literatur- und Quellenverzeichnis sowie Sachverzeichnis beschließen dieses Werk. B. Schenk.

3-64/06-0585 *Woehner, Herbert.* **Einfluß der Versorgung mit B-Vitaminen auf die Leistungsfähigkeit untersucht im Schwimmtest an Ratten.** Diss Vet.-med. Fak. Gießen. 1962. (58 S.) 8°. (Diss. 9102)

3-64/06-0586 Die Vitamine in der Haustierernährung. Hrsg. v. d. Dt. Hoffmann-La Roche AG., Grenzach/Baden. 1953. (24 S.) 8°. (1963 A 808).

3-64/06-0587 Untersuchungen über den Nachweis von Hemmstoffen (Antibiotika, Hormonen usw.) in Geflügelfleisch und Fleischwaren. Forsch.-Auftr. Ministerium für Ernähr., Landwirtsch. und Forsten des Landes Nordrhein-Westfalen; Krefeld, Staatl. Veterinäruntersuchungsamt. 1961.

3-64/06-0588 Tkanevye preparaty v životnovodstve. Materialy naučno-proizvodstvennoj konferencii. (Gewebepräparate in der Tierzucht.) Hrsg.: Upravlenie nauki minist. sel'skogo choz. USSR. Kiev: Gossel'chozizdat USSR. 1962. (235 S.) 8°. (1963 A 398)

E. VERWERTUNG DER NÄHRSTOFFE UND FUTTERMITTEL

3-64/06-0589 Meyer, J. H. und Nelson, A. O.; Davis, Univ. of California. Efficiency of feed utilization by various animal species fed similar rations. **(Die Futterverwertung bei verschiedenen Tierarten bei Verfütterung gleicher Rationen.)** J. Nutrit. [Philadelphia] **80** (1963) Nr. 4. S. 343–349. — 4 Tab., 13 Lit.

An 5 Tierarten, Ratten, Küken, Schweine, Schafe und Rinder, wurden jeweils 2 Rationen verfüttert, die sich bes. im Rohfasergehalt unterschieden. Ration I bestand zu 30% aus Luzerneheu und 47% Gerste und hatte einen Rohfasergehalt von 14%; Ration II bestand zu 5% aus Luzerneheu und 71% Gerste und hatte einen Rohfasergehalt von 8%. Das Alter der Versuchstiere in Wochen bzw. die Versuchszeit in Tagen waren: Ratten 4 bzw. 28, Küken 0,14 bzw. 56, Schweine 12 bzw. 90, Schafe 22 bzw. 60, Rinder 36 bzw. 134. Gemessen wurden: Futtereinnahme, Gewichts-, Protein- und Energiezuwachs je Tag, Tierkörperzusammensetzung und Futterverwertung. — Bei

Verfütterung von Ration I wurden folgende relative Verwertungszahlen $\frac{\text{(Gewichtszuwachs)}}{\text{(Futtereinnahme)}}$ zwischen den Tierarten berechnet: Ratte 100, Küken 125, Schweine 105, Schafe 71, Rinder 62; auf Energiebasis $\frac{\text{(Energiezuwachs)}}{\text{(Futtereinnahme)}}$ waren die Werte wie folgt: 100, 130, 237, 162, 146. Der Proteinzuwachs je Einheit Futteraufnahme war bei Küken am größten und nahm in der Reihenfolge Ratten, Schweine, Rinder, Schafe ab. Vff. bringen zum Ausdruck, daß die erhaltenen Verwertungszahlen sehr stark durch die unterschiedliche Kapazität der Futteraufnahme bei den Tierarten beeinflußt worden sind.
L. Hoffmann. 8205.

3-64/06-0590 Grieve, C. M. und Beacom, S. E.; Melfort, Saskatchewan, Canada Dep. of Agric. Feed consumption rate of gain and ration digestibility of caged versus penned lambs. **(Futterverzehr, Zuwachsrate und Rationsverdaulichkeit bei in Stoffwechselkäfigen und im Pferch gehaltenen Schafen.)** J. Animal Sci. **22** (1963) Nr. 3. S. 628–631. – 2 Tab., 6 Lit.

In 2 Versuchen während des intensiven Wachstums bei Fütterung von Luzerneheu bzw. einem Heu schlechter Qualität und 1 Versuch bei Endmast mit einer Futtermischung, bestehend aus $^2/_3$ Gerste und $^1/_3$ Rauhfutter, wurde an Schafen der Einfluß der Stoffwechselkäfighaltung gegenüber der Haltung im Pferch auf Futteraufnahme, Verdaulichkeit und Gewichtszuwachs geprüft. Für Futteraufnahme, Tr.-Subst.-Verdaulichkeit, Verdaulichkeit der Energie und Gewichtszunahme ergab sich kein gesicherter Unterschied in Abhängigkeit von der Haltungsweise. Die Verdaulichkeit des Rohproteins im Heu schlechter Qualität war bei den im Pferch gefütterten Tieren niedriger als bei denen in Stoffwechselkäfigen. Der Nahrungswert-Index berechnete sich für das Heu schlechter Qualität zu 32, für Luzerneheu zu 57.
L. Hoffmann. 8205.

3-64/06-0591 Joyce, J. P. und Blaxter, K. L.; Kirkhill, Ayr, Hannah Dairy Res. Inst. The loss of methane and carbon dioxide by belching in sheep. **(Der Verlust von Methan und Kohlendioxyd durch Rülpsen beim Schaf.)** Proc. Nutrit. Soc. **22** (1963) Nr. 2. S. XX–XXI. – 2 Lit.

Vergleichend wurde an Schafen die CH_4- und CO_2-Produktion und der O_2-Verbrauch nach der Respirationskammer-Methodik und der Methodik nach Douglas Balg zur ausschließlichen Bestimmung des Lungengaswechsels gemessen. Der gemessene O_2-Verbrauch war nach beiden Techniken gleich groß und unabhängig von der Futtermenge. Die Methanausscheidung durch die Lunge war unabhängig von der Tagesfuttermenge (450–1800 g) und betrug im Mittel 17% der Gesamtausscheidung. Bei geringen Futtergaben bestanden nur geringe Unterschiede in der gemessenen CO_2-Abgabe nach der Douglas Balg- und Kammertechnik; mit steigenden Futtergaben erhöhte sich jedoch die in der Kammer bestimmte CO_2-Menge gegenüber der Lungenausscheidung beträchtlich. Die Differenzen zwischen der produzierten CH_4- und CO_2-Menge in der Respirationskammer und der Ausscheidung durch die Lunge wurden durch Rülpsen verursacht. Bei größerer Futtermenge betrug das Rülpsvolumen 2,4 l/Std. Das Verhältnis $CH_4:CO_2$ war bei geringer Futterzufuhr 3:1, bei erhöhter Futterzufuhr 0,7:1 in dem durch den Rülpsvorgang ausgeschiedenen Gasvolumen. L. Hoffmann. 8205.

3-64/06-0592 Ekern, A. und Reid, J. T.; Ithaca, N. Y., Cornell Univ. Efficiency of energy utilization by young cattle ingesting diets of hay, silage, and hay supplemented with lactic acid. **(Die Wirksamkeit der Energieverwertung durch junge Rinder bei Verabreichung von Heu, Silage und Heu plus Milchsäure.)** J. Dairy Sci. **46** (1963) Nr. 6. S. 522–529. – 6 Tab., 25 Lit.

An 6 einjährigen Ochsen, die eine Trachealkanüle und eine Pansenfistel hatten, wurde die Energieverwertung von Heu, Silage und Heu + Milchsäure (10% der Tr.-Subst. der Ration) geprüft. Die Silage der Periode 1 enthielt 40% Tr.-Subst., die der Perioden 2 und 3 20%. Der tägl. Futterverzehr betrug in allen Gruppen ca. 75 g/kg Lgw.^{0,75}, die Verdaulichkeit der Tr.-Subst. lag bei 61,4, 59,0 und 62,5%, die des Rohproteins bei 57,1, 62,2 und 56,3. Die Wärmeabgabe je kg Lgw. in 24 Std., gemessen auf Grund des O_2-Verbrauchs und der N-Ausscheidung im Harn, belief sich auf 110,3, 93,5 und 93,4 kcal. Daraus wurde ein Energieansatz von 8,5, 16,0 und 13,8% der Bruttoenergie ermittelt. Auch die prozentuale Zusammensetzung der FFS im Pansen differierte deutlich, Essigsäure 69,5, 58,3 und 57,4; Propionsäure 18,5, 20,7 und 28,7; Buttersäure 9,8, 15,4 und 11,0. Aus den Untersuchungen geht hervor, daß der Gewichtszuwachs junger Tiere bei Silagefütterung besser ist als bei Heufütterung. Die Erklärung wird im höheren Anteil an Propionsäure gesehen. B. Piatkowski. 8215.

3-64/06-0593 Lofgreen, G. P., Bath, D. L. und Strong, H. T.; Davis, Univ. of California. Net energy of successive increments of feed above maintenance for beef cattle. **(Nettoenergie steigender Futtergaben über Erhaltung bei Mastrindern.)** J. Animal Sci. 22 (1963) Nr. 3. S. 598–603. – 1 Abb., 6 Tab., 12 Lit.

2 Rationen, bestehend aus Luzerneheu (**I**) bzw. aus einer sehr konzentratreichen Futtermischung (**II**), wurden in 3 unterschiedlichen Mengen (Erhaltung, ad libitum und $^1/_2$ [Erhaltung + ad libitum]) an insges. 108 ♀ Jungrinder verfüttert und der Nettoenergiegehalt des Futters in Abhängigkeit von der Futtermenge durch Ausschlachtungsversuche bestimmt. Die Nettoenergie der Rationen oberhalb des Energiegleichgewichtes war unabhängig von der Futtermenge und betrug im Mittel für **I** 28 und für **II** 58 megcal. je 100 lb. Futter. Die Nettoenergie für Erhaltung errechnete sich für **I** zu 55 und für **II** zu 82 megcal. je 100 lb. Futter. L. Hoffmann. 8220.

3-64/06-0594 Allen, T. E., Pan, Y. S. und Hayman, R. H.; Badgery's Creek, New South Wales, C. S. I. R. O., McMaster Field Stat. The effect of feeding on evaporative heat loss and body temperature in Zebu and Jersey heifers. **(Der Einfluß der Fütterung auf Verdunstungswärmeverlust und Körpertemperatur bei Zebu- und Jerseyfärsen.)** Austral. J. agric. Res. **14** (1963) Nr. 4. S. 580–593. – 7 Abb., 3 Tab., 20 Lit.

2 Jersey- und 2 Zebufärsen (10–16 Mon. alt) wurden bei verschiedenen Temp. und Luftfeuchten bei normaler Fütterung und bei Hunger gehalten. Bei niedrigeren Temp. (70–80 °F bei niedriger und 60–70 °F bei höherer Luftfeuchtigkeit) zeigten beide Rassen einen diurnalen Rhythmus in Futter- und Wasserverbrauch, in der Hauttemp., Schweißabsonderung, Rektaltemp. und Respirationsrate, der bei höheren Temp. (103 °F bei niedriger und 83 °F bei hoher Luftfeuchtigkeit) bei der Schweißabsonderung und der Respiration nicht auftrat. Bei hohen Temp. stieg bei allen Tieren die Wasseraufnahme, die Futteraufnahme sank bei den Jerseys, aber nicht bei den Zebus. Bei niedrigen Temp. neigten die Tiere bei Fütterung zu höherer Schweißbildung und Rektaltemp. als beim Hungern. Gefütterte Tiere hatten bei höherer Temp. nicht generell höhere Hauttemp., aber Schweißabsonderung, Rektaltemp. und Respiration waren größer. Jerseys sonderten bei niedrigen Temp. mehr Schweiß ab und hatten niedrigere Rektaltemp. als Zebus, während die Zebus bei höheren Temp. mehr Schweiß bildeten und niedrigere Rektaltemp. hatten. Bei Fütterung bei höheren Temp. konnten die Jerseys im Gegensatz zu den Zebus ihre Körpertemp. schlecht aufrechterhalten, schwitzten stärker, erhöhten stark die Respiration und der Appetit ging zurück.
W. Jentsch. 8220.

3-64/06-0595 Nehring, K., Schiemann, R., Hoffmann, L. und Jentsch, W. **Die energetische Verwertung der Futterstoffe. 1. Mitt. Die energetische Verwertung der Kraftfutterstoffe durch Ratten.** Arch. Tierernähr. **13** (1963) Nr. 3. S. 119–132. – 6 Tab., 14 Lit.
Vff. untersuchen an Ratten in 116 Einzelversuchen die energetische Verwertung von Gerste, Hafer, Mais, Erbsen, Soja-, Palmkern-, Kokos-, Erdnuß- und Leinextraktionsschrot, sowie Palmkern- und Erdnußexpeller, Sojabohnen, Leinsamen und geschälte Erdnüsse. Die Verdaulickeit der org. Subst. zeigte folgende Abhängigkeit von den Gerüstsubstanzen. Pro 1% Cellulose verminderte sich die Verdaulichkeit um 1,25, pro 1% Lignin um 4,28 und pro 1% Rohfaser um 1,97 Verdaulichkeitseinheiten. Die mehrfache korrelative Auswertung der Versuche ergab folgende Gleichungen: Brutto-E. = $5{,}40\,z_1 + 9{,}72 z_2 + 4{,}59\,z_3 + 4{,}24 z_4 \pm 44$ kcal, Verd. E. = $5{,}38 x_1 + 9{,}59 x_2 + 4{,}16 x_3 + 4{,}20\,x_4 \pm 44$ kcal, U. E. = $4{,}61\,x_1 + 9{,}60\,x_2 + 4{,}18\,x_3 + 4{,}27\,x_4 \pm 74$ kcal, Netto-E. = $2{,}52\,x_1 + 8{,}82\,x_2 + 1{,}88\,x_3 + 3{,}26\,x_4 \pm 87$ kcal. (z_1–z_4 = Rohnährstoffe, x_1–x_2 = verd. Nährstoffe in Reihenfolge Rohprotein, Rohfett, Rohfaser, N-fr. E.). Bei der hier vorliegenden Verabreichung der Nährstoffe im natürlichen Verband ist die Verwertung des Rohproteins und Rohfettes im Gegensatz zu der Verwertung der N-fr. E. nicht die gleiche wie bei der Verabreichung in isolierter Form. H. Bergner. 8225.

3-64/06-0596 Jentsch, W., Schiemann, R., Hoffmann, L. und Nehring, K. **Die energetische Verwertung der Futterstoffe. 2. Mitt. Die energetische Verwertung der Kraftfutterstoffe durch Kaninchen.** Arch. Tierernähr. **13** (1963) Nr. 3. S. 133–145. – 6 Tab., 5 Lit. 1. Mitt. vgl. vorst. Ref.
Vff. untersuchen an Kaninchen in 120 Einzelversuchen die energetische Verwertung von 14 verschiedenen Kraftfutterstoffen (s. 1. Mitt.). Die korrelativen Beziehungen zwischen der Verdaulichkeit und dem Gehalt an Rohfaser bzw. Cellulose und Lignin ergaben, daß pro 1% Rohfaser im Futter die Verdaulichkeit der org. Subst. um 1,04, pro 1% Lignin um 2,23 und pro 1% Cellulose um 0,70 Verdaulichkeitseinheiten vermindert wird. Durch mehrfachkorrelative Auswertung der Ergebnisse wurden folgende Formeln zur Berechnung der Energiewerte erhalten. Bruttoenergie = $5{,}40\,z_1 + 9{,}72\,z_2 + 4{,}59 z_3 + 4{,}24\,z_4 \pm 44$ kcal, Verd. E. = $5{,}25\,x_1 + 9{,}48\,x_2 + 4{,}12\,x_3 + 4{,}16\,x_4 \pm 36$ kacl, U. E. = $4{,}30\,x_1 + 9{,}37\,x_2 + 4{,}45\,x_3 + 4{,}18\,x_4 \pm 71$ kcal, Netto-E. $= 2{,}31\,x_1 + 7{,}94\,x_2 + 3{,}16\,x_3 + 2{,}62\,x_4 \pm 63$ kcal (z_1–z_4 = Rohnährstoffe, x_1–x_4 = verd. Nährstoffe in Reihenfolge: Rohprotein, Rohfett, Rohfaser, N-fr. E.) Vff. vergleichen die Ergebnisse mit den Werten ihrer früheren Untersuchungen mit reinen, isolierten Nährstoffen und schlußfolgern, daß die an reinen Nährstoffen erhaltenen Ergebnisse nicht auf Futterstoffe übertragen werden können. Die Verwertung der Energie bei Verabreichung der Nährstoffe im natürlichen Verband der Futterstoffe liegt bei Kaninchen niedriger als bei Verabreichung in isolierter Form. H. Bergner. 8225.

3-64/06-0597 Nehring, K., Hoffmann, L. und Schiemann, R. (unter Mitarb. von Hovorka, F.) **Die energetische Verwertung der Futterstoffe. 3. Mitt. Die energetische Verwertung der Kraftfutterstoffe durch Schweine.** Arch. Tierernähr. **13** (1963) Nr. 3. S. 147-161. – 6 Tab., 13 Lit. 2. Mitt. vgl. vorst. Ref.
Die energetische Verwertung von Gerste, Hafer, Mais, Erbsen, Soja-, Palmkern-, Kokos-, Erdnuß- und Leinextraktionsschrot sowie Sojabohnen, Palmkern- und Erdnußexpeller wird in 51 Einzelversuchen an Schweinen geprüft. Leinsamen und Erdnüsse hatten auf die Verdaulichkeit der Grundfutterration sehr starke depressive Wirkungen. Da sich für Leinsamen eine Verdaulichkeit von 10% und für Erdnüsse von 41% errechnete, konnten diese Versuche nicht ausgewertet werden. Die Gerüstsubstanzen der anderen Futtermittel beeinflußten die Verdaulichkeit der organischen Substanz wie folgt.

Pro 1% Lignin verminderte sich die Verdaulickeit um 2,41, pro 1% Rohfaser um 1,10 und pro 1% Cellulose um 0,55 Verdaulichkeitseinheiten. Infolge der verbleibenden Streuung von ±5,2 Verdaulichkeitseinheiten ist es aber nicht möglich, aus den Daten der Futtermittelanalytik die Verdaulichkeit der Kraftfutterstoffe mit ausreichender Genauigkeit zu berechnen. Neben den Gerüstsubstanzen müssen weitere futtermittelspezifische Einflüsse auf die Verdaulichkeitshöhe verhanden sein. Für die Berechnung der Energiewerte wurden folgende Gleichungen erarbeitet: Brutto-E. = 5,40 z_1 + 9,72 z_2 + 4,59 z_3 + 4,24 z_4 ± 44 kcal, Verd.E. = 5,39 x_1 + 8,91 x_2 + 4,15 x_3 + 4,19 x_4 ± 43 kcal, U. E. = 4,50 x_1 + 8,62 x_2 + 4,00 x_3 + 4,17 x ± 58 kcal, Netto-E. = 42,40 x_1 + 7,71 x_2 + 0,01 x_3 + 3,27 x_4 ± 127 kcal. Aus den Versuchen Fingerlings wurde für die Netto-E. folgende Gleichung errechnet: Netto-E. = 2,62 x_1 + 7,20 x_2 + 0,48 x_3 + 3,47 x_4 + 197 kcal (z_1-z_4 = Rohnährstoffe, x_1-x_4 = verd. Nährstoffe, in Reihenfolge: Rohprotein, Rohfett, Rohfaser, N.fr. E.) Die energetische Verwertung der reinen Nährstoffe (frühere Versuche) liegt auch beim Schwein günstiger. H. Bergner. 8225.

3-64/06-0598 Hoffmann, L., Schiemann, R. und Nehring, K. **Die energetische Verwertung der Futterstoffe. 4. Mitt. Die energetische Verwertung der Kraftfutterstoffe durch Schafe.** Arch. Tierernähr. **13** (1963) Nr. 3. S. 163 bis 175. — 6 Tab., 7 Lit. 3. Mitt. vgl. vorst, Ref.

An Schafen werden 12 Kraftfutterstoffe (s. 3. Mitt.) in 62 Einzelversuchen hinsichtlich ihrer energetischen Verwertung beim Fettansatz untersucht. Die Verdaulichkeit der organischen Substanz zeigte folgende Abhängigkeit von den Gerüstsubstanzen: pro 1% Cellulose verringerte sich die Verdaulichkeit um 0,27, pro 1% Lignin um 1,16 und pro 1% Rohfaser um 0,59 Verdaulichkeitseinheiten. Bei Errechnung der Verdaulichkeit aus diesen Daten werden jedoch bei 5 Futterstoffen Abweichungen von mehr als 5 Verdaulichkeitseinheiten erhalten. Für die Energiewerte wurden folgende Formeln erhalten: Brutto-E. = 5,40 z_1 + 9,72 z_2 + 4,59 z_3 + 4,24 z_4 ± 44 kcal (± 1%), Verd. E. = 5,39 x_1 + 9,36 x_2 + 3,60 x_3 + 4,24 x_4 ± 35 kcal (±1%), U. E. = 4,08 x_1 + 9,31 x_2 + 3,09 x_3 + 3,82 x_4 ± 50 kcal (±1,5%), Netto-E. = 1,85 x_1 + 8,09 x_2 — 0,09 x_3 + 2,39 x_4 ± 81 kcal (z_1-z_4 = Rohnährstoffe, x_1-x_4 = verd. Nährstoffe in der Reihenfolge: Rohprotein, Rohfett, Rohfaser, N-fr. E.). Die Ansatzwirkung der reinen Nährstoffe Rohprotein und N-fr. E. lag nach früheren Versuchen um ca. 10% höher. Der negative Regressionskoeffizient der Rohfaser ist nicht repräsentativ, da die Kraftfutterstoffe in ihrem Rohfaseranteil zu niedrig liegen. H. Bergner. 8225.

3-64/06-0599 Schiemann, R., Nehring, K. und Hoffmann, L. **Die energetische Verwertung der Futterstoffe. 5. Mitt. Die energetische Verwertung der Kraftfutterstoffe durch Rinder.** Arch. Tierernähr. **13** (1963) Nr. 3. S. 177 bis 192. — 6 Tab., 7 Lit. 4. Mitt. vgl. vorst. Ref.

An 12 ausgewachsenen Ochsen wurde in 67 Einzelversuchen die energetische Verwertung von 13 Kraftfutterstoffen (s. 3. Mitt. zusätzlich Leinsamen) beim Fettansatz untersucht. Folgende Regressionsgleichungen für die Verdaulichkeit der org. Subst. (V) wurden erhalten: V = 87,48 — 0,64 z_3; V = 84,21 — 0,27 z_5; V = 89,56 — 1,55 z_6; z_3 = % Rohfaser; z_5 = % Cellulose; z_6 = % Lignin. Bei der Hälfte der geprüften Futterstoffe ist die berechnete Abweichung von V größer als 3 Verdaulichkeitseinheiten. Der Energieverlust durch Methanbildung im Pansen beträgt im Durchschnitt der geprüften Futterstoffe 9,6%. Die Beteiligung der einzelnen Rohnährstoffe an der Methanproduktion ergibt sich aus folgender Beziehung: Methan = 0,042 z_1 — 0,035 z_2 + 0,066 z_3 + 0,044 z_4 ± 5,3 l (± 14%). Zur Festlegung der energetischen Kennziffern der einzelnen Nährstoffe ergibt die mehrfach korrelative Auswertung folgende Gleichungen: Brutto-E. = 5,40 z_1 + 9,72 z_2 + 4,59 z_3 + 4,24 z_4 ± 44 kcal (±1%), Verd. E. = 5,32 x_1 + 8,18 x_2 + 3,53 x_3 + 4,31 x_4 ± 70 kcal (± 1,9%),

U. E. = 3,63 x_1 + 8,17 x_2 + 3,06 x_3 + 3,81 x_4 ± 80 kcal (± 2,6%) Netto-E. = 1,78 x_1 + 7,04 x_2 + 2,37 x_3 + 2,13 x_4 ± 68 kcal (± 3,7%) (z_1-z_4 = Rohnährstoffe; x_1-x_4 = Verdauliche Nährstoffe in Reihenfolge: Rohprotein, Rohfett, Rohfaser, N-fr. E.). Eine Berechnung der Energiefaktoren aus den Versuchen von Kellner und Fingerling ergab für die Netto-E. folgende Werte: nach Kellner: Netto-E. = 1,70 x_1 + 7,13 x_2 + 1,24 x_3 + 2,09 x_4 ± 135 kcal (± 8,3%), nach Fingerling: Netto-E. = 1,77 x_1 + 6,09 x_2 + 0,29 x_3 + 2,07 x_4 ± 102 kcal (± 8,1%). Die Verwertung von isoliertem verdaulichem Protein für den Fettansatz liegt um 28% höher als im Falle des Proteins der Futterstoffe. Die Verwertung der u. E. des Proteins ist gleich. Reine Kartoffelstärke wurde in früheren Versuchen um 14% besser verwertet als die N-fr. E. der untersuchten Futterstoffe. H. Bergner. 8225.

3-64/06-0600 Nehring, K., Hoffmann, L., Schiemann, R. und Jentsch, W. **Die energetische Verwertung der Futterstoffe. 6. Mitt. Die energetische Verwertung der Kraftfutterstoffe durch Rinder, Schafe, Kaninchen, Schweine und Ratten, Tierartenvergleich.** Arch. Tierernähr. **13** (1963) Nr. 3. S. 193-213. — 21 Tab., 11 Lit. 5. Mitt. vgl. vorst. Ref.
Vff. vergleichen die Tierarten Rind, Schaf, Kaninchen, Schwein und Ratten hinsichtlich der energetischen Verwertung von 14 verschiedenen Kraftfutterstoffen (s. 1. Mitt.). Die Verdaulichkeit der org. Subst. sinkt bei allen Tierarten mit steigendem Rohfasergehalt (Schwein, Ratte und Kaninchen verdauen die org. Subst. zu 74%, die Wiederkäuer zu 81%.). Bei den Futterstoffen mit mehr als 10% Rohfaser ist eine leichte Überlegenheit des Schafes im Vergleich zum Rind festzustellen. Die verd. E. ist vom Gehalt und der Verdaulichkeit der einzelnen Nährstoffe sowie ihrem Energiewert abhängig. Der Energiegehalt der untersuchten Futterstoffe wird im Durchschnitt um 2% niedriger verdaut als die org. Substanz. Die verd. E. kann mit großer Genauigkeit aus den verd. Nährstoffen berechnet werden. Die Differenz zwischen verd. E. und u. E. beträgt im Durchschnitt aller Futterstoffe bei den Nichtwiederkäuern 0–12% und bei den Wiederkäuern infolge der zusätzlichen Methanbildung im Pansen 10–15%. Die u. E. der Futterstoffe kann mit sehr guter Annäherung aus den verd. Nährstoffen errechnet werden. Die Netto-E. der verschiedenen Kraftfutterstoffe zeigt erhebliche Schwankungen. Beim Rind wurden pro g verd. org. Subst. 1849–4391 cal ermittelt. Demzufolge dürfen verschiedene Kraftfutterstoffe hinsichtlich ihres energetischen Produktionswertes keineswegs gleichgesetzt werden wie es in der Praxis oft geschieht. Die u. E. der einzelnen Nährstoffe wird für den Fettansatz wie folgt verwertet: Rohprotein: Wiederkäuer = 47%, Nichtwiederkäuer = 54%, Rohfett: bei allen 5 Tierarten = 85–92%, N-fr. E.: Rind = 56%, Schaf und Kaninchen = 63%, Schwein und Ratte = 77%. Für die Berechnung der Brutto-, verd., u. und Netto-E. der Kraftfutterstoffe werden für jede Tierart multiple Regressionsgleichungen angegeben (s. 1.–5. Mitt.). Damit verliert die bisher gebräuchliche Methode zur Stärkewertberechnung mit Hilfe der Wertigkeit nach Kellner für die Gruppe der Kraftfutterstoffe ihre Bedeutung. H. Bergner. 8225.

3-64/06-0601 Coop, I. E. und Drew, K. R.; Canterbury, Lincoln Coll. Maintenance and lactation requirements of grazing sheep. **(Forderungen für Erhaltung und Milchbildung von weidenden Schafen.)** Proc. New Zealand Soc. Animal Product. **23** (1963) S. 53–62. — 4 Tab., 12 Lit.
In 2 Versuchen mit Schafen wurde der Einfluß verschiedener Faktoren (Weidezeit, Länge des Weidegrases, Fütterung im Pferch im Freien und im Stall) auf den Erhaltungsbedarf an verd. org. Subst. (D. O. M.) untersucht. In zwei weiteren Versuchen sollte der Aufwand an D. O. M. für Milchbildung bestimmt werden. Gegenüber den im Pferch gefütterten Schafen stieg der Erhaltungsbedarf bei Weidegang bei kurzer Weidezeit und langem Wuchs auf 120–130% an; bei kurzem Wuchs, wodurch die Erhaltungsforderungen gerade gedeckt

wurden, erhöhte sich der Bedarf auf 150–180%. Ein Scheren der Tiere im Herbst hatte einen mehrere Monate anhaltenden höheren Erhaltungsbedarf von 20–40% zur Folge. Für je 1 lb. Milch wurden auf regressivem Wege 0,70 bzw. 0,53 lb. D. O. M. berechnet. Die aus den Versuchen für das milchende Schaf abgeleiteten Forderungen liegen um 20% höher als die entsprechenden N. R. C.-Empfehlungen. L. Hoffmann. 8230.

3-64/06-0602 Wheeler, J. L., Reardon, T. F. und Lambourne, L. J. The effect of pasture availability and shearing stress on herbage intake of grazing sheep. **(Der Einfluß des Weideaufwuchses und des Scherens auf die Futteraufnahme weidender Schafe.)** Austral. J. agric. Res. **14** (1963) Nr. 3. S. 364–372. – 4 Abb., 2 Tab., 24 Lit.
In insges. 3 Versuchen (jeweils 30–60 Schafe) wurde die Futteraufnahme und die Verdaulichkeit der org. Subst. nach der Faecal-Index-Technik in Abhängigkeit vom Weideaufwuchs und vom Scheren der Tiere bestimmt. Zwischen der Verfügbarkeit an Weidegras von 150–2900 lb. Trockengewicht je acre und der Einnahme an verd. org. Subst. (D. O. M.) bestand keine Korrelation ($r = 0{,}184$). Nach dem Scheren stieg die Einnahme an D. O. M. bei weidenden Schafen um 42–62% an, bei im Pferch mit Heu gefütterten Schafen um 20–51%. Die höhere Einnahme an D. O. M. nach dem Scheren führen Vff. in erster Linie auf einen höheren Energiebedarf zurück, der durch die eintretende unzureichende thermische Isolierung erklärt wird. L. Hoffmann. 8240.

3-64/06-0603 Ford, E. J. H.; Babraham, Cambridge, A. R. C., Inst. of Animal Physiol. Glucose utilization in pregnant sheep. **(Glucoseumsatz im trächtigen Schaf.)** Biochem. J. 88 (1963) Nr. 3. S. 427-435. – 2 Abb., 5 Tab., 23 Lit.
Der Glucoseumsatz durch trächtige Schafe (**I**) wurde mit dem nicht trächtiger (**II**) verglichen. Die am C-Atom 1 bzw. 6 markierte Glucose wurde konst. in die Vena jugularis gegeben. Ohne Unterschied zwischen normalen Schafen und solchen mit Ketosis wurden von **I** 1,29 ± 0,11 und von **II** 1,84 ± 0,1 mg/Min./kg umgesetzt. Das Verhältnis der spez. Radioaktivitäten des Atmungs-CO_2 bei 1-^{14}C- und 6-^{14}C-Glucose betrug bei **I** 1,60 ± 0,18. Die CO_2-Produktion betrug bei **I** 10,2 ± 0,35, bei **II** 6,8 und 4,8 mMol/Min. Vom CO_2 stammen bei **I** 1,7-2,4%, bei **II** 2,1-3,7% von der Glucose und von der umgesetzten Glucose wurden entsprechend 5,5-9,5% bzw. 3,5-4,7% zu CO_2 oxydiert. W. Jentsch. 8260.

3-64/06-0604 Cahilly jun., G. M., Miller, R. F., Kelly, R. F. und Brooks, C. C.; Blacksburg, Virginia Agric. Exp. Stat. Effect of various levels of dietary lysine on certain blood phenomena, muscle development, and muscle-protein biological value of growing swine. **(Der Einfluß unterschiedlicher Nahrungs-Lysin-Mengen auf bestimmte Blut-Phänomena, Muskelentwicklung und die biologische Wertigkeit des Muskelproteins von wachsenden Schweinen.)** J. Animal Sci. **22** (1963) Nr. 3. S. 726–732. — 7 Tab., 20 Lit.
In Versuchen mit Absatzferkeln von 30 lb. Lgw. wurde eine Mais-Erdnußextraktionsschrot-Ration durch unterschiedliche Lysin(**I**)-Mengen (0,0; 0,3; 0,6 oder 0,9% L-Lysin-HCl) ergänzt. Tägl. Zunahme und Futterverwertung wurden durch **I**-Ergänzung verbessert. Ohne **I**-Zusatz zur Ration ergab die Blutuntersuchung geringe Hämoglobin- und Hämatocrit-Werte, erhöhte Gehalte an α- und γ-Globulinen, während der β-Globulin-Gehalt unverändert blieb. Rückenspeckdicke und Fleischanteil nahmen mit der **I**-Ergänzung bis 0,6% zu. Der Proteingehalt der Muskeln nahm ebenfalls zu, während die an Albinoratten bestimmte BW des Muskelproteins bei **I**-Zulagen unverändert blieb. H.-D. Bock. 8265.

3-64/06-0605 Andik, I., Donhoffer, Sz., Farkas, Maria und Schmidt, P.; Pécs, Hungary, Univ. Med. School, Inst. of Pathophysiol. Ambient

temperature and survival on a protein-deficient diet. **(Die Umgebungstemperatur und das Überleben bei einer Proteinmangelration.)** Brit. J. Nutrit. **17** (1963) Nr. 2. S. 257–261. — 2 Abb., 14 Lit.
In einem ad libitum-Fütterungsversuch bei Zimmertemperatur erhielten von insges. 55 ♂ Ratten je 10 eine Ration mit 22 bzw. 6,2% Protein und 35 eine mit nur 4,3% Protein. Von letzteren Tieren wurden 18 nach 3 Wo. in einer Umgebungstemperatur von 5° gehalten und nach 7–9 Wo. wieder in die Zimmertemperatur zurückgebracht. Der Futterverzehr wurde tägl. und das Lgw. jeden 2. Tag ermittelt. Die bei Zimmertemperatur mit der 4,3% Protein enthaltenden Ration gefütterten Ratten stellten sofort ihr Wachstum ein und starben nach etwa 6 Versuchswochen. Die mit derselben Mangelration gefütterten, aber ab 3. Versuchswoche bei 5° gehaltenen Tiere zeigten Gewichtszunahmen. In Zimmertemperatur zurückgebracht, stellten auch diese Tiere sofort ihr Wachstum ein und gingen nach wenigen Wochen ebenfalls zugrunde. Auf Grund des in der kalten Umgebung erhöhten Calorienbedarfes der Tiere hatte sich die Futteraufnahme verdoppelt, wodurch der Eiweißbedarf besser gedeckt werden konnte. Eiweißmangelrationen sind daher ohne Berücksichtigung der Calorienaufnahme allein durch das Eiweiß-Calorien-Verhältnis nicht angemessen charakterisiert. J. Wünsche. 8265.

3-64/06-0606 Swendseid, Marian E., Villalobos, Juanita und Friedrich, Barbara; Los Angeles, Univ. of California, School of Public Health. Ratios of essential-to-nonessential amino acids in plasma from rats fed different kinds and amounts of protein and amino acids. **(Die Verhältnisse essentieller: nichtessentieller Aminosäuren im Plasma von mit verschiedenen Arten und Gehalten an Proteinen und Aminosäuren gefütterten Ratten.)** J. Nutrit. [Philadelphia] **80** (1963) Nr. 1. S. 99–102. — 3 Tab., 8 Lit.
An wachsenden und ausgewachsenen ♂ Sprague-Dawley Ratten wurde der Einfluß unterschiedlicher Protein- und Aminosäuregehalte von für das Wachstum suboptimalen Diäten auf das Verhältnis essentieller: nichtessentieller AS (e : n-Verh.) im Blutplasma der Versuchstiere untersucht. Im Vergleich zu normalen Rationen mit 18% Casein erfolgte nach Verabreichung von im Proteingehalt suboptimalen Diäten eine Reduktion des e:n-Verh. im Blutplasma der wachsenden Ratten. Bei den ausgewachsenen Tieren war das e:n-Verh. nach Verfütterung von Rationen mit nur 8 bzw. 4% Casein ebenfalls reduziert. Ergänzung durch Glycin bewirkte auch eine Verminderung des e:n-Verh., das sich in den meisten Fällen als Folge einer Abnahme der ess. AS und einer relativen Zunahme der nichtess. AS erwies. Die limitierenden AS waren dabei jeweils am stärksten reduziert. H.-D. Bock. 8265.

3-64/06-0607 Oslage, H. J. **Über den Stoffansatz wachsender Mastschweine.** Landwirtsch. Forsch., Sonderh. Nr. **17** (1963) S. 178–179. 8265.

3-64/06-0608 *Schneeberger, Henri.* **Über die energetische Wirkung von Na-Azetat, Na-Butyrat und Glukose beim ausgewachsenen Kaninchen.** Diss. Techn.-Wiss. Fak. Zürich. 1962. (62 S.) 8°. (Diss. 9049)
3-64/06-0609 *Zausch, Manfred.* **Untersuchungen zum Stoff- und Energieumsatz wachsender Tiere (nach Versuchen an wachsenden Hähnen).** Hab. Landw. Fak. Halle/Saale. 1963. (186 S.) 4°. (Diss. 9059)
3-64/06-0610 *Krämer, Karl.* **Stickstoff-Bilanzversuche an wachsenden Albinoratten mit DL-α-Aminobuttersäure als Futtersupplement.** Diss. Univ. Bonn, Landwirtsch. Fak. 1960. (71 S.)

F. ERNÄHRUNGSSTÖRUNGEN UND MANGELKRANKHEITEN

3-64/06-0611 Creek, R. D. und Vasaitis, Valeria. Failure to prevent certain types of perosis with succinic and nucleic acids. **(Mißerfolg beim Einsatz von Succinat und Nucleinsäuren als Vorbeugungsmittel bei Perosis.)** Poultry Sci. **42** (1963) Nr. 5. S. 1134–1136. — 2 Tab., 10 Lit.
An dem Auftreten von Perosis sind eine Reihe von Faktoren beteiligt, die am C-Stoffwechsel, der CO_2-Bindung sowie an der Synthese von Purinen und

Nucleinsäuren angreifen. Bei Mn-Mangel, das zu diesem Komplex gehört, wird die Knorpelbildung gestört und der Citratzyklus, zu dem auch das Succinat gehört. Es gelang nicht, durch Zugaben von Nucleinsäuren oder Succinat zu Futtermischungen, die arm an Nicotinsäure, Cholin und Mangan waren, das Wachstum zu verbessern oder die Perosiserscheinungen zu mildern. C. Engelmann. 8310.

3-64/06-0612 Kolb, E.; Leipzig, Karl-Marx-Univ., Veterin. Physiol.-Chem. Inst. **Ernährungsphysiologische Betrachtungen zum Problem der Entstehung und Vorbeuge der Weidetetanie.** Dtsch. Landwirtsch. **14** (1963) Nr. 6. S. 293 bis 295.

Vf. gibt einen Überblick über die Ergebnisse der neueren Arbeiten auf dem Gebiet der Weidetetanie. Ihr Auftreten ist mit einer Hypomagnesaemie verbunden, die durch ein niedriges Mg-Angebot im jungen Gras und eine schlechtere Mg-Resorption verursacht wird. Die Zunahme der NH_3-Konzentration und die damit verbundene pH-Verschiebung spielen hierbei eine wichtige Rolle. Sinkt der Serum-Mg-Spiegel unter 0,7-0,8 mg je 100 ml (normal 2 mg), so treten tetanische Erscheinungen auf. Die Prophylaxe besteht in einer geeigneten Übergangsfütterung (rohfaserreiche Futterstoffe) bei Weideaustrieb, einer Beifütterung von 50 g MgO und in einer Anwendung von Mg-haltigen Düngemitteln. B. Piatkowski. 8350.

3-64/06-0613 Brüggemann, Johannes, Schole, Jürgen und Tiews, Jürgen; München, Univ., Inst. für Physiol. und Ernähr. der Tiere. Are animal feed additives hazardous to human health? **(Sind Zusätze zu tierischen Futterstoffen für die menschliche Gesundheit schädlich?)** J. agric. Food Chem. **11** (1963) Nr. 5. S. 367–371. – 5 Abb., 3 Tab., 11 Lit.

Die in der Geflügelfütterung als Mittel gegen die Coccidienruhr eingesetzten Stoffe „Amprolium“, „Zoalene“, „Arzene“ und „Progen“ wurden während mehrerer Wochen in empfohlenen Mengen an Broiler verfüttert. Nach bestimmten Zeitabschnitten wurden Leber-, Nieren-, Fett- und Muskelgewebe einzelner Tiere auf die spez. Reste dieser Zusatzstoffe analysiert. Im Gegensatz zur ständig anwachsenden Aufnahme der Zusatzstoffe während der Versuche blieben diese auf einem konstanten niedrigen Niveau im Gewebe. Die Substanzen werden somit nicht im Körper gespeichert. Die im Gewebe gefundenen Mengen der Zusatzstoffe stiegen auch bei Gaben, die 10 mal größer als die empfohlenen Mengen waren, nicht linear mit an, sondern erhöhten sich nur leicht. F. Kreienbring. 8360.

3-64/06-0614 Tomov, A. und Najdenov, N. Proučvanija vŭrchu otravjaneto na kokoški s meden sulfat. **(Untersuchungen über Vergiftungen von Hühnern durch Kupfersulfat.)** Izvestija na Veterinarnija naučnoizsledovatelski institut za nezarazni bolesti i zoochigiena, Sofija **3** (1963) S. 117 bis 121. – 2 Tab., 3 Lit.

Der normale Cu-Gehalt in der frischen Leber beträgt bei Hühnern 2,74 mg% und bei Küken 2,33 mg%. Experimentell wurde eine akute und chronische Vergiftung mit $CuSO_4$ hervorgerufen, wobei die Hühner bei einer einmaligen Verfütterung eine Mindestgabe von 2 g/kg Lgw. erhielten und bei mehrmaligem Verfüttern 0,303 bis 1,110 g/kg Lgw. Es wurde festgestellt, daß infolge einer akuten Vergiftung mit $CuSO_4$ der Cu-Gehalt in der Leber unbedeutend ansteigt, während er sich bei einer chronischen Vergiftung auf das 15fache erhöht. Die chronische Cu-Vergiftung verläuft bei Hühnern anders als bei Haussäugetieren und wird hauptsächlich von Veränderungen in den Verdauungswegen begleitet. Bei der experimentell hervorgerufenen Vergiftung konnte in keinem Falle eine ausgesprochene Hämolyse oder Gelbsucht beobachtet werden. Eine tägliche Gabe von 80 mg $CuSO_4$ im Laufe von 152 Ta-

gen rief bei den Hühnern keine Vergiftung hervor. Eine derartige Menge ist in 100 g gebeizten Weizen und Roggenkörnern enthalten.
NRB/ZSNTI, übersetzt v. I. Posdirca. 8360.

3-64/06-0615 *Sontag, Margot.* **Über den Salmonellabefall pflanzlicher und tierischer Futtermittel unter besonderer Berücksichtigung von inländischem Knochenfuttermehl und Futterknochenschrot.** Diss. Vet.-med. Fak. Gießen. 1962. (32 S.) 8°. (Diss. 9108)

G. BEWERTUNG DER FUTTERSTOFFE

3-64/06-0616 Sibbald, I. R., Czarnocki, J., Slinger, S. J. und Ashton, G. C.; Guelph, Canada, Ontario Agric. Coll. The prediction of the metabolizable energy content of poultry feedingstuffs from a knowledge of their chemical composition. **(Die Berechnung des Gehalts der Futterstoffe für Geflügel an umsetzbarer Energie auf Grund ihrer chemischen Zusammensetzung.)** Poultry Sci. 42 (1963) Nr. 2. S. 486–492. — 2 Tab., 8 Lit.
Aus 87 chemischen Futtermitteluntersuchungen wurde eine Gleichung zur Berechnung der umsetzbaren Energie (u. E.) von Futtermitteln und -mischungen für Geflügel aufgestellt. Unter Ausschaltung der Futtermittel mit $>12\%$ Rohfaser kamen Vff. zu einer ähnlichen Gleichung wie Carpenter und Clegg (vgl. LZ. Abt. III 2 [1957] Nr. 3. S. 463.) u. E. (kcal./g Tr.-Subst.) $= 0{,}059 + 3{,}8 \left(\frac{1{,}1 \times \text{Stärke} + \text{Zucker} + \text{Rohprotein} + 2{,}25 \times \text{Ätherextrakt}}{\text{Tr.-Subst.}}\right)$ · (Die einzelnen Komponenten in g pro g Futterstoff ausgedrückt.) Für die Berechnung der u. E. auf N-Gleichgewicht korrigiert geben Vff. folgende Gleichung an: u. E. =

$$\frac{4{,}1 \times \text{Stärke} + 3{,}55 \times \text{Zucker} + 3{,}52 \times \text{Rohprotein} + 7{,}85 \times \text{Ätherextrakt}}{\text{Tr.-Subst.}}$$

Die Einbeziehung weiterer Variablen (Rohfaser, N-fr. E, Bruttoenergie und Asche) ergab keine sicherere Beziehung als die angegebene Gleichung.
W. Jentsch. 8440.

3-64/06-0617 Sibbald, I. R. und Slinger, S. J.; Guelph, Canada, Ontario Agric. Coll. A biological assay for metabolizable energy in poultry feed ingredients together with findings which demonstrate some of the problems associated with the evaluation of fats. **(Ein biologisches Bestimmungsverfahren der umsetzbaren Energie in Geflügelfuttermitteln in Verbindung mit Ergebnissen, die einige Probleme bei der Bewertung des Fettes darlegen.)** Poultry Sci. 42 (1963) Nr. 2. S. 313–325. — 4 Abb., 2 Tab., 25 Lit.
Es wird die Versuchsmethode zur Bestimmung der umsetzbaren Energie von Geflügelfutterstoffen beschrieben. Günstig ist für die Versuche das Arbeiten mit 2 Wochen alten Küken mit 20 Tieren pro Gruppe. Die Anwendung der Cr_2O_3-Methode hat Vorteile gegenüber der Methode ohne Indikator, da die Küken Futter verstreuen und Kot am Versuchskäfig haften bleibt. Das Ersatzverfahren mit 20, 40 und 60% Ersatz des Grundfutters durch Versuchsfutter hat sich bewährt. Die Korrektur der umsetzbaren Energie auf N-Gleichgewicht mit 8,73 bzw. 8,22 kcal./g N wird für unnötig befunden, da die Korrelation zwischen korr. umsetzbarer Energie (y) und klassischer umsetzbarer Energie (x) $r = 0{,}995$ beträgt und die Regressionsgleichung $y = 0{,}009 + 0{,}948\,x$ gefunden wurde. Besonders wird auf die Bestimmung der umsetzbaren Energie der Fette eingegangen. In 2 Versuchen wurde lineare Beziehung zwischen der Höhe der Fettzufuhr und der umsetzbaren Energie der Fette gefunden und etwa gleiches Ergebnis bei hohem und niedrigem Proteingehalt der Ration erzielt. W. Jentsch. 8440.

H. FÜTTERUNG DER LANDWIRTSCHAFTLICHEN NUTZTIERE

3-64/06-0618 Bernhardt, F. **Methoden zur mathematischen Futterplanung.** Z. Agrarökon. 6 (1963) Nr. 11. S. 336–340. — 14 Lit. 8451.

3-64/06-0619 Butkevičene, A. A. Éffektivnost' zamenitelej celnogo moloka pri vyraščivanii teljat na mjaso. **(Die Effektivität von Milchersatzmitteln in der Mastkälberaufzucht.)** Životnovodstvo, Moskva **26** (1964) Nr. 1. S. 71 bis 73.

Als Ersatzmittel kamen Kälpan, Lebertran, Fischsilage und ein „Spezialpräparat Nr. 1" zum Einsatz. Die vollmilcharm aufgezogenen Kälber erhielten 94,5–269 kg Vollmilch und 400-650 kg Magermilch, zeigten jedoch bei Fütterung der verschiedenen Ersatzmittel gute Zunahmen, die denen der Kälber der Kontrollgruppen, welche 320–360 kg Vollmilch und 400–800 kg Magermilch erhielten, nicht nachstanden. Der Futteraufwand je kg Lebendgewichtszunahme war bei den Versuchstieren um 0,17 Futtereinheiten niedriger als bei der Kontrollgruppe. Die Futterkosten waren um 0,14 Rubel geringer. Vf. empfiehlt auch für Mastzwecke bestimmte Jungtiere intensiv aufzuziehen und gibt als zu erstrebende Lgw. 90 kg für 3 Mon. alte und 150 kg für 6 Mon. alte Kälber an. Die günstigste Futterverwertung wurde bei der intensiven Aufzucht zur Mast bestimmter Jungrinder bis zum Alter von 6 bis 9 Monaten erzielt. H. Schwiderski/Dummerstorf. 8458.

3-64/06-0620 Koubek, K. und Nedvídek, M. Směrné krmné dávky pro jednotlivé kategorie skotu. **(Muster-Futterrationen für einzelne Rinderkategorien.)** Náš Chov **1963** Nr. 7. Beil. S. 45-49.

In Tabellen werden Richtlinien zur Zusammenstellung von Futterrationen für Zuchtfärsen und für die Schnellmast von Jungvieh mit Musterbeispielen angeführt. Bei der Aufzucht von Milchkühen ist eine etwas langsamere Entwicklung der jungen Tiere erwünscht. ČSSR/ÚVTI. 8458.

3-64/06-0621 Gottfried, J., Bulena, V. und Jäger, L. Zkrmování močoviny u rychložíru v dokrmnách skotu. **(Verfütterung von Harnstoff bei der Schnellmast von Rindern.)** Agrochemie [Bratislava] **3** (1963) Nr. 7. S. 124-125. — 2 Abb., 2 Tab., 2 Lit.

In Jungbullenmastversuchen erreichten die mit 60 g Harnstoff je Bulle und Tag beigefütterten Versuchstiere einen um 22–72 höheren tägl. Lgw.-Zuwachs im Vergleich mit der Kontrollgruppe von Jungbullen. Harnstoff während der gesamten Mastdauer kann demnach nur unter der Voraussetzung empfohlen werden, wenn die Futterrationen in der zweiten Phase der Mast (350 kg Lgw.) durch Herabsetzung des Eiweißgehaltes der Ration angepaßt werden. ČSSR/ÚVTI. 8458.

3-64/06-0622 Semak, I. L., Kaplan, V. A., Maksakov, B. A., Pustovar, Ja. P. und Staroverov, N. A. Ammijačnaja voda i bikarbonat ammonija kak častične zameniteli proteina pri mjasnom otkorme. **(Ammoniaklauge und Ammoniumbicarbonat als Teilersatz für Protein in der Fleischmast.)** Životnovodstvo, Moskva **26** (1964) Nr. 1. S. 3-8. — 5 Tab.

Aus Versuchen der Vff. geht hervor, daß Ammoniumsalze in der Rinderfütterung eine effektivere N-Zugabe darstellen als Harnstoff, bes. wenn es sich um Ammoniumsalze organischer Säuren handelt. Deshalb wird vorgeschlagen, den Ammoniak in Form einer Lösung zur Silage hinzuzugeben und so Ammoniumsalze der in der Silage enthaltenen organischen Säuren zu erzeugen. Je 1 t Silage wurden 15 l 25%iger Ammoniaklauge eingebracht (**I**). Als Vergleichsfutter wurde Silage mit 17,5 kg Ammoniumcarbonat je 1 t zubereitet (**II**). An Fleckviehmastbullengruppen zu je 10 Tieren wurden beide Silagen geprüft. Die Tageszunahmen der Gruppe, die mit **I** gefüttert wurde, lagen um 10-15% höher als in der Vergleichsgruppe (**II**). Negative Folgen der Ammoniaklaugenfütterung von 0,25 l tägl. je Kopf zusammen mit Maissilage wurden nicht beobachtet; ebenso wie bei der tägl. Verfütterung von tägl. 150-170 g Ammoniumbicarbonat, wobei etwa gleich gute Tageszunahmen erzielt wurden. Die Fleischqualität der mit synthetischem Stickstoff gefütter-

ten Tiere wich lt. chem. Untersuchungen in keiner Weise von der Norm ab. Gesundheitsstörungen wurden ebenfalls nicht beobachtet.
H. Schwiderski/Dummerstorf. 8458.

3-64/06-0623 Hoffmann, M. und Fix, H. P. **Einsatz von harnstoffhaltigen Maissilagen in der Milchviehfütterung der nördlichen Bezirke der DDR.** Tierzucht **17** (1963) Nr. 8. Fütterungsberatung **4** Nr. 4. S. 28–31. – 7 Tab., 37 Lit.

Vff. berichten über die beim Einsatz von harnstoffhaltigen Maissilagen in einigen sozialistischen Landwirtschaftsbetrieben erzielten Ergebnisse. Von 70 untersuchten harnstoffhaltigen Maissilagen wiesen 76% sehr gute bis gute Qualität auf. Im ⌀ von 59 Proben ergab sich ein Tr.-Subst.-Gehalt von 16,3% und ein Rohproteingehalt von 1,99 (0,84–3,26)%, das entspricht einem Gehalt von 1,2% verd. Rohprotein. Nur bei 7 von 42 untersuchten Betrieben lag der Harnstoffzusatz über 4 kg/t Grüngut (Norm: 5 kg/t). In 7 Betrieben, die in den Rationen ohne Harnstoff ein Eiweiß/StW.-Verhältnis von über 1:7,6 hatten, wurde durch die Harnstoff-Anwendung eine Mehrleistung von 1,4 kg Milch und 47 g Fett je Kuh und Tag erzielt. Die Harnstoff-Anwendung war in jedem Fall ökonomisch, denn die Mehrkosten je Kuh und Tag betrugen nur 10 Pfg. Der Einsatz harnstoffhaltiger Maissilagen hat sich insges. gut bewährt und sollte stark gefördert werden. Auf die Durchführung einer sachgemäßen Siliertechnik wird hingewiesen; über das Vermischen von Harnstoff mit der fertigen Silage vor dem Verfüttern wird diskutiert.
J. Wünsche. 8460.

3-64/06-0624 McCullough, M. E. Relationship between digestible dry matter of forage and average daily gain of dairy heifers. **(Beziehung zwischen der verdaulichen Trockensubstanz des Futters und der durchschnittlichen täglichen Gewichtszunahme von Färsen.)** J. Dairy Sci. **46** (1963) Nr. 8. S. 861 bis 862. – 1 Abb., 1 Tab., 2 Lit.

Aus den Ergebnissen von 8 Fütterungsversuchen mit wachsenden Färsen berechnet Vf. die Beziehungen zwischen der verd. Tr.-Subst. (DDM) des Futters und der tierischen Leistung (durchschnittl. tägl. Gewichtszunahme). Die berechnete Nettoenergie (CNE) ergibt sich nach folgender Formel:

$$\mathrm{CNE} = \frac{(\mathrm{DDM} - 35) \times \%\,\text{organ. Subst.} \times 4{,}4\,.}{100}$$

Nachstehende multiple Regressionsgleichungen wurden aufgestellt: 1) $Y = -13{,}633 + 8{,}228\,X_1 + 0{,}0004\,X_2 + 0{,}019\,X_3$; $R^2 = 0{,}666$ (Y = durchschnittl. tägl. Zunahme, X_1 = log DDM, X_2 = Körpergewicht, X_3 = tägl. DDM-Aufnahme); 2) $Y = 0{,}078 - 0{,}0006\,X_1 + 1{,}838\,X_2$; $R^2 = 0{,}692$ (Y = durchschnittl. tägl. Zunahme, X_1 = Körpergewicht, X_2 = log der CNE-Aufnahme).
J. Wünsche. 8460.

3-64/06-0625 Ajrapetova, R. T. Ispol'zovanie ljupinogo silosa v kormlenii moločnych korov. **(Die Verwendung von Lupinensilage bei der Fütterung von Milchkühen.)** Životnovodstvo, Moskva **25** (1963) Nr. 6. S. 28–29. – 2 Tab. 8460.

3-64/06-0626 Grebenjuk, A. Z., Tkačenko, D. M. und Jagello, A. L. Ispol'zovanie kukuruznogo silosa, sacharnoj svekly i gorocha pri otkorme jagnjat. **(Die Verwendung von Maissilage, Zuckerrüben und Erbsen bei der Mast der Lämmer.)** Ovcevodstvo, Moskva **9** (1963) Nr. 8. S. 28–31. – 3 Tab. 8482.

3-64/06-0627 Kuc, G. A. Kruglogodovoe kormlenie ovcematok kukuruznym silosom. **(Die ganzjährige Fütterung der Mutterschafe mit Maissilage.)** Naučnye trudy. Naučno-issledovatel'skij institut životnovodstva Lesostepi i Polesja USSR, Kiev-Charkov **32** (1962) S. 15–18. – Aus: Referativnyj žurnal Moskva. Životnovodstvo, veterinarija **1963** Nr. 7.58.189. S. 23–24.

Die ganzjährige Verfütterung von Maissilage verringerte das Gewicht und den Futterzustand der Mutterschafe nicht und übte auch keinen ungünstigen Einfluß auf ihr Allgemeinbefinden und die Qualität der Nachzucht aus.
übersetzt v. G. Boetticher. 8490.

3-64/06-0628 Tiščenko, A. V. Mjasnoj otkorm svinej na racionach s vysokim soderžaniem sočnych i grubych kormov. **(Fleischschweinmast bei Rationen mit hohem Saft- und Rauhfutteranteil.)** Životnovodstvo, Moskva **26** (1964) Nr. 1. S. 25–27. — 2 Tab.
In Versuchen mit im Betrieb zubereiteter Futterpaste, welche bis zu 40% des allg. Futterwertes Zuckerrüben und Mischsilage enthielt, war der Futteraufwand bei den Schweinen der Kontrollgruppe, welche in ihrer Ration nur bis zu 20% Zuckerrüben und Mischsilage erhielten, je kg Zunahme um 1,23 FE höher. Der Aufwand an Kraftfutter war bei den Schweinen der Versuchsgruppe 1,8mal niedriger und die Selbstkosten je kg Lebendgewicht um 15 bis 20% geringer als bei der Kontrollgruppe. Die Schweinemast mit Futterpaste bringt eine höhere Fleischausbeute und einen geringeren Speckanteil im Vergleich zur Mast mit trockenen Getreidefuttermischungen. Am günstigsten läßt sich die Futterpaste in mechanisierten Futterhäusern herstellen. Der Feuchtigkeitsgehalt der Paste soll nicht mehr als 75% betragen.
H. Schwiderski/Dummerstorf. 8536.

3-64/06-0629 Clawson, A. J., Richards, H. L., Matrone, G. und Barrick, E. R.; Raleigh, North Carolina Agric. Exp. Stat. Influence of level of total nutrient and protein intake on reproductive performance in swine. **(Einfluß der Höhe der Gesamtnährstoff- und Proteinaufnahme auf die Zuchtleistung von Schweinen.)** J. Animal Sci. **22** (1963) Nr. 3. S. 662–669. — 1 Abb., 4 Tab., 28 Lit.
In 4 Versuchen mit 148 Jungsauen und 40 das 2. Mal ferkelnden Sauen wurde der Einfluß von 2 verschieden hohen Energie- und Proteingaben während der Trächtigkeit auf Gewichtsentwicklung und Zuchtleistung untersucht. Es wurden tägl. 3 oder 6 lb. Futter mit entweder 0,3 oder 1,2 lb. Protein verabreicht. Die Energieergänzung erfolgte mittels Maisstärke, Zucker und Fett, die Proteinergänzung mittels Sojamehl (50% Protein). Die mit der energiereichen Ration gefütterten Jungsauen wiesen während der Trächtigkeit signifikant höhere Gewichtszunahmen auf als die energiearm gefütterten. Das hatte jedoch keinen Einfluß auf die Laktationsleistung. Der Einfluß der Fütterung auf die Zahl der geborenen und aufgezogenen Ferkel sowie das Wurfgewicht beim Absetzen war im Durchschnitt der 4 Versuche nicht eindeutig; bei energiereicher Fütterung wurden jedoch stets die schwereren Ferkel geboren. Die Höhe der Proteinaufnahme hatte keinen signifikanten Einfluß auf das Geburtsgewicht der Ferkel. J. Wünsche. 8538.

3-64/06-0630 Hislop, R. I. und Whittle, T. E. The feeding of farm animals. VI. The laying fowl. **(Die Fütterung der landwirtschaftlichen Haustiere. 6. Mitt. Die Legehennen.)** Scott. Agric. **43** (1963) Nr. 1. S. 41–47. — 4 Tab., 4 Lit.
Die Abhandlung stellt eine kurze Zusammenfassung der Empfehlungen dar, die vom Nat. Res. Council of America (1960) und im Bull. Nr. 174 des Min. of Agric. and Fisheries, London (1959) herausgegeben sind. Es handelt sich im einzelnen um Futtermischungen für Küken von der 0.–8. und 8.–20. Woche sowie für Lege- und Zuchthennen mit Angabe der erforderlichen umsetzbaren Energie (UE), des Anteils an Rohprotein, verd. Protein, an Mineralstoffen und Vitaminen sowie dem Eiweiß-Kalorienverhältnis. Auf die Abhängigkeit der UE des Getreides vom Feuchtigkeitsgehalt wird hingewiesen. Eine Spezialmischung für leichte, extrem auf Legeleistung und geringen Futterverbrauch gezüchtete Rassen bzw. Kreuzungen wird angegeben, wobei angeraten wird, bei Kohlenhydraten und Fett die Kosten für 1000 kcal. UE

jedem Vergleich zugrundezulegen, bei Eiweißstoffen die Kosten je 1% verd. Proteins. Eine weitere Tabelle gibt Auskunft über die UE der häufigsten Futtermittel. Kurze Hinweise auf die Eigenschaften der Eiweißträger, des Ca, P, NaCl, Mg, Mn und der Vitamine und Antibiotica schließen sich an. Körner – in abgemessener Menge – werden für Hennen bei Bodenhaltung empfohlen, ebenso die Verwendung hochprozentiger Eiweißkonzentrate für Selbsthersteller von Futtermischungen. Hinweise auf den Nutzen unlöslichen Grits für Legehennen und die Wichtigkeit ausreichender Wasserversorgung bilden den Abschluß. C. Engelmann. 8544.

3-64/06-0631 Peter, V., Ország h, V. und Chrappa, V. Výskum vplyvu použitia klíčkového oleja do kŕmnej zmesi s nižším a vyšším podielom bielkovinových krmív na užitkovost' chovných kačíc. **(Untersuchungen des Einflusses von Keimöl in einer Futtermischung mit niedrigerem und höherem Anteil eiweißhaltiger Futtermittel auf die Nutzleistung der Zuchtenten.)** Živočišná Výroba **8(36)** (1963) Nr. 6. S. 371–378. – 9 Tab., 22 Lit. Zus. in Russ., Dtsch.

In Gruppenversuchen mit Peking-Enten wurde der Einfluß einer 5%igen Zulage von Keimöl zu Futtermischungen mit niedrigerem (10%), mittlerem (12%) und höherem (14%) Gehalt an verd. E. auf die Nutzleistung der Versuchsenten untersucht. Weder die Beimischung des Keimöls noch die Steigerung des Eiweißgehaltes im Futter bewirkte eine Erhöhung der Legeleistung der Enten. Durch die Erhöhung des Eiweißgehaltes erhöhten sich aber etwas das Eigewicht und die Brutfähigkeit der Eier. ČSSR/ÚVTI. 8548.

3-64/06-0632 Dobson, Donald C.; Ephraim, Ut., Snow Field Stat. Feeding systems for turkeys. **(Fütterungsmethoden für Puten.)** Utah Farm Home Sci. **24** (1963) Nr. 2. S. 46–48. – 1 Abb., 3 Tab.

An 1200 Puten (Breitbrüstigen Bronze und Weißen Breitbrüstigen), die bis zur 8. Woche in Gruppen bei einheitlichem Aufzuchtfutter herangewachsen und dann zu 85–125 in Freiausläufe gebracht waren, prüfte Vf. 3 Fütterungsmethoden: 1. Freier Zugang zu einem (geschroteten) Proteinkonzentrat mit 22% Rohprotein und ganzen Milokörnern, 2. Darbietung eines Alleinfutters und 3. eines starken Eiweißkonzentrates zusammen mit abgemessenen Mengen Milokorn. Puter und Puten wurden getrennt aufgezogen und die einen mit 28, die anderen mit 20½–21½ Wochen geschlachtet. Die Methode 1 genügte vollauf im Vergleich mit den beiden anderen, und die Kosten waren geringer. Es wurde daraufhin der Einfluß der Form des Eiweißkonzentrats mit 30% Protein (Preßkorn = **I**, Schrot = **II** oder Brocken = **III**) neben Milokorn untersucht und der Einfluß des Eiweißgehaltes des Konzentrates. Die Gruppe **I** mit Preßkorn und Milokörnern wies das geringste und ungleichmäßigste Lgw. auf und brauchte am meisten Futter je kg Zunahme (3,95 lb). Im Schlachtalter hatten sie die geringste Qualität. Die Unterschiede traten nicht auf, wenn die Puten das Futter II oder III ohne Milokorn erhielten. Unter geschroteten Konzentraten mit verschiedenem Eiweißgehalt neben Milo schnitt die Gruppe mit 30 und 35% Protein insofern am besten ab, als hier die Kosten niedriger lagen als bei 25% Protein. C. Engelmann. 8552.

3-64/06-0633 Višnjić, Čedomila und Andrić, Mira. Uticaj količine kukuruza u obroku na prirast i ekonomičnost u tovu brojlera. **(Einfluß der Maismenge in der Ration auf die Zunahme und Wirtschaftlichkeit in der Jungkükenmast.)** Savremena Poljoprivreda [Novi Sad] **11** (1963) Nr. 6. S. 461 bis 469.

Kreuzungsküken (♂ Cornish × ♀ White Rocks) wurden in der Bodenhaltung anfänglich mit der gleichen Futtermischung gemästet. Vom 42. Lebenstage wurden 9 Gruppen von je 70 Tiere in Gruppendurchschnittsgewichten von 579 bis 596 g mit verschiedenen Kraftfuttermischungen, in denen Mais von

65 bis 80% vertreten war und das Kalorien/Protein-Verhältnis von 110 bis 146 stieg, gemästet. Vff. schließen, daß in der Kükenmast die Erhöhung des Maisanteils in den Futtermischungen in den letzten Mastwochen keinen nachteiligen Einfluß weder auf die Wirtschaftlichkeit der Mast noch auf die Schlachtqualität der Mastküken ausübt. D. Ilančić. 8552.

3-64/06-0634 *Derevcov, Ju.* und *D'jačkov, N.* **Ersatz des Heus durch Maissilage in der Ration der Kühe.** Aus: Moločnoe i mjasnoe skotovodstvo, Moskva 1962 Nr. 4. (Übers. aus d. Russ.) – TO 615.

3-64/06-0635 *Pérignon, Karl Theodor.* **Die Futterberechnung für Milch- und Jungvieh.** Frankfurt (Main): DLG-Verlags-GmbH. 1962. (77 S.) 8°.

3-64/06-0636 *Noland, P. R.* and *Scott, K. W.* **Substituting various grains and rice milling by-products for corn in rations for growing-finishing swine.** Fayetteville: Univ. of Arkansas. 1963. (16 S.) 8° = Agricultural experiment station. bulletin. 668. (SR 800, 668)

3-64/06-0637 *Bell, J. M.* **Pig feeding.** Ottawa: Canada Dept. of Agriculture. 1962. (16 S.) 8° = Canada Department of Agriculture. Publication. 1126. (SR 1366, 1126)

3-64/06-0638 *Morgan, J. T.* and *Lewis, D.*, Eds. **Nutrition of pigs and poultry.** Proceedings of the Univ. of Nottingham Eight Easter School in agricultural science. 1961. London: Butterworths. 1962. (IX, 366 S.) 8°. (1963 A 437)

FUTTERMITTELKUNDE

A. FUTTERSTOFFE, IHRE BEEINFLUSSUNG, KONSERVIERUNG UND ZUBEREITUNG

3-64/06-0639 Dubiski, Jósef und Wójciak, Marian. Określenie strat spowodowanych przez ługowanie przy różnych sposobach naturalnego suszenia trawy na siano. **(Die Bestimmung der Verluste durch Auslaugung bei der Heuwerbung je nach der angewandten natürlichen Trocknungsweise.)** Zeszyty problemowe postępów Nauk rolniczych **1962** Nr. 36. S. 103–107. – 1 Abb., 2 Tab., 3 Lit. PRL/CBR. 8710.

3-64/06-0640 Rojahn, J., Harnisch, W. und Wagner, J. **Beeinflussungen des Gärungsverlaufes im Silomais durch Zugabe von Milchsäurebakterien-Kulturen und durch Probeentnahmen.** Zbl. Bakteriol., Parasitenkunde, Infektionskrankh. Hyg., II. Abt. **116** (1963) Nr. 6. S. 612–631. – 17 Abb., 4 Tab., 22 Lit.

Es wurde untersucht, ob durch Zusatz von Milchsäurebakterienkulturen (in Molke) in der Silage eine schnellere Milchsäure- und eine verminderte Essigsäurebildung zu erreichen ist. Dazu wurde der Silomais in verschiedenen Behältertypen (Beton- und Gefäßsilos) und bei verschieden hohen Zusätzen von Milchsäurebakterienkulturen geprüft. – Es zeigten sich zwar gewisse Veränderungen in der Bakterienpopulation des Futterstoffes durch den Zusatz, der günstige Einfluß war aber bei weitem nicht so deutlich wie bei anderen Grünfutterarten mit geringerem Kohlehydrat- und höherem Eiweißgehalt. Aufgetretene Schwankungen im Gärungsverlauf dürften auf die Probeentnahmen bzw. auf Zwischengärungen zurückzuführen sein.
W. Klippel. 8730.

3-64/06-0641 Duckworth, R. B. und Smith, G. M. The environment for chemical change in dried and frozen foods. **(Die Umwelt für chemische Veränderungen bei getrockneten und gefrorenen Nahrungsstoffen.)** Proc. Nutrit. Soc. **22** (1963) Nr. 2. S. 182–189. 8750.

3-64/06-0642 Grieve, C. M., Robblee, A. R., Berg, R. T. und McElroy, L. W.; Edmonton, Univ. of Alberta. Native lowland hay in pelleted and non-pelleted rations for sheep. I. Effects on feed consumption, rate of gain, efficiency of feed utilization and digestibility. **(Heu aus sumpfigen Niederungen in pelletierter und nichtpelletierter Ration für Schafe. 1. Mitt. Einfluß auf Futterverzehr, Futterverwertung und Verdaulichkeit.)** Canad. J. Animal Sci. **43** (1963) Nr. 1. S. 189–195. – 3 Tab., 16 Lit.

Es handelt sich um etwas überständiges Heu aus den westl. Niederungsgebieten Kanadas. Die Versuche wurden an Lämmern und Hammeln ausgeführt. Bei Verwendung von 45–90% pelletierten Heus verzehrten die Lämmer 1–8 4mal so viel als von gehäckseltem, der Zuwachs war 3–8 mal so hoch und auch in der Futterverwertung war eine Überlegenheit sichtbar. Bei Lämmern ging die Verdaulichkeit der Bruttoenergie zurück, wenn in der Ration 45% pelletiertes Heu enthalten war, bei 60% Heu blieb sie gleich. Die Verdaulichkeit von Rohprotein war sogar bei einem Anteil von 90% dem nichtpelletiertem überlegen. Bei den Hammeln traten zwischen beiden Formen keine deutlichen Differenzen auf. B. Piatkowski. 8860.

3-64/06-0643 Grieve, C. M., Robblee, A. R. und McElroy, L. W.; Edmonton, Univ. of Alberta. Native lowland hay in pelleted and non-pelleted rations for sheep. II. Effects on rate of fermentation in the rumen. **(Heu aus sumpfigen Niederungen in pelletierter und nichtpelletierter Ration für Schafe. 2. Mitt. Einfluß auf die Rate der Pansengärung.)** Canad. J. Animal Sci. **43** (1963) Nr. 1. S. 196–201. – 1 Abb., 1 Tab., 6 Lit. 1. Mitt. vgl. vorst. Ref.

Die Fermentationsrate wurde mit Hilfe einer Warburg-Apparatur untersucht. Zwischen pelletiertem und nichtpelletiertem Heu konnten auf diese Weise keine nennenswerten Differenzen gefunden und keine Erklärung für die günstigere Gewichtsentwicklung etc. (vgl. 1. Mitt.) gegeben werden. In den Rationen mit 90% Heu war die Fermentationsrate am niedrigsten.
B. Piatkowski. 8860.

3-64/06-0644 Grieve, C. M., Robblee, A. R. und McElroy, L. W.; Edmonton, Univ. of Alberta. Native lowland hay in pelleted and non-pelleted rations for sheep. III. Effects on production of volatile fatty acids in the rumen. **(Heu aus sumpfigen Niederungen in pelletierter und nichtpelletierter Ration für Schafe. 3. Mitt. Einflüsse auf die Produktion flüchtiger Fettsäuren im Pansen.)** Canad. J. Animal Sci. **43** (1963) Nr. 1. S. 202–210. – 2 Abb., 3 Tab., 13 Lit. 2. Mitt. vgl. vorst. Ref.

Ein Anteil von 45 bzw. 60% pelletiertem Heu (nicht 90%) steigerte die Produktion an FFS bei Lämmern, bei Hammeln war dies bei 60 und 90% pelletiertem Heu der Fall. Das Pelletieren übte jedoch keinen Einfluß auf die Verhältnisse der verschiedenen FFS aus. Auch mit Hilfe der FFS-Konzentration kann der beobachtete Effekt auf Zuwachs etc. bei Lämmern nicht ausreichend erklärt werden. Mit zunehmendem Heuanteil stieg der Essigsäuregehalt, der an Propion- und Buttersäure fiel. B. Piatkowski. 8860.

3-64/06-0645 Heaney, D. P., Pigden, W. J., Minson, D. J. und Pritchard, G. I.; Ottawa, Canada Dep. of Agric. Effect of pelleting on energy intake of sheep from forages cut at three stages of maturity. **(Wirkung des Pelletierens auf die Energieeinnahme bei Schafen mit in drei Stadien der Reife geschnittenem Futter.)** J. Animal Sci. **22** (1963) Nr. 3. S. 752–757. – 2 Abb., 3 Tab., 19 Lit.

An Schafen wurde mit 3 Futterstoffen (2 Gräser und Luzerne) in pelletierter und gehäckselter Form der Einfluß von 3 Reifezuständen auf Futteraufnahme und Verdaulichkeit geprüft. In der Luzerne z. B. erniedrigte sich der Proteingehalt von 30 auf 14%, während der Rohfasergehalt von 18 auf 37% mit zunehmender Reife anstieg. Bei allen Nährstoffen verminderte sich die Verdaulichkeit mit zunehmender Reife. Bei Luzerne in pelletierter Form z. B. nahm die Verdaulichkeit der org. Subst. von 71 über 59 auf 53% ab. Gegenüber der Häckselform führte das Pelletieren der Gräser bei allen Nährstoffen und Reifezuständen zu einem Rückgang in der Verdaulichkeit. Die Energieeinnahme durch pelletiertes Futter war stets höher als durch gehäckseltes Futter. Nur im gehäckselten Zustand bestand eine deutliche Abhängigkeit der Energieeinnahme von der Qualität des Futters. L. Hoffmann. 8860.

3-64/06-0646 Müller, M. **Einfluß der Aufbereitungsformen des Kraftfutters auf die Freßzeiten bei Milchkühen.** Tierzucht **17** (1963) Nr. 2. S. 72 bis 75. — 8 Abb., 4 Lit.
Fütterungseinrichtungen in Melkständen setzen eine Aufbereitungsform des Kraftfutters voraus, die von den Milchkühen am schnellsten aufgenommen wird. Dabei wird u. a. auf Hanssen verwiesen, wonach eine Hochleistungskuh während der üblichen Maschinenmelkzeit nicht in der Lage ist, die notwendige Kraftfuttermenge aufzunehmen. Vom gleichen Autor wird hierfür hochkonzentriertes Kraftfutter in Würfelform empfohlen . Im Rahmen der besprochenen Arbeit wurden 6 verschiedene Aufbereitungsformen von Kraftfutter bezüglich der benötigten Freßzeit untersucht. Im Ergebnis der eingehend dargelegten Versuche erwies sich ein Preßfutter mit 3,2 mm Durchmesser durch kurze Freßzeiten sowie durch Vorteile bei der Dosierung gegenüber Preßfutter größeren Durchmessers als geeignete Form.
E. Kieslinger. 8860.

3-64/06-0647 *Bruhn, H. D., Zimmermann, Arnold* und *Niedermeier, R. P.* **Fortschritte beim Pelletieren von Futterheu.** Aus: Agric. Engng. **1959** S. 204-207. (Übers. aus d. Engl.) — TO 688.
3-64/06-0648 *Buttler, J. L.* und *MacColly, H. F.* **Einflußnehmende Faktoren auf das Pelletieren von Heu.** Aus: Agric Engng. **1959** S. 442-446. (Übers. aus d. Engl.) — TO 690.
3-64/06-0649 *Dobie, John B.* **Technische Bewertung des Heupelletisierens.** Aus: Agric. Engng. **1959** S. 76-77.; S. 92-93. (Übers. aus d. Engl.) — TO 691.
3-64/06-0650 *Shepperson, G.* und *Grundey, J. K.* **Versuche zur Herstellung von Heuwaffeln.** Aus: J. agric. Engng. Res. **7** (1962) Nr. 2. S. 105-111. (Übers. aus d. Engl.) - TO 677.
3-64/06-0651 *Benders, G.* und *Philipsen, P. J. J.* **Ist das Quetschen bei der Heugewinnung aussichtsreich?** Aus: Landbouwmechanisatie **14** (1963) Nr. 5. S. 365-371. (Übers. aus d. Engl.) — TO 703.
3-64/06-0652 *Buckingham, Frank.* **Ist Waffelpressen die Lösung?** Aus: Implement & Tractor Farm Implement News **76** (1961) Nr. 7. (Übers. aus d. Engl.) — TO 684.

B. DIE EINZELNEN FUTTERSTOFFE

3-64/06-0653 Kanev, St. und Pechlivanov, M. Sravnitelni izsledvanija vŭrchu sŭstava, smilaemostta i chranitelnata stojnost na njakoi zeleni furaži pri ovce i svine. **(Vergleichende Untersuchungen über die Zusammensetzung, die Verdaulichkeit und den Nährwert einiger Grünfuttermittel bei Schafen und Schweinen.)** Izvestija na Instituta po životnovŭdstvo „Georgi Dimitrov" — Kostinbrod, Sofija **17** (1963) S. 183–190. — 4 Tab., 5 Lit. Zus. in Russ., Dtsch.
Im Artikel werden die Ergebnisse von 6 Gruppenversuchen mit je 3 Hammeln und 6 Gruppenversuche mit je 3 Schweinen gebracht, in denen die Verdaulichkeit von 6 Grünfuttermitteln bestimmt wurde. Auf Grund der Versuchsergebnisse gelangen die Autoren zu dem Schluß, daß die Verdaulichkeit der untersuchten Futtermittel bei den Schafen besser ist als bei den Schweinen und daß der Unterschied in den VK bei den Schafen und Schweinen um so größer wird, je mehr Rohfaser das untersuchte Futter enthält.
NRB/ZSNTI, übersetzt v. E. Meyer. 8910.

3-64/06-0654 Sisk, L. R. und McCullough, M. E. Oats, ryegrass, and Crimson clover for young dairy animals. **(Hafer, Weidelgras und Crimson-Klee für junge Milchtiere.)** J. Dairy Sci. **46** (1963) Nr. 7. S. 748–749. — 1 Tab.
8910.

3-64/06-0655 Grosshans, H. und Rambusch, H. **Ergebnisse und Erfahrungen bei der Durchführung des ersten Silagewettbewerbes im Bezirk Potsdam.** Tierzucht **17** (1963) Nr. 8. Fütterungsberatung **4** Nr. 4. S. 25 bis 28. — 1 Abb., 2 Tab., 11 Lit.
Vff. berichten über die Organisation, Vorbereitung und Durchführung einer Silageschau im Kreismaßstab. In dieser Form durchgeführte Silagewettbewerbe bieten die Möglichkeit, die Silagen durch unmittelbaren Vergleich zu beurteilen und können dem Praktiker Hinweise zur Erzielung besserer Silage-

qualitäten geben. Von insges. 46 ausgestellten Silageproben wurden 41 chemisch untersucht. Die Bewertung der Silagen nach der Sinnesprüfung zeigte eine gute Übereinstimmung mit den Ergebnissen der Säureanalyse, so daß erstgenannte Methode für die Beurteilung von Silagen in der Praxis als ausreichend angesehen werden kann. J. Wünsche. 8920.

3-64/06-0656 Anonym. Žom i sylos zbagačujte azotom. **(Zuckerschnitzel und Silomasse mit Stickstoff anreichern.)** Socialistyčne tvarynnyctvo, Kyïv **34** (1962) Nr. 9. S. 27–30. – 1 Abb., 3 Tab. Orig.: ukrain.
Um den Proteinmangel im Futter für Wiederkäuer auszugleichen, werden Harnstoff, Ammoniumbicarbonat, Ammoniumsulfat und Ammoniakwasser verwendet. Ammoniakwasser ist von den aufgezählten Mitteln das effektvollste und wird in Zuckerschnitzel oder Silomasse gemischt. Für die mechanische Beimischung des Ammoniaks zu Zuckerschnitzeln und Silomasse ist der Futtermischer „KUT-3,0" geeignet. Der Maschine wird ein Dosator mit Zerstäuber angebaut. K. Neumann. 8920.

3-64/06-0657 Eddowes, Maurice. Maize as a silage crop in the West Midlands. **(Mais als Silagepflanze im westlichen Mittelland.)** J. Roy. agric. Soc. England **123** (1962) S. 55–62. 8920.

3-64/06-0658 Bunting, E. S. Maize as a silage crop in South-East England. **(Mais als Silagepflanze in Südost-England.)** J. Roy. agric. Soc. England **123** (1962) S. 46–54. 8920.

3-64/06-0659 Nehring, K., Wallis, E. und Schmidt, E. **Untersuchungen über die Beschaffenheit der Heuernte im Gebiet der DDR. 9. Mitt. Das Ergebnis der Heuwertprüfung 1962.** Z. landwirtsch. Versuchs- u. Untersuchungswes. **9** (1963) Nr. 4/5. S. 329–348. – 23 Tab., 1 Lit. Zus. in Russ., Engl. – nach Zus. 8. Mitt. vgl. LZ. Abt. III **8** (1963) Nr. 7. S. 1518.
Die Qualität des Wiesenheues 1962 war besser als im Vorjahr. In die Qualitätsgruppen I–III (vorzüglich bis gut) konnten nahezu die Hälfte der Proben eingereiht werden. Die Ursache liegt in dem Ablauf der Witterungsverhältnisse. – Der Rohproteingehalt war deutlich höher. Beim Rohfasergehalt lagen mehr als 80% der Proben unter der gewünschten Grenze von 29%. Bezüglich des Mineralstoffgehaltes waren die Ergebnisse etwas schlechter. Der Gehalt an Ca und P ist insges. als nicht befriedigend zu bezeichnen. – Die Gesamtqualität des Klee- und Luzerneheues war gleichfalls im Vergleich zu den Vorjahren wesentlich besser. Die Änderungen in der Qualität sind auch hier in erster Linie auf die Erhöhung des Protein- und die Minderung des Rohfasergehaltes zurückzuführen. Die Änderungen im Mineralstoffgehalt waren im Vergleich zu den Vorjahren gering. Der Gehalt an P ist nicht ausreichend. Die Heuproben von Heubelüftung waren wesentlich besser als normales Wiesenheu. Insbes. war der Gehalt an Rohprotein und an P günstiger. Das Grünfuttertrockengut von Klee, Luzerne und Grünroggen entsprach den Qualitätsanforderungen, die an Trockengut zu stellen sind; die Proben konnten fast ausschließlich in die Qualitätsgruppen I und II eingestuft werden. Der Carotingehalt lag im Durchschnitt der Proben bei über 200 mg/kg. Der Anteil der Cu- bzw. Co-armen Proben war relativ gering, während beim Mn über 70% der Proben zu geringen Gehalt hatten. 8930.

3-64/06-0660 Ivanov, P., Kostov, St. und Rusev, G. Sŭstav, smilaemost i chranitelna stojnost na ljucerna ot različni otkosi, sušena na slŭnce i s ventilator. **(Zusammensetzung, Verdaulichkeit und Nährwert von Luzerne der verschiedenen Schnitte bei Trocknen an der Sonne und mit Gebläse.)** Izvestija na Instituta po životnovŭdstvo „Georgi Dimitrov" – Kostinbrod, Sofija **17** (1963) S. 15–26. – 2 Abb., 10 Tab., 15 Lit.
In Versuchen mit zwei Paaren Zwillingsochsen wurde die Verdaulichkeit von Luzerneheu des 1., 2. und 3. Schnittes untersucht, das im Schwad und

in einer Belüftungsanlage getrocknet wurde. Im Nachfolgenden bringen wir die Ergebnisse in der Reihenfolge der Schnitte. Die Ergebnisse des in der Belüftungsanlage getrockneten Heus bringen wir in Klammern; die VK der org. Subst. 56, 54 und 58 (68, 65 und 64); Rohprotein 66, 69 und 69 (76, 70 und 79); Rohfaser 42, 37 und 37 (46, 48 und 37); N-fr. E. 65, 66 und 70 (77, 81 und 77); Futterwert 45,5, 41,9 und 53,9 (63,9, 59,6 und 60,3); verd. Protein 10,7, 9,1 und 10,1 (13,6, 9,9 und 11,4)%; Carotin 12, 24, 65 (41, 57 und 91) mg/kg. NRB/ZSNTI, übersetzt v. S. Thienel. 8930.

3-64/06-0661 Owen, F. G., Hinders, R. G., Schleusener, P. E. und Riper, G. E. van; Lincoln, Univ. of Nebraska. Value of irrigated bromegrass-alfalfa and orchardgrass-alfalfa pastures for lactating dairy cows. **(Der Wert von bewässerten Trespen-Luzerne- und Knaulgras-Luzerne-Weiden für Milchkühe.)** J. Dairy Sci. **46** (1963) Nr. 8. S. 830–834. — 5 Tab., 10 Lit.
In den Jahren 1959 und 1960 wurde das Weideleistungsvermögen von wehrloser Trespe (**I**) und Knaulgras (**II**) unter Bewässerung verglichen. Die Gräser waren 1958 ausgesät worden, jedes mit einem niedrigen und einem hohen Anteil an Luzerne. Die durchschnittl. Weidezeit (tägl. Umtrieb) betrug 80 Tage/Jahr. Die **II**-Weiden erbrachten im 1. Nutzungsjahr signifikant ($P < 5\%$) höhere TDN-Erträge/acre (2,186 lb.) als die **I**-Weiden (1,796 lb.). Im 2. Jahr waren die TDN-Erträge ähnlich. Die **II**-Weiden erzeugten auch mehr Milch/acre (5,619 gegenüber 5,296 lb.), die Unterschiede waren jedoch stat. nicht gesichert. Diese Leistungen standen in engem Zusammenhang mit den Kuh-Weidetagen. Die Tr.-Subst.-Aufnahme war auf den **I**-Weiden höher (2,16 lb./cwt.) als auf den **II**-Weiden (1,82 lb./cwt.). Auch hinsichtlich Milchleistungsdauer und Gewichtsveränderung der Kühe waren die **I**-Weiden den **II**-Weiden geringfügig überlegen. In beiden Versuchsjahren wurde bei **II** mit der niedrigen Aussaatmenge gegenüber der höheren die bessere Milchleistung erbracht. Die Tr.-Subst.-Verdaulichkeit betrug im Mittel 62,4% und war bei allen Weiden und in beiden Weideperioden ähnlich. J. Wünsche. 8940.

3-64/06-0662 Bjor, Kristian und Graffer, Håkon. Beiteundersøkelser på skogsmark. **(Untersuchungen über Waldweide.)** Forskn. Forsøk Landbruket **14** (1963) Nr. 2. S. 121–365. — 59 Abb., 19 Tab., 90 Lit. Zus. in Engl.
Die untersuchten Standorte erstreckten sich über den Gesamtraum Norwegens und eine Zeitspanne von 6–8 Jahren. Verglichen wurden durch Jungvieh oder Schafe beweidete mit unbeweideten Flächen, wobei unberührte Vegetation, künstliche Ansaaten von Baumschößlingen und gepflanzte Junghölzer (Coniferen und Laubwald) beobachtet wurden. — Auf natürlicher Waldweide wurde die Ausbreitung von *Grostis tenuis, Festuca ovina, Carex ssp., Polytrichum commune* und *P. juniperum* durch Beweidung gefördert. Laubholz wurde wesentlich stärker durch Schafe als durch Rinder verbissen, bei Coniferen war dieses Verhältnis umgekehrt. H. Pätzold. 8940.

3-64/06-0663 Nowak, M. und Żłowodzki, J. Ocena wydajności pastwisk w Polsce. **(Die Leistungsfähigkeit der Weiden in Polen.)** Roczniki Nauk rolniczych, Ser. B **81** (1963) Nr. 3. S. 433–462. — 12 Tab., 17 Lit.
PRL/CBR. 8940.

3-64/06-0664 Charles, Allen H.; Aberystwyth, Welsh Plant Breeding Stat. Undersowing and the mineral composition of straw and grain of oats. **(Untersaat und Mineralstoffgehalt von Stroh und Korn des Hafers.)** J. Brit. Grassland Soc. **18** (1963) Nr. 3. S. 233–234. — 2 Tab., 4 Lit.
In 2 Versuchen wurde der Einfluß von Untersaaten auf den Mineralstoffgehalt von Stroh und Korn des Hafers in 4 bzw. 5 Versuchsvarianten untersucht. Von jeder Variante erhielt die Hälfte 52 lb./ac N, die andere keinen N. Durch N-Düngung entwickelte sich die Grasuntersaat besser, während Rotklee schlechter war. Bei N-Düngung hatten die Untersaaten keinen Einfluß

auf den P_2O_5-Gehalt des Haferstrohs, der in allen Parzellen durch N-Düngung verringert wurde, mit Ausnahme bei Weidelgrasuntersaat, wo die Parzelle ohne N den gleichen P_2O_5-Gehalt hatte, während er bei den anderen Varianten höher lag. Der K_2O-Gehalt im Stroh wurde durch alle Untersaaten unabhängig von der N-Düngung verringert, während der Ca-Gehalt nicht beeinflußt wurde. Im Korn erhöhte die Untersaat von Kleegras den P_2O_5-Gehalt, N-Düngung hatte keinen Einfluß. Der K_2O-Gehalt wurde durch Untersaat und N-Düngung nicht wesentlich verändert. N-Düngung und Untersaaten setzten den Ca-Gehalt herab. W. Jentsch. 8960.

3-64/06-0665 Chomyszyn, M. Racjonalne wykorzystanie słomy na pasze. **(Rationelle Strohverwertung für Futtermittelzwecke.)** Nowe Rolnictwo **12** (1963) Nr. 7. S. 23–25. – 1 Tab.
Um den Futterwert des Wintergetreide-Strohs zu erhöhen, werden verschiedene Verfahren angewendet. Der Zusatz von Stroh beim Einsäuern kohlehydrathaltiger, sehr wasserreicher Grünpflanzen, z. B. von Rübenblättern, ist zu empfehlen und steigert den Wert des Strohs. Die chemischen Verfahren beruhen auf der Behandlung des Strohs mit konzentrierten Laugen, mit konzentrierten Säuren und Laugen sowie mit Soda, Kalk und Ammoniakwasser. Der Futterwert des Strohs wird um das 1,5- bis 2fache gesteigert. Das Kalken besteht in dem Durchtränken des Strohs mit einer Lösung frischer Kalkmilch. Das Stroh wird 5–10 Min. eingetaucht und nach 24 Std. kann es verfüttert werden. Mit Grün- und Gärfutter wird es gern aufgenommen. (Auf 1 Stck. Großvieh — 15–18 kg tägl.). Mit Ammoniakwasser behandeltes Stroh eignet sich lediglich zur Verfütterung an Wiederkäuer. Das in Behälter gepreßte Stroh wird mit konzentriertem Ammoniakwasser übergossen und 4–5 Tage verdeckt gehalten. Nach Herausnahme aus dem Behälter verliert das Stroh nach 24 Std. den Ammoniakgeruch und enthält die doppelte Menge an N. PRL/CBR, übersetzt v. R. Hüffer. 8960.

3-64/06-0666 Lesch, S. F. und Penzhorn, E. J. Pretreated yellow maize meal is no better for calves than ordinary maize meal. **(Vorbehandeltes gelbes Maismehl ist für Kälber nicht besser als gewöhnliches Maismehl.)** Farming South Africa **39** (1963) Nr. 6. S. 9. 11. — 3 Tab.
Die Vorbehandlung von Maismehl durch Wasserzusatz und anschließende technische Trocknung in Walzentrocknern, um die Stärke teilweise aufzuspalten, führte in einem Kälberaufzuchtversuch zu keinem besseren Ergebnis. Das mit diesem Maismehl hergestellte Kraftfuttergemisch war auch in der kritischen Aufzuchtperiode bei einem Lebensalter derTiere von 3–4 Wochen dem mit gewöhnlichem Maismehl hergestellten Kraftfutter nicht überlegen. Der Futterverzehr bei Heu und Kraftfutter lag bei der mit unbehandeltem Maismehl gefütterten Gruppe höher. G. Leisner. 8990.

3-64/06-0667 Ozment, David D., Dunkelgod, Kenneth E., Tonkinson, Lealon V., Gleaves, Earl W., Thayer, Rollin H. und Davies, Frank F.; Stillwater, Oklahoma State Univ. Comparing milo and corn in broiler diets on an equivalent nutrient intake basis. **(Der Vergleich zwischen Milokorn und Mais in Rationen für Broiler auf der Basis gleicher Nährstoffaufnahme.)** Poultry Sci. **42** (1963) Nr. 2. S. 472–481. — 9 Tab., 14 Lit.
10 Futterrationen für Broiler wurden auf der Basis gleicher Nährstoffaufnahme an Hand ihrer Mastleistung verglichen. Die Versuche wurden bei hoher und niedriger Nährstoffaufnahme durchgeführt. Die Broiler mit Milokornfütterung zeigten die gleichen Lebendgewichtszunahmen und nahmen annähernd gleiche Futtermengen auf wie die mit Maisfütterung. Die Zusammensetzung der einzelnen Milokornchargen war unterschiedlich. Ein 2wöchentlicher Wechsel der Futtermischungen wirkte sich günstig auf die Mastergebnisse aus. Im allgemeinen hat Milokorn bei gleicher Nährstoffaufnahme den gleichen Nährwert wie Mais. W. Jentsch. 8990.

3-64/06-0668 Simonov, N. F. Ispol'zovanie derti kormovogo ljupina v racionach ovec. **(Die Verwendung von Futterlupinenschrot in den Rationen der Schafe.)** Naučnye trudy. Naučno-issledovatel'skij institut životnovodstva Lesostepi i Polesja USSR, Kiev-Charkov **32** (1962) S. 60–64. — Aus: Referativnyj žurnal Moskva. Životnovodstvo, veterinarija **1963** Nr. 7.58.187. S. 23.
In den Rationen der tragenden und säugenden Mutterschafe kann das Futterlupinenschrot 17–19% (des Nährwertes) ausmachen. Bei einer solchen Menge Futterlupinenschrot wird die Wolleistung der Schafe erheblich höher. Die Verwendung von Futterlupinenschrot für Lämmer in einer Menge von 50–100 g zur Verfütterung in reinem Zustande oder im Gemisch mit anderen Kraftfuttermitteln führt zu einer intensiveren Entwicklung der Lämmer und übt keinen gesundheitsschädigenden Einfluß aus. übersetzt v. G. Boetticher. 9000.

3-64/06-0669 Hackler, L. R., Hand, D. B., Steinkraus, K. H. und Buren, J. P. van; Geneva, New York State Agric. Exp. Stat. A comparison of the nutritional value of protein from several soybean fractions. **(Ein Vergleich des Protein-Nährwertes verschiedener Sojabohnen-Fraktionen.)** J. Nutrit. [Philadelphia] **80** (1963) Nr. 2. S. 205–210. — 1 Abb., 3 Tab., 6 Lit.
Vff. trennen Sojabohnen (I) in folgende Fraktionen: Geschälte I (II), Sojamilch (III), wasserunlöslicher Rückstand (IV), aus III mit Essigsäure fällbarer Anteil = Käse (V) und nicht fällbarer Teil = Molke (VI). Das Fraktionierungsverfahren wird genau beschrieben. Die einzelnen Fraktionen entsprachen folgenden prozentualen Anteilen an I: II = 88,5, III = 65,0, IV = 23,5, V = 49, VI = 16. In Rattenversuchen bestimmen Vff. im Vergleich zu einer Casein-Kontrolldiät (K) das Proteinwirkungsverhältnis (PER) der verschiedenen Eiweißarten. Bei 10% Rohprotein in der Diät wurden nachstehende PER-Werte erhalten: K = 2,86, II = 2,51, III = 2,11, IV = 2,71, V = 2,20, VI = 1,93. Bei 20 bzw. 30% Rohprotein in der Diät lagen die PER-Werte wie folgt: K = 2,41, 1,87; II = 2,07, 1,62; III = 1,96, 1,59; V = 1,94, 1,64. IV in einer Höhe von 20% RP ergab bedeutend niedrigere Werte als bei 10% RP. Die Ergebnisse werden diskutiert. H. Bergner. 9005.

3-64/06-0670 Anonym. Performance of poultry fed various levels of Crotalaria seed. **(Die Leistungen des Geflügels nach Fütterung mit verschiedenen Mengen von Crotalaria-Samen.)** Nutrit. Rev. **21** (1963) Nr. 9. S. 283–284.
In den Maisfeldern Floridas galt *Crotalaria spectabilis* solange als Deckfrucht, bis sich ihre Giftigkeit herausstellte. Eintagsküken (I) und 4 Wochen alte Hühner- (II) und Putenküken (III) sowie Legehennen (IV) wurden mit Mais gefüttert, der 0,4% jener Samen enthielt. Schon bei 0,025% (= 8 Samen/lb.) kam es bei I zur Wachstumsverzögerung, und 0,1% führten zu Todesfällen. Bei II riefen 0,05% Wachstumsverzögerung hervor und 0,2% Todesfälle. Bei III traten am Ende der 4. Woche 25% Todesfälle nach 0,4% Crotalariasamen im Futter auf. Bei IV ging die Legeleistung bei 0,05% zurück, bei 32 Samen/lb. hörte sie ganz auf. Bei 0,4%, der stärksten Konzentration, starb noch kein erwachsenes Huhn. Pathologische Veränderungen werden beschrieben. Es ist nicht geprüft, ob der Giftstoff mit dem Fleisch, mit Eiern usw. auf Menschen übertragen werden kann oder nicht. C. Engelmann. 9010.

3-64/06-0671 Laube, W. und Weissbach, F. **Untersuchungen über den Futterwert von Trockenkartoffeln, die im Trommeltrockner der Zuckerfabrik hergestellt wurden.** Tierzucht **15** (1961) Nr. 7. S. 306–311. 9030.

3-64/06-0672 Calet, C., Adrian, J. und Jacquot, R.; Jouy-en-Josas, Seine-et-Oise, Stat. de Rech. Avicoles; Bellevue, Centre Nat. de la Rech. Sci. Étude de la valeur nutritionelle de la levure utilisée sous trois formes différentes: levure sèche, levure autolysée et autolysat de levure. **(Studium des Nährwertes von Hefe 3 verschiedener Nutzungsformen: Trockenhefe, autolysierte Hefe und Hefeautolysat.)** Ann. Zootechnie **11** (1962) Nr. 2. S. 103–114. — 12 Tab., 19 Lit. Zus. in Engl.

3 Bereitungsformen von *Saccharomyces cerevisiae* und *S. lactis* wurden in Wachstumsversuchen an Küken und Ratten geprüft. Beide Hefearten verbesserten die benutzte pflanzl. Ration bei N-gleichem Ersatz des pflanzl. Eiweißes durch Hefe. Das Autolysat erhöhte das Wachstum stärker als die Originalhefe, offenbar durch seine appetitanregende Wirkung. Die Beigabe von Methionin neben Hefe zu einer Lysin-Mangelration brachte unabhängig von der Form der Hefe keine Verbesserung, wohl aber bei Zugabe zu einer wohlausgeglichenen Ration, und zwar bei allen 3 Hefeformen. Das Methionin scheint in diesen genügend ausnutzbar zu sein. L. Sperling. 9160.

3-64/06-0673 Moran jun., E. T., Jensen, L. S. und McGinnis, J.; Pullman, Washington State Univ. Dye binding by soybean and fish meal as an index of quality. **(Farbstoffbindung mit Sojaschrot und Fischmehl als Hinweis der Qualität.)** J. Nutrit. [Philadelphia] **79** (1963) Nr. 2. S. 239–244. – 4 Tab., 9 Lit.
Die beschriebene Methode zur Bestimmung der Qualität des Sojaschrotes beruht auf dem Reaktionsvermögen des Farbstoffes Orange G mit den basischen Aminosäuren dieses Futterstoffes. Die Menge Farbstoff, die gebunden wird, hängt ab von der Verfügbarkeit entweder der freien Amino-, Imidazol- oder Guanidyl-Gruppen. Unterschiede in der Bindungskapazität des Sojaschrotes werden hauptsächlich durch die Verfügbarkeit der Epsilon-Aminogruppen des Lysins verursacht. Diese Methode wurde auch für Fischmehl verwendet; jedoch befriedigte die Korrelation zwischen der chemischen Methode und dem Kükenwachstum nicht, weil die verschiedenen Fischmehle im Arginin- und Histidingehalt und ferner im Methioningehalt variieren. K. Gruhn. 9170.

3-64/06-0674 Loosli, J.K., Wagner, D.G. und Myers, jun., G.S.; Ithaca, N. Y., Cornell Univ. Value of linseed meal in dairy rations. **(Der Wert von Leinschrot in Milchviehrationen.)** J. Dairy Sci. **46** (1963) Nr. 8. S. 825–829. – 2 Abb., 6 Tab., 7 Lit.
In 2 Fütterungsversuchen mit insgesamt 45 Milchkühen wurde Leinschrot (Preßkuchen bzw. Extraktionsschrot) mit Sojaschrot, mit Mischungen von Leinschrot und Harnstoff sowie mit Mischungen verschiedener anderer eiweißreicher Futtermittel verglichen. Bei Verabreichung der verschiedenen Proteinergänzungen ergaben sich folgende tägl. Milchleistungen (korrigiert auf 4% Fett): Versuch 1: Leinschrot + Harnstoff 46,7 lb., Soja- + Leinschrot 45,4 lb. und Sojaschrot 45,6 lb. Versuch 2: Sojaschrot 42,1 lb., Soja- + Leinschrot + getrocknete Maisschlempe (corn distillers dried grains) 41,3 lb. und Soja- + Leinschrot + getrocknete Maisschlempe + Maiskleber 40,8 lb. Die Unterschiede innerhalb der Versuche waren nicht signifikant. Ergebnisse früherer Versuche, bei denen die Leinschrotgruppen die Tendenz einer etwas niedrigeren Milchleistung zeigten, konnten damit nicht bestätigt werden. In bezug auf Gewichtszunahmen und allgemeinen Gesundheitszustand zeigten sich zwischen den Gruppen ebenfalls keine meßbaren Unterschiede. J. Wünsche. 9170.

3-64/06-0675 Perdon, E. R., Puyaoan, R. B. und Leon, D. D. de A preliminary study of evaporated filled milk, evaporated whole milk, fresh cow's whole milk, and red lactal as sow's milk replacers. **(Eine vorläufige Untersuchung von kondensierter „filled" Milch, kondensierter Vollmilch, frischer Kuhmilch und „Rot Lactal" als Sauenmilchersatz.)** Philippine Agriculturist **46** (1962) Nr. 6. S. 414–421. – 5 Tab., 4 Lit.
Mit 24 Ferkeln (1 Tag alt) wurden in 4 Gruppen mit je 6 Tieren kondensierte „filled" Milch (**I**), kondensierte Vollmilch (**II**), „RotLactal" (= dänisches Biofac-Präparat) (**III**) und frische, pasteurisierte Kuhmilch (**IV**) auf ihre Eignung als Sauenmilchersatz für die künstliche Ferkelaufzucht geprüft. Die ⌀ Gewichtszunahmen während des 4wöchigen Versuches betrugen: Gruppe **I** 2,26, **II** 2,43, **III** 1,61 und **IV** 1,63 kg. Die Hämoglobingehalte waren bei den mit **IV** gefütterten Ferkeln höher als in den anderen Gruppen. Der Verbrauch an Milchprodukten betrug in den Gruppen **II** und **IV** 11,2 und 11,0 kg, in Gruppe

III 5,5 und Gruppe **I** 6,9 kg je Ferkel. Die Aufzuchtkosten waren relativ hoch, besonders bei Verwendung von **IV**, da hier auch die Aufzuchtverluste mit 66% am höchsten lagen. Die Sterblichkeit betrug bei **I** 50% und bei **II** und **III** je 33%. J. Wünsche. 9210.

3-64/06-0676 Thomke, S.; Uppsala, Landwirtsch. Hochschule, Inst. für Fütter. und Halt. der Haustiere. **Die Verdaulichkeit von Knochenfett und Rindertalg zwei verschiedener Partikelgrößen.** Züchtungskunde **35** (1963) Nr. 6. S. 265–278. – 10 Tab., 7 Lit. Zus. in Russ., Engl., Franz.
Nach Angaben der Literatur fördert eine Partikelgröße von 2 μ die Resorption, eine von 50 μ stört sie. Vf. prüfte 2 Milchaustauscher, in denen Knochenfett (**I**) oder Talg (**II**) mit Partikelgrößen von 2,5 (a) oder 15–20 μ (b) enthalten war. Fettanteil im Austauscher betrug 25–27%. Die Versuche wurden mit Kälbern (4 je Gruppe) im Alter von 2 (1. Periode), 4 (2. Periode) bzw. 7 (3. Periode) Wochen ausgeführt. Bei b) waren Zuwachs und Verdaulichkeit in allen 3 Perioden deutlich niedriger. Der Anteil des Neutralfettes im Kot sinkt (bezogen auf das verabreichte Fett) mit zunehmendem Alter, er ist aber bei großer Partikelgröße viel höher (z. T. das 5–10fache). Während bei kleinen Fetteilchen der Anteil des verseiften Fettes bei verschiedenen Altersstufen etwa gleich bleibt, steigt er bei größeren Teilchen. Die fallende Tendenz des Neutralfettanteils wird somit kompensiert. Die verseifte Fraktion im Kotfett (in %) steigt mit zunehmendem Alter und sinkt bei größeren Fetteilchen. B. Piatkowski. 9220.

3-64/06-0677 Ferrando, R., Henry, N. und Fourlon, Cl. Supplémentation de la farine de sang par l'isoleucine et le mélange isoleucine méthionine. **(Die Ergänzung des Blutmehles mit Isoleucin und einem Isoleucin-Methioningemisch.)** Recueil Méd. vétérin. **138** (1962) Nr. 11. S. 953–956. – 1 Tab., 4 Lit. Zus. in Engl., Span.
Werden 100 g Blutmehl mit 9,8 g Isoleucin ergänzt, wachsen die Versuchstiere und der Eiweißwert liegt bei 0,71. Die Supplementation mit 4,5 g Isoleucin und 9,8 g dl-Methionin führte zu den besten Ergebnissen und einem Proteinwert von 1,50. H. Busse. 9220.

3-64/06-0678 Carpenter, K. J., Lea, C. H. und Parr, L. J.; Cambridge, Univ., School of Agric.; Low Temperature Res. Stat. Chemical and nutritional changes in stored herring meal. 4. Nutritional significance of oxidation of the oil. (Chemische und Nährwertveränderungen in gelagertem Heringsmehl. 4. Mitt. **Bedeutung der Oxydation des Öls für die Ernährung.)** Brit. J. Nutrit. **17** (1963) Nr. 2. S. 151–169. – 6 Tab., 35 Lit.
Proben eines Heringsmehls (17,4% Fettgehalt) wurden als solche, und nach Vermischen mit abgepreßtem Heringsöl auf den doppelten Fettgehalt gebracht, a) unter N bei – 20 ° (=Nr. 4S und D 4) b) in Luft bei 20° (=Nr. 4 und D4S) 1 Jahr lang gelagert. Bei 4S fiel die Jodzahl des Fettes während der Lagerung von 133 auf 85. Rattenwachstumsversuche (auf einer 10% Protein-Basis) ergaben 2,8 g Gewichtszunahme/Tag bei Nr. 4, 2,0 g/Tag bei 4S. Entsprechende Kükenversuche (12,5% Protein-Basis) lieferten folgende Ergebnisse: 6,8 g bei Nr. 4, 5,9 g bei 4S und 5,1 g/Tag bei D4S. Nach Austausch des Fettes zwischen D4 und D4S zeigte sich in Wachstumsversuchen, daß das verringerte Wachstum auf die fettfreie Substanz bei Lagerung an der Luft und nicht auf das oxydierte Fett zurückzuführen ist. Laboratoriumsuntersuchungen ergaben bei Nr. 4 97% N-Löslichkeit nach Pepsin-Verdauung, 7,9 g/16 g N verfügbares Lysin (Fluordinitrobenzolmethode), 2,9 g/16 g N verfügbares Methionin (*Streptococcus zymogenes*-Methoden) und einen relativen Nährwert von 83. Die entsprechenden Zahlen für 4S und D4S betrugen 98, 94, 88 und 90% dieser Werte. Ein angeblich toxisches Anschovismehl lieferte nur ein geringes Kükenwachstum (3,1 g/Tag); die extrahierbaren Fette erwiesen sich jedoch wiederum nicht als wachstumsdrückend. Ein mit Chloroform-Methanol ex-

trahiertes Heringsmehl (Nr. 5) bewirkte auf Grund noch vorhandener Chloroform-Reste nur geringes Wachstum bei Küken.) J. Wünsche. 9230.

3-64/06-0679 Negi, S. S. und Kehar, N. D.; Izatnagar, Indian Veterin. Res. Inst. Utilization of fish by-products as cattle feed: Influence of the method of manufacture on the digestibility & nutritive value of Manthal fish meal. **(Verwertung von Fisch-Nebenprodukten als Viehfutter: Einfluß des Herstellungsverfahrens auf die Verdaulichkeit und den Nährwert von Manthal-Fischmehl.)** J. sci. ind. Res. [New Delhi], Sect. C **21 C** (1963) Nr. 12. S. 324 bis 328. – 8 Tab., 33 Lit.
Ein am Strand getrocknetes und ein durch Kochen und Pressen hergestelltes Mehl aus Manthal-Fischen (*Cyanoglossus semifaciatus* Day) wurden in einem 28tägigen Fütterungsversuch, an dessen Ende ein 10tägiger Verdauungsversuch stand, auf ihren Nährwert und die Verdaulichkeit an Rindern geprüft. Die Tiere erhielten Weizenstroh ad lib., dazu eine bestimmte Menge Fischmehl und Kochsalz. Das am Strand getrocknete Fischmehl erwies sich dem durch Hitzebehandlung gewonnenen überlegen. L. Sperling. 9230.

3-64/06-0680 Majewski, J. Rola silorybu w wykorzystaniu surowca rybnego. **(Die Rolle des „Siloryb" [flüssiges, haltbares Futtermittel, hergestellt aus verarbeiteten Fischen] in der Verwertung des Rohstoffes Fisch.)** Gospodarka rybna **15** (1963) Nr. 6. S. 3–5. – 1 Abb., 1 Tab.
Im Jahr 1959 wurde im zentralen Labor für Fischindustrie die Methode zur Herstellung von flüssigem Fischfutter – Siloryb – ausgearbeitet. Siloryb enthält sämtliche Bestandteile, die sich im verarbeiteten Rohstoff befinden, und zwar im gleichen Mengenverhältnis. Siloryb kann ein Jahr lang aufbewahrt oder zu Fischmehl verarbeitet werden. Für die Herstellung von Siloryb benötigt man allerdings Ameisensäure, die importiert wird und teuer ist. Nach weiteren Untersuchungen im Jahre 1963 kann das inländische Pirosulfit verwendet werden. Eine Fabrik für Siloryb existiert in Wladislawok. Geplant ist die Inbetriebnahme der Produktion von Siloryb auf den Fangschiffen. Die Fabrik für die Herstellung von Siloryb hat eine viel größere Kapazität und die Baukosten sind viel niedriger als für die Fischmehlfabrik.
PRL/CBR, übersetzt v. O. Kasperl. 9230.

3-64/06-0681 Jones, N. R. Chemical change in fish muscle during storage. **(Chemische Veränderungen im Fischmuskel während der Lagerung.)** Proc. Nutrit. Soc. **22** (1963) Nr. 2. S. 172–176. 9230.

3-64/06-0682 Gruhn, K., Rubach, R. und Kracht, W. **Untersuchungen über den Einsatz des Maschinenleimleders in der Fütterung der Mastschweine.** Arch. Tierzucht **7** (1964) Nr. 2. S. 135–153. – 3 Abb., 14 Tab., 45 Lit. Zus. in Russ., Engl. – nach Zus.
1. Das gewaschene Maschinenleimleder besteht im wesentlichen aus Rohfett und N-halt. Substanzen; beide sind miteinander korreliert. Für die Errechnung des Rohprotein- und Rohfettgehaltes aus dem Tr.-Subst.-Gehalt werden Gleichungen mitgeteilt. Es wurden 19 Aminosäuren nach säulen- und papierchromatographischer Trennung quantitativ bestimmt. Die Aminosäuregarnitur des Maschinenleimledereiweißes ist dem Kollagen sehr ähnlich; der Lysingehalt beträgt 4,1%, der Histidingehalt 1,2%, der Tryptophangehalt 0,2% und der Glycingehalt 21,5%. Der N-Faktor zur Ermittlung des Rohproteins wurde aus den Werten der Aminosäureanalyse für Maschinenleimleder mit 5,38 errechnet. Der Verdauungsquotient des Rohproteins beträgt 56 und der des Rohfettes 100. Durch die Zugabe von 1 kg Maschinenleimleder je Tier und Tag zu einer aus Gerste bestehenden Ration konnte die N-Bilanz deutlich verbessert werden (N-Ansatz im Mittel für Gerste 11,6 g N je Tier und Tag, für Gerste und Maschinenleimleder 18,6 g N). In einem Fütterungsversuch konnten $^2/_3$ des Eiweißes eines biologisch hochwertigen Eiweißbeifutters durch den zu prüfenden Abfallstoff ohne Reduzierung der Zunahmen ersetzt werden. 9250.

FISCHEREI

A. ALLGEMEINES

3-64/06-9001 Stewart, James E. und Power, H. E.; Halifax, Nova Scotia, Fisheries Res. Board of Canada. A sea water aquarium for marine animal experiments. **(Ein Seewasseraquarium für Versuche mit marinen Tieren.)** J. Fisheries Res. Board Canada **20** (1963) Nr. 4. S. 1081–1084. — 2 Abb., 2 Lit.
Das Aquarium wird durch eine Pipeline ständig mit frischem Wasser gespeist. Der Aufbau der Anlage ist unter weitgehender Verwendung von PVC vorgenommen worden. M. Hegemann. 6010.

3-64/06-9002 Power, E. A. Fishery statistics of the United States 1960. **(Fischereistatistik der Vereinigten Staaten 1960.)** U.S. Dep. Interior, Fish Wildlife Serv., statist. Digest **1962** Nr. 53. S. 1–529. 6020.

3-64/06-9003 Anonym. Annales Biologiques. **(Biologisches Jahrbuch.)** Cons. permanent int. Explorat. Mer [Copenhague], Ann. biol. **18** (1961, hrsg. 1963) S. 1–210. — 135 Abb., 179 Tab., 21 Lit.
Der 18. Band der Annales Biologiques des Internationalen Rates für Meeresforschung enthält 93 Berichte und Mitteilungen über Untersuchungen der einzelnen Mitgliederstaaten des ICES, die im Jahre 1961 oder bis 1961 durchgeführt wurden. Die Zusammenstellung der Arbeiten der zahlreichen Vff. erfolgte innerhalb der beiden übergeordneten Fachgebiete Hydrographie sowie Plankton und Benthos nach den Meeresbereichen Nähere und Fernere Nordsee, Baltik-Belt-See und Atlantik und im Fachgebiet Fische einschl. Crustaceen und Mollusken nach den Fischereigebieten oder Bestandsterritorien. Bes. Berücksichtigung fanden die fischereilich wichtigeren Fischarten Kabeljau, Schellfisch und Hering. K. Anwand. 6020.

3-64/06-9004 *Krone, Wolfgang.* **Weltfischwirtschaft.** Biologische Grundlagen – Wirtschaftliche Bedeutung – Entwicklungsmöglichkeiten. Berlin: Westliche Berliner Verlagsgesellschaft Heenemann KG. 1963. (XII, 134 S. m. 12 Abb., 32 Tab. u. 174 Lit.) DIN A 5 = Schriften der Bundesforschungsanst. für Fischerei/Hamburg. Bd. 6. DM 32,00. Das aus einer Dissertation mit dem Titel „Der Beitrag der Fischwirtschaft zur menschlichen Ernährung" hervorgegangene Werk vermittelt einen guten Einblick in die Möglichkeiten, die Binnen- und Meeresfischerei zur Lösung des Ernährungsproblems bieten. Nach der Einleitung werden im Kapitel B zunächst die naturgegebenen Grundlagen der Nahrungsmittelproduktion in den Gewässern dargestellt. Hier geht der Autor in knapper Form auf Entstehung, Größe und optimale Nutzung der Fischbestände ein. Abschnitt C ist der wirtschaftlichen Bedeutung der Fischwirtschaft gewidmet. An Hand von statistischem Material wird die allgemeine wirtschaftliche Bedeutung und die ernährungswirtschaftliche Bedeutung der Fischwirtschaft in ihren Grundzügen geschildert. Das umfangreiche Kapitel D trägt den Titel „Steigerung der Fischproduktion und des Fischverbrauchs in der Welt". In diesem Zusammenhang werden die biologischen Voraussetzungen für eine Steigerung der Weltfischproduktion, die technologischen Möglichkeiten und die ökonomischen Probleme, die sich aus der Erhöhung der Fischproduktion und des Fischverbrauchs ergeben, behandelt. Das Buch, das mit vielen Tab. und einer Reihe von Abb. ausgestattet ist, besitzt ein umfangreiches Literaturverzeichnis. Es ist für alle geeignet, die eine zuverlässige Information über die Bedeutung, die die Fischerei heute hat und in Zukunft haben kann, wünschen.
W. Steffens.

B. BIOLOGIE DER FISCHEREILICHEN NUTZTIERE

Biologie der Fische

3-64/06-9005 Lindström, Thorolf. Life history of whitefish young (Coregonus) in two lake reservoirs. **(Biologie von Jungcoregonen in 2 Seegebieten.)** Rep. Inst. Freshwater Res., Drottningholm Nr. **44** (1962) S. 113–144. — 15 Abb., 18 Tab., 45 Lit.
Die Untersuchung über die Lebensweise von *Coregonus peled, C. lavaretus* und *C. pidschian* erfolgte durch Analysen von Probefängen sowie Aquarien- und Feldbeobachtungen in den beiden schwedischen Seengebieten Uddjaur-Storavan und Välbma-Doljaure-Maka-Jaure in den Jahren 1954–1959. Die dabei gewonnenen Befunde über Laichzeit, Laichgebiete, Entwicklungsphasen,

quantitative und qualitative Nahrungszusammensetzung, Verhalten, Wachstum, Alterszusammensetzung des Bestandes, systematische Unterschiede und die ökologische Isolation sowie die zwischenartlichen Beziehungen der 3 Coregonenarten werden in der Arbeit dargelegt. Die Untersuchungen wurden vorwiegend an Jungfischen ausgeführt. K. Anwand. 6080.

3-64/06-9006 Rawson, D. S. The lake trout of Lac la Ronge, Saskatchewan. **(Der Seesaibling des Lac la Ronge, Saskatchewan.)** J. Fisheries Res. Board Canada **18** (1961) Nr. 3. S. 423–462. — 8 Abb., 14 Tab., 31 Lit.
Der 1425 km² große Lac la Ronge bietet für die Entwicklung von *Salvelinus namaycush* außergewöhnlich günstige Bedingungen. Der Saibling laicht hier im Okt. bei ca. 10 °C, sein Wachstum ist ziemlich unterschiedlich, im Durchschnitt wird der Fisch in 10 Jahren 66 cm lang und 3,6 kg schwer. *Coregonus artedii*, *C. clupeaformis* und *Gasterosteus pungitius* bilden mit weiteren 8 Fischarten 90% der Nahrung des erwachsenen Saiblings, in der Jugend nimmt er vor allem *Mysis relicta* und *Pontoporeia affinis* auf. Im Verdauungskanal fanden sich *Eubothrium sp.* und *Proteocephalus sp.* als Parasiten sowie einige Cysten von *Triaenophorus crassus* in der Muskulatur. Anhand der Wiederfänge markierter Fische wurden ausgedehnte jahreszeitliche Wanderungen im See festgestellt. Versuchsfänge mit Kiemennetzen erbrachten einen Anteil von 11,5% *S. namaycush*. Die Durchschnittsgröße der Saiblinge in diesen Fängen und die Alterszusammensetzung hat sich in den letzten 10 Jahren nicht verändert. Eine ausführliche Fangstatistik der kommerziellen und Sportfischerei der Jahre 1922–60 wird ausgewertet. G. Seifert. 6080.

3-64/06-9007 Dyk, V. Sliven americký (Salvelinus fontinalis Mitchill) v pramenech Černého potoka. **(Der Bachsaibling [Salvelinus fontinalis] in den Quellen des Baches Černý] potok.)** Zool. Listy **12** **(26)** (1963) Nr. 3. S. 231 bis 238. — 3 Abb., 2 Tab., 11 Lit. Zus. in Dtsch.
Der Bachsaibling wurde im Bach Černý potok, einem Nebenfluß der Moravice, vor ca. 20 Jahren akklimatisiert. Vf. untersuchte Masse, Länge, Alter, Zahl der Flossenstrahlen und Schuppen, Form des Vomer, Zahl der Kiemendornen und Appendices pyloricae, Nahrung, Fortpflanzung und Parasiten. Die Art ist für die Besiedlung der dortigen Quellbäche sehr gut geeignet. ČSSR/ÚVTI. 6080.

3-64/06-9008 Yancey, Robert M. und Thorsteinson, Frederick V. The king salmon of Cook Inlet, Alaska. **(Oncorhynchus tshawytscha von Cook Inlet, Alaska.)** U.S. Dep. Interior, Fish Wildlife Serv., spec. sci. Rep. **1963** Nr. 440. S. 1–18. — 9 Abb., 7 Tab., 4 Lit. 6080.

3-64/06-9009 Tibbo, S. N., Day, L. R. und Doucet, W. F. The swordfish (Xiphias gladius L.), its lifehistory and economic importance in the North-West Altantic. **(Der Schwertfisch [Xiphias gladius], seine Lebensgeschichte und wirtschaftliche Bedeutung im Nordwestatlantik.)** Bull. Fisheries Res. Board Canada **1961** Nr. 130. S. 1–47. — 24 Abb., 7 Tab., 51 Lit.
Die Erträge der Schwertfisch-Fischerei in Kanada haben sich seit der Jahrhundertwende von unbedeutenden Fängen bis zur Höhe von fast 7 Mill. Pfund im Jahre 1959 gesteigert. Die Fische kommen nur im Sommer vor, die durchschnittl. Größe liegt bei 300 Pfund Lebendmasse pro Fisch. Die Wachstumsrate ist unbekannt. Die Art ist über die tropischen und gemäßigten Meere verbreitet, gefangen wird sie in nennenswerter Menge nur im NW-Atlantik, dem Mittelmeer und dem südlichen Pazifik. Die Ansichten über die Wanderungen gehen auseinander. Außer für das Mittelmeer sind keine Laichzeiten bekannt. Die Nahrung besteht sowohl aus Tiefenformen als auch aus anderen Fischen. Die Anlandungen verteilen sich von Juni bis Nov., das Maximum liegt im Juli/Aug. Die Handharpune ist das Hauptfanggerät. Der Hauptteil des Fanges wird nach den USA exportiert.
J. Waldmann. 6080.

3-64/06-9010 Limbaugh, Conrad; La Jolla, Univ. of California, Scripps Instn. of Oceanography. Life-history and ecologic notes on the black croaker. **(Lebensgeschichte und Beitrag zur Ökologie von Cheilotrema saturnum.)** Calif. Fish and Game **47** (1961) Nr. 2. S. 163–174. – 4 Abb., 28 Lit.
Cheilotrema saturnum kommt vom Santa-Barbara-Kanal in Kalifornien bis zur Santa Maria Bay, Baja California, vor. Verwandte Formen leben im Golf von Kalifornien und vor Peru. Adulte Exemplare leben in 4–150 Fuß Tiefe an felsigen Küsten, hauptsächlich in Höhlen und Felsspalten. Die Färbung der Adulten ist adaptionsfähig, Tag- und Nachtfärbung sind unterschiedlich. Die juvenilen Fische ähneln denen der Arten *Anisotremus davidsoni* und *Xenistius californiensis*, mit denen sie gemeinsam vorkommen. *Ch. saturnum* frißt nur Krebse. Mit der Länge von 22 cm werden die Fische geschlechtsreif. Früher war die Art häufiger, bes. in nichtverunreinigten Buchten. J. Waldmann. 6080.

3-64/06-9011 Sutherland, Doyle F. Variation in vertebral numbers of juvenile Atlantic menhaden. **(Variation der Wirbelzahlen bei jungen Exemplaren von Brevoortia tyrannus.)** U. S. Dep. Interior, Fish Wildlife Serv., spec. sci. Rep. **1963** Nr. 435. S. 1–21. – 3 Abb., 4 Tab., 27 Lit. 6085.

3-64/06-9012 Bulkley, Ross V. Natural variation in spotting, hyoid teeth counts, and coloration of Yellowstone cutthroat trout, Salmo clarki lewisi Girard. **(Die natürliche Variation von Fleckung, Zahl der Hyoidzähne und Färbung bei Salmo clarki lewisi.)** U. S. Dep. Interior, Fish wildlife Serv., spec. sci. Rep. **1963** Nr. 460. S. 1–11. – 2 Abb., 4 Tab., 11 Lit. 6085.

3-64/06-9013 Kilarski, Wincenty. Fat in some Teleost fish. **(Das Fett bei einigen Teleostiern.)** Acta biol. cracoviensia, Sér.: Zool. **3** (1960, hrsg. 1961) Nr. 1. S. 23–57. – 13 Abb., 11 Tab., 48 Lit.
Das Fett von *Thymallus thymallus*, *Vimba vimba*, *Phoxinus phoxinus* und *Gasterosteus aculeatus* wurde in histol. Schnittpräparaten mit Sudan III und IV gefärbt. Quantitativ wurde der Fettgehalt nach einer gravimetrischen Methode bestimmt. Fettgewebe fand sich in Schädelknochen und Wirbelkörpern, am Nerven- und Verdaungssystem, in intramuskulären Septen sowie an großen Blutgefäßen und zwischen den Kapillaren. Außerdem war in den Leberzellen von *Gasterosteus* und in den Eizellen von *Thymallus* und *Gasterosteus* viel Fett enthalten. Ovarien, Leber und Verdauungstrakt sind die fetthaltigsten Organe, die größte Fettmenge ist in der Muskulatur enthalten. *Thymallus thymallus* und *Gasterosteus aculeatus* sind als Fettfische anzusehen, *Vimba vimba* und *Phoxinus phoxinus* als mittelmäßig fett. G. Seifert. 6085.

3-64/06-9014 Pollak, Alicja; Kraków, Jagiellonian Univ. The main vessels of the body and the muscles in some Teleost fish. Part I. The perch (Perca fluviatilis L.). **(Die Hauptblutgefäße des Körpers und die Muskulatur bei einigen Teleostiern. 1. Mitt. Der Barsch [Perca fluviatilis].)** Acta biol. cracoviensia, Sér.: Zool. **3** (1960, hrsg. 1961) Nr. 2. S. 115–138. – 10 Abb., 2 Tab., 35 Lit.
Vf. untersucht den Verlauf der Hauptblutgefäße des Körpers und ihre Verzweigung in Bezug auf die Blutgefäßversorgung der Muskulatur. Der Verlauf der mit Tusche sichtbar gemachten Gefäße der Augenmuskeln, der Seitenmuskulatur und der subcutanen Muskulatur des Rumpfes und des Schwanzes wird ausführlich beschrieben und abgebildet. Die Anzahl der Kapillaren und Muskelfibrillen wird berechnet. Die subcutanen Muskeln des Schwanzes und danach die des Rumpfes besitzen die größte Anzahl Kapillaren, die Seitenmuskeln etwa 2,5mal und die Augenmuskeln 4mal weniger. Keiner der untersuchten Muskeln enthielt Myohämoglobin, sie wurden aus diesem Grunde als weiße quergestreifte Muskeln klassifiziert. G. Seifert. 6085.

3-64/06-9015 Jakubowski, Michael; Kraków, Jagiellonian Univ. The structure and vascularization of the skin of the leathern carp (Cyprinus carpio L. var. nuda) and flounder (Pleuronectes flesus luscus Pall.). **(Struktur und Gefäßversorgung der Haut des Nacktkarpfens [Cyprinus carpio var. nuda] und der Flunder [Pleuronectes flesus luscus].)** Acta Biol cracoviensia, Sér.: Zool. **3** (1960, hrsg. 1961) Nr. 2. S. 139–162. — 6 Abb., 12 Tab., 16 Lit.

Die Blutgefäße von 10 Individuen jeder Art wurden durch Tusche-Injektionen sichtbar gemacht. Die Epidermis des Nacktkarpfens besteht aus typischen Epidermalzellen und aus Drüsen-, Kolben- und Schleimzellen. Die Drüsenzellen liegen verstreut in den mittleren und oberen Epidermisschichten. Bei der Flunder fehlen Kolbenzellen. Die Stärke der Haut wurde an verschiedenen Körperstellen gemessen. Der Verlauf einiger Blutgefäße und deren Unterschiede bei beiden Arten wurden eingehend untersucht. In 1 mm^2 Haut betrug die durchschnittliche Länge der Kapillargefäße beim Nacktkarpfen 23,96 mm und bei der Flunder 11,24 mm. Die mittlere Länge der Hautkapillaren war etwa gleichbleibend, unabhängig von der Größe der Fische. Die Struktur der Seitenlinienorgane des Nacktkarpfens sowie die bei der Flunder fehlenden Sinnesorgane, die durch schleifenartige subepitheliale Gefäße versorgt werden, sind beschrieben. G. Seifert. 6085.

3-64/06-9016 Jakubowski, Michael; Kraków, Jagiellonian Univ. The structure and vascularization of the skin of the eel (Anguilla anguilla L.) and the viviparous blenny (Zoarces viviparus L.). **(Struktur und Gefäßversorgung der Haut des Aales [Anguilla anguilla] und der Aalmutter [Zoarces viviparus].)** Acta biol. cracoviensia, Sér.: Zool. **3** (1960, hrsg. 1961) Nr. 1. S. 1–22. — 5 Abb., 12 Tab., 18 Lit.

Von 10 Exemplaren jeder Art wurden 11 Hautproben von verschiedenen Körperstellen untersucht, die Gefäße wurden dabei mit Tusche sichtbar gemacht. Die bei beiden Arten stark entwickelte Drüsenschicht enthält beim Aal Kolben- und Schleimzellen, bei der Aalmutter nur Schleimzellen. Die Haut des Kopfes wird von verschiedenen Kopfarterien versorgt, die des Rumpfes und des Schwanzes von den entspr. Segmentgefäßen. Das Netz der subepithelialen Gefäße liegt bei *Anguilla* über den Schuppen, bei *Zoarces* dagegen zwischen den Schuppen, nur etwas über deren Rand übergreifend. Bei *Anguilla* enthält 1 mm^2 im Durchschnitt 17,65 mm Gefäße, bei *Zoarces* nur 10,27 mm. In den oberen epithelialen Schichten der Epidermis erscheinen beim Aal Sinnesorgane, deren Basis in Bindgewebspapillen mit Gefäßschleifen verbunden ist. Bei *Zoarces* fehlen diese Organe. Bei beiden Species finden sich Sinnesorgane in kleinen Gruben der Epidermis auf dem Kopf und bei *Zoarces* auch an den Körperseiten, sie ersetzen hier das Seitenlinienorgan. G. Seifert. 6085.

3-64/06-9017 Markiewicz, Franciszek; Kraków, Jagiellonian Univ. Development of blood vessels in branchial arches of the pike (Esox lucius L.). **(Die Entwicklung der Blutgefäße in den Kiemenbögen des Hechtes [Esox lucius].)** Acta biol. cracoviensia, Sér.: Zool. **3** (1960, hrsg. 1961) Nr. 2. S. 163 bis 172. — 7 Abb., 10 Lit.

Die Untersuchungen wurden an Hechtbrut verschiedener Entwicklungsstadien vorgenommen, vom ungeschlüpften 4–5 mm langen bis zum 2 Wochen alten 14,5 mm langen Stadium. Die Blutgefäße der Kiemenbögen entwickeln sich nacheinander, zuerst erscheinen die Gefäße des Mandibularbogens. Durch die Entwicklung des Kiemendeckels und des Unterkiefers wird der Verlauf einiger Gefäße beeinflußt. Die Pseudobranchien erhalten ihre Blutversorgung zunächst aus der Arterie des Mandibularbogens, später aus der A. carotis interna über die A. pseudobranchialis afferens secundaria. Die Gefäße der echten Kiemenbögen teilen sich in Längsrichtung in afferente und efferente Gefäße, zwischen denen sich gleichzeitig eine Verbindung in Form schleifenförmiger Gefäße entwickelt. G. Seifert. 6085.

3-64/06-9018 Oliva, Ota; Prague, Charles Univ. The respiratory surface of gills in Teleosts. Part V. The respiratory surface of gills of the viviparous blenny or eel-pout (Zoarces viviparus L.) **(Die respiratorische Oberfläche der Kiemen von Teleostiern. 5. Mitt. Die respiratorische Oberfläche der Kiemen der Aalmutter [Zoarces viviparus].)** Acta biol. cracoviensia, Sér.: Zool. **3** (1960, hrsg. 1961) Nr. 1. S. 71–89. — 6 Abb., 4 Tab., 35 Lit.
An 10 Exemplaren wurde die respiratorische Oberfläche nach der von Byczkowska-Smyk (1957) angegebenen Methode bestimmt. Vom 1. bis 4. Kiemenbogen nahm die Zahl der Kiemenblättchen ab, ihre Gesamtlänge betrug bei einem Exemplar 2997 mm. Die Länge der Kiemenblättchen schwankte zwischen 0,5 und 8 mm, die entsprechende Anzahl respiratorischer Fältchen zwischen 15 und 250. Die erhebliche Asymmetrie in der Anzahl und Länge der Kiemenblättchen an beiden Körperseiten sowie an verschiedenen Kiemenbögen wurde ermittelt und soweit wie möglich kompensiert. Als gesamte respiratorische Fläche wurden 57527 mm^2 ermittelt, pro kg Fischmasse im Durchschnitt 4752 cm^2. Die Anzahl der respiratorischen Fältchen betrug durchschnittl. 92907 (75040–112950). Die extrem kleine respiratorische Fläche der Kiemen von *Zoarces viviparus* erklärt sich aus der sehr inaktiven Lebensweise dieses Fisches. G. Seifert. 6085.

3-64/06-9019 Hanyu, I.; Montreal, Univ. Intraocular vascularization in some fishes. **(Gefäßversorgung im Auge bei einigen Fischen.)** Canad. J. Zool. **40** (1962) Nr. 1. S. 87–106. — 11 Abb., 32 Lit.
An je 2 Hai- und Rochenarten sowie an 25 Knochenfischarten aus dem nordwestlichen Atlantik wurde die Gefäßversorgung des Auges untersucht. Zur Kennzeichnung des Verlaufs der Gefäße wurde eine Farblösung injiziert. Vf. unterscheidet bei den Teleosteern je nach der Anordnung der Kapillaren 4 Typen und weitere Kategorien. K. Anwand. 6085.

3-64/06-9020 Andreev, A. K. Myšečnaja mal'taza ryb. **(Die Muskelmaltase der Fische.)** Doklady Akademii nauk SSSR, Moskva **152 (31)** (1963) Nr. 2. S. 464–466. — 2 Abb., 1 Tab., 13 Lit.
Mit Hilfe der Papierchromatographie konnte Vf. nachweisen, daß der Fischmuskel das Ferment Maltase enthält. Hierbei ist anzunehmen, daß es sich nicht um die typische α-Glukosidase, sondern um eine Transglykosilase handelt. In diesem Falle erklärt sich ihre hydrolytische Wirkung auf Maltose, wenn man diesen Prozeß als einen spez. Fall der Transglykosilierung betrachtet, bei dem das α-Glykosil-Radikal aus der Maltose in Wasser überführt wird. H.-W. Hattop. 6085.

3-64/06-9021 Pfeiffer, Wolfgang; Vancouver, Canada, Univ., Zool. Inst. **Vergleichende Untersuchungen über die Schreckreaktion und den Schreckstoff der Ostariophysen.** Z. vergleich. Physiol. **47** (1963) Nr. 2. S. 111–147. — 14 Abb., 13 Tab., 48 Lit. Vgl. 3-64/04-9013.
78 Ostariophysenarten, davon 52 Arten Characiformes, wurden auf die Schreckreaktion hin untersucht. Bei Arten mit fehlender Reaktion sind 2 Gruppen zu unterscheiden: Fische, die zwar Schreckstoff besitzen, denen aber die Fähigkeit zur Reaktion fehlt, und Fische, denen Schreckstoff und Reaktionsfähigkeit auf Schreckstoff von anderen Arten fehlt. Alle Arten mit Schreckstoff, zu der die Mehrheit gehört, haben Schreckstoffzellen in der Epidermis. Möglicherweise ging die Schreckreaktion bei einigen Arten, die phylogenetisch jung und anatomisch spezialisiert sind, im Laufe der Stammesgeschichte verloren. G. Merla. 6085.

3-64/06-9022 Steen, Johan B.; Oslo, Univ., Inst. of Zoophysiol. The physiology of the swimbladder of the eel Anguilla vulgaris. I. The solubility of gases and the buffer capacity of the blood. **(Die Physiologie der Schwimmblase des Aals, Anguilla vulgaris. 1. Mitt. Die Löslichkeit der Gase und der**

Puffergehalt des Blutes.) Acta physiol. scand. 58 (1963) Nr. 2/3. S. 124–137. – 9 Abb., 1 Tab., 26 Lit.
Unter Verwendung des Blutgas-Analysators nach Scholander und Roughton und Mikromethoden für die Bestimmung von Milchsäure und pH-Wert ist die Löslichkeit der Luftgase bei verschiedenen Temperaturen und pH-Werten bei Drucken bis 1 atm gemessen worden. Der O_2-Gehalt des Blutes bei einem pO_2 von 1 atm wird um 40% vermindert, wenn der pH in den Arterien auf 7,0 erniedrigt wird. Die Stickstoff- und Argonlöslichkeit wird um ca. 10% reduziert, wenn der pH-Wert von 7,8 auf 7,5 sinkt. Die gleichen experimentellen Techniken hatten beim Plasma des Aals sowie beim Blut von Mensch, Forelle und Dorsch keinen Erfolg. M. Hegemann. 6085.

3-64/06-9023 Steen, Johan B.; Oslo, Univ., Inst. of Zoophysiol. The physiology of the swimbladder in the eel Anguilla vulgaris. II. The reabsorption of gases. **(Die Physiologie der Schwimmblase des Aals, Anguilla vulgaris. 2. Mitt. Die Reabsorption der Gase.)** Acta physiol. scand. 58 (1963) Nr. 2/3. S. 138–149. – 5 Abb., 1 Tab., 23 Lit. 1. Mitt. vgl. vorst. Ref.
Vf. konnte nachweisen, daß die Reabsorption des O_2 von der Strömungsgeschwindigkeit des Blutes und dem O_2-Gradienten zwischen Blut und Gas abhängt. Alles deutet darauf hin, daß die Reabsorption durch Diffusion erfolgt. Bei Sauerstoffmangel erhöht sich der Blutfluß in den Gefäßen. Zunehmende O_2-Reabsorption bei O_2-Mangel führt den Fisch in sauerstoffreichere Umgebung. M. Hegemann. 6085.

3-64/06-9024 Kuhn, W., Ramel, A., Kuhn, H. J. und Marti, E.; Basel, Univ., Physiol.-Chem. Inst. The filling mechanism of the swimbladder. Generation of high gas pressures through hairpin countercurrent multiplication. **(Der Füllmechanismus der Schwimmblase. Erzeugung hoher Gasdrucke durch die Haarnadelgegenstromvorrichtung.)** Experientia [Basel] **14** (1963) Nr. 10. S. 497–511. – 6 Abb., 46 Lit.
Hohe Gasdrucke in den Schwimmblasen von Tiefseefischen sind durch Vervielfachung von Konzentrier-Einzeleffekten in den Haarnadelgegenstromvorrichtungen des Rete mirabile zu erzeugen. Der Konzentriereffekt ist durch Erhöhung des Elektrolytspiegels möglich, wodurch eine Aussalzwirkung hervorgerufen wird. Eine rel. Erhöhung des Salzgehaltes um 0,02 M/l würde beim Stickstoff einen Partialdruck von 25 atm bewirken. Erhöhung des Milchsäuregehaltes in den efferenten Kapillaren des Rete mirabile um 45 mg% brächte beim O_2 einen Einzeleffekt hervor, der zu Einzeldrucken von ungefähr 3000 atm führt. In einem Modellversuch wurde die Anreicherung eines Gases durch Vervielfachung des Aussalzeffektes in einer Gegenstromvorrichtung nachgewiesen. Insgesamt gesehen handelt es sich um einen aktiven Stofftransport, dessen energetische Seite diskutiert wird.
M. Hegemann. 6085.

3-64/06-9025 Golovanenko, L. F. Tipy gemoglobina u mal'kov osetrovych. **(Die Hämoglobintypen bei Acipenseridenlarven.)** Doklady Akademii nauk SSSR, Moskva **151** **(31)** (1963) Nr. 5. S. 1236–1237. – 1 Abb., 14 Lit.
Bei der Untersuchung des Blutes von Acipenseridenlarven mit Hilfe der Elektrophorese wurden 3 verschiedene Hämoglobintypen festgestellt. Das quantitative Verhältnis der einzelnen Hämoglobintypen zueinander ändert sich während der Ontogenese. Es zeigte sich, daß die Ernährung einen merklichen Einfluß auf die Blutzusammensetzung hat. Die ausschließlich mit Oligochaeten gefütterten Jungfische wiesen z. B. Kennzeichen einer Anämie auf. H.-W. Hattop. 6085.

3-64/06-9026 Sindermann, Carl J. und Honey, Kenneth A.; Boothbay Harbor, Me., U. S. Bureau of Commercial Fisheries. Electrophoretic analysis of the hemoglobins of Atlantic clupeoid fishes. **(Elektrophoretische Analyse des Hämoglobins von atlantischen Clupeiden.)** Copeia [Philadelphia] **1963** Nr. 3. S. 534–537. – 3 Abb., 16 Lit.

Von 5 Clupeiden des westl. Nordatlantiks (*Alosa pseudoharengus, A. aestivalis, A. sapidissima, Clupea harengus* und *Brevoortia tyrannus*) sind die Elektrophorese-Muster des Hämoglobins aufgenommen worden. Bei pH 8,6 ergaben die Trennungen keine Artunterschiede. M. Hegemann. 6085.

3-64/06-9027 Privol'nev, T. I.; Leningrad, Staatl. Forsch.-Inst. für Binnenfischerei. Porogovaja koncentracija kisloroda v vode dlja ryb pri raznych temperaturach. **(Die Schwellenkonzentration des Sauerstoffes im Wasser für Fische bei unterschiedlichen Temperaturen.)** Doklady Akademii nauk SSSR, Moskva **151 (31)** (1963) Nr. 2. S. 439–440. – 1 Abb., 1 Tab., 3 Lit.

Der für die jeweilige Fischart charakteristische Mindestsauerstoffgehalt blieb bei allen untersuchten Arten (Salmoniden, Perciden, Cypriniden und Esociden) innerhalb des Temperaturbereiches von 0–20 °C nahezu unverändert. Erst bei Temperaturen über 23–25° steigt die Sauerstoffschwelle auf wesentlich höhere Werte als bei ca. 15–17 °C. Diese Erscheinung ist in natürlichen Gewässern hauptsächlich dort von Bedeutung, wo warme Abwässer eingeleitet werden und wo demzufolge außergewöhnlich hohe Wassertemperaturen auftreten können. H.-W. Hattop. 6085.

3-64/06-9028 Eales, J. G.; Vancouver, Univ. of Brit. Columbia. A comparative study of thyroid function in migrant juvenile salmon. **(Eine vergleichende Untersuchung der Schilddrüsenfunktion wandernder Junglachse.)** Canad. J. Zool. **41** (1963) Nr. 5. S. 811–824. – 6 Abb., 1 Tab., 21 Lit.

An den 4 anadromen Pazifiklachsen *Oncorhynchus nerka, O. keta, O. kisutch* und *O. gorbuscha* sind mit Hilfe der geläufigen histolog. und radiochem. Methoden die jahreszeitlichen Veränderungen beim Aufenthalt in Süßwasser untersucht worden. *O. kisutch* und *nerka*, die beide im 2. oder 3. Jahr aufsteigen, hatten während der Wanderung hohe Schilddrüsenaktivität. Die beiden anderen Arten, welche schon als Einjährige wandern, zeigen verschiedene Aktivitätsgrade, die jedoch weit unter denen der erstgenannten liegen. M. Hegemann. 6085.

3-64/06-9029 Čusovitina, L. S.; Leningrad, Shdanow-Univ. O rannej ėvrigalinnosti osetrovych i adaptivnoj funkcii chloridsekretirujuščich kletok v ich žabrach. **(Über die frühzeitige Euryhalinität der Acipenseriden und die Adaptationsfunktion der chloridsezernierenden Zellen auf deren Kiemen.)** Doklady Akademii nauk SSSR, Moskva **151 (31)** (1963) Nr. 2. S. 441–442. – 9 Lit.

Die Brut von *Acipenser güldenstaedti* und *A. baeri* zeichnet sich dadurch aus, daß sie schon in frühen Entwicklungsstadien eine große Widerstandsfähigkeit gegenüber höheren Salzgehaltswerten des Wassers besitzt. Die 2 Tage alten Larven überleben noch bei einem Salzgehalt von 7‰ zu 100%. Bei 8,75‰ überlebten 93,6% der Versuchsfische. Diese Eigenschaft wird mit dem Vorhandensein von bes. chloridsezernierenden Zellen auf den Kiemen der Jungfische erklärt, deren Funktion vom Vf. näher beschrieben wird. H.-W. Hattop. 6085.

3-64/06-9030 Houston, Arthur H.; Winnipeg, Univ. of Manitoba. Influence of size upon the adaptation of steelhead trout (Salmo gairdneri) and chum salmon (Oncorhynchus keta) to sea water. **(Der Einfluß der Größe auf die Adaption von Salmo gairdneri und Oncorhynchus keta an Seewasser.)** J. Fisheries Res. Board Canada **18** (1961) Nr. 3. S. 401–415. – 6 Abb., 3 Tab., 26 Lit.

Salmo gairdneri besitzt in der Smolt-Phase der Entwicklung die Fähigkeit, sich schnell an Seewasser mit einer Salinität von 22–24 ‰ anzupassen. Dies geschieht ohne stärkere Veränderungen des Wasser-Salzgehalt-Gleichgewichtes, wie dies bei älteren Exemplaren der Fall ist. Bei juvenilen Keta-Lachsen ist die Ausdehnung und Dauer dieser die Adaption begleitenden Veränderungen umgekehrt proportional ihrer Größe. Bei den Species, in deren Entwicklung eine Smolt-Phase auftritt (*Oncorhynchus kisutch, Salmo salar, S. trutta*) finden sich ähnliche Eigenschaften wie bei *S. gairdneri*. *O. gorbuscha* zeigt ähnliche Erscheinungen wie *O. keta*, er durchläuft wie dieser keine Smolt-Phase. G. Seifert. 6085.

3-64/06-9031 Fontaine, Yves Alain und Gérard, Elisabeth; Paris, Musée d'Histoire Naturelle. Purification d'un facteur gonadotrope de l'hypophyse d'un Téléostéen, la carpe (Cyprinus carpio L.). **(Reinigung eines gonadotropen Faktors aus der Hypophyse eines Knochenfisches, des Karpfens [Cyprinus carpio L.].)** C. R. hebd. Séances Acad. Sci. **256** (1963) Nr. 26. S. 56 34–5637. – 2 Abb., 1 Tab., 10 Lit.
Der Faktor aus der Hypophyse vom Karpfen, der die Freisetzung von Spermatozoen beim Wasserfrosch bewirkt, wurde teilweise gereinigt. Das erhaltene Produkt ist aktiv in der Dosis von einigen Mikrogramm. Sein Molekulargewicht ist ohne Zweifel etwas geringer als 30000. Der Faktor unterscheidet sich klar vom „LH" der Säuger, dem aktiven Faktor aus Säugerhypophysen im benutzten Froschtest, durch sein Verhalten gegenüber Ionenaustauschern. Die Substanz scheint ein viel saureres Protein zu sein. Wolfgang Müller. 6085.

3-64/06-9032 Segaar, J. und Nieuwenhuys, R.; Amsterdam, Netherlands Centr. Inst. for Brain Res. New etho-physiological experiments with male Gasterosteus aculeatus, with anatomical comment. **(Weitere physiologische Experimente zum Verhalten des männlichen Gasterosteus aculeatus, mit anatomischen Beiträgen.)** Animal Behaviour **11** (1963) Nr. 2/3. S. 331–344. – 18 Abb., 2 Tab., 14 Lit.
Nach eingehender anatomischer Darstellung des Stichling-Vorhirns und des normalen Ablaufs der Fortpflanzungshandlungen wird die Methode geschildert, mit der die Stärke und die Dauer des Angriffs-, Begattungs- und Brutpflegetriebes gemessen wurde. Zur Feststellung der Funktion und des Einflusses des Vorhirns auf das Fortpflanzungsverhalten wurden operativ kleine Partien des Telencephalons entfernt oder koaguliert. Das Verhalten der operierten Fische bei der Fortpflanzung eine bis mehrere Wochen oder Mon. nach der Operation wurde mit den Ergebnissen der histol. Untersuchung verglichen. Nach frontalen oder bilateralen Eingriffen einerseits und größeren bimediocaudalen Exzisionen andererseits änderte sich der normale Ablauf nach 2 entgegengesetzten Richtungen, was mit einem rel. Gleichgewicht der 3 Triebe bei nicht operierten Fischen erklärt wird. Durch verschiedene kleinere bimediocaudale oder bimediocentrale Koagulationen wurde Einschränkung des Brutpflegetriebes erreicht, während Angriffs- und Begattungstrieb unverändert blieben. Die histol. Untersuchung bestätigte die damit gewonnene Lokalisation spez. Zentren. H.-J. Rümmler. 6085.

3-64/06-9033 Bevan, Donald E.; Seattle, Univ. of Washington, Fisheries Res. Inst. Variability in aerial counts of spawning salmon. **(Die Variabilität von Zählungen laichender Lachse aus der Luft.)** J. Fisheries Res. Board Canada **18** (1961) Nr. 3. S. 337–348. – 3 Abb., 6 Tab., 7 Lit.
Die Größe der Wanderzüge von *Oncorhynchus gorbuscha* wurde in 2 Flüssen auf Kodiak Island durch Flugzeugbeobachtungen geschätzt. Vf. beschreibt eine Methode zur Auswertung dieser Schätzungen. Der Fehler in den Schätzungen eines Beobachters ist abhängig von der Größe der zu schätzenden Leichzüge. I. allg. können Unterschiede in der Populationsgröße von $\pm 50\%$

erkannt werden. Die Schätzungen zweier Beobachter weichen bei verschiedenen Flüssen etwas voneinder ab, aber innerhalb eines jeden Flusses stimmen sie gut miteinander überein. Die Ergebnisse dieser Versuche sind in Richtlinien für Luftbeobachtungen laichender Lachse zusammengefaßt.
G. Seifert. 6090.

3-64/06-9034 Belyj, N. D. Razmnoženie lešča (Abramis brama [L.]) na gnezdach v nizov'jach Dnepra. **(Die Fortpflanzung des Bleies [Abramis brama] auf Laichnestern am Unterlauf des Dneprs.)** Izvestija Akademii nauk SSSR. Serija biologičeskaja, Moskva **28** (1963) Nr. 4. S. 547–554. — 8 Tab., 7 Lit. Zus. in Engl.
Das Ablaichen der Bleie erfolgt morgens zwischen 5 und 11 Uhr. Zuvor versammeln sich die Fische an tiefen Stellen des Gewässers und ziehen von dort aus zu den Laichplätzen, die in 0,1–5 m Tiefe liegen. Vor dem Ablaichen wird das Substrat vom Schlamm befreit. Danach wird eine Ruhepause eingelegt und anschließend erfolgt die Laichablage. Die gesamte Laichmenge wird in einer Portion abgelegt. H.-W. Hattop. 6090.

3-64/06-9035 Tibbo, S. N., Scarratt, D. J. und McMullon, P. W. G.; St. Andrews, New Brunswick, Fisheries Res. Board of Canada. An investigation of herring (Clupea harengus L.) spawning using free-diving techniques. **(Eine Beobachtung des Laichvorganges beim Hering [Clupea harengus] mit Hilfe der Freitaucherei.)** J. Fisheries Res. Board Canada **20** (1963) Nr. 4. S. 1067–1079. — 7 Abb., 2 Tab., 23 Lit.
Durch Freitaucher ist ein Heringslaichgebiet entlang der Küste bei einer Tiefe von 1,3–6 m und einer Fläche von 375200 m² aufgenommen worden. Die Gesamtzahl der Heringseier betrug hier 35,46 × 10^{11} Stück (1,5–21,9 Mill. Eier/m²). Die Zahl der laichenden Heringe ist auf 185 Mill. geschätzt worden, das entspricht 24812 t Fisch. Hauptfeinde der Eier waren die Winterflundern, in deren Mägen 4980–16582 Stück gefunden wurden. Am 24. Mai, 3 Wochen nach dem Ablaichen, schlüpften die ersten 5–7 mm langen Heringslarven.
M. Hegemann. 6090.

3-64/06-9036 Anwand, Karl; Berlin-Friedrichshagen, Inst. für Binnenfischerei der Dtsch. Akad. der Landwirtsch.-Wiss. zu Berlin. **Die Fruchtbarkeit der Frühjahrs- und Herbstheringe aus den Gewässern um Rügen.** Z. Fischerei Hilfswiss. [N. F.] **11** (1963) Nr. 5/6. S. 463–473. — 7 Abb., 5 Tab., 14 Lit.
An Frühjahrs- und Herbstheringen (*Clupea harengus*) aus den Gewässern um Rügen wurde festgestellt: 1. Der Anteil der Geschlechtsprodukte an der Körpermasse von Rognern und Milchnern im Reifestadium V und VI. 2. Die Fruchtbarkeit (Eizahl) in Abhängigkeit von der Körperlänge der Fische. 3. Die Größe der Heringe beim Eintritt in die Geschlechtsreife. Der Anteil der Gonaden an der Körpermasse schwankte je nach Heringsgruppe und Reifezustand zwischen 13,3 und 17,4%. Die Eizahl von 19,5–27,5 cm langen Frühjahrsheringen bewegte sich zwischen 10780 und 65927 und bei gleichlangen Herbstheringen zwischen 12048 und 73828. Die Heringe werden geschlechtsreif, wenn sie länger als 17,9 bzw. 18,2 cm sind. Abschließend werden die Untersuchungsbefunde mit Fruchtbarkeitsangaben aus der Literatur von Heringen anderer Gebiete verglichen. K. Anwand. 6090.

3-64/06-9037 Bajmov, U. A.; Karakalpak. Zweigstelle der Akad. der Wiss. der Usbek. SSR. Analiz jaičnikov byčka-bubyrja iz Aral'skogo morja. **(Analyse der Eierstöcke der Bubyr-Grundeln aus dem Aral-See.)** Uzbekskij biologičeskij žurnal, Taškent **6** (1962) Nr. 4. S. 63–68. — 1 Abb., 2 Tab., 13 Lit. Orig.: russ., Ausz.: usbek.
Vf. schildert die Entwicklung der Eierstöcke der Bubyr-Grundel (*Neogobius* sp.) vom Beginn der Oogenese an und beschreibt die histol. Beschaffenheit

der Oozyten während der einzelnen Entwicklungsphasen. Abschließend geht er auf die Besonderheiten der Eiablage bei der Bubyr-Grundel des Aralsees ein und führt ein Beispiel für die Variabilität unter anderen ökol. Verhältnissen an. A. Kozianowski. 6090.

3-64/06-9038 Lal, Bachan; Barrackpore, West Bengal, India, Centr. Inland Fisheries Res. Inst. Biochemical studies of the ovary of Cirrhina mrigala (Hamilton) during different maturity stages. **(Biochemische Untersuchungen der Ovarien von Cirrhina mrigala in verschiedenen Reifestadien.)** Sci. and Cult. [Calcutta] **29** (1963) Nr. 6. S. 305–306. — 1 Abb., 7 Lit.

In Anwendung der Wood'schen Skala werden 6 Reifestadien unterschieden. Der Eiweißanteil hat im Stadium II sein Maximum, im Stadium IV sein Minimum. Der Fettanteil steigt bis zum Stadium III gering, dann erheblich an und zwar so, daß der Gesamtanteil an Eiweiß und Fett in allen Stadien etwa gleich bleibt (86,1%–87,8%). Der Anteil der Kohlehydrate nimmt ab, der Aschegehalt nimmt zu. Die Ergebnisse der biochemischen Analyse unterstützen die Resultate der früheren, nicht veröffentlichten cytochem. Untersuchungen des Vf. H.-J. Rümmler. 6090.

3-64/06-9039 Thomson, J. Arthur; Nanaimo, Brit. Columbia, Fisheries Res. Board of Canada. On the demersal quality of the fertilized eggs of Pacific god, Gadus macrocephalus Tilesius. **(Über die Taucheigenschaften befruchteter Eier von Gadus macrocephalus.)** J. Fisheries Res. Board Canada **20** (1963) Nr. 4. S. 1087–1088. — 5 Lit.

Vf. bestimmte die Dichte befruchteter Kabeljaueier in künstlichem Seewasser. Die Eier sinken in Seewasser mit einer Dichte von 1,0266 (34‰ Salgehalt bei 7,5 °C) noch unter. Dieser Salzgehalt entspricht dem des Laichgebietes. Die Eier hatten eine Dichte von 1,050. M. Hegemann. 6090.

3-64/06-9040 Zotin, A. I. und Pagnaeva, R. V. Vremja determinacii položenija borozd droblenija u jaic osetra i aksolotlja. **(Der Zeitpunkt der Festlegung der Lage der Teilungsfurche bei den Eiern von Stör und Axolotl.)** Doklady Akademii nauk SSSR, Moskva **152 (31)** (1963) Nr. 3. S. 765–768. — 2 Abb., 13 Lit.

Bringt man befruchtete Eizellen von *Acipenser güldenstädti* und *Amblystoma mexicanum* vor der ersten Teilung zwischen zwei Objektträger, so verläuft die erste Teilungsfurche parallel zu den Objektträgern. Um den Zeitpunkt zu ermitteln, zu dem die Lage der ersten Teilungsfurche festgelegt wird, wurden die Eier zu verschiedenen Zeiten dem Druck der Objektträger ausgesetzt. Es zeigte sich dabei, daß die Lage der ersten Teilungsfurche bei beiden Arten in dem Augenblick festgelegt wird, wo eine Verdickung des Zytoplasmas in der Gegend der zukünftigen Teilungsfurche unter der Oberfläche des Eies entsteht. H.-W. Hattop. 6090.

3-64/06-9041 Berner, Meinhild; Saßnitz, Zweigstelle für Ostseefischerei des Inst. für Fischerei der Dtsch. Akad. der Landwirtsch.-Wiss. zu Berlin. **Der Dorschbestand (Gadus morhua L.) der Mecklenburger Bucht, verglichen mit dem Dorschbestand auf Adlergrund.** Z. Fischerei Hilfswiss. [N. F.] **11** (1963) Nr. 7/8. S. 617–633. — 5 Abb., 6 Tab., 12 Lit.

Der Dorsch der Mecklenburger Bucht ist weniger schnellebig als der Dorsch auf Adlergrund, er wächst anfangs langsamer, erreicht die Geschlechtsreife später, holt infolgedessen 3jährig den Adlergrunddorsch im Wachstum ein und zeigt in den höheren Altersgruppen einen gleichbleibend guten Massenzuwachs und gleichbleibende Längen-Massen-Koeffizienten. Die Untersuchungen stützen die Annahme, daß die atlantische Form des Dorsches in der Beltsee eigene Populationen ausbildet, während die baltische Form der eigentlichen Ostsee vorbehalten ist. Eine rationelle Fischerei sollte den Dorschbestand der Mecklenburger Bucht erst mit 4 Jahren und ca. 55 cm Länge intensiv befischen. M. Berner. 6095.

3-64/06-9042 Killick, Stan. 1962 Fraser sockeye escapements good. **(1962 guter Nerka-Aufstieg im Fraser-Fluß.)** Western Fisheries **65** (1962) Nr. 3. S. 18. 20–25. — 1 Abb., 1 Tab.

Durch die rel. hohe Zahl der 1962 bis zu den Laichgebieten ungehindert aufgestiegenen Nerka-Lachse (*Oncorhynchus nerka*) im Fraser-Fluß ist mit einem starken Nachwuchsjahrgang zu rechnen, der 1966 gute Fänge erbringen kann. Voraussetzung dafür ist allerdings, daß die Verluste während der Salzwasserperiode das normale Maß nicht überschreiten. K. Anwand. 6095.

3-64/06-9043 Tagatz, Marlin E. und Dudley, Donnie L.; Beaufort, N. C., U. S. Fish and Wildlife Serv. Seasonal occurrence of marine fishes in four shore habitats near Beaufort, N. C., 1957–60. **(Das jahreszeitliche Vorkommen mariner Fische in vier Küstengebieten nahe Beaufort, N. C., in den Jahren 1957–60.)** U. S. Dep. Interior, Fish Wildlife Serv., spec. sci. Rep. **1961** Nr. 390. S. 1–19. — 1 Abb., 7 Tab., 30 Lit.

In einem dreijährigen Untersuchungsprogramm wurden die monatl. Häufigkeit des Vorkommens mariner Fische und ihre Größenverteilung in 4 Küstengebieten in der Nähe von Beaufort festgestellt. Die größte Anzahl der Fische wurde im Frühjahr gefangen, die geringste im Winter. Die größte Artenzahl kam im Sommer und Herbst vor. Die Sammlung enthält 65 Arten aus 34 Familien. Insgesamt wurden 211994 Meeresfische gefangen, an erster Stelle stand der Menhaden *Brevoortia tyrannus*. J. Waldmann. 6095.

3-64/06-9044 Mišík, Vit'azoslav. Odhad abundancie a biomasy rýb v odvodňovacích kanáloch Žitného ostrova. **(Schätzung der Häufigkeit und Biomasse der Fische in den Entwässerungskanälen der Schüttinsel [Žitný ostrov].)** Biológia [Bratislava] **18** (1963) Nr. 6. S. 442–449. — 1 Abb., 4 Tab., 8 Lit. Zus. in Russ., Dtsch. ČSSR/ÚVTI. 6095.

3-64/06-9045 Larkin, P. A. Interspecific competition and exploration. **(Zwischenartliche Konkurrenz und Befischung.)** J. Fisheries Res. Board Canada **20** (1963) Nr. 3. S. 647–678. — 13 Abb., 3 Tab., 25 Lit.

Durch die fischereiliche Nutzung einer von zwei konkurrierenden Fischarten verschiebt sich auch das Gleichgewicht der Populationsstärke bei der anderen Art. Die Anwendung der Lotka-Volterra-Gleichung ermöglicht die mathematische Ermittlung dieser Einflüsse und des max. Ertragswertes jeder Fischart bei einem bestimmten Befischungsgrad der jeweiligen Konkurrenzart oder beider Arten. Anhand eines Beispieles wird die Methode demonstriert und nachgewiesen, daß die Zusammensetzung bestimmter Fischpopulationen bei unterschiedlicher Befischungsintensität vorausberechnet werden kann. G. Seifert. 6095.

3-64/06-9046 Phillips, Julius B. Range extensions for two California fishes, with a note on a rare fish. **(Gebietserweiterung für zwei Kalifornische Fische, mit einer Bemerkung über einen seltenen Fisch.)** Calif. Fish and Game **47** (1961) Nr. 4. S. 418. — 1 Abb., 2 Lit.

Am 16. Juli 1959 wurde ein 22 Zoll langes Exemplar von *Sebastodes macdonaldi* auf der Position 36° 18′ N, 122° 04′ W in 110 Faden Tiefe gefangen. Der Fang liegt etwa 250 Meilen nördlicher als das bisher bekannte Verbreitungsgebiet der Art. Am 22. Sept. 1959 angelte ein Sportfischer ein 11 Zoll langes Exemplar der Art *Chromis punctipinnis* in 5 Faden Tiefe auf 36° 33' N und 121° 56′ W. Die nördliche Grenze der Art lag bisher bei Pt. Conception, der genannte Punkt liegt etwa 150 Meilen weiter nördlich. Der seltene Oreosomatide *Allocyttus folletti* wurde am 5. Okt. 1959 in 270 Faden Tiefe auf der Position 40° 16′ N, 124° 40′ W gefangen. Das Exemplar wird abgebildet. Von dieser Art wurden bisher zwei Fische in kalifornischen Gewässern gefangen. J. Waldmann. 6100.

3-64/06-9047 Best, E. A. Occurrence of the round stingray, Urolophus halleri Cooper in Humboldt Bay, California. **(Das Vorkommen von Urolophus halleri in der Humboldt Bay, Kalifornien.)** Calif. Fish and Game **47** (1961) Nr. 4. S. 335–338. – 15 Lit.
Am 12. Mai 1960 wurde in der nördlichen Humboldt Bay ein männl. Exemplar der Art *Urolophus halleri* von 408 mm Länge gefangen. Die im selben Hol mit dem genannten Fisch gefangenen Tiere werden genannt. Der Fang erweitert das bisher bekannte Areal der Art um 290 Meilen nach Norden. Das neue Vorkommen ist ein weiterer Beweis für die in jüngster Zeit festgestellte Nordwärtswanderung südlicher Arten. Da die Männchen dieser Art während der Mon. Mai, Juni und Juli nördlicher als die Weibchen gefunden werden, wird eine Trennung der Geschlechter während dieser Jahreszeit vermutet.
J. Waldmann. 6100.

3-64/06-9048 Nowell, John C. New Northern record for black skipjack (Euthynnus lineatus.). **(Neue nördliche Meldung von Euthynnus lineatus.)** Calif. Fish and Game **47** (1961) Nr. 4. S. 415. – 1 Abb., 3 Lit.
Am 2. Sept. 1960 wurde ein Exemplar von *Euthynnus lineatus* vor San Simeon, Kalifornien, gefangen. Der Fisch wog bei einer Gesamtlänge von 602 mm 9½ Pfund. Die Art ist vor Mexiko und Zentralamerika häufig. Aus kalifornischen Gewässern wurde sie bisher zweimal gemeldet. Das Exemplar ist bes. bemerkenswert, da der Fangplatz ca. 100 Meilen nördlich des bisher bekannten Areals liegt. J. Waldmann. 6100.

3-64/06-9049 Rösel, Fritz. **Neue und seltene Corydoras-Arten aus Brasilien (Pisces, Teleostei, Calichthyidae).** Senckenbergiana [Frankfurt a. Main], biol. **44** (1963) Nr. 5. S. 359–363. – 4 Abb., 3 Lit. 6100.

3-64/06-9050 Pinkas, Leo. Descriptions of postlarval and juvenile bonito from the Eastern Pacific Ocean. **(Beschreibung des postlarvalen und juvenilen Bonito aus dem östlichen Pazifik.)** Calif. Fish and Game **47** (1961) Nr. 2. S. 175–188. – 4 Abb., 4 Tab., 28 Lit.
Der pazifische Bonito (*Sarda chiliensis*) ist ein pelagischer, schwarmbildender Fisch des östlichen Pazifiks, dessen Fischerei örtlich gewisse Bedeutung erlangt. Eine zweite Bonitoart, *Sarda velox*, kommt im gleichen Gebiet vor. Vf. beschreibt postlarvale und juvenile *Sarda chiliensis* von 16,7–200,9 mm Länge und gibt Photos und Zeichnungen. Die spez. Bestimmung basiert auf der Wirbelzahl, der Art und Zahl der Unterkieferzähne, der Zahl der Reusenfortsätze des unteren Astes des ersten Kiemenbogens und der hinteren Kiemenzähne. Alle diese Merkmale dienen zur Unterscheidung von *S. velox*. Vf. nennt Merkmale von diagnostischem Wert, mittels derer man die Larven von *S. chiliensis* von anderen Scombriden unterscheiden kann.
J. Waldmann. 6100.

3-64/06-9051 Klausewitz, Wolfgang. **Ecsenius minutus n. sp. von den Malediven (Pisces, Salariidae).** Senckenbergiana [Frankfurt a. Main], biol. **44** (1963) Nr. 5. S. 357–358. – 2 Abb., 4 Lit. 6100.

3-64/06-9052 Chalturin, D. K. O značenii otolitov v taksonomičeskom analize ryb. **(Über die Bedeutung der Otolithen für die taxionomische Analyse der Fische.)** Doklady Akademii nauk SSSR, Moskva **152 (31)** Nr. 2. S. 492 bis 493. – 6 Lit.
Vf. zeigt am Beispiel von *Salmo salar morpha sebago* und *S. trutta*, daß die Otolithen (Verhältnis von Länge zur Breite) als zusätzliche Merkmale für die taxionomische Bestimmung herangezogen werden können. Es ist dabei jedoch zu beachten, daß gewisse Veränderungen dieses Merkmales im Zusammenhang mit dem Alter, dem Geschlecht und der Größe des Untersuchungsobjektes eintreten. Der Umfang der durch diese Faktoren bedingten Variationen wird noch näher zu untersuchen sein. H.-W. Hattop. 6100.

3-64/06-9053 Lindberg, G. U.; Leningrad, Zool. Inst. der Akad. der Wiss. der UdSSR. O popytke ispravlenija napisanij rodovych nazvanij v „sisteme ryb“ L. S. Berga. **(Über einen Versuch zur Korrektur der Schreibweise der Artnamen im „System der Fische“ von L. S. Berg.)** Zoologičeskij žurnal, Moskva **42** (1963) Nr. 7. S. 1105–1107. – Zus. in Engl.

In einer Kritik von John Briggs an der amer. Ausgabe des bekannten Werkes von L. S. Berg wird bemängelt, daß Berg in zahlreichen Fällen eine unrichtige, nicht den Regeln der internationalen zoologischen Nomenklatur entsprechende Schreibweise der lateinischen Artnamen verwendet habe. Dem wird entgegengehalten, daß die Kritik ungerechtfertigt sei und daß Berg in allen Fällen richtige Bezeichnungen eingesetzt habe. Es sei zu bedauern, daß eine derartig unsachliche Kritik veröffentlicht werden konnte.

H.-W. Hattop. 6100.

3-64/06-9054 Gunning, Gerald E. und Shoop, C. Robert; New Orleans, La., Tulane Univ. Occupancy of home range by longear sunfish, Lepomis m. megalotis (Rafinesque), and Bluegill, Lepomis m. macrochirus Rafinesque. **(Das Einhalten von Standarealen bei Lepomis m. megalotis, und Lepomis m. macrochirus.)** Animal Behaviour **11** (1963) Nr. 2/3. S. 325–330. – 2 Abb., 5 Tab., 7 Lit.

Mit Hilfe eines 230-V-Wechselstromaggregats wurde eine 70'lange (IC) und eine 125'lange (IIB) Teilstrecke einer 433'langen (I) bzw. 410'langen Versuchsstrecke des Talisheek Creek, Louisiana, abgefischt. Aus den während eines Jahresablaufs registrierten Wiederfängen markierter Fische innerhalb (82% und 89% *L. megalotis*; 42% und 57% *L. macrochirus*) oder außerhalb jeder der beiden Strecken, in denen die Fische zur Markierung gefangen und wieder ausgesetzt worden waren (97 und 71 Expl. *L. megalotis*; 84 und 68 Expl. *L. macrochirus*), wird geschlossen, daß die Länge des Standareals mit etwa 70' für den *L. megalotis* und mit etwa 125' für den *L. macrochirus* angenommen werden kann. Ältere Fische haben augenscheinlich größere Standareale als jüngere. Das Einhalten der Standareale nachzuweisen, ist für kürzere Zeiträume leicht; der Nachweis für die Dauer mehrerer Mon. ist schwerer, da die Zahl der Wiederfänge mit der Länge der Beobachtungszeit stark abnimmt.

H.-J. Rümmler. 6105.

3-64/06-9055 Herbert, D. W. M.; Stevenage, Water Pollution Res. Lab. Reversal of direction of swimming by rainbow trout (Salmo gairdnerii Richardson) on stopping a current of water. **(Umkehr der Schwimmrichtung von Regenbogenforellen (Salmo gairdnerii) beim Aufhören der Wasserströmung.)** Animal Behaviour **11** (1963) Nr. 2/3. S. 347–350. – 7 Abb., 4 Lit.

Die in dem Versuchsaquarium enthaltenen 350 l Wasser wurden durch ein unter einem Plastikdrahtgeflecht angebrachtes Rührwerk entgegengesetzt dem Uhrzeigersinne in Kreisströmung (22,3 cm/s im Mittel) gehalten. 25 einjährige Regenbogenforellen eines Herbstlaicherstamms schwammen langsam gegen die Strömung, so daß sie ihre Position $\pm$ einhielten. Bei Aufhören der Kreisströmung durch Abschalten des Rührwerks kehrten die Fische sich um und schwammen entgegengesetzt – nunmehr gegen den Uhrzeigersinn – erst schnell, dann immer langsamer mindestens $5\frac{1}{2}$ h im Kreise herum. Bei einem anderen Versuch zeigten 20 von Ende Jan. an im Aquarium gehaltene Regenbogenforellenjährlinge bis Ende Apr. keinen derartigen Richtungswechsel. Erst Anfang Juni war die Umkehrreaktion fixiert, und zwar zugleich mit dem Wechsel des Jugendkleides. Von den am 18. 7. getöteten Tieren hatte $^{1}/_{3}$ reife Gonaden. 2–3 Jahre alte Bachforellen aus einem Wildgewässer zeigten vom 6.–12. Tag keinen Umkehrreflex. Im abs. verdunkelten Aquarium schwammen die Regenbogenforellen bei Fortdauer der Strömung weiter, beim Aufhören blieb jedoch die Umkehrreaktion aus. Die Umkehrreaktion hat augenscheinlich eine pseudorheotrope und eine optomotorische Komponente. H.-J. Rümmler. 6105.

3-64/06-9056 Sommers, Peter van; Cambridge, Mass., Harvard Univ. Oxygen-motivated behavior in the goldfish, Carassius auratus. **(Durch Sauerstoff bedingtes Verhalten beim Goldfisch, Carassius auratus.)** Science [Washington] **137** (1962) Nr. 3531. S. 678–679. – 2 Abb., 2 Lit.
Kleine Goldfische von 4–6 g Masse, die in einer Kammer mit konstantem Durchfluß (500 ml/min) in sauerstofffreiem Wasser gehalten wurden, lernten einen Lichtstrahl zu unterbrechen, um belüftetes Wasser zu erhalten, dessen Zufluß durch eine relaissteuernde Lichtschranke geregelt wurde. Gleichzeitiges Aufleuchten von Lichtsignalen (rot und grün für O_2-reich und -arm) brachte das Verhalten der Tiere unter die Kontrolle dieser visuellen Reize. M. Hegemann. 6105.

3-64/06-9057 Geller, Irving; Philadelphia, Pa., Wyeth Lab. Conditioned „anxiety" and punishement effects on operant behavior of goldfish (Carassius auratus). **(Einflüsse bedingter „Angst" und Strafen auf das Verhalten beim Goldfisch [Carassius auratus].)** Science [Washington] **141** (1963) Nr. 3678. S. 351–353. – 2 Abb., 7 Lit.
Hungernde Goldfische wurden darauf dressiert, durch einen Hebeldruck an ihr Futter zu gelangen. Eine Gruppe erhielt bei Hebeldruck Flackerlicht und einen Elektroschock von 15 V und 0,3 s Dauer. Die andere Gruppe wurde bei Hebeldruck durch Elektroschock gestraft. Bei der Kombination von Licht und Strafreiz lernten die Fische schneller. M. Hegemann. 6105.

3-64/06-9058 Adler, Norman und Hogan, Jerry A. Classical conditioning and punishment of an instinctive response in Betta splendens. **(Der Einfluß von bedingten Reizen und Strafreizen auf eine instinktive Reaktion bei Betta splendens.)** Animal Behaviour **11** (1963) Nr. 2/3. S. 351–354. – 2 Tab., 8 Lit.
Aus dem Komplex der bei *Betta-splendens*-Männchen durch den Anblick eines anderen *B.-splendens*-Männchens oder des eigenen Spiegelbildes hervorgerufenen Reaktionen wurde als meßbarer Reflex nur das Spreizen der Kiemendeckel und der Branchiostegalmembranen in 2 Versuchsreihen ausgewertet. In der 1. wurden als bedingter Reiz schwache, ½ s andauernde elektrische Reize (1,0 V Wechselstrom) und das für 15 s gezeigte eigene Spiegelbild verwendet. Im Mittel war nach 86 Übungen der bedingte Reflex fixiert. In der 2. Testreihe wurde das Spreizen der Membranen beim Anblick des eigenen Spiegelbildes oder eines anderen *B.-splendens*-Männchens durch starke elektrische Strafreize (4,0 V Wechselstrom, ½ s) unterdrückt. Die Versuche wurden beendet, wenn in 3 aufeinanderfolgenden Testen beim Zeigen des Gegners kein Spreizen der Membranen mehr erfolgte. Bei *Betta splendens* können also beide Methoden angewendet werden, um einunddieselbe Reaktion zu kontrollieren. H.-J. Rümmler. 6105.

3-64/06-9059 Barlow, George W.; Seewiesen/Obb., Max-Planck-Inst. für Verhaltensphysiol. Ethology of the Asian teleost Badis badis. II. Motivation and signal value of the colour patterns. **(Ethologie des Blaubarsches, Badis badis. 2. Mitt. Herkunft und Signalgehalt der Farbmuster.)** Animal Behaviour **11** (1963) Nr. 1. S. 97–105. – 2 Abb., 11 Lit. 1. Mitt. vgl. Transactions Illinois State Acad. Sci. **57** (1962) S. 175.; 3. u. 4. Mitt. vgl. LZ. Abt. III **8** (1963) Nr. 7. S. 1543.
Der Blaubarsch kann 11 mehr oder weniger typische Farbmuster annehmen, von denen jedes unter charakteristischen Umständen erscheint. Angst ist z. B. mit der blassesten Färbung verbunden. Zunehmende Angriffslust ist an der Intensivierung der Färbung und der Muster zu ersehen. Sexuelle

Stimmungen drücken sich in der Verdunklung der Männchen aus, die fast schwarz erscheinen können, während die Weibchen unter gleichen Umständen blaß sind. M. Hegemann. 6105.

3-64/06-9060 Jones, F. R. Harden; Lowestoft, Fisheries Lab. The reaction of fish to moving backgrounds. **(Die Reaktion von Fischen auf bewegten Hintergrund.)** J. exp. Biol. **40** (1963) Nr. 4. S. 437–446. — 3 Abb., 9 Lit.
5 Süßwasserfische (*Esox lucius, Gasterosteus aculeatus, Perca fluviatilis, Salmo trutta* und *Rutilis rutilis*) sowie 11 Seefische (*Clupea harengus, Osmerus eperlanus, Gadus morhua, G. luscus, Trachinus vipera, Agonus cataphractus, Crystollogobius nilssoni, Pleuronectes platessa, P. limanda, Solea vulgaris* und *Scyllium canicula*) sind in einem runden Gefäß mit rotierendem Streifenzylinder hinsichtlich ihrer Reaktion auf den Hintergrund geprüft worden. Unter den Süßwasserfischen zeigt der Hecht die deutlichsten Reaktionen. Er folgt dem bewegten Hintergrund bei einer Geschwindigkeit, die einem Wasserstrom von 0,03 cm/s entspricht. Die untersuchten Seefische zerfallen in 2 Gruppen: die beiden Gadiden, Stint und Hering reagieren auf Bewegungen, die einem Wasserstr˙m von 1–2 cm/s entsprechen, während alle übrigen selbst auf Bewegungen bis zu 24 cm/s nicht ansprechen. M. Hegemann. 6105.

3-64/06-9061 Saigal, B. N.; Allahabad, India, Centr. Inland Fisheries Res. Substat. Note on the use of vertebrae in age determination of the freshwater cat-fish Mystus (Osteobagrus) aor. (Ham.) of the Ganga River system. **(Die Altersbestimmung an Wirbeln bei Mystus [Osteobagrus aor.].)** Sci. and Cult. [Calcutta] **29** (1963) Nr. 6. S. 306–307. — 1 Abb., 9 Lit.
Der mit Hilfe einer 0,7%–0,2% Pepsin-Salzsäure-Lösung gereinigte, in Benzin oder Azeton 8 h entfettete, über alc. abs. in Glycerin gebrachte 5. Wirbel frischer Exemplare zeigt bei 5facher Vergrößerung gut erkennbare Jahresringe. Der Vergleich der hieraus durch Rückberechnung erhaltenen Längen mit den nach der Methode von Petersen erzielten Ergebnissen zeigte hochgradige Korrelation. Zwischen Fischgröße und Wirbelgröße bestehen proportionale Beziehungen. H.-J. Rümmler. 6110.

3-64/06-9062 Wolf, Robert S. und Daugherty, Anita E. Age and length composition of the sardine catch off the Pacific Coast of the United States and Mexico in 1958–59. **(Alters- und Längenzusammensetzung der Sardinenfänge vor der Pazifikküste der Vereinigten Staaten und Mexikos 1958 und 1959.)** Calif. Fish and Game **47** (1961) Nr. 3. S. 273–285. — 3 Abb., 7 Tab., 2 Lit.
Der vorliegende Bericht über die Fangsaison 1958/59 ist der 13. seit 1941/42. Die Saison begann am 1. Aug. und endete am 1. Jan. Die kommerzielle Fischerei fing 102 621 t Sardinen, 24 600 t wurden von Mittelkalifornien und über 78 000 t vom südlichen Kalifornien aus gefangen. Die kalifornischen Fischer erhielten im Sept. 60 Dollar/t, danach bis zum Ende der Saison 50 Dollar/t. Ca. 180 waren in der Saison tätig. Der Jahrgang 1956 stellte 63,3% des Fanges; dieser Jahrgang ist nach 7 Jahren mäßiger Jahresklassen bemerkenswert gut, obwohl er 1957/58 noch kaum in Erscheinung trat. Die Fische waren im Untersuchungszeitraum rel. schlecht gewachsen, der langjährige Mittelwert für Sardinen beträgt 204 mm, in der Saison 1958/59 betrug der Mittelwert für den Jahrgang 1956 184 mm. J. Waldmann. 6110.

3-64/06-9063 McCann, James A. und Dreyer, Frank A. Length and age frequency samples collected from Georges Bank haddock landings, 1931 bis 1955. **(Länge und Alterszusammensetzung von Gadus aeglefinus nach Fängen von der Georges Bank 1931-1955.)** U.S. Dep. Interior, Fish Wildlife Serv., spec. sci. Rep. **1963** Nr. 438. S. 1–127. — 1 Abb., 125 Tab., 5 Lit. 6110.

3-64/06-9064 McCann, James A. und Dreyer, Frank A. Length and age frequency samples collected from Georges Bank and Gulf of Maine haddock landings, 1956–1960. **(Länge und Alterszusammensetzung von Gadus aeglefinus nach Fängen von der Georges Bank und dem Golf von Maine 1956 bis 1960.)** U.S. Dep. Interior, Fish Wildlife Serv., spec. sci. Rep. **1963** Nr. 439. S. 1–113. — 1 Abb., 100 Tab., 5 Lit. Vgl. vorst. Titel. 6110.

3-64/06-9065 Warner, Kendall und Havey, Keith; Augusta, Me., Dep. of Inland Fisheries and Game. Body- scale relationships in landlocked salmon, Salmo salar. **(Körperlängen-Schuppen-Verhältnisse bei Binnenseelachsen, Salmo salar.)** Trans. Amer. Fisheries Soc. **90** (1961) Nr. 4. S. 457 bis 461. — 2 Abb., 3 Tab., 25 Lit.
An 4 Seenpopulationen von *Salmo salar* wurde der Beschuppungsgrad verschiedener Größenstadien der Brut bestimmt. Im Sebago-See war die Beschuppung der Lachsbrut bei einer Länge von 45–50 mm im Alter von 2 Mon. beendet. Bei der Schuppenausbildung spielt die Körperlänge eine größere Rolle als das Alter, im Durchschnitt begann sie bei 32 mm Länge. Bei allen 4 Populationen wurden anhand der Schuppen Wachstumsrückberechnungen durchgeführt. Die so berechneten Körperlängen-Schuppen-Verhältnisse waren etwas unterschiedlich. Die Möglichkeit der Anwendung eines allg. Korrektionsfaktors bei der Berechnung der Körperlänge aus den Jahresmarken wird diskutiert. G. Seifert. 6110.

3-64/06-9066 Cooper, Edwin L. Growth of wild and hatchery strains of brook trout. **(Das Wachstum von wilden und gezüchteten Formen des Bachsaiblings.)** Trans. Amer. Fisheries Soc. **90** (1961) Nr. 4. S. 424–438. — 4 Abb., 14 Tab., 28 Lit.
Über das Wachstum von 3 wilden und 5 gezüchteten Populationen von *Salvelinus fontinalis* wurde ein Leistungsvergleich angestellt. Die wilden Populationen erreichten nach 2 Jahren eine Totallänge von 15 cm, die Zuchtformen mehr als das Doppelte, der Gewichtsunterschied betrug etwa das Zehnfache. Die Hauptursachen für das schlechtere Wachstum der Wildformen waren ungünstige Temperaturen und Nahrungsknappheit. Bei den Zuchtformen führte Inzucht zu schlechterem Wachstum. Die normal gezüchteten Gruppen waren während der gesamten 20 Mon. sehr einheitlich in der Größe. Das gesamte Material wird eingehend mathematisch-biometrisch ausgewertet. G. Seifert. 6110.

3-64/06-9067 Keleher, J. J.; London, Ontario, Fisheries Res. Board of Canada. Comparison of largest Great Slave Lake fish with North American records. **(Ein Vergleich der größten Fische des Großen Sklavensees mit nordamerikanischen Rekorden.)** J. Fisheries Res. Board Canada **18** (1961) Nr. 3. S. 417–421. — 1 Tab., 23 Lit.
Die Größenrekorde für 11 von 25 im Großen Sklavensee vorkommenden Fischarten werden mit den in der Literatur angegebenen nordamer. Größenrekorden verglichen. Der Große Sklavensee hält dabei zwei nordamerikanische Rekorde: *Thymallus arcticus* mit 2,3 kg und *Catostomus catostomus* mit 3,3 kg. Die angegebenen Maximalgrößen wurden nicht in unbefischten Populationen oligotropher Seen erreicht. G. Seifert. 6110.

3-64/06-9068 Brown jun., Edward H.; Columbus, Ohio Dep. of Natural Resources. Movement of native and hatchery-reared game fish in a warm-water stream. **(Wanderung natürlich und in Brutanstalten aufgewachsener Sportfische in einem Warmwasserfluß.)** Trans. Amer. Fisheries Soc. **90** (1961) Nr. 4. S. 449–456. — 9 Tab., 13 Lit.
Zum Studium von Verteilung, Alter, Wachstum, Vermehrung und Ertrag wurden 2270 markierte Exemplare des natürlich aufgewachsenen Schwarzbarsches (*Micropterus dolomieu*), Felsenbarsches (*Ambloplites rupestris*) und

des künstlich aufgezogenen Schwarzbarsches in einem Nebenfluß des Little Miami-Flusses in Ohio ausgesetzt. Die Wiederfänge zeigten, daß eine große Zahl der natürlich aufgewachsenen Fische über mehrere Jahre in einem eng begrenzten Gebiet bleibt. Eine bedeutende Anzahl war jedoch bis zu 70 Meilen flußabwärts gewandert. Die Größe der Fische nahm zu, je weiter der Ort des Wiederfanges von der Einsatzstelle entfernt war. Es war eine deutliche Tendenz zur stromabwärts gerichteten Verteilung zu erkennen.

G. Seifert. 6110.

3-64/06-9069 Ždanova, N. N.; Moskau, Unions-Forsch.-Inst. für Hochseefischerei und Ozeanogr. O skate molodi sudaka r. Don. **(Über die Abwanderung der Zanderbrut im Don.)** Rybnoe chozjajstvo, Moskva **39** (1963) Nr. 6. S. 28–29. — 2 Tab.

Die Brut des Zanders (*Lucioperca lucioperca*) wandert im Don hauptsächlich in der 2. Hälfte des Juni ab. Die Massen der Jungfische liegen dabei zwischen 0,4 und 7,8 g. Untersuchungen der Zahlenverhältnisse zwischen den abwandernden und den wieder zurückkehrenden Fischen haben ergeben, daß die Zahl der zurückkehrenden Fische nicht nur davon abhängt, wie groß die abwandernden Jungfische waren und wie stark der betreffende Jahrgang bei der Abwanderung war. Von großer Bedeutung sind die während der Abwanderung im Fluß herrschenden Milieuverhältnisse. Dies ist beim Aussetzen von künstlich aufgezogenen Jungzandern zu beachten.

H.-W. Hattop. 6110.

3-64/06-9070 Żarnecki, S. Nowy sposób znakowania karpi ołówkiem lapisowym. **(Ein neues Verfahren der Karpfenmarkierung mittels Höllenstein in Stiftform.)** Gospodarka rybna **15** (1963) Nr. 5. S. 5. — 1 Abb.

Im Inst. für Zootechnik in Zator wurden Versuche durchgeführt, um an Karpfen eine neue Methode der individuellen Kennzeichnung mit Hilfe von $AgNO_3$ auf der Haut der Fische zu erproben. Zu diesem Zwecke wird mit der stumpfen Kante eines Skalpells eine Schuppe weggenommen. Diese Stelle wird mit Watte und Äther gewaschen. Nach Entfernen der Paraffinschutzhülle wird der Höllenstein leicht angefeuchtet. Beim Schreiben mit dem Höllenstein darf die Haut durch mechanischen Druck nicht verletzt werden. Der Versuch wurde am 5. 6. 1961 durchgeführt. Die Lesbarkeit der Kennzeichnung wurde mehrmals überprüft, selbst nach 17,5 Mon. war die Kennzeichnung noch in Ordnung. Nur bei kleinschuppigen Karpfen verschwand die Kennzeichnung nach zwei Mon. Es wurde auch ein Versuch zur Kennzeichnung von Jungkarpfen durchgeführt. Die im Apr. eingeätzten Zahlen konnten noch Ende Okt. gelesen werden.

PRL/CBR, übersetzt v. O. Kasperl. 6115.

3-64/06-9071 Buettner, Howard J.; Ann Arbor, Mich., U.S. Bureau of Commercial Fisheries. Recoveries of tagged, hatchery-reared lake trout from Lake Superior. **(Wiederfänge markierter, künstlich aufgezogener Seesaiblinge aus dem Oberen See.)** Trans. Amer. Fisheries Soc. **90** (1961) Nr. 4. S. 404-412. — 3 Abb., 7 Tab., 2 Lit.

Insgesamt 13384 künstlich aufgezogene Seesaiblinge (*Salvelinus namaycush*) wurden im Oberen See ausgesetzt, um den Einfluß der Satzfischgröße, der Jahreszeit, in welcher der Besatz vorgenommen wird, und der verschiedenen Markierungstypen auf den Wiederfang zu ermitteln. Der große Vorteil des Frühjahrs- gegenüber dem Herbstbesatz konnte nur bei kleineren, bei den 18–37 Mon. alten Setzlingen jedoch nicht mehr beobachtet werden. Die Unterschiede im Wiederfang der in verschiedenem Alter ausgesetzten Fische waren zu gering, um die höheren Kosten für ältere Satzfische zu rechtfertigen. Vier verschiedene Markierungstypen wurden erprobt. Eine davon wies vom Fischkörper abstehende Drahtenden auf, was gegenüber den anderen Typen zu einer erhöhten Wiederfangrate führte. Die Drahtenden fingen sich in den

Kiemennetzen ohne Rücksicht auf die Maschenweite oder die Fischgröße. Mehr als die Hälfte aller Wiederfänge wurde im Umkreis von 25 Meilen vom Ort des Besatzes erhalten. G. Seifert. 6115.

3-64/06-9072 *Norman, J. R.* und *Fraser, F. C.* **Riesenfische, Wale und Delphine.** Ein Taschenbuch für Biologen, Sport- und Berufsfischer und für Naturfreunde. Hamburg; Berlin: Verlag Paul Parey. 1963. (341 S. m. 119 Abb. u. Namens- u. Sachverz.) 12 ×19 cm. DM 24,00. Das Buch der bekannten britischen Zoologen Norman und Fraser erschien 1937 zum erstenmal unter dem Titel „Giant Fishes, Whales and Dolphins". Es fand als interessante Lektüre und brauchbares Nachschlagewerk weite Verbreitung, so daß schon nach wenigen Jahren (1948) ein Nachdruck erforderlich wurde. Bei der jetzt vorliegenden deutschen Ausgabe ist der Charakter des Originalwerkes gewahrt worden. Die Übersetzung und Bearbeitung durch G. Krefft (Fische) und K. Schubert (Wale) von der Bundesforschungsansalt für Fischerei in Hamburg bietet Gewähr für sorgfältige Arbeit, die sich u.a. in zahlreichen Änderungen und Ergänzungen sowie einer Modernisierung der wiss. Nomenklatur äußert. Der Inhalt wurde damit auf den neuesten Stand gebracht und gestattet eine zuverlässige Information. In der Einführung gehen die Autoren kurz auf den Körperbau der Fische und Wale ein. Von den Fischen werden alle im Meer lebenden größeren Formen (über 1,80 m lang), daneben aber auch einige kleinere, bes. auffallende oder interessante Arten behandelt. Neben Haien, Rochen, Fliegenden Fischen, Schiffshaltern, Thunen u.a. findet z.B. *Latimeria chalumnae* Erwähnung. Insgesamt werden 211 Fischspezies beschrieben (Systematik, Vorkommen, Biologie). In der 2. Hälfte des Buches sind alle rezenten Wale dargestellt, hier wird auch auf den Fang dieser Tiere näher eingegangen. Für die wichtigsten aufgeführten Fische und Wale ist jeweils ein Bestimmungsschlüssel vorhanden. Am Ende des Buches, das mit 119 Textabb. versehen ist, befindet sich eine chronologische Zeittafel über das Auftreten der Fischgruppen im Verlauf der Erdgeschichte. Ein Namens- und ein Sachverz. bilden den Abschluß. W. Steffens.

Biologie der Meeressäuger

3-64/06-9073 Scheffer, Victor B. und Rice, Dale W. A list of the marine mammals of the world. **(Liste der marinen Säugetiere der ganzen Welt.)** U. S. Dep. Interior, Fish Wildlife Serv., spec. sci. Rep. **1963** Nr. 431. S. 1 bis 12. — 58 Lit. 6120.

3-64/06-9074 Mathisen, Ole A. und Lopp, Ron J. Photographic census of the steller sea lion herds in Alaska 1956–1958. **(Fotografische Zählung der Herden von Eumetopias jubata in Alaska 1956-1958.)** U.S. Dep. Interior, Fish Wildlife Serv., spec. sci. Rep. **1963** Nr. 424. S. 1–20. — 6 Abb., 11 Tab., 13 Lit. 6120.

3-64/06-9075 Boolootian, Richard A.; Los Angeles, Univ. The distribution of the California sea otter. **(Die Verbreitung des kalifornischen Seeotters.)** Calif. Fish and Game **47** (1961) Nr. 3. S. 287-292. — 3 Abb., 1 Tab., 5 Lit.

Der kalifornische Seeotter *Enhydra lutris nereis* kam vor dem 20. Jahrhundert längs der kalifornischen Küste in beträchtlichen Mengen vor. Starke Ausbeutung reduzierte die Zahl schnell, und es wurde angenommen, daß die Art 1911 ausgerottet worden war. 1938 wurde jedoch eine Gruppe von 50 Tieren festgestellt, und 1957 wurde eine Bestandsaufnahme unter Benutzung von Hubschraubern durchgeführt. Insgesamt wurden 638 Tiere gezählt, die sich in 14 verschiedenen Herden vereinigt hatten. Die größte Ansammlung bestand aus 144 Individuen. Die rauhen Küsten, die sowohl zu Lande als auch in unmittelbarer Küstennähe nicht zu bereisen sind, hatten den überlebenden Tieren Schutz vor Verfolgung geboten. Jetzt sind die kalifornischen Seeotter gesetzlich geschützt, dennoch wurden tote Tiere mit Schuß- oder Speerwunden gefunden, weshalb verstärkter Schutz gefordert wird.

J. Waldmann. 6120.

Biologie der sonstigen fischereilichen Nutztiere

3-64/06-9076 Mir, Robert D.; Stockton, Calif., Coll. of the Pacific. The external morphology of the first zoeal stages of the crabs, Cancer magister Dana, Cancer antennarius Stimpson, and Cancer anthonyi Rathbun. **(Die äußere Morphologie der ersten Zoea-Stadien von Cancer magister, C. anten-**

narius und C. anthonyi.) Calif. Fish and Game **47** (1961) Nr. 1. S. 103–111. – 12 Abb., 10 Lit.
Die ersten Zoea-Stadien der drei *Cancer*-Arten *C. magister, C. antennarius* und *C. anthonyi* werden beschrieben und abgebildet. Ein Schlüssel zu ihrer Bestimmung wird mitgeteilt. Vf. beschreibt die Kulturmethoden, mittels derer er die Zoea-Larven im Lab. heranzog, bis in Einzelheiten. Die Larven werden teils lebend, teils in fixiertem Zustand untersucht. J. Waldmann. 6125.

3-64/06-9077 Baxter, John L. Results of the 1955 to 1959 Pismo clam censuses. **(Ergebnisse der Bestandsuntersuchungen an der Pismo-Muschel in den Jahren 1955-1959.)** Calif. Fish and Game **47** (1961) Nr. 2. S. 153 bis 162. – 3 Abb., 6 Tab., 4 Lit.
Die Muschelbestandsuntersuchungen im Pismo-Gebiet ergaben, daß die Jahrgänge 1957, 1958 und 1959 gut ausfielen. Die sehr zurückgegangene Muschelfischerei in diesem Gebiet wird bis 1963 weiter absinken, da nennenswerte Muschelmengen erst dann die Mindestgröße erreicht haben. Bis dahin bestimmen die weniger werdenden großen Muscheln von 1952 und älterer Jahrgänge den Fang. In der Morro-Bay wird sich die ernste Situation der Muschelfischerei weiter verschlechtern, da die Nachwuchsjahrgänge bisher ausblieben. Auf Grund des Ergebnisses ist bis 1966 kein Ansteigen der Fangerträge zu erwarten. Vor 1911 gab es im Pismo-Gebiet keine Mindestmaß-Bestimmungen; die seit dieser Zeit eingeführten Maße werden genannt. J. Waldmann. 6125.

3-64/06-9078 Sufjaninova, E. I.; Odessa, Metschnikow-Univ. O bakterial'noj flore midij. **(Die Bakterienflora der Miesmuschel — Mytilus galloprovincialis.)** Mikrobiologija, Moskva **31** (1962) Nr. 4. S. 713–715. – 6 Lit. Zus. in Engl.
Aus der Muskulatur, dem Mantel und den inneren Organen der im Litoral des Schwarzen Meeres verbreiteten Miesmuschel (*Mytilus galloprovincialis*) konnten 26 Mikrobenarten gewonnen werden, die folgenden Gruppen zugehören: *Bacillus, Chromobacterium, Acromobacter, Mycobacterium* und *Pseudobacterium*. An den inneren Organen konnten keine pigmentbildenden Bakterien gefunden werden. A. Kozianowski. 6125.

C. LEBENSRAUM DER FISCHE
(Hydrographie und Hydrobiologie)

3-64/06-9079 Oosten, John van. Surface currents of Lake Michigan, 1931 and 1932. **(Oberflächenströmungen im Michigan-See 1931 und 1932.)** U.S. Dep. Interior, Fish Wildlife Serv., spec. sci. Rep. **1963** Nr. 413. S. 1-51. – 21 Abb., 24 Tab., 18 Lit. 6135.

3-64/06-9080 Likens, Gene E. und Hasler, Arthur D.; Madison, Wis., Univ. Movements of radiosodium (Na^{24}) within an ice-covered lake. **(Bewegungen von Radionatrium (^{24}Na) in einem eisbedeckten See.)** Limnol. and Oceanogr. **7** (1962) Nr. 1. S. 48–56. – 9 Abb., 15 Lit.
Die Versuche wurden in einem kleinen eisbedeckten See im nordwestlichen Wisconsin im Jan. 1960 und 1961 durchgeführt. Innerhalb von 24 h wurde ^{24}Na von einem Punkt aus in horizontaler Richtung über eine Strecke von 15–20 m verteilt. Die weitere horizontale Ausbreitung verlief langsamer und erreichte mit 30 m nach 3 Tagen ihre größte Ausdehnung. Die Ausbreitungsrichtung war asymmetrisch und zeigte in beiden Experimenten Unterschiede. Die Ergebnisse zeigten weiter, daß auch eine vertikale Bewegung stattfand, die allerdings nur sehr langsam verlief. Vff. beschreiben ferner ein Zertrümmerungsgerät, welches gestattet, die radioaktive Lösung in die gewünschte Wassertiefe einzubringen. Außerdem wurde ein tragbares Scintillations-Zählsystem für Radioaktivitätsmessungen in einem See entwickelt. D. Nehring. 6135.

3-64/06-9081 Smith, M. W.; St. Andrews, New Brunswick, Fisheries Res. Board of Canada. A limnological reconnaissance of a Nova Scotian brownwater lake. **(Eine limnologische Untersuchung eines neuschottischen Braunwasser-Sees.)** J. Fisheries Res. Board Canada **18** (1961) Nr. 3. S. 463–478. – 3 Abb., 4 Tab., 40 Lit.

Vf. beschreibt die Sommer-Hydrographie und die Biologie des dystrophen Boars-Back-Sees in Neu-Schottland. Der pH-Wert betrug 4,3–4,8, aus diesem Grunde fehlten Mollusken vollständig. In der armen Bodenfauna war *Chaoborus* vorherrschend. Das Zooplankton war bes. im Epilimnion recht zahlreich, das Phytoplankton bestand in einer Blüte von *Peridinium limbatum*. Der häufigste Fisch war *Perca flavescens*, der gesamte Fischbestand betrug ca. 19 kg/ha. Die biol. Gegebenheiten und einige Maßnahmen zur Verbesserung dieses Fischbestandes, vor allem durch Besatz mit *Salmo gairdneri* und *Micropterus dolomieu*, werden kurz diskutiert. G. Seifert. 6135.

3-64/06-9082 Dugdale, Vera A. und Dugdale, Richard C.; Pittsburgh, Univ. Nitrogen metabolism in lakes. II. Role of nitrogen fixation in Sanctuary Lake, Pennsylvania. **(Der Stickstoff-Stoffwechsel in Seen. 2. Mitt. Die Rolle der Stickstoffbindung im Sanctuary-See in Pennsylvanien.)** Limnol. and Oceanogr. 7 (1962) Nr. 2. S. 170-177. – 3 Abb., 4 Tab.,14 Lit. 1. Mitt. vgl. 3-64/04-9072.

Die Untersuchungen über die Stickstoffbindung wurden unter Verwendung von ^{15}N als „tracer"-Element im Sanctuary-See während eines Jahrescyclus durchgeführt. Eine merkliche Bindung des N, die auf das Vorhandensein verschiedener *Anabaena*-Arten zurückgeführt wird, setzte in der 2. Maihälfte ein, sie erreichte ihr Maximum Anfang Sept. und sank dann noch im gleichen Mon. auf nahezu 0 ab. Anfang Sept. beginnt der Nitratgehalt im Wasser stark anzusteigen und Anfang Okt. auch der Ammoniumgehalt. Das Maximum der *Anabaena*-Entwicklung wurde Anfang Okt. festgestellt, es fällt demnach nicht mit dem Maximum der N-Bindung zusammen. Hieraus wird geschlossen, daß bei ausreichendem Gehalt an org. Stickstoffverbindungen im Wasser eine N-Bindung nicht mehr stattfindet; für die schnelle Abnahme der N-Bindung wird insbesondere die Zunahme des NH_4-N verantwortlich gemacht. Für eine aktive N-Bindung scheint ferner eine ausreichende Zufuhr von löslichen Phosphaten erforderlich zu sein, die im untersuchten Fall durch Zulauf städtischer Abwasser erfolgte. In Laborversuchen wurde der Einfluß der eingestrahlten Lichtenergie auf die N-Bindung untersucht.
D. Nehring. 6135.

3-64/06-9083 Greze, V. N.; Sewastopol, Biol. Kowalewski-Stat. der Akad. der Wiss. der UdSSR. Opredelenie prozračnosti planktonnych organizmov i ee zaščitnogo značenija. **(Die Bestimmung der Durchsichtigkeit der Planktonorganismen und deren Schutzwirkung.)** Doklady Akademii nauk SSSR, Moskva **151(31)** (1963) Nr. 2. S. 435-438. – 11 Lit.

Spez. Untersuchungen der Durchsichtigkeit von Wasserorganismen, insbesondere von Crustaceen, ergaben, daß die Organismen in einigen Fällen bis zu 92% des auffallenden Lichtes durchlassen. Damit wird ihre Durchsichtigkeit so groß, daß sie von den planktonfressenden Fischen so gut wie gar nicht mehr wahrgenommen werden können. Im Meer zeichnen sich bes. die Bewohner der Wasserschichten von 200–400 m Tiefe durch große Durchsichtigkeit aus. H.-W. Hattop. 6135.

3-64/06-9084 Lehn, Hubert; Konstanz, Anst. für Bodenseeforsch. **Einige Frühjahrsbefunde über die Isothermen-Phytoplankton-Relation im Bodensee.** Arch. Hydrobiol. **59** (1963) Nr. 1. S. 1-25. – 16 Abb., 4 Tab., 41 Lit.

Vf. untersuchte im Frühjahr 1960 und 1961 im Überlinger See und westl. Obersee den Einfluß hydrodynamischer Einwirkungen auf die Phytoplankton-

Assoziationen des Bodensees. Mit Hilfe von Temperatur- und Sichttiefenmessungen und Phytoplanktonschöpfproben, die ausgezählt wurden, ließen sich bes. im Frühjahr starke, windbedingte Verschiebungen der Isothermenflächen nachweisen, die mit steigender Erwärmung der Wasseroberfläche geringer wurden. Das Phytoplankton verhielt sich i. allg. „isothermengemäß". Dabei konnte die Phytoplanktondichte auf einem Querschnitt von 3,4 km in 50 m Tiefe der einen Seite 10mal so groß sein wie an der Oberfläche der anderen Seite. Bei abnormen, längere Zeit andauernden Schräglagen der Isothermen- und Phytoplanktonflächen traten mitunter „isothermenfremde" Phytoplanktonverteilungen auf. M. Schlüter. 6135.

3-64/06-9085 Gonzalves, Ella A. und Vaidya, B. S.; Bombay, St. Xaviers Coll.; Ahmedabat, Gujarat Coll. On the larvicidal properties of Charophytes. **(Über die larviciden Eigenschaften der Charophyten.)** Hydrobiologia [Den Haag] 21 (1963) Nr. 1/2. S. 188–192. — 4 Tab., 8 Lit.

Larven und Puppen von *Culex fatigans* wurden in Kulturen von *Chara corallina, C. zeylanica* und *Nitella furcata* gehalten. Die geschlüpften Imagines wurden gefangen und ihr Geschlecht bestimmt. Die Larven wiesen in den Versuchen eine Sterblichkeit von 64–88% gegenüber der Kontrolle mit 4% auf. Die Sterblichkeit der Weibchen war 2,5–3,5 mal so groß wie die der Männchen. Die Puppen wiesen im Versuch gegenüber der Kontrolle keine signifikant größere Sterblichkeit auf. Der letale Effekt der Characeen geht von keinem chem. Agens aus. Vff. machen hierfür die Sauerstoffproduktion verantwortlich, indem entweder die erhöhte O_2-Spannung direkt ungünstig wirkt oder die Nahrung durch feinste Gasblasen für die Larven nicht mehr ausnutzbar ist. W. v. Tümpling. 6135.

3-64/06-9086 Gilbert, John J. Contact chemoreception, mating behaviour, and sexual isolation in the rotifer genus Brachionus. **(Kontakt-Chemorezeption, Reifungsverhalten und sexuelle Isolation bei der Rotatoriengattung Brachionus.)** J. exp. Biol. **40** (1963) Nr. 4. S. 625–641. — 3 Abb., 1 Tab. 6135.

3-64/06-9087 Mišík, V. Desať rokov jestvovania Oravskej nádrže. **(Zehn Jahre des Bestehens der Orava-Talsperre.)** Pol'ovníctvo Rybárstvo **15** (1963) Nr. 8. S. 14–15. — 1 Abb., 3 Tab.

Durch verspätete und unzweckmäßige Besatz- und Bewirtschaftungsmaßnahmen vermehrten sich hauptsächlich wertlosere Fischarten. Der Fang mit der Angel muß durch den Einsatz von Netzen ergänzt werden. Im achtjährigen Durchschnitt betrug der jährl. Ertrag nur 2,5 kg/ha. ČSSR/ÚVTI. 6138.

3-64/06-9088 Weber, Gertraut; Wien, Univ., Hyg. Inst. **Chemisch-bakteriologische Untersuchungen an einem Trinkwasserstau und staunahem Grundwasser.** Wasser u. Abwasser [Wien] **1961** Zur Limnol. der Speicherseen u. Flußstaue S. 267–277. — 3 Abb., 4 Lit.

Die am Beispiel des derzeit größten österreichischen Oberflächenwasserwerkes am Wienerwaldsee gesammelten Erfahrungen werden mitgeteilt. Bei der Aufbereitung des Wassers zu Trinkzwecken lagen ähnliche Bedingungen vor wie bei Flußwasserentnahmen mit starken Schwankungen der Wasserbeschaffenheit. Einige allg. -gültige Hinweise zur Anlage kleinerer Trinkwasserspeicher werden zur Diskussion gestellt. Die Beeinflussung von staunahem Grundwasser durch einen Flußstau wurde als Folge des Donaustaues Ybbs-Persenburg beobachtet und an der Wasserversorgung der Stadt Ybbs/Donau demonstriert. Nach Staubeginn änderte sich zunächst hauptsächlich die chem. Beschaffenheit des Wassers, die Härte nahm ab, der Ammoniumgehalt und $KMnO_4$-Verbrauch stiegen an. Nach ca. einem Jahr kam es zur massenhaften Ausbildung von Mikrobenvegetationen, gleichzeitig traten größere Mengen an Eisen und Mangan auf. Zur Vernichtung der Mikroorganismen wurden eine Chlordioxydanlage errichtet, während Eisen und Mangan in üblicher Weise entfernt wurden. D. Nehring. 6138.

3-64/06-9089 Smirnov, N. N.; Borok, Acad. of Sci. of the USSR, Inst. of Biol. of Water Reservoirs. On inshore Cladocera of the Volga water reservoirs. **(Über die Crustaceen des Litorals der Wolga-Stauseen.)** Hydrobiologia [Den Haag] **21** (1963) Nr. 1/2. S. 166–176. – 6 Tab., 41 Lit.

Vf. untersuchte die Chydoriden-, Sididen und Macrothriciden der Wolga in 696 Proben von 185 Stationen des Litorals mit weniger als 1 m Wassertiefe. Er fand insgesamt 34 Chydoriden-, 10 Macrothriciden- und 4 Sididenarten, darunter sämtliche Arten, die schon Behning (1924) aus der Wolga beschrieb. Die höchsten Individuenzahlen unter einem m^2 Wasseroberfläche wurden für 4 Arten mit 420000–1400000 Individuen/m^2 bestimmt. Bes. hohe Besiedlungsdichten treten innerhalb des Makrophytenbestandes auf, hier wurde die 10fache Biomasse an Cladoceren angetroffen im Vergleich zu unbewachsenen Ufern. Ebenso unterschiedlich ist auch die artenmäßige Zusammensetzung der Besiedlung verschiedener Substrate. Die Ergebnisse werden in ausführlichen Tab. dargestellt. W. v. Tümpling. 6138.

3-64/06-9090 Glazačeva, L. Zimnij termičeskij režim nekotorych vodoemov Latvijskoj SSR. **(Die winterlichen Temperaturverhältnisse in einigen Gewässern der Lettischen SSR.)** Izvestija Akademii nauk Latvijskoj SSR, Riga **1963** Nr. 4. S. 107–112. – 3 Abb., 2 Tab., 9 Lit. Orig.: russ., Ausz.: engl.

In kleinen Teichen der Lettischen SSR haben sich die Temperaturverhältnisse 1,5–2 Mon. nach dem Zufrieren stabilisiert. Die ungünstigsten Temperaturverhältnisse stellen sich jedoch in kalten Wintern erst in der zweiten Hälfte des Winters ein. In zugefrorenen Seen und großen Teichen nimmt die Wassertemperatur während des gesamten Winters zu, wobei der Grad der Erwärmung von der Tiefe des Gewässers, von der Strömung und der Dauer des Zeitraumes zwischen der herbstlichen Abkühlung und dem Zufrieren abhängt. Die höchste Wassertemperatur wird gegen Ende des Winters mit 4,5–5,0 °C erreicht. H.-W. Hattop. 6140.

3-64/06-9091 Livingstone, D. A. und Boykin, J. C. Vertical distribution of phosphorus in Linsley Pond mud. **(Die vertikale Verteilung von Phosphor im Schlamm des Linsley Pond.)** Limnol. and Oceanogr. **7** (1962) Nr. 1. S. 57 bis 62. – 4 Abb., 20 Lit.

Vff. führten saure Extraktionen, Digerierungen und Wasserverdünnungsversuche mit den Schlammsedimenten des Linsley Pond in Connecticut durch. Es wurde gefunden, daß im unteren Drittel der Sedimente große Mengen an Phosphaten vorhanden sind. Vff. vermuten, daß der Phosphor hauptsächlich durch Adsorption gebunden wird. Die Produktivität eines Gewässers wird allg. bestimmt durch das Ausmaß dieser Sorptionsreaktionen an der Oberflächenschlammschicht. Sie ist umgekehrt proportional der Adsorptionskapazität des Schlammes, und sie ist direkt proportional der gesamten Ionenaktivität des Wassers. Eine Extraktion von Phosphaten konnte nur durch Salzsäure oder Salpetersäure-Perchlorsäure-Mischung, nicht dagegen durch Wasser, erreicht werden. D. Nehring. 6140.

3-64/06-9092 Parnas, I. und Spiegelstein, M.; Jerusalem, Univ. Effect of illumination on ichthyotoxic activity of Prymnesium parvum Carter, in an axenic culture and in fish ponds. **(Der Einfluß des Lichtes auf die ichthyotoxische Aktivität bei Prymnesium parvum in Reinkultur und in Teichen.)** Bamidgeh, Bull. Fish Cult. Israel **15** (1963) Nr. 2/3. S. 50–59. – 6 Abb., 3 Tab., 13 Lit.

Es war der Lichteinfluß auf die Giftbildung in der Zelle und auf die ichthyotoxische Aktivität in natürlicher Umwelt zu prüfen. Dabei wurde der Lichteinfluß auf Algenkulturen im Lab. und im Teich untersucht. Der Giftstoff ist lichtempfindlich und wird im Bereich des sichtbaren Lichtes bis 520 nm Wellenlänge und im ultravioletten Licht zerstört. Im Teich wächst die Alge am besten in 40 cm Tiefe, an der Oberfläche wächst sie nicht. Anscheinend liegt der Bereich, in dem *Prymnesium* im Teich gedeiht und der Giftstoff freigegeben wird, bei 40–60 cm Tiefe. G. Merla. 6140.

3-64/06-9093 Orrell, Russell F. und Klinkhart, Edward. Stream catalog of Southeastern Alaska Regulatory District No. 2. **(Fließgewässerkatalog des südöstlichen Alaska Regulatory District No. 2.)** U. S. Dep. Interior, Fish Wildlife Serv., spec. sci. Rep. **1963** Nr. 453. S. 1–185. — Abb., Tab. 6145.

3-64/06-9094 Wagner, Gustav; Langenargen/Bodensee, Inst. für Seenforsch. und Seenbewirtsch. **Quantitative Schwebstoffmessungen auf der Elbe.** Wasserwirtschaft **52** (1962) Nr. 7. S. 191–196. — 5 Abb., 9 Tab., 11 Lit.

Die größte Verschmutzung der Elbe fällt in das Gebiet Coswig, Muldemündung bis Magdeburg. Der Schwebstoffgehalt betrug während des Untersuchungszeitraums (Nov. 1959, Mai, Aug., Nov. 1960) max. 130 mg/l, und die Fracht erreichte im am stärksten verunreinigten Gebiet 6500 t/Tag. Bei stark steigendem Wasserstand nimmt der Schwebstoffgehalt zu. Ähnlich verhält sich die Verglühbarkeit der Stoffe. Bei hohen Wasserständen liegen die prozentualen Glührückstände wegen vermehrter Beimischung anorg. Teilchen wesentlich über denen, die bei Niedrigwasser angetroffen werden.
M.-L. Albrecht. 6145.

3-64/06-9095 Dorris, Troy C. und Copeland, B. J.; Stillwater, Oklahoma State Univ. Limnology of the middle Mississippi River. III. Mayfly populations in relation to navigation water-level control. **(Limnologie des mittleren Mississippi. 3. Mitt. Die Beeinflussung von Ephemeriden-Populationen durch Wasserstandsregulierungen für die Schiffahrt.)** Limnol. and Oceanogr. **7** (1962) Nr. 2. S. 240–247. — 13 Abb., 2 Tab., 3 Lit.

In einer isolierten Nebenfahrt des Mississippi wurden Larvenpopulationen von *Hexagenia rigida* untersucht. Die Eiablage der Imagines konzentrierte sich auf das obere Ende der Nebenfahrt. Hier waren auch die Larven am häufigsten; sie wanderten aber vor dem Schlupf weiter abwärts. Nach einem Winter, in dem der Wasserstand 6 Wochen lang um 4 ft gesenkt worden war, waren die Larvenzahlen an allen Untersuchungsstellen verringert. Populationen in Ufernähe wurden mehr in Mitleidenschaft gezogen als solche in tieferem Wasser. D. Barthelmes. 6145.

3-64/06-9096 Dorris, Troy C., Copeland, B. J. und Lauer, Gerald J.; Stillwater, Oklahoma State Univ.; Atlanta, Ga., U. S. Public Health Serv. Limnology of the middle Mississippi River. IV. Physical and chemical limnology of river and chute. **(Limnologie des mittleren Mississippi. 4. Mitt. Physikalische und chemische Daten des Flusses und seiner Stromschnelle.)** Limnol. and Oceanogr. **8** (1963) Nr. 1. S. 79–88. — 8 Abb., 2 Tab., 6 Lit. 3. Mitt. vgl. vorst. Ref.

Von Nov. 1954–Jan. 1956 wurden wöchentlich Untersuchungen zur Ermittlung verschiedener limnologischer Faktoren im Mississippi und an der Cottonwood-Stromschnelle durchgeführt. Bes. Beachtung wurde der Wassertemperatur, der Eisbedeckung, der Strömungsgeschwindigkeit, der Turbulenz, der Farbe, der Alkalinität, dem pH-Wert, dem CO_2-Gehalt, der O_2-Konzentration, den Ablagerungsprodukten, dem Gesamtsalzgehalt, der org. Belastung, der Primärproduktion und der Atmung geschenkt. Die Strömungsgeschwindigkeit übte einen starken Einfluß auf die meisten anderen Faktoren aus. Perioden hoher Strömungsgeschwindigkeit wurden i. allg. begleitet von einem Anstieg des CO_2- und Gesamtsalzgehaltes. Ferner sanken die Wassertemperaturen, die O_2-Konzentration und die Primärproduktion. Entgegengesetzte Erscheinungen wurden in Perioden niedriger Strömungsgeschwindigkeit beobachtet. D. Nehring. 6145.

3-64/06-9097 Chutter, F. M.; Pretoria, Nat. Inst. for Water Res. Hydrobiological studies on the Vaal River in the Vereeniging area. Part I. Introduction, water chemistry and biological studies on the fauna of habitats other than muddy bottom sediments. **(Hydrobiologische Untersuchungen über den Vaal-Fluß im Gebiet von Vereeniging. 1. Mitt. Einführung, Wasserchemie und biologische Studien über die Fauna ohne die Besiedlung des Schlammbodens.)** Hydrobiologia [Den Haag] **21** (1963) Nr. 1/2. S. 1–65. – 4 Abb., 26 Tab., 10 Lit.

Der Vaal-Fluß erhält durch den großen Stausee bei Vereeniging eine gleichmäßige Wasserführung. 40 km unterhalb der Stadt wird der Fluß um 7,3 m aufgestaut, um dadurch 64 km einen gleichmäßigen Wasserstand zu erhalten. Durch die Industrie an den Nebenflüssen wird der Fluß nur mineralisch belastet, was im kanalisierten Teil zur Ausflockung der Schwebstoffe führt. Die Makroflora der 15 Untersuchungsstationen wird beschrieben, ebenso die Fauna der verschiedenen Habitate, die eindeutig voneinander unterscheidbare Assoziationen darstellen. Bes. deutlich ist der Einfluß der Wasserführung und Fließgeschwindigkeit sowie des Algenwachstums auf die Fauna im kanalisierten Flußabschnitt zu erkennen. Darüberhinaus bildet sich im unteren Teil ein echtes Plankton aus, das auf die Fauna unterhalb der Staustelle auf eine Länge von 8 km Flußlauf einen Einfluß zeigt (Filtrierer). Die Verbreitung einzelner Arten und ihr Jahreszyklus werden diskutiert.

W. v. Tümpling. 6145.

3-64/06-9098 Harrison, A. D., Keller, P. und Lombard, W. A.; Pretoria, Nat. Inst. for Water Res. Hydrobiological studies on the Vaal River in the Vereeniging area. Part 2. The chemistry, bacteriology and invertebrates of the bottom muds. **(Hydrobiologische Untersuchungen über den Vaal-Fluß im Gebiet von Vereeniging. 2. Mitt. Chemismus, Bakteriologie und die Wirbellosen des Bodenschlammes.)** Hydrobiologia [Den Haag] **21** (1963) Nr. 1/2. S. 66–89. – 10 Abb., 7 Tab., 6 Lit. 1. Mitt. vgl. vorst. Ref.

Von 10 Stationen des kanalisierten Flusses wurden im Schlamm der org. gebundene Stickstoff und Kohlenstoff, „freies Eisenoxyd", Kupfer sowie die Menge der chloroform-extrahierbaren Stoffe bestimmt. Die Ergebnisse zeigen, daß 2 Nebenflüsse außer der mineralischen Belastung auch nach abgeschlossener Selbstreinigung org. Substanz als „Drift" mitsichführen, die sich im kanalisierten Fluß absetzt und der anaeroben Zersetzung zufällt. Ein weiterer Nebenfluß bringt bedeutende Mengen Eisen und Kupfer in das Sediment des Vaal-Flusses. Auch die Analysen des interstitiellen Schlammwassers werden mitgeteilt. Die Keimzahl (Agar, 48 h bei 37 °C und 96 h bei 20 °C) steigt im Laufe des kanalisierten Flusses von 4 Mill./g Tr.-Subst. auf ca. 20 Mill./g Tr.-Subst., um dann wieder auf ca. 6 Mill./g Tr.-Subst. abzusinken. Außerdem wird die Zahl der Laktosevergärer, Denitrifikanten, Sulfatreduzenten und der citratabbauenden Formen bestimmt. Das Makrobenthos setzt sich hauptsächlich aus Oligochaeten und Nematoden zusammen. Infolge des feinen, tonigen Sedimentes ist das Makrobenthos sehr spärlich. Ein Zusammenhang zwischen den einzelnen Untersuchungsergebnissen ist nur darin festzustellen, daß das Makrobenthos durch die Verunreinigung mit Kupfer und Mineralöl stark vermindert wird, und hohe Sulfidgehalte ein Überwiegen der Oligochaeten zur Folge haben. W. v. Tümpling. 6145.

3-64/06-9099 Waters, Thomas F.; Minnesota, Univ. Diurnal periodicity in the drift of stream invertebrates. **(Die täglichen Veränderungen in der Drift niederer Bachtiere.)** Ecology **43** (1962) Nr. 2. S. 316–320. – 7 Abb., 11 Lit.

Die Driftmenge wurde in 24stündigen Serien jeweils im Aug., Okt., Febr. und Mai im Valley Creek, Minnesota, einem kleinen kalkhaltigen Quellbach, in dem Bachsaiblinge (*Salvelinus fontinalis*) leben, gemessen. Die Probenentnahmestelle befand sich in der Bachmitte am Ende einer Schnelle. Hier betrug die Breite ca. 3 m, die Tiefe 10 cm und die Oberflächenströmung ca. 90 cm/s. Die Fangnetze aus Nitex hatten eine Öffnung von ca. 930 cm² und eine Länge von 90 cm. Gewöhnlich war eine starke Zunahme der Driftmenge bis zu 1 h nach Sonnenuntergang zu verzeichnen. Während der Nacht ging sie zurück und blieb auch am Tage gering. In manchen Fällen entstand in der Nacht ein 2. Maximum, das wahrscheinlich durch den Einfluß des Mondlichtes bedingt war. Bei aktiv freischwimmenden Organismen wie *Gammarus limnaeus* und *Baetis vagans* wurde dieser Rhythmus meist streng eingehalten. *Glossosoma intermedium*, eine einen Steinköcher tragende Trichopterenlarve, zeigte ähnliche Unterschiede in der Driftmenge, war jedoch in den Driftproben stets nur ohne Köcher vorhanden. *Simulium* zeigte dagegen keine tageszeitliche Periodizität. Bei allen Arten war die Driftmenge im Sommer höher als im Winter. M.-L. Albrecht. 6145.

3-64/06-9100 Bauer, Werner; Saßnitz, Zweigstelle für Ostseefischerei des Inst. für Fischerei der Dtsch. Akad. der Landwirtsch.-Wiss. zu Berlin. **Hydrographische Beobachtungen im Kleinen Haff und seinen Nebengewässern in den Jahren 1958–1960.** Z. Fischerei Hilfswiss. [N. F.] **11** (1963) Nr. 7/8. S. 563 bis 570. — 1 Abb., 1 Tab., 13 Lit.

Es wird auf die Größe des Oder-Haffes, auf die Wasserstandsveränderungen im Haff und die Gründe, die für diese Veränderungen verantwortlich sind, eingegangen. Dann werden die Schwankungen des Salzgehaltes, der Temperatur, des Sauerstoffgehaltes und der pH-Werte im Jahreszyklus geschildert. Die Phenoluntersuchungen im Großen Haff, die von der Sanitär-Epidemologischen Station in Szczecin im Jahre 1958 durchgeführt wurden, werden unseren Phenoluntersuchungen der Jahre 1958–1960 gegenübergestellt. Abschließend wird auf die gemeinsamen deutsch-polnischen Arbeiten im Kleinen Haff hingewiesen. W. Bauer. 6148.

3-64/06-9101 Jeffries, Harry P.; Kingston, Rhode Island, Univ. Environmental characteristics of Raritan Bay, a polluted estuary. **(Milieucharakteristiken der Raritan Bay, einer verschmutzten Flußmündung.)** Limnol. and Oceanogr. **7** (1962) Nr. 1. S. 21–31. — 5 Abb., 3 Tab., 37 Lit.

Während eines Zeitraumes von 16 Mon. wurden Temperatur, Salzgehalt, gelöster Sauerstoff, PO_4-P und NO_3-N in der Raritan Bay, N. I., ermittelt. Nach einer Beschreibung der örtlichen Gegebenheiten und der Strömungsverhältnisse werden die phys. und chem. Untersuchungen näher behandelt. Der Gehalt an gelöstem O_2 war im Oberflächen- und Tiefenwasser im Aug. am niedrigsten und während des Winters am höchsten. Nitrat wird hauptsächlich durch den Fluß in die Bay gebracht. Während des Frühlings und Sommers steigt der PO_4-Gehalt, während die Nitratkonzentration absinkt. Der Nährstoffgehalt entstammt teils natürlichen Quellen, teils häuslichen Abwässern. Die erhaltenen Resultate wurden durch Arbeiten an einer städtischen Hauptkläranlage beeinflußt. Nährstoffreichtum und langsame Zirkulation verursachen eine intensive Planktonvegetation in der Bay.

D. Nehring. 6148.

3-64/06-9102 Bumpus, Dean F.; Woods Hole, Mass., Woods Hole Oceanographic Instn. Drift bottle records for the Gulf of Maine, Georges Bank and Bay of Fundy, 1956–58. **(Driftflaschenrückmeldungen für Golf von Maine, Georges Bank und Bay of Fundy 1956–1958.)** U. S. Dep. Interior, Fish Wildlife Serv., spec. sci. Rep. **1961** Nr. 378. S. 1–127. — 24 Abb., 100 Tab., 5 Lit.

Die dargestellten Driftflaschendaten sind das Ergebnis ausgedehnter Studien in Zusammenarbeit von US Fish and Wildlife Service, Fisheries Research Board of Canada und Woods Hole Oceanographic Instn. Die Flaschen wurden nicht nur auf Untersuchungsfahrten ausgesetzt, sondern auch von Feuerschiffen. Die Wege der Flaschen sind auf Karten eingetragen. Die Tab. enthalten alle Rückmeldungen bis zum 31. Aug. 1960. Diagramme der Oberflächenströmungen, wie sie aus den Rückmeldungen hervorgingen, werden mitgeteilt. J. Waldmann. 6150.

3-64/06-9103 Johnson, James H.; San Diego, Calif., Bureau of Commercial Fisheries. Sea surface temperature monthly average and anomaly charts Northeastern Pacific Ocean, 1947–58. **(Karten der Monatsdurchschnitte und Anomalien der Meeresoberflächentemperatur im nordöstlichen Pazifik 1947 bis 58.)** U. S. Dep. Interior, Fish Wildlife Serv., spec. sci. Rep. **1961** Nr. 385. S. 1–56. – 156 Abb., 9 Lit.
Die Oberflächentemperaturen im Gebiet zwischen der Westküste Nordamerikas und 150° W und 20° N bis 54° N und die Temperaturwerte von 4 Küstenstationen längs der Westküste werden mitgeteilt. Der I. Teil enthält 12 monatl. Durchschnittskarten aus den Werten von 1947–58, der Teil II besteht aus 144 monatl. Anomaliekarten, die von den Mittelwerten abgeleitet wurden. Es ist der Zweck der Karten, der Fischwirtschaft Informationen zu geben, da die Verbreitung der Thune im östlichen Pazifik durch die Oberflächentemperaturen des Meeres beeinflußt wird. J. Waldmann. 6150.

3-64/06-9104 Renner, James A. Sea surface temperature monthly average and anomaly charts Eastern tropical Pacific Ocean, 1947–1958. **(Karten der Monatsdurchschnitte und Anomalien der Meeresoberflächentemperatur im östlichen tropischen Pazifik 1947–1958.)** U. S. Dep. Interior, Fish Wildlife Serv., spec. sci. Rep. **1963** Nr. 442. S. 1–57. – Abb., 1 Tab., 5 Lit. Vgl. vorst. Ref. 6150.

3-64/06-9105 Day, C. Godfrey. Oceanographic observations 1960 East Coast of the United States. **(Ozeanographische Beobachtungen 1960 an der Ostküste der USA.)** U. S. Dep. Interior, Fish Wildlife Serv., spec. sci. Rep. **1963** Nr. 406. S. 1–59. – 19 Abb., 19 Tab., 9 Lit. 6150.

3-64/06-9106 Graham, Joseph J. und Craig, William L.; Honolulu, Bureau of Commercial Fisheries.; California Dep. of Fish aod Game. Oceanographic observations made during a cooperative survey of albacore (Thunnus germo) off the North American West Coast in 1959. **(Ozeanographische Beobachtungen während einer kooperativen Untersuchung von Thunnus germo vor der nordamerikanischen Westküste 1959.)** U. S. Dep. Interior, Fish Wildlife Serv., spec. sci. Rep. **1961** Nr. 386. S. 1–31. – 4 Abb., 7 Tab., 11 Lit.
Der Erfolg der Sommerfischerei auf Albacore (*Thunnus germo*) hängt teilweise davon ab, in welchem Maße die Fischer die Fischkonzentrationen zu Beginn der Saison ausfindig machen können. Aus dem Grunde wurde die Vorsaison-Untersuchung der Albacore-Fischgründe durchgeführt, um die Wanderwege in die Gewässer der Westküste und die Gebiete der fangwürdigen Konzentrationen zu erfassen. Der vorliegende Bericht enthält die meteorologischen, phys.-ozeanografischen und biol. Daten und beschreibt die angewendeten Arbeitsmethoden. Die Ergebnisse der Versuchsfischerei sind Gegenstand eines anderen Berichts. J. Waldmann. 6150.

3-64/06-9107 Menzel, David W. und Spaeth, Jane P.; Bermuda, Biol. Stat. Occurrence of ammonia in Sargasso Sea waters and in rain water at Bermuda. **(Vorkommen von Ammonium im Sargasso-Meerwasser und im Regenwasser auf den Bermudas.)** Limnol. and Oceanogr. **7** (1962) Nr. 2. S. 159–162. – 4 Abb., 3 Tab., 4 Lit.
Vff. beobachteten den Gehalt an Ammonium-Stickstoff im Sargasso-Meer in Wassertiefen von 1–2600 m und im Regenwasser auf den Bermudas während eines Jahrescyclus. Es wird gezeigt, daß NH_4-N in den oberen Wasserschichten stets in deutlich größeren Konzentrationen vorkommt als der NO_3-N. Mit zunehmender Wassertiefe, ca. ab 100 m, sinkt dann der NH_4-Gehalt, während der Nitratgehalt ansteigt. Der NH_4-Gehalt im Regenwasser liegt im Mittel

bei 4,97 μg/l. In den einzelnen Mon. können jedoch starke Schwankungen um diesen Wert auftreten. Die Schwankungen des NH_4-N im Regenwasser in den einzelnen Mon. gehen etwa parallel mit den Schwankungen des NH_4-Gehalts im Oberflächenwasser des Sargasso-Meeres, so daß hier sicherlich bestimmte Zusammenhänge bestehen. D. Nehring. 6150.

3-64/06-9108 Chave, Keith E.; Lehigh, Univ. Factors influencing the mineralogy of carbonate sediments. **(Faktoren, die die Mineralogie von Karbonatablagerungen beeinflussen.)** Limnol. and Oceanogr. **7** (1962) Nr. 2. S. 218–223. – 2 Abb., 7 Tab., 11 Lit.

An den Karbonatablagerungen der Campeche Bank und der Bermuda-Inseln wurden röntgenographische Untersuchungen vorgenommen. Diese Sedimente werden durch phys. Einflüsse und durch teilweise Auflösung der leichter löslichen Skelettelemente beeinflußt. Riffablagerungen weisen den höchsten Gehalt an magnesiumreichen Calcit auf, was hauptsächlich auf Korallenalgen wie *Lithothamnium* zurückzuführen ist. Lagunenablagerungen enthalten hauptsächlich Aragonit. Die Karbonate der Schelfgewässer, des kontinentalen Abfalls und des Tiefenwassers enthalten viel magnesiumarmen Calcit, was auf planktische Foraminiferen und Algen zurückzuführen ist. Durch nicht biol. Einwirkung findet eine Zerstörung der Ablagerungen statt, wobei Partikel der verschiedensten Größe gebildet werden. Es scheint, als ob aus den feinkörnigen Sedimentfraktionen die leichter löslichen Anteile herausgelöst werden. D. Nehring. 6150.

3-64/06-9109 Littlepage, Jack L. und Pearse, John S.; Stanford, Calif., Univ. Biological and oceanographic observations under an Antarctic ice shelf. **(Biologische und ozeanographische Beobachtungen unter einem antarktischen Eisschelf.)** Science [Washington] **137** (1962) Nr. 3531. S. 679–680. — 1 Abb., 2 Tab., 6 Lit.

Mittels Bodengreiferproben durch Risse in dem ständigen Schelfeis der Roß-See wurde unter dem Eisgürtel tierisches Leben festgestellt. Unter großen Teilen des Eises fehlen Pflanzen infolge völliger Dunkelheit. Auf Schlick- und Felsboden wurde eine Fauna festgestellt, die mindestens neun Tierstämme umfaßt. Diese Fauna unterscheidet sich wenig von derjenigen nahegelegener Meeresteile, die periodisch von einer Eisdecke von 2–3 m Dicke bedeckt sind. Die häufigsten Arten waren u. a. *Orchomenella proxima, Limatula hodgsoni, Odontaster validus* und *Lineus corrugatus.* J. Waldmann. 6150.

3-64/06-9110 Hulburt, Edward M. und Rodman, Janet; Woods Hole, Mass., Wodds Hole Oceanographic Instn. Distribution of phytoplankton species with respect to salinity between the coast of Southern New England and Bermuda. **(Verteilung von Phytoplanktonarten unter Berücksichtigung des Salzgehaltes zwischen dem südlichen Neu-England und den Bermudas.)** Limnol. and Oceanogr. 8 (1963) Nr. 2. S. 263–269. — 2 Abb., 3 Tab., 16 Lit.

Vff. untersuchten in dem angegebenen Bereich mit Salzgehaltsschwankungen zwischen 31,68‰ und 36,53‰ das vertretene Phytoplankton. Dabei zeigte sich, daß 56 Arten niedrigeren Salzgehalt bevorzugten. Unter diesen waren Diatomeen zahlreicher als Dinoflagellaten und Coccolithophoriden vertreten. 31 Arten wurden nur bei einem Salzgehalt von über 34,5‰ beobachtet, darunter mehr Coccolithophoriden als Dinoflagellaten und fast soviel Kalkflagellaten wie Diatomeen. Bei Vegetationsfärbungen können neritische Diatomeen in Lebensräumen mit über 34,5‰ Salzgehalt vorkommen. Bei den Bermudas scheinen neritische Formen durch vorhandenes Eisen, Silikat und Vitamin B_{12} begünstigt zu sein. M. Schlüter. 6150.

3-64/06-9111 Curl jun., Herbert und McLeod, Guy C.; Woods Hole, Mass., Woods Hole Oceanographic Instn. The physiological ecology of a marine diatom, Skeletonema costatum (Grev.) Cleve. **(Die physiologische Ökologie**

der marinen Diatomee Skeletonema costatum.) J. Marine Res. **19** (1961) Nr. 2. S. 70–88. — 7 Abb., 6 Tab., 25 Lit.

Die marine Planktondiatomee *Skeletonema costatum* wurde kultiviert, und ihre Ansprüche bezüglich Licht, Temperatur, Salzgehalt, Phosphor- und Stickstoffkonzentration sowie Wachstum und Photosynthese wurden einzeln und gleichzeitig geprüft. Der Salzgehaltsbereich lag zwischen 5 und 45‰, die obere Temperaturgrenze zwischen 37° und 40°C. Die experimentellen Ergebnisse zeigten, daß *S. costatum* eine hohe Photosyntheserate und schnelle Zellteilungen im späten Sommer und frühen Winter auf dem Kontinentalschelf haben muß. Obwohl die Diatomee auch in Küstenferne gut wachsen müßte, tut sie es nicht. Aus dieser Tatsache kann geschlossen werden, daß ein unbekannter Faktor das Wachstum dort begrenzt. J. Waldmann. 6150.

3-64/06-9112 Saz, Arthur K., Watson, Stanley, Brown, Sarah R. und Lowery, Dolores L. Antimicrobial activity of marine waters. I. Macromolecular nature of antistaphylococcal factor. **(Antimikrobielle Aktivität von Meerwasser. 1. Mitt. Die makromolekulare Beschaffenheit eines Antistaphylococcus-Faktors.)** Limnol. and Oceanogr. **8** (1963) Nr. 1. S. 63–67. — 2 Abb., 1 Tab., 9 Lit.

Im Zusammenhang mit dem Einleiten von Abwasser in das Meer untersuchten Vff. die bakteriziden Eigenschaften des Meerwassers *Staphylococcus aureus* und *Escherichia coli* gegenüber. Es wurde eine schnelle bakterizide Wirkung des Meerwasser sowohl penicillinsensitiven als auch -resistenten *Staphylococcus-aureus*-Stämmen gegenüber beobachtet, dagegen wurde *Escherichia coli* nicht signifikant beeinflußt. Als aktiver Faktor wurde ein nicht dialysierbarer, gegen Autoklavieren labiler Bestandteil mit einem Molekulargewicht der Größenordnung 10000 festgestellt. Die Ergebnisse, die einen deutlichen Unterschied in der Empfindlichkeit zwischen grampositiven und -negativen Organismen zeigten, könnten damit in Zusammenhang gebracht werden, daß im Meer gramnegative Bakterien vorherrschen. M. Schlüter. 6150.

3-64/06-9113 McLaughlin, Patsy A. Survey of the benthic invertebrate fauna of the Eastern Bering Sea. **(Übersicht über die benthische Wirbellosenfauna der östlichen Bering-See.)** U.S. Dep. Interior, Fish Wildlife Serv., spec. sci. Rep. **1963** Nr. 401. S. 1–75. — 13 Abb., Lit. 6150.

3-64/06-9114 Mayes, P. A.; London, Roy. Veterin. Coll. Comparative investigations of the euryhaline character of Littorina and the possible relationship to intertidal zonation. **(Vergleichende Untersuchungen über den euryhalinen Charakter von Littorina und die mögliche Beziehung zur Verteilung in der Gezeitenzone.)** Nature [London] **195** (1962) Nr. 4848. S. 1269–1270. — 1 Abb., 10 Lit.

Littorina neretoides, *L. saxatilis*, *L. littorea* und *L. littoralis* wurden in Gruppen von je 7 Tieren an Seewasser mit 35,5‰ Salzgehalt 24 h lang angepaßt. Nach mehrtägiger Überführung in 50%iges oder 200%iges Seewasser (normales Seewasser + 35,5 g NaCl/l) ist jeweils die Massenänderung festgestellt worden. Im 50%igen Seewasser blieb *L. neretoides* im Gegensatz zu den anderen Arten in die Schale zurückgezogen; ihre Anpassungszeit an den erniedrigten Salzgehalt war sehr variabel. Die anderen Arten waren sofort aktiv, ihre Masse nahm zu und ihre Gewebe schwollen an. Im 200%igen Seewasser zogen sich alle in ihre Schalen zurück und verloren an Masse. Lediglich *L. neretoides* reagierte auch hier wieder langsamer. Rückführung in normales Seewasser bewirkte die zu erwartenden Massenänderungen. Nur die eine Art blieb nach Aufenthalt in 50%igem Seewasser merklich unter der Normalmasse bzw. zeigte nach 200%igem eine bemerkenswerte Massenzunahme. Die Euryhalinität der Littorinen wird durch das Fehlen eines osmoregulatorischen Mechanismus begrenzt. *L. neretoides* scheint den Salzgehaltsänderungen am besten zu widerstehen. Zwischen dieser und *L. saxatilis* ist ein deutlicher Unterschied in ihrer Verteilung in der Tidenzone zu erkennen. Erstere reicht in der Spritzzone mehr als 30 cm höher hinauf als letztere. M. Hegemann. 6150.

3-64/06-9115 Urban, Emil K.; Madison, Univ. of Wisconsin. Remarks on the taxonomy and intertidal distribution of Littorina in the San Juan Archipelago, Washington. **(Bemerkungen über Taxionomie und Intertiden-Verteilung von Littorina im San-Juan-Archipel [Washington].)** Ecology **43** (1962) Nr. 2. S. 320–323. — 2 Abb., 8 Lit.
Alle *Littorina*-Exemplare wurden an 4 Orten im San-Juan-Archipel und einem Gebiet der offenen Küste von Vancouver Island gesammelt. Nur *L. sitkana* und *L. scutulata* kamen in der Intertidenregion der Untersuchungsgebiete vor. In der vertikalen Verteilung der beiden Arten innerhalb der Intertidenzone bestanden große Verschiedenheiten. Trotz der großen Variation in der Verbreitung der beiden Arten war *L. scutulata* allg. häufiger, jedoch nirgends eindeutig dominant. J. Waldmann. 6150.

3-64/06-9116 Prakash, A.; St. Andrews, New Brunswick, Fisheries' Res. Board of Canada. Source of paralytic shellfish toxin in the Bay of Fundy. **(Herkunft des paralytischen Muschelgiftes in der Fundy-Bucht.)** J. Fisheries Res. Board Canada **20** (1963) Nr. 4. S. 983–996. — 5 Abb., 5 Tab., 27 Lit.
Die jahreszeitl. Schwankungen der Giftigkeit der Muscheln in der Fundy-Bucht gingen mit der Entwicklung des marinen Dinoflagellaten *Gonyaulax tamarensis* parallel. In den Mon. Juni-Aug. herrschte die durch *G. tamarensis* hervorgerufene Planktonblüte und gleichzeitig auch die höchste Toxizität der Muscheln im genannten Gebiet. Der Zusammenhang ist experimentell mit Algenmonokulturen bewiesen worden. Der Dinoflagellat ist im Nordatlantik weit verbreitet und besitzt neben den toxischen auch ungiftige Rassen. M. Hegemann. 6150.

3-64/06-9117 Bowman, Thomas E.; Washington, Smithonian Instn. The copepod genus Acartia in Chesapeake Bay. **(Die Copepodengattung Acartia in der Chesapeake Bay.)** Chesapeake Sci. **2** (1961) Nr. 3/4. S. 206–207. — 13 Lit.
In einer Studie über die pelagischen Copepoden der Cheasapeake Bay, deren Material in den Jahren 1915/16 und 1920/21 gesammelt worden war, hatte Wilson die Arten *Acartia clausii* und *A. longiremis* als vorherrschend erklärt. Spätere Untersucher hatten die Art *A. tonsa* als häufigste gefunden. Eine Nachbestimmung der Proben Wilsons ergab, daß es sich fast ausschließlich um *A. tonsa* gehandelt hatte. Eine Diskussion um den Wechsel in der Artenbesiedlung entfällt, da das Problem durch einen Fehler in der Artenbestimmung entstanden war. Eine Zusammenfassung der bekannten Verbreitung der drei *Acartia*-Arten längs der NO-Küste der USA wird mitgeteilt. J. Waldmann. 6150.

3-64/06-9118 Glynn, Peter W.; Pacific Grove, Calif., Stanford Univ. The irst recorded mass stranding of pelagic red crabs, Pleuroncodes planipes, àt Monterey Bay, California, since 1859, with notes on their biology. **(Der erste Bericht über eine Massenstrandung von Pleuroncodes planipes bei Monterey Bay, Kalifornien, seit 1859, mit Bemerkungen über ihre Biologie.)** Calif. Fish and Game **47** (1961) Nr. 1. S. 97–101. — 1 Abb., 1 Tab., 6 Lit.
Am 12. und 13. Jan. 1961 wurden am Monterey-Strand (36° 36′ 06″ N; 121° 53′ 24″ W) 30-40000 pelagischer roter Krabben der Art *Pleurocondes planipes* angespült. 101 Jahre früher soll im März auf der Monterey-Halbinsel ein ähnliches Phänomen beobachtet worden sein. Dieses Massenstranden wurde durch einen Warmwasserstrom verursacht, der die Krebse aus dem Süden heranbrachte. Gleichzeitig traten Vertreter südlicher Fischfaunen auf. *P. planipes* ist ein anomurer Decapode der Familie Galatheidae. Die Längen von 150 gemessenen Individuen lagen zwischen 55 und 70 mm. Die Ge-

schlechter lassen sich leicht unterscheiden. Das Verhältnis Männchen:Weibchen war 3:1. 77% der Weibchen trugen Eier. Die Art wird von Fischen und Vögeln gern gefressen. J. Waldmann. 6150.

3-64/06-9119 Byrne, John V. und Kulm, L. D. An inexpensive lightweight piston corer. **(Ein billiger leichter Kolbenbohrer.)** Limnol. and Oceanogr. 7 (1962) Nr. 1. S. 106–108. — 1 Abb., 4 Lit.
Vff. beschreiben ein einfaches Gerät, das zur Gewinnung von Bohrkernen aus den Sedimenten flacher Gewässer geeignet ist. Dieses Gerät besteht aus einem unten angeschärften Aluminiumrohr, in dem mittels einer Kette ein Gummikolben aufwärts bewegt werden kann. Dieser Kolben verhindert das Herausrutschen der Probe. Zur Festlegung der Einsinktiefe wird das Aluminiumrohr in einem großflächigen Holzfuß festgekeilt. Nach der Probeentnahme wird der Bohrkern mit Hilfe eines dünnen Stabes aus dem Rohr herausgestoßen und in ein vorbereitetes Gefäß gebracht. Die genauen Konstruktionsdaten werden angegeben. Die Kosten für die Einzelanfertigung eines solchen Gerätes sind geringer als 5 $. D. Nehring. 6200.

3-64/06-9120 Craig, R. E. und Lawrie, R. G.; Aberdeen, Marine Lab. An underwater light intensity meter. **(Ein Meßgerät für Lichtmessungen unter Wasser.)** Limnol. and Oceanogr. 7 (1962) Nr. 2. S. 259–261. — 5 Abb.
Das Gerät besteht aus der Meßeinrichtung und dem hochempfindlichen, wasserdicht eingebauten Photoelement, das an einem 3adrigen Kabel 140 m tief ins Wasser versenkt werden kann. Das Photoelement enthält insgesamt 11 Verstärkerstufen, die über Widerstände miteinander verbunden sind. Die von außen zugeführte Verstärkerspannung beträgt 2000 V. Sie wird in einem Transformator erzeugt und kann durch einen Drehwiderstand verändert werden, der hierdurch gleichzeitig zur Nullpunkteinstellung dient. Der Photostrom wird an einem Milliamperemeter, die Verstärkerspannung an einem Voltmeter abgelesen. An dem Photoelement sind Einrichtungen vorhanden, die den Einbau von Farbfiltern gestatten. Es werden Schaltung, Eichkurven und Meßergebnisse mitgeteilt. D. Nehring. 6200.

3-64/06-9121 Bähr, Franz Walter; München, Bayernwerk AG. **Wassergeschwindigkeitsmessungen mit Hilfe radioaktiver Isotope.** Wasserwirtschaft 52 (1962) Nr. 7. S. 173–177.; Nr. 8. S. 222–226. — 11 Abb.
Die Abhandlung gibt einen Überblick über Arbeiten mit radioaktiven Isotopen, die von der Bayernwerk AG in den vergangenen 9 Jahren veranlaßt worden sind. Die Verwendung radioaktiver Isotope an Stelle von Farbstoffen oder Salzen zur Messung von Fließgeschwindigkeiten des Oberflächen- und Grundwassers befindet sich noch in der Entwicklung. Die bisher erprobten Meßmethoden haben sich bereits als sehr brauchbar erwiesen. Radioaktive Isotope sind geeignet, Zu- und Abflüsse in natürlichen Gerinnen bestimmen zu helfen. Bes. wenn es sich um nicht kontrollierte Versickerungen und Zuflüsse handelt, sollte die Methode angewandt werden. Am schwierigsten gestalteten sich bisher Grundwasserströmungsmessungen. Das neue Verfahren hat den Vorzug, daß nur ein Brunnen vorhanden sein muß, dessen Lichtdurchmesser nicht mehr als 50–100 mm zu betragen braucht. Es wird eine Ampulle mit etwa 0,01 mC ^{131}Jod-Lösung eingeführt und in der gewünschten Tiefe auf elektromagnetischem Wege zertrümmert. Mittels des Zählrohres werden die Impulse in einer Zeiteinheit gemessen. An Hand praktischer Beispiele wird die Meßtechnik näher erläutert. M.-L. Albrecht. 6200.

3-64/06-9122 Sugimura, Yukio und Tsubota, Hiroyuki; Suginami, Tokyo, Meteorol. Res. Inst.; Kurosuna, Chiba, Nat. Inst. of Radiol. Sci. A new method for the chemical determination of radium in sea water. **(Eine neue Methode zur chemischen Bestimmung des Radiums im Meerwasser.)** J. Marine Res. 21 (1963) Nr. 2. S. 74–80. — 4 Abb., 2 Tab., 14 Lit.

Zur Analyse wird die angesäuerte Probe zunächst mit NH_3 auf einen pH-Wert von 7 gebracht. Anschließend werden sowohl Radium als auch Calcium durch Ammoniumcarbonat ausgefällt. Der Niederschlag wird in wenig HCl gelöst und die Lösung mit 10 mg Barium als Träger versetzt. Ra und Ba werden dann bei pH 4 mit Natriumrhodizonat ausgefällt und die Lösung durch Salzsäure auf pH 1 gebracht. Der Niederschlag wird abfiltriert, in 4 n HNO_3 gelöst und zur Trockne eingedampft. Der Rückstand wird mit 0,4 n HNO_3 aufgenommen und durch einen Anionenaustauscher geschickt. Adsorbiertes Ra und Ba wird durch 2 n Ammoniumformiatlösung eluiert, wobei Ba in den ersten 60 ml des Eluats enthalten ist, während in den nächsten 60 ml das gesamte Radium zu finden ist. Nach Eindampfen dieser Lösung wird der Radiumgehalt durch Messung der α-Strahlung ermittelt. D. Nehring. 6200.

3-64/06-9123 Szekielda, Karl-Heinz; Kiel, Univ., Inst. für Meereskunde. **Die Bestimung des partikulär gebundenen Phosphors im Meerwasser mit der Kolbenmethode.** Kieler Meeresforsch. **19** (1963) Nr. 1. S. 16–19. — 4 Abb., 1 Tab., 6 Lit.

Zur Bestimmung des Phosphatgehaltes wird das Seston aus 1 l Meerwasser abfiltriert und mitsamt Filter in einem Spezialkolben verbrannt. Dieser Kolben ist mit Sauerstoff und einer Absorptionsflüssigkeit (2 n H_2SO_4) beschickt. Das Filter wird an einem Platinhaken befestigt, entzündet, und in den Kolben eingebracht. Der Aufschluß ist nach einigen Sekunden beendet. Die Absorptionsflüssigkeit wird zur Hydrolyse von Pyro- und Metaphosphat 20 min zum Sieden erhitzt. Nach Neutralisation erfolgt die Zugabe von schwefelsaurer Molybdatlösung, und anschließend wird die gebildete Phosphormolybdänsäure mit $SnCl_2$-Lösung reduziert. Das entstandene Molybdänblau wird kolorimetriert. Die Verbrennung nach der Kolbenmethode ist auch zur Bestimmung anderer Elemente geeignet. Eine genaue Verfahrensvorschrift wird gegeben. D. Nehring. 6200.

3-64/06-9124 Higaki, Shiro und Zeitlin, Harry; Honolulu, Hawaii, Univ. Nitrate in Hawaiian waters. **(Nitrat in den Gewässern von Hawaii.)** Limnol. and Oceanogr. **7** (1962) Nr. 1. S. 103. — 3 Lit.

Bei Untersuchungen über den Nitratgehalt in den Gewässern von Hawaii nach der Untersuchungsmethode von J. B. Mullin und J. P. Riley (Analyt. Chem. Acta **12** (1955) S. 464–480) wurde gefunden, daß der entsprechend dem Salzgehalt des Meerwassers empfohlene Salzkorrekturfaktor von 0,77 falsche Resultate ergab. Eine Überprüfung zeigte, daß dieser Faktor für die Nitratbestimmung im Seegebiet von Hawaii nur 0,67 betragen darf. Anscheinend muß dieser Salzkorrekturfaktor jeweils von Fall zu Fall neu bestimmt werden. Die wichtigste Stufe bei der Bestimmung des Nitrats ist seine Reduktion zu Nitrit. Zur Eichung ist die Verwendung von Meerwasser und die Zugabe von Nitrat ratsam, was für die meisten Verwendungszwecke ausreichen dürfte. D. Nehring. 6200.

3-64/06-9125 Williams, Peter M. und Coote, Arthur R. Mullin and Riley nitrate determination in the presence of hydrogen sulfide. **(Die Nitratbestimmung nach Mullin und Riley in Gegenwart von Schwefelwasserstoff.)** Limnol. and Oceanogr. **7** (1962) Nr. 2. S. 258. — 1 Tab., 4 Lit.

Vff. untersuchten die Abhängigkeit der Nitratanalyse vom H_2S-Gehalt im Meerwasser nach der Methode von J. B. Mullin und J. P. Riley [Analyt. Chem. Acta **12** (1955) S. 464–480]. Es wurde gefunden, daß die Reduktion des Nitrats zu Nitrit gehemmt wird, insbesondere durch Vergiftung des Kupferkatalysators. In Vergleichsversuchen unter kontrollierten Bedingungen wurde einerseits der Schwefelwasserstoff durch Kochen ausgetrieben, andererseits wurde außerdem die Kupfermenge verdoppelt. Die besten Ergebnisse wurden nach der letzten Methode erhalten, während in unbehandelten schwefelwasserstoffhaltigen Proben der Nitratgehalt unvollständig bzw. gar nicht erfaßt wurde. Wasserproben der Tofino-Bucht auf der Vancouver Insel in Britisch-Kolumbien mit 2–13 mg H_2S/l ergaben auch bei den behandelten Proben keinen Nitratgehalt. D. Nehring. 6200.

3-64/06-9126 Goldman, Charles R.; Davis, Calif., Univ. A method of studying nutrient limiting factors in situ in water columns isolated by polyethylene film. **(Eine Methode zur Untersuchung von begrenzenden Nährstoff-Faktoren in situ in Wassersäulen, die durch einen Polyäthylenfilm isoliert sind.)** Limnol. and Oceanogr. **7** (1962) Nr. 1. S. 99–101. – 2 Abb., 7 Lit.
Zur Ergänzung von biol. Untersuchungen wurden mit ^{14}C Versuche in dünnwandigen, lichtdurchlässigen Polyäthylenzylindern durchgeführt. Diese Zylinder hatten einen Durchmesser von 1,16 bzw. 0,58 m, ihre Länge betrug 10 m; sie wurden durch Ringe aus Aluminiumdraht offengehalten. Wie Temperaturmessungen nach dem vorsichtigen Versenken der Zylinder in das Wasser ergaben, wird die thermische Schichtung durch die dünne Polyäthylenfolie praktisch nicht gestört. Die gleichmäßige Verteilung der Nährstoffe über die gesamte Wassersäule konnte durch Verwendung eines 10 m langen Gartenschlauches, der mit der Nährlösung gefüllt war, erreicht werden. Hierzu wurde der Schlauch zunächst oben und unten verschlossen. Nach dem Herablassen in den Zylinder wurde der untere Verschluß durch einen kräftigen Ruck geöffnet und der Schlauch vorsichtig herausgezogen.
D. Nehring. 6200.

3-64/06-9127 Lenhard, G., Plooy, A. du und Ross, W. R. A new method for the determination of the anionic adsorption capacity of bottom deposits with particular reference to the adsorption of anionic detergents. **(Eine neue Methode zur Bestimmung der anionischen Adsorptionskapazität von Schlammablagerungen unter teilweiser Berücksichtigung der Adsorption anionaktiver Detergentien.)** Hydrobiologia [Den Haag] **21** (1963) Nr. 1/2. S. 177–187. – 8 Abb., 3 Tab., 14 Lit.
Vff. geben zunächst einen allg. Überblick über die Bestimmung der anionischen Adsorptionseigenschaften von Böden und Sedimenten und beschreiben dann eine Methode, die auf der Adsorption von Manoxol (Na-dioctylsulfosuccinat) beruht. Ferner werden Adsorptionskurven für verschiedene Bodensedimente, Huminsäuren und Tone graphisch dargestellt und die Adsorptionskapazität von Bodensedimenten als „Huminsäure-Äquivalente“ ausgedrückt. Die beschriebene Methode eignet sich für Serienanalysen zur Bestimmung der spez. Adsorptionskapazität von Sedimenten natürlicher Gewässer. Sie ist darüber hinaus auch zur Charakterisierung von Schlamm, Böden und Kompost geeignet. D. Nehring. 6200.

3-64/06-9128 O'Connell, Charles P. und Leong, Roderick, J. H. A towed pump and shipboard filtering system for sampling small zooplankters. **(Ein Schlepp-Pumpen- und Bordfiltersystem zum Sammeln kleiner Zooplankter.)** U.S. Dep. Interior, Fish Wildlife Serv., spec. sci. Rep. **1963** Nr. 452. S. 1-19. – 12 Abb., 2 Tab., 9 Lit. 6200.

3-64/06-9129 Waters, Thomas F. A method to estimate the production rate of a stream bottom invertebrate. **(Eine Methode zur Ermittlung der Produktionsrate der niederen Bodenfauna in Bächen.)** Trans. Amer. Fisheries Soc. **91** (1962) Nr. 3. S. 243–250. – 6 Abb., 1 Tab., 9 Lit.
Vf. entwickelte eine Methode zur Ermittlung der Produktion in hochwasserfreien und nicht austrocknenden Bächen. Auf einer Einheitsfläche des Gewässeruntergrundes entspricht die Produktionsrate (B) der Summe aus der Größe des Wechsels in der Besiedlungsdichte (P) und der Differenz zwischen der Menge der abtreibenden (R) und zugeführten (A) Organismen: $B = P + (R - A)$. R und A unterscheiden sich bei einigen Arten nur unwesentlich.

Die Populationsdichte wurde durch periodisch durchgeführte Bodenproben und Messung der Drift ermittelt. Die Produktionsraten der Eintagsfliege *Baetis vagans* wurden in 2 24stündigen Meßreihen an 2 Schnellen und 2 Stillwasserbezirken untersucht. Die durchschnittl. Produktion an den Schnellen betrug 0,28 g/m² und Tag. In den Stillwasserbezirken war B negativ, was auf die Vernichtung der Larven hinweist. Die Vernichtungsrate betrug 0,45 g/m² und Tag. M.-A. Albrecht. 6200.

3-64/06-9130 *Kozhov, Mikhail.* **Lake Baikal and its life.** Den Haag: Dr. W. Junk, Publ. 1963. (344 S. m. 111 Abb., 34 Tab., 526 Lit., Organismen- u. Sachverz.) 8°. fl. 35,00 = Monographiae Biologicae, Bd. 11. Mit dem vorliegenden Buch gibt M. Kozhov, Prof. für Zool. an der Univ. von Irkutsk und seit 1931 Leiter der Biol. Stat. am Baikal-See, eine inhaltsreiche und umfassende Darstellung des tiefsten (über 1600 m) Binnensees der Erde, der infolge seiner tiergeographischen Bedeutung und im Hinblick auf Evolutionsprobleme seit langem das Interesse zahlreicher Wissenschaftler gefunden hat. Nach einer kurzen Einleitung werden zunächst die Geographie und die Hydrobiologie des Baikal-Sees geschildert, der eine Fläche von 31500 km² bedeckt und dessen Wasservolumen 23000 km³ beträgt. Das 2. Kapitel ist der Fauna und Flora gewidmet. Die Fauna wird ausführlich in systematischer Reihenfolge abgehandelt. Sie umfaßt heute mehr als 1200 Spezies, davon 50 Fischarten. Der jährliche Gesamtfang an Fischen liegt bei 12000 t, 75% entfallen auf *Coregonus autumnalis migratorius*. Auf die Fläche des ganzen Sees umgerechnet, beträgt der Gesamtfischfang 4 kg/ha, werden nur die Tiefen bis 250-300 m berücksichtigt, so ergibt sich ein Ertrag von 18-20 kg/ha. An Algen sind aus dem Baikal-See über 500 Arten bekannt. Im 3. Abschnitt wird auf die Verteilung der Fauna und Flora im Baikal-See eingegangen, und das 4. Kapitel behandelt die Verbreitung der modernen Baikal-Fauna außerhalb des Sees. Im 5. Kapitel beschreibt der Autor das Leben in der Wassermasse. Der 6. und letzte Abschnitt ist der Geschichte des Sees und seiner Fauna vorbehalten. Dem Werk ist ein Literaturverzeichnis angefügt, das über 500Nummern umfaßt. Ein Organismen- und ein Sachindex bilden den Abschluß. W. Steffens.

D. FISCHEREIWIRTSCHAFT

Binnenfischerei

3-64/06-9131 Müller, Horst; Berlin-Friedrichshagen, Inst. für Binnenfischerei der Dtsch. Akad. der Landwirtsch.-Wiss. zu Berlin. **Richtlinien für die Klassifizierung fischereiwirtschaftlich genutzter Seen Norddeutschlands.** Dtsch. Fischerei-Ztg. **10** (1963) Nr. 7. S. 189–200. — 8 Abb., 3 Tab., 4 Lit. Da sowohl bei der „klassischen" fischereilichen Einteilung der Seen als auch in dem verfeinerten System Bauchs eine Reihe von Unzulänglichkeiten unter den heutigen veränderten Verhältnissen der Seenfischerei auftreten, schlägt Vf. neue Richtlinien für die fischereiliche Klassifizierung der über 2000 Seen der DDR vor, die folgende Grundforderungen erfüllen sollen: 1. Eine überschaubare Anzahl von Klassen, 2. Verständlichkeit für Jedermann, 3. Aufnahme der wesentlichsten Bewirtschaftungsmaßnahmen bereits in der Bezeichnung, 4. Berücksichtigung von Biologie und Limnologie. Es werden 9 Kategorien von Seen unterschieden, von denen 8 durch geol.-morphol. und daraus resultierende biol.-ökol. Merkmale bestimmt werden können. Die Zuordnung zur 9. Gruppe, den Karpfenseen, bestimmen in erster Linie betriebswirtschaftl., vor allem fangtechn. Gesichtspunkte. Die 8 Klassen sind: 1. Maränen-See, 2. Maränen-Aal-Hecht-See, 3. Maränen-Hecht-See, 4. Aal-Hecht-See, 5. Aal-Hecht-Zander-See, 6. Aal-Zander-See, 7. Aal-Hecht-Schlei-See und 8. Hecht-Schlei-See. In der für jede Klasse aus den Anfangsbuchstaben der Fische gebildeten Bewirtschaftungsformel wird durch Sternchen die Notwendigkeit des Besatzes mit einer Fischart und durch Zahlen der angestrebte Ertrag in kg/ha mit der betreffenden Fischart angedeutet. Um die bei der Klassifizierung anzuwendenden Gesichtspunkte zu veranschaulichen, wurden in einer Tab. morphol., chem. und biol. Merkmale zusammengestellt. Nach einer Einteilung der Seen der 3 Nordbezirke Rostock, Schwerin und Neubrandenburg ergab sich, daß A-H-Z-Seen mit 45% und M-A-H-Seen mit 35% der Fläche dort am stärksten vertreten sind. Daraus wird der Schluß gezogen, daß die Freiwasserregion der Seen noch weit stärker als bisher genutzt werden sollte. Da in 5 Klassen der Aal und in 6 Klassen der Hecht als Namensgeber mitvertreten sind, sollten auch mit diesen Fischen durch stärkeren Besatz noch ungenutzte Reserven erschlossen werden. Vf. bezeichnet die Klassifizierung als eine Vorstufe für eine zukünftige Standardisierung für Intensivgewässerbewirtschaftung.

H. Müller/Berlin. 6235.

3-64/06-9132 Meehan, William R.; Juneau, Alaska Dep. of Fish and Game. Use of a fishwheel in salmon research and management. **(Die Anwendung eines „Fischrades" zum Lachsfang für Versuchszwecke und in der Praxis.)** Trans. Amer. Fisheries Soc. **90** (1961) Nr. 4. S. 490–494. — 4 Abb., 2 Tab., 3 Lit.

Das „Fischrad" ist ein in Alaska und Britisch-Kolumbien häufig verwendetes Fanggerät für pazifische Lachse. Es besteht aus einem Ponton-Rahmenwerk, welches zwei schaufelartige Körbe trägt, die auf einer Achse drehbar gelagert sind. Über zwei rechtwinklig zu den Fangkörben angebrachte Flügel wird das Gerät durch die Strömung in Umdrehung versetzt. Die gefangenen Fische gelangen über eine Rutsche in eine Hältereinrichtung. Zur Beurteilung des Fangeffektes wurde der Fang eines solchen „Fischrades" mit der tatsächlichen Zusammensetzung der Wanderzüge (Ergebnisse von Kadaverfangeinrichtungen) verglichen. Die Ergebnisse der Jahre 1956–59 zeigen, daß das „Fischrad" selektiv arbeitet, der Anteil der gefangenen kleineren Fische ist größer als im Wanderzug. Es ergaben sich einige artenmäßige Unterschiede im Fang. Die Untersuchungen wurden bei *Oncorhynchus tshawytscha, O. nerka, O. gorbuscha, O. kisutch* und *O. keta* durchgeführt. G. Seifert. 6245.

3-64/06-9133 Berst, A. H. und McCombie, A. M. The spatial distribution of fish in gill nets. **(Die räumliche Verteilung von Fischen in Kiemennetzen.)** J. Fisheries Res. Board Canada **20** (1963) Nr. 3. S. 735–742. — 1 Abb., 2 Tab., 8 Lit.

Vf. beschreibt eine Methode zur Untersuchung der räumlichen Verteilung der Fische beim Fang mit Kiemennetzen. Die Vertikalverteilung wurde graphisch analysiert; die Hauptkonzentration von *Catostomus commersoni, Osmerus mordax, Alosa pseudoharengus* und *Coregonus* spp. fand sich 30–61 cm über dem Boden. Zur Bestimmung der Lateralverteilung waren die Netze in 30 cm breite senkrechte Abschnitte eingeteilt, deren jeweiliger Fanganteil zum Fang der benachbarten Felder in Beziehung gesetzt wurde. Die Lateralverteilung war je nach Maschenweite (25–127 mm, zwischen jedem 2. Knoten gemessen), Fischart und Standort des Netzes verschieden. Die Hauptformen der Verteilung waren: 1. ungeordnet zufällige, 2. gleichmäßig verstreute und 3. gruppenweise Anordnung. G. Seifert. 6245.

3-64/06-9134 Albin, M. Niektóre problemy gospodarki rybackiej na zbiornikach zapasowych. **(Einige Fragen der Fischereiwirtschaft in künstlichen Wasserbecken.)** Gospodarka rybna **15** (1963) Nr. 3. S. 6–8. — 1 Abb., 1 Tab.

Die künstlichen Wasserbecken unterscheiden sich durch einige Merkmale von den natürlichen Wasserbecken. Diese Merkmale sind die zyklischen Schwankungen des Wasserstandes, der große Einfluß des Flusses sowie die charakteristische Form des Grundes. In den künstlichen Wasserbecken hungern die Fische oft, da zeitweilig das Wasser abgelassen wird, sich die Bodenfläche verringert und die wertvollsten und ertragreichsten Bodenflächen ausgeschaltet wurden. Entscheidenden Einfluß auf das Leben im Wasserbecken übt der Fluß aus. Unter den Raubfischen ist der Zander am geeignetsten für künstliche Wasserbecken. Bleie und Plötzen bilden die Hauptgrundlage der Fischerei. Von den übrigen Arten sind Karpfen und Barsch von großer Bedeutung, obgleich ihr Fangen schwierig ist und ungleichmäßig erfolgt. Ein spez. Merkmal der künstlichen Wasserbecken ist auch die Verwendungsart des Wassers.

PRL/CBR, übersetzt v. O. Kasperl. 6255.

3-64/06-9135 Pycha, Richard L.; Ashland, Wis., U.S. Bureau of Commercial Fisheries. Recent changes in the walleye fishery of Northern Green Bay and history of the 1943 year class. **(Die jüngsten Veränderungen in der Zanderfischerei der nördlichen Green-Bucht und die Geschichte des Jahrganges 1943.)** Trans. Amer. Fisheries Soc. **90** (1961) Nr. 4. S. 475–488.– 5 Abb., 11 Tab., 8 Lit.
Produktion, Befischungsintensität und Bestand von *Stizostedion vitreum vitreum* schwankten in den Jahren 1929–57 in weiten Grenzen. Der Fang reichte von 16000 Pfund 1942 bis 1294000 Pfund 1950. 1947–55 lagen Ertrag und Befischungsintensität immer über dem langjährigen Durchschnitt. Anhand von Fischereistatistiken und Berichten über die Alterszusammensetzung der Zanderanlandungen konnten die Veränderungen während der letzten Jahre, insbesondere die Schwankungen in der Stärke der Jahrgänge, untersucht werden. Der Jahrgang 1943 war der bisher bei weitem stärkste. Er war mit 1173000 Fischen und 3355000 Pfund an den Fängen beteiligt (andere Jahrgänge z. B. nur mit 16000 bis 52000 Pfund). Die Jahrgänge 1950–52 erreichten oder übertrafen den Jahrgang 1943 in den unteren Altersgruppen, verschwanden aber ab Altersgruppe IV sehr schnell, so daß ihr Anteil am kommerziellen Fang rel. gering war. Es wird nachgewiesen, daß diese erhöhte Mortalität aus der Expansion der Sportfischerei resultiert.
G. Seifert. 6255.

3-64/06-9136 Bojko, E. G. und Avedikova, T. M. O sochranenii molodi osetrovych pri nevodnom love na Donu. **(Die Erhaltung des Störnachwuchses bei der Zugnetzfischerei im Don.)** Rybnoe chozjajstvo, Moskva **39** (1963) Nr. 7. S. 18–20.
Bei der Zugnetzfischerei am Unterlauf des Don werden oftmals untermaßige Acipenseriden mehrmals nacheinander als Beifang angelandet, da sich die Jungfische, nachdem sie wieder ausgesetzt wurden, nicht aus dem Fanggebiet entfernten. Nach mehrmaligem Fang sind die Fische gewöhnlich nicht mehr lebensfähig. Andererseits kommt eine Einschränkung der Zugnetzfischerei aus wirtschaftlichen Gründen nicht in Frage. Als einzige Maßnahme zur Rettung der mitgefangenen Jungfische wird daher deren Umsetzung in die Taganroger Bucht empfohlen. H.-W. Hattop. 6255.

3-64/06-9137 Henry, Ken. The 1962 Fraser sockeye run. **(Der Nerka-Zug 1962 im Fraser-Fluß.)** Western Fisheries **65** (1962) Nr. 3. S. 12–14. 16. 43–45. – 4 Abb., 7 Tab.
Es wird über die Nerka-Fischerei (*Oncorhynchus nerka*) der Saison 1962 in den USA und Kanada berichtet. Dazu werden Vergleiche mit den Ergebnissen anderer Fangjahre angestellt. K. Anwand. 6255.

3-64/06-9138 Laganovska, R. Rezervy zooplanktona malych ozer i vozmožnosti ich rybochozjajstvennogo ispol'zovanija. **(Die Zooplanktonreserven kleiner Seen und die Möglichkeiten ihrer fischereilichen Nutzung.)** Izvestija Akademii nauk Latvijskoj SSR, Riga **1963** Nr. 4. S. 113–119. – 4 Tab., 8 Lit. Orig.: lett., Ausz.: russ.
Bei der Untersuchung einer Reihe von Seen, deren pH-Werte zwischen 6 und 8 lagen, wurden stellenweise Zooplanktonkonzentrationen (vorwiegend Crustaceen) gefunden, deren Biomasse mehr als 10 g/m³ betrug. Nur wenige Gewässer wiesen eine geringere Biomasse zwischen 0,1 und 6 g/m³ auf. Zur besseren Nutzung dieser Nahrungsreserven wird vorgeschlagen, verschiedene Fischarten einzubürgern, wie z. B. die Peledmaräne (*Coregonus peled*) und den Zander (*Lucioperca lucioperca*) sowie Karpfen (*Cyprinus carpio*) und Blei (*Abramis brama*). H.-W. Hattop. 6255.

3-64/06-9139 Kamburova, S. und Todorov, M. Eksteriorna charakteristika i polovo sŭotnošenie na razplodnicite v dŭržavnite šaranovŭdni stopanstva v Plovdiv, Jambol i Čelopečene prez 1960 g. **(Exterieurcharakteristik und Geschlechtsverhältnis der Zuchttiere in den Staatlichen Karpfenzuchten in Plowdiw, Jambol und Tschelopetschene im Jahre 1960.)** Naučni trudove. Visš selskostopanski institut „Georgi Dimitrov" – Kostinbrod, Sofija **13** (1963) S. 161–172. – 5 Tab., 9 Lit.

Auf Grund der Bonitierungsergebnisse von 829 (390♂ und 439♀) Karpfen wurde eine vergleichende Charakteristik der Zuchtkarpfen in 3 Karpfenzuchtbetrieben aufgestellt, in denen Karpfen einheimischer und tschechischer Herkunft dreier Varietäten, des Nacktkarpfens, des Spiegelkarpfens und des Schuppenkarpfens, gezüchtet werden. Am weitesten verbreitet ist der Schuppenkarpfen (77,7%), dann folgt der Spiegelkarpfen (16,8%) und schließlich der Nacktkarpfen (5,5%). Der Index der Hochrückigkeit des einheimischen Karpfens betrug 2,60–2,85 für Weibchen und 2,76–2,87 für Männchen, des Schuppenkarpfens entsprechend 2,46–2,75 und 2,54–2,78. Der Index der Breitrückigkeit des einheimischen Karpfens betrug 21,00–21,84 für Weibchen und 18,80–20,43 für Männchen, für den Schuppenkarpfen entsprechend 20,80–21,40 und 19,30–21,10. Das Geschlechtsverhältnis betrug im Durchschnitt 1:1,12. NRB/ZSNTI, übersetzt v. Th. C. Boetticher. 6310.

3-64/06-9140 Tec, V. I. Obeskleivanie oplodotvorennoj ikry gialuronidazoj. **(Die Beseitigung der Klebrigkeit befruchteter Fischeier mit Hilfe von Hyaluronidase.)** Rybnoe chozjajstvo, Moskva **39** (1963) Nr. 7. S. 21–23.

Die bereits 1928 entdeckte Hyaluronidase wirkt zerstörend auf Hyaluronidate, u. a. auch auf Chondroitin und Mucotinsulfate, wobei verschiedene Zerfallsprodukte entstehen. Nach einer vom Vf. vorgeschlagenen Methode läßt sich dieses Enzym zur einfachen und schnellen Beseitigung der Klebrigkeit befruchteter Fischeier verwenden. Die Hyaluronidase wird dabei aus zerkleinerten Hoden frisch geschlachteter Großtiere gewonnen. Das gewonnene Präparat kann 2–3 d lang aufbewahrt werden, wenn es kühl gelagert wird. Die Beseitigung der Klebrigkeit erfolgt bei 20 °C innerhalb von 10–20 min. H.-W. Hattop. 6315.

3-64/06-9141 Konradt, A. G. und Sacharov, A. M. Biotechnika fermentativnogo obeskleivanija ikry karpa. **(Die Biotechnik der fermentativen Beseitigung der Klebrigkeit von Karpfeneiern.)** Rybnoe chozjajstvo, Moskva **39** (1963) Nr. 7. S. 23–26. – 3 Tab., 6 Lit. Vgl. vorst. Ref.

Vff. unternahmen im Sommer 1962 Versuche zur Beseitigung der Klebrigkeit der Eier von Karpfen (*Cyprinus carpio*) und Peledmaräne (*Coregonus peled*) mit Hilfe des Fermentes Hyaluronidase und der von Woynarowich empfohlenen Lösung. Hierbei zeigt es sich, daß die Beseitigung der Klebrigkeit mit Hilfe von Hyaluronidase wesentlich schneller vonstatten ging (innerhalb von 20–45 min) als mit der von Woynarowich angegebenen Lösung (300 min). Außerdem wurde festgestellt, daß die aus Hoden von Großtieren gewonnene Testikular-Hyaluronidase eine weit bessere Wirkung hatte als das aus Staphylokokken-Kolonien gewonnene Ferment. H.-W. Hattop. 6315.

3-64/06-9142 Merla, Günter; Königswartha, Zweigstelle für Karpfenteichwirtsch. des Inst. für Binnenfischerei der Dtsch. Akad. der Landwirtsch.-Wiss. zu Berlin. **Erfahrungen mit der täglichen Fütterung bei Karpfen.** Dtsch. Fischerei-Ztg. **10** (1963) Nr. 9. S. 262–266. – 2 Tab., 3 Lit.

In einem 2jährigen Fütterungsversuch mit gleichen Futtermengen wurden 4 Teiche gleich stark mit K_1 (*Cyprinus carpio*) besetzt. In den rel. kühlen Jahren 1961 und 1962 deutete sich bei einer Steigerung der Futtergaben von 2 auf 6 pro Woche eine Erhöhung des Fischzuwachses um ca. 10% an, bei einer Verbesserung des rel. FQ von 2,79 auf 2,51. Das Ergebnis ist nicht signifikant (P=6%). Für den Erfolg der heimischen Wirtschaften kommt sehr wahrscheinlich dem richtig berechneten Fischbesatz und der entsprechenden abs. Futtermenge eine größere Bedeutung zu als der Steigerung der Futtergaben von 2 auf 6 pro Woche. G. Merla. 6320.

3-64/06-9143 Ščerbina, M. A., Sorvačev, K. F. und Suchoverchov, F. M. Ocenka kormov dlja ryb po aminokislotnomu sostavu. **(Die Futterbewertung für Fische nach der Aminosäurezusammensetzung.)** Vestnik Moskovskogo universiteta. Serija VI. Biologija, počvovedenie **17** (1962) Nr. 6. S. 20 bis 25. — 3 Tab., 17 Lit.

Bei der chem. Analyse von Karpfen, Forellen und 12 Futtermitteln wurden Wasser, Asche, Fett, Stickstoff und Aminosäuren bestimmt. Alle untersuchten Futtermittel (Seidenspinnerpuppen, Hefe, Soja, Lein, Sonnenblumen, Senf, Raps, Baumwollsaat) kann man in der qualitativen Aminosäurenzusammensetzung zu den vollwertigen Futtermitteln rechnen. Der mengenmäßige Gehalt an den Aminosäuren war verschieden. Bei Lysin und Methionin waren die Unterschiede am deutlichsten. Entsprechend dem Aminosäuregehalt wurde für Karpfen ein Schema für die Kombination der Futtermittel entwickelt. G. Leisner. 6320.

3-64/06-9144 Bajl'ozov, D. und Jankov, G. Opiti za izpolzuvane na mikroelementite v ribovŭdstvoto. **(Versuche zur Verwendung von Spurenelementen in der Fischzucht.)** Ribno stopanstvo, Sofija **1963** Nr. 3. S. 14–15. — 2 Tab., 4 Lit.

In 2 Teichen mit gleicher Produktivität wurden in den vergangenen Jahren 80000 junge Karpfen mit einer Durchschnittsmasse von 7 g ausgesetzt. Die Karpfen des Versuchsteiches erhielten ein Gemisch von Spurenelementen (in 1 l Wasser wurden 40 g Eisenvitriol, 2 g Kupfervitriol, 3 g Mangandichlorid und 1 g Kobaltchlorid gelöst; tägl. wurde dem Futter 1 ml dieser Lösung je 10 kg Fische zugesetzt). Im Herbst, am Ende des Versuches, wurde folgendes festgestellt (Angaben für die Kontrollgruppe in Klammern): Die Durchschnittsmasse der einsömmrigen Karpfen betrug 46 (34) g, Verluste 26,6 (26,7) %, abgefischt (insgesamt) 270 (188) kg. Im zweiten Versuch wurden Anf. Apr. in 2 Teichen von verschiedener Bonität je ha 900 Jungkarpfen mit einer Masse von 28 g ausgesetzt, im Juli weitere 67000 junge Karpfen mit einer Durchschnittsmasse von 5,8 g im Versuchsteich und von 7,2 g im Kontrollteich. Als Kontrollteich diente ein Teich mit höherer Produktivität. Dem Futter der Karpfen im Versuchsteich wurde Kobaltdichlorid zugesetzt. Im Herbst, am Ende des Versuches, wurden zwischen den Karpfen beider Teiche keine Unterschiede festgestellt. Die geringere Produktivität des Versuchsteiches und die geringere Masse der jungen Karpfen wurden durch die Mitwirkung des Kobaltdichlorids kompensiert.
NRB/ZSNTI, übersetzt v. Th. C. Boetticher. 6320.

3-64/06-9145 Suchoverchov, F. M., Krymova, R. V. und Farberov, V. G. Vlijanie kobal'ta na rost i gematologičeskie pokazateli karpa. **(Der Einfluß von Kobalt auf das Wachstum und die hämatologischen Merkmale des Karpfens.)** Rybnoe chozjajstvo, Moskva **39** (1963) Nr. 9. S. 35–38. — 1 Tab.

Beim Zusatz geringer Mengen von Kobaltsalzen zum Karpfenfutter konnten in allen Fällen günstige Auswirkungen festgestellt werden, die vor allem eine merkliche Steigerung des Wachstums zur Folge hatten. Einsömmrige Fische, die auf je 1 kg Lebendgewicht 0,08 mg Kobaltsalze tägl. als Zusatz zum Futter erhalten hatten, waren auf 30 g gegenüber 23,1 g bei den Kontrollfischen abgewachsen. Auf Grund des durch das Kobalt bewirkten besseren Stoffwechsels können auch um 16–30% schwerere Speisefische herangezogen werden, wobei gleichzeitig der Futterverbrauch (auf die Einheit des Zuwachses bezogen) um durchschnittl. 20% zurückgeht. Bei gleicher Menge an Besatz-

material kann eine 25–30%ige Steigerung der Fischerträge bei gleichzeitiger Senkung der Selbstkosten erzielt werden. Für die unterschiedlichen Bodenarten der UdSSR werden 1,43–3,38 g Kobaltsalze auf 1 t Futter empfohlen.
H.-W. Hattop. 6320.

3-64/06-9146 Wróbel, S. Produkcja pierwotna fitoplanktonu w stawach karpiowych. **(Die Urproduktion an Phytoplankton in Karpfenteichen.)** Gospodarka rybna **15** (1963) Nr. 5. S. 23–24. – 3 Abb.
In den Teichwirtschaften des Inst. für Wasserbiologie der Poln. Akad. der Wiss. in Ochaby wurden Versuche über die Urproduktion in gedüngten und ungedüngten Teichen nach der Methode der Bestimmung der Sauerstoffveränderungen durchgeführt. Als Stickstoffdünger benutzte man Ammoniumsulfat, 25%iges Ammoniakwasser und 70 bis 84 kg reinen Harnstoff je ha. Die Teiche wurden außerdem mit 22–50 kg P_2O_5/ha gedüngt. Die Stickstoffdüngung wurde 6–8 mal, die Phosphordüngung 3–4 mal im Laufe der Saison angewandt. Es wurde festgestellt, daß die Produktion an Phytoplankton in den gedüngten Teichen dreimal höher war als in den Kontrollteichen. Das 25%ige Ammoniakwasser wirkte am schnellsten, und die Phytoplanktonproduktion war hierbei am höchsten. Am langsamsten wirkte Harnstoff. Eine hohe Urproduktion wurde bei Düngung in der zweiten Hälfte der Vegetationsperiode festgestellt. Ammoniumsulfat wirkte ohne starke Schwankungen des Sauerstoffgehalts, wie sie in den mit Ammoniakwasser gedüngten Teichen auftraten. Nach einem Vergleich der Wirkung der einzelnen Stickstoffdünger erwies sich die Verwendung von Ammoniakwasser und Harnstoff gleichzeitig mit der Phosphordüngung am günstigsten.
PRL/CBR, übersetzt v. O. Kasperl. 6325.

3-64/06-9147 Debecki, A. Intensyfikacja produkcij przez nawożenie. **(Intensivierung der Produktion durch Düngen.)** Gospodarka rybna **15** (1963) Nr. 6. S. 9. – 1 Abb. PRL/CBR. 6325.

3-64/06-9148 Crance,' Johnie H.; Montgomery, Ala., Dep. of Conserv. The effects of copper sulfate on microcystis and zooplankton in ponds. **(Die Wirkung von Kupfersulfat auf Mikrocystis und Zooplankton in Teichen.)** U.S. Dep. Interior, Fish Wildlife Serv., progr. Fish-Culturist **25** (1963) Nr. 4. S. 198–202. – 2 Abb., 1 Tab., 16 Lit.
Die Wasserblüte von Blaualgen führt in Teichen und Seen häufig zu fischereilichen Schäden. Vf. bekämpfte daher *Microcystis* durch Kupferkonzentrationen von 0,05–0,08 mg $CuSO_4 \cdot 5H_2O$/l. Gleichzeitig hiermit wurden chem. und biol. Untersuchungen durchgeführt. Wenige Tage nach der Applikation des Kupfersulfats nahm die Anzahl von *Mikrocystis*/l gewöhnlich stark ab, während das Zooplankton (Copepoden und Cladoceren) allmählich zunahm. Die Wirkung des Kupfersulfats auf die Blaualgen hielt im günstigsten Falle 25 Tage vor. Hiernach mußte die Behandlung wiederholt werden. In einigen Fällen zeigten die Kupferionen keine Wirkung und erst eine erneute Behandlung führte zum Erfolg. Als Ursachen hierfür werden niedrige Wassertemperaturen und zunehmende Resistenz genannt. Fische wurden bei diesen Versuchen nicht geschädigt. D. Nehring. 6335.

3-64/06-9149 Wunder, Wilhelm; Erlangen; Nürnberg, Univ., Zool. Inst. **Wie kann man der deutschen Karpfenteichwirtschaft helfen bei der Überwindung des Winterungsschadens 1962/63?** Fischwirt **13** (1963) Nr. 10. S. 281–283.
Vf. weist darauf hin, daß der Bau von Winterteichen trotz sonst steigender Wirtschaftsintensität in letzter Zeit nicht genügend beachtet wurde. Als Maßnahme auf lange Sicht wird daher dringend der Bau von sicheren Winterteichen angeraten. Als Soforthilfe wird hingegen empfohlen, alle zur Zeit noch vorhandenen zweisömmrigen Karpfen (*Cyprinus carpio*) zum Abwachs

in der Teichwirtschaft zu belassen und nicht an Sportangler abzugeben. Letztere sollten ihren Bedarf möglichst nur mit K_1, evtl. mit bes. schweren, oder mit Speisefischen unter 1 kg Stückmasse decken. G. Merla. 6350.

3-64/06-9150 Wunder, Wilhelm; Erlangen; Nürnberg, Univ., Zool. Inst. **Wie kann die deutsche Karpfenteichwirtschaft den großen Schaden des strengen Winters 1962/63 am besten überwinden?** Allg. Fischerei-Ztg. 88 (1963) Nr. 20. S. 568–570. – Vgl. vorst. Ref.

Bei richtiger Planung auf lange Sicht sollen die Winterteiche möglichst tief sein und nur dort ausgebaut werden, wo auch im strengen Winter ein quantitativ und qualitativ ausreichender Wasserzufluß gewährleistet ist. Durch gute Pflege der Winterteiche und entsprechende Nahrungsbildung können die Fische darin jeden Winter überstehen. Zum Ausbau solcher Teiche sollten langfristige Kredite gewährt werden. Satzfischzüchter müssen seuchenfreie Fischbestände haben, wobei die Trockenlegung und Desinfektion von Teichen bedeutungsvoll ist. Antibiotika-Injektionen allein genügen nicht. Zur Minderung des Satzfischmangels (*Cyprinus carpio*) sollten K_2 möglichst nur an Teichwirte gegeben werden. Sportangler sollten möglichst nur K_1, nötigenfalls bes. starke K_1 oder K_2 bzw. K_3 von 750 g aussetzen. G. Merla. 6350.

3-64/06-9151 Steffens, W.; Berlin-Friedrichshagen, Inst. für Binnenfischerei der Dtsch. Akad. der Landwirtsch.-Wiss. zu Berlin. **Eigrößen und Eizahlen der Regenbogenforelle (Salmo gairdneri).** Dtsch. Fischerei-Ztg. 10 (1963) Nr. 9. S. 253–261. – 6 Abb., 5 Tab., 10 Lit.

Größere Forellen entwickeln größere Eier als kleinere Fische und erzeugen damit auch kräftigere Brut. Der mittlere Eidurchmesser sehr kleiner (178 g) 2jähriger Erstlingsweibchen betrug 3,9 mm, 3jährige 737 g schwere Fische hatten Eier von 4,7 mm Durchmesser, und 4jährige Rogener von 1035 g Masse produzierten Eier, die einen Durchmesser von 5,3 mm hatten. Die abs. Eizahl/Forelle steigt mit zunehmender Fischgröße an. Das Alter spielt hierbei wie auch hinsichtlich der Eigröße keine wesentliche Rolle. Von 2–4jährigen Fischen mit 178 g, 737 g und 1035 g Durchschnittsmasse wurden im Mittel 721, 2083 und 2353 Eier erzeugt. Die rel. Eizahl/kg Körpermasse nimmt mit zunehmender Fischgröße ab. Die Produktion/kg Fischmasse betrug bei 178 g schweren Fischen 4135, bei 737 g schweren 2853 und bei 1035 g schweren 2294 Eier. Nach dem Abstreichen verbleiben bei den untersuchten Größengruppen bis zu 6% der Gesamtzahl der vorhandenen Eier in den Fischen, bei größeren Laichern möglicherweise auch noch mehr. Die Eizahl kann durch die Ernährung (Qualität und Quantität) der Zuchtfische erheblich beeinflußt werden. Forellenlaicher sollen deswegen vollwertiges Futter in ausreichender Menge erhalten. Die genetisch bedingten individuellen Schwankungen der Eizahl sind sehr groß. Durch Selektion ist es möglich, Stämme mit hohen Eizahlen zu züchten. Dadurch kann die Menge der in den Forellenteichwirtschaften gehaltenen Zuchtforellen verkleinert werden.

W. Steffens. 6415.

3-64/06-9152 Hublou, Wallace F.; Clackamas, Oregon Fish Coimmss. Oregon pellets. **(Oregon-Körnerfutter.)** U.S. Dep. Interior, Fish Wildlife Serv., progr. Fish-Culturist 25 (1963) Nr. 4. S. 175–180. – 5 Tab., 13 Lit.

Vf. gibt einen ausführlichen Überblick über die Ergebnisse der Fütterung mit einem nach zehnjähriger Forschungsarbeit industriell hergestellten Körnerfutter in 16 Salmonidenzuchtanstalten von Oregon von 1959–1963. Aufgezogen werden in diesen Betrieben *Oncorhynchus tshawytscha*, *O. kisutch*, *O. nerka* sowie *Salmo gairdneri*. Das Futter besteht aus trockenen und frischen Anteilen und wird bis zur Verfütterung in gefrostetem Zustand aufbewahrt. Es wird in verschiedenen Größen hergestellt, an ganz junge Brut jedoch nicht verfüttert, da es nicht schwimmt. Wesentliche Bestandteile des Futters

sind Baumwollsaatmehl, Heringsmehl, Krebsmehl, Frischfisch bzw. Fischeingeweide (pasteurisiert) und Vitamine. Die chem. Zusammensetzung ist folgende: 34,4% Wasser, 34,8% Eiweiß, 16,5% Kohlehydrate, 7,5% Fett und 6,8% Asche; der Gehalt an ausnutzbaren Kalorien beträgt 222 kcal/100 g Futter. Als durchschnittl. Futterquotient ergab sich ein Wert von 2,0. Als laufende Futterkosten wurden 24 c/Pfund (454 g) Fischproduktion ermittelt. Die Wiederfänge waren bei den mit dem geschilderten Futtermittel aufgezogenen Lachsen gleich gut oder besser als bei Fischen, die nur Fischfleisch erhalten hatten. Nennenswerte Erkrankungen oder größere Verluste wurden nicht beobachtet. Frühere Fälle von Tuberkulose und Nierenkrankheit werden auf die Verabreichung frischer Lachseingeweide zurückgeführt.
W. Steffens. 6420.

3-64/06-9153 Kamburova, S. Vŭrchu vŭprosa za izpolzuvaneto na rastitelni chrani pri otgleždaneto na pŭstŭrvata. **(Über das Problem der Verwendung von pflanzlicher Nahrung bei der Forellenzucht.)** Naučni trudove. Visš selskostopanski institut „Georgi Dimitrov“ – Kostinbrod, Sofija **13** (1963) S. 73–85. – 10 Tab., 11 Lit.
2 Gemische zur Fütterung von Forellen mit einem 60%igen Anteil pflanzlicher Futtermittel, die aus (Angaben für das 2. Gemisch in Klammern) Sonnenblumenschrot 45 (40) %, Maismehl 15 (20) %, Kokons des Seidenspinners 30 (20) % und frischen Schlachtabfällen 10 (20) % bestanden, wurden mit Rationen verglichen, die nur aus Futtermitteln tierischer Herkunft bestanden. Die Ergebnisse der Versuche, die im Jahre 1959 durchgeführt wurden, haben gezeigt, daß keine wesentlichen Unterschiede im Zuwachs der Fische aus den Versuchs- und Kontrollbecken vorhanden waren. 1960 wurde ein Unterschied in der Größe von 23,46 und 28,44% festgestellt, den Vf. durch das Auftreten einer akuten Enteritis erklärt, die durch das Verabfolgen von Futtermitteln pflanzlicher Herkunft in ungedämpftem Zustande aufgetreten war. Verhältnismäßig gute Ergebnisse wurden bei Verfütterung eines Gemisches aus 60% frischen Schlachthauskonfiskaten, 20% Sonnenblumenkuchen, 15% Maiskuchen und 5% Trockenhefe an einsömmrige Forellen nach dem 15. Aug. erzielt.
NRB/ZSNTI, übersetzt v. Th. C. Boetticher. 6420.

3-64/06-9154 Cooper, Edwin L. und Grosslight, Joseph H.; University Park, Pennsylvania State Univ.; Kent, O., Kent State Univ. Differential survival of rainbow trout fed living organisms and hatchery diets. **(Unterschiedliches Überleben von Regenbogenforellen, die mit Naturnahrung und künstlichem Futter aufgezogen wurden.)** U.S. Dep. Interior, Fish Wildlife Serv., progr. Fish-Culturist **25** (1963) Nr. 4. S. 193–197. – 3 Tab., 7 Lit.
Vf. fütterte Brut von *Salmo gairdneri*, die von einem Elternpaar abstammte, 5 Mon. lang einmal mit Leber (später gemischt mit Körnerfutter) und zum anderen mit Naturnahrung (Crustaceen, Mücken, Tubificiden usw.). Eine 3. Gruppe von Fischen gleicher Herkunft erhielt nacheinander künstliches Futter und Naturnahrung oder umgekehrt. Die Fische wurden markiert und mit etwa gleicher Größe bei stärkster Besatzdichte in ein kleines Fließgewässer ausgesetzt. In wöchentlichem Abstand wurden 4 Wochen lang Elektroabfischungen durchgeführt, um die Überlebensrate der einzelnen Fütterungsgruppen festzustellen. Die mit künstlichem Futter aufgezogenen Forellen überlebten in wesentlich größerer Zahl als die mit Naturnahrung gefütterten Fische; die Gruppe, bei der die Fütterungsart gewechselt worden war, lag in der Mitte dazwischen. W. Steffens. 6420.

3-64/06-9155 Kol'gaev, A. M. Opyt inkubacii ikry i vyderživanija predličinok lososej v grunte. **(Ein Versuch zur Erbrütung und Haltung von Lachsbrut im Boden.)** Rybnoe chozjajstvo, Moskva **39** (1963) Nr. 9. S. 32–33.

Vf. beschreibt ein Verfahren zur Kiesbett-Erbrütung von Lachsbrut (*Oncorhynchus sp.*) in bes. Apparaten, die ins Grundwasser eingebettet werden können. In die Apparate werden die zu erbrütenden Eier zusammen mit Kies in einer Menge von je 2–4000 Stück eingebracht. Zur Vermeidung des Befalles mit Saprolegnien erfolgt eine Desinfektion mit kohlensaurem Kupfer und in Abständen von 2–4 Wochen wird für die Dauer von 20–30 min eine Behandlung mit einer Malachitgrün-Lösung (1:100000) vorgenommen. Die Verluste während der Erbrütung konnten dabei auf weniger als 4,5% gesenkt werden, und es erfolgte eine erhebliche Einsparung an Arbeitszeit bei der Wartung der Lachsbrut. H.-W. Hattop. 6450.

3-64/06-9156 Sadov, I. A. und Kochanskaja, E. M.; Moskau, Sewerzow-Inst. für Tiermorphol. der Akad. der Wiss. der UdSSR. Lotočnyj inkubator dlja ikry osetrovych ryb. **(Ein Schrank-Brutapparat für Acipenserideneier.)** Rybnoe chozjajstvo, Moskva **39** (1963) Nr. 6. S. 23–27. — 5 Abb.
Vff. beschreiben einen Brutapparat, in dem die aus Kunststoff bestehenden Brutkästen in mehreren Etagen übereinander aufgestellt werden. Die darin befindlichen Acipenserideneier kleben an einem Substrat und werden von keimfreiem Wasser umspült. Die Abtötung der im Zuflußwasser befindlichen Keime, insbesondere der Saprolegnien, erfolgt in einem bes. Apparat mit Hilfe von ultraviolettem Licht. Das Zuflußwasser durchfließt den mit 25 Lampen ausgerüsteten Apparat innerhalb von 10 min. Die Verpilzung der aufgelegten Eier läßt sich dadurch weitgehend verhindern.
H.-W. Hattop. 6450.

Küsten- und Hochseefischerei

3-64/06-9157 Predel, Günter; Saßnitz, Zweigstelle für Ostseefischerei des Inst. für Fischerei der Dtsch. Akad. der Landwirtsch.-Wiss. zu Berlin. **Die Fänge an Süßwasserfischen in der See- und Küstenfischerei der Deutschen Demokratischen Republik.** Dtsch. Fischerei-Ztg. **9** (1962) Nr. 2. S. 60–62. — 2 Tab., 1 Lit.
Süßwasserfische stellten 1960 19,4% des mengenmäßigen und 42,1% des wertmäßigen Gesamtfanges der See- und Küstenfischerei. Der Gesamtfang betrug 3492,7 t. Die wichtigsten Fischarten waren Plötze (923,6 t), Aal (859,6 t), Blei (634,7 t), Barsch (458,2 t), Zander (269,5 t) und Hecht (238,6 t). Eine Gegenüberstellung der Fangerträge an Süßwasserfischen durch die See- und Küstenfischerei mit denen der Seen- und Flußfischerei zeigt, daß die Erträge der See- und Küstenfischerei sowohl wert- als auch mengenmäßig über denen der Seen- und Flußfischerei lagen. Der rationellen Bewirtschaftung der Bestände an Süßwasserfischen in den Küstengewässern durch Besatzmaßnahmen, Schonzeiten, Festlegung von Mindestmaßen und -maschenweiten wird große Bedeutung beigemessen. H. Jähnichen. 6480.

3-64/06-9158 Roithmayr, Charles M. Distribution of fishing by purse seine vessels for Atlantic menhaden, 1955–1959. **(Verbreitung der Ringwadenfischerei auf Brevoortia tyrannus 1955-1959.)** U.S. Dep. Interior, Fish Wildlife Serv., spec. sci. Rep. **1963** Nr. 434. S. 1–22. — 15 Abb., 3 Tab., 4 Lit. 6560.

3-64/06-9159 Craig, William L. und Graham, Joseph J.; Honolulu, Bureau of Commercial Fisheries. Report on a co-operative, preseason survey of the fishing grounds for albacore (Thunnus germo) in the Eastern North Pacific, 1959. **(Bericht über eine kooperative Vorsaison-Untersuchung über die Albacore-Fanggebiete [Thunnus germoe] im östlichen Nordpazifik 1959.)** Calif. Fish and Game **47** (1961) Nr. 1. S. 73–85. — 6 Abb., 5 Tab., 6 Lit.
Seit 1942 erbeuten die kalifornischen Fischer in der Albacore-Fischerei im nordöstlichen Pazifik durchschnittl. einen Fangwert von 6 Mill. Dollar im Jahr, der Albacore ist also eines der wichtigsten Fangobjekte der USA-

Küsten. Da bisher wenig über die Wanderungen bekannt ist, wurden Untersuchungen über die Temperaturabhängigkeit der Fänge angestellt. Der vorliegende Bericht beschreibt die Fischereimethoden und die Fangresultate in Beziehung zur Oberflächentemperatur. Mit Kiemennetzen und Langleinen verliefen Fangversuche negativ. Mit Schleppangeln wurden 314 Albacore gefangen; davon wurden 207 Tiere markiert und freigelassen. Es wurde festgestellt, daß die Art nur zwischen 58,6 ° und 61,7 °F vorkommt.

J. Waldmann. 6565.

3-64/06-9160 Hester, Frank J.; San Diego, Calif., U.S. Bureau of Commercial Fisheries. A method of predicting tuna catch by using coastal sea-surface temperatures. **(Eine Methode zur Voraussage des Thunfanges unter Verwendung der küstennahen Oberflächentemperaturen.)** Calif. Fish and Game **47** (1961) Nr. 4. S. 313–326. – 6 Abb., 2 Tab., 20 Lit.

Die Thunfischerei Kaliforniens ist die bedeutendste Fischerei dieses Staates. Innerhalb der kalifornischen Gewässer spielen Albacore (*Thunnus germo*) und Bluefin (*Th. salians*) eine große Rolle. Der Albacore wird hauptsächlich geangelt, der Bluefin mit der Ringwade gefangen. Die Erträge schwanken von Jahr zu Jahr, bes. der Beginn der Fangsaison, die normalerweise im Sommer beginnt und sich bis zum Herbst hinzieht. Die Gebiete, in denen sich die Thunschwärme jeweils konzentrieren, sind ebenfalls verschieden. Die Häufigkeitszentren beider Arten fallen nicht zusammen, in warmen Jahren verlagern sich die Gebiete nordwärts, in kalten südwärts. Das Studium der Oberflächentemperaturen im Winter nahe der Küste gestattet es, ungewöhnlich gute oder schlechte Jahre vorauszusagen, denn hohe Wintertemperaturen gehen immer einem warmen Jahr voraus. Es werden Gleichungen aufgestellt, mit denen die Fänge in ausgewählten Fanggebieten vorausberechnet werden können. Die Prognose der Gesamtanlandungen wird verursacht, sie ist jedoch stark von dem Fischereiaufwand abhängig. J. Waldmann. 6565.

3-64/06-9161 Bohl, H.; Hamburg, Inst. für Netz- und Materialforsch. **Weitere Untersuchungen über die Selektivität der Garnelenkurren vor der nordfriesischen Küste.** Protokolle z. Fischereitechn. 8 (1963) Nr. 38. S. 231 bis 251. – 4 Abb., 2 Tab., 5 Lit.

1961 und 1962 durchgeführte Untersuchungen haben ergeben, daß die Verwendung von Garnelenkurren mit größeren Maschenweiten als bisher wirtschaftliche Vorteile bietet. Die Auswertung der Versuchsdaten führte zum Vorschlag folgender Maschenweiten: 1. Bahn 14 mm, 2. Bahn 12 mm, 3. Bahn 10–11 mm, Steert 10–11 mm. Der Hauptvorteil liegt beim höheren Anteil an Speisegarnelen im Fang, der ohne größeren Arbeits- und Materialaufwand erreicht wird. E. Schlieker. 6620.

3-64/06-9162 MacPhail, J. S.; St. Andrews, New Brunswick, Fisheries Res. Board of Canada. A hydraulic escalator shellfish harvester. **(Ein hydraulischer Rolltreppen-Muschelsammler.)** Bull. Fischeries Res. Board Canada **1961** Nr. 128. S. 1–24. – 12 Abb., 3 Tab., 6 Lit. Vgl. LZ. Abt. III **7** (1962) Nr. 10. S. 2211.

Es wird eine Vorrichtung beschrieben, mit der Schalentiere mechanisch gesammelt werden. Das Gerät besteht aus einer Schaufel, die durch die Kraft des Bootes durch den Boden gedrückt wird. Über der Schaufel ist eine Düse, durch die eine Pumpe auf Deck des Schiffes Wasser drückt, um die Bodenanteile wegzuspülen. Die Schalentiere, die von der Schaufel gefaßt wurden, werden durch ein Förderband an die Oberfläche und an Deck gebracht. Das Gerät wird bis in Einzelheiten beschrieben und abgebildet. Die Gesamtkosten für Boot (40 Fuß lang) und Sammler betragen 9500 Dollar. In Tiefen bis zu 10–12 Fuß können Muscheln mit der beschriebenen Vorrichtung geerntet werden. J. Waldmann. 6620.

E. BEEINFLUSSUNG DER FISCHEREI DURCH DIE UMWELT

3-64/06-9163 Bucksch, R. **Rechtliche und wirtschaftliche Fragen der Gewässerreinhaltung.** Österreichs Fischerei **16** (1963) Nr. 9. S. 122–128.

Die Gewässerreinhaltung ist zum Problem der gesamten Wasserwirtschaft geworden. Im vorliegenden Artikel wird untersucht, wo die Ursachen dafür liegen, daß die Gewässerreinhaltung in Österreich nicht die notwendigen Fortschritte macht, obgleich die rechtliche Handhabe durch das Wasserrechtsgesetz von 1959 gegeben ist. Vf. ist der Meinung, daß die Schwierigkeiten auf folgende Momente zurückzuführen sind: mangelnde Aufklärung, mangelnde Forschung und Ausbildung, mangelnde Koordinierung und mangelnde Finanzierung. Am schwerwiegendsten ist die Frage der Finanzierung. Für die Errichtung von kommunalen Kläranlagen wird vorgeschlagen, daß ebenso wie für die Müllabfuhr auch für die Reinigung des verschmutzten Abwassers eine Gebühr erhoben wird. Auch in der Industrie muß mehr für die Abwasseraufbereitung getan werden. Ein beschränkter oder gänzlicher Steuerausfall könnte hier zur finanziellen Entlastung der Werke beitragen. D. Nehring. 6655.

3-64/06-9164 Tarzwell, Clarence M.; Cincinnati, O., Robert A. Taft Sanitary Engng. Center. Development of water quality criteria for aquatic life. **(Die Entwicklung von Kriterien der Wasserqualität für das Leben im Wasser.)** J. Water Pollut. Control Federat. **34** (1962) Nr. 11. S. 1178–1185. — 2 Lit.

Auch in den USA ist die Verschmutzung des Wassers ein ernstes hygienisches und ökonomisches Problem, daß mit der Zunahme der Bevölkerung und der Ausdehnung der Industrie immer wichtiger wird. Es wurde deshalb ein Forschungsprogramm aufgestellt, das der Erhaltung der Fischbestände und anderer Wasserorganismen dient. Um diese Probleme zu lösen, müssen an die Wasserqualität bestimmte Bedingungen gestellt werden, die die Entwicklung und Vermehrung der Meer- und Süßwasserorganismen gewährleisten. Hierzu müssen zunächst die wichtigsten Lebensbedingungen der Fische und Wasserorganismen erforscht werden, die geschützt werden sollen. Ferner muß die Wirkung der verschiedenen Abwasserarten auf den Vorfluter untersucht werden. Es wird zwischen folgenden Abwasserarten unterschieden, die im einzelnen behandelt werden: 1. Sauerstoffzehrende oder fäulnisfähige Abwässer, 2. giftige Abwässer, 3. Abwässer mit inerten anorg. und org. Stoffen, 4. warme Abwässer, 5. Abwasserstoffe, die den Geschmack des Fischfleisches beeinträchtigen und 6. radioaktive Abwässer. D. Nehring. 6655.

3-64/06-9165 Einsele, W.; Scharfling, Österreich, Bundesinst. für Gewässerforsch. und Fischereiwirtsch. **Querschnitt durch die gegenwärtige Gefahrenlage an den Gewässern und die Abwehrarbeit von Staat und Wissenschaft.** Österreichs Fischerei **16** (1963) Nr. 10. S. 138–146. — 4 Lit.

Vf. bringt zunächst Auszüge und Zitate aus Reden, die anläßlich der 75-Jahrfeier des Schwäbischen Albvereins gehalten wurden. Hierin wird auf die enorme Verschmutzung der Gewässer Baden-Württembergs und auf die großen finanziellen Aufwendungen (über 300 Mill. DM jährlich) hingewiesen. Es wird ferner auf die gegenwärtige Lage am Bodensee eingegangen. Hier wurde eine bes. Forschungsgemeinschaft gegründet. Nur durch gewaltige wiss. und techn. Aufwendungen wird es möglich sein, eine Katastrophe am Bodensee zu verhindern. Weiterhin werden die Stoffe behandelt, die als Folge der menschlichen Zivilisation in die Gewässer gelangen und hier zu einer Gefahr werden. Abschließend wird über einige Fischsterben in Österreich berichtet, deren Ursache Salzsäure (und $FeCl_3$), Vialit (Asphalt mit Naphthensäuren) und Benzin waren. D. Nehring. 6665.

3-64/06-9166 Graff. **Gesundheitliche Gefahren durch verunreinigtes Wasser.** Allg. Fischerei-Ztg. **88** (1963) Nr. 21. S. 599–605. — 33 Lit.

Verschiedene Trinkwasserepidemien waren in der BRD Anlaß zum Erlaß zweier Gesetze, dem „Wasserhaushaltsgesetz" und dem „Bundesseuchengesetz". I. allg. werden Verunreinigungen des Wassers durch krankmachende Keime, durch chem. Zusätze und durch radioaktive Substanzen beobachtet. Über gesundheitliche Gefahren durch chem. Zusätze ist bisher erst wenig bekannt. Das Augenmerk ist daher mehr auf die bakteriol. Gefahren gerichtet, deren Auswirkung im Krankheitsbild erkennbar ist. So werden beispielsweise Typhusbazillen und Salmonellen ebenso durch das Wasser übertragen wie die Ruhr und die ansteckende Gelbsucht. Auch bei der Kinderlähmung, der Tuberkulose und dem Milzbrand spielt das Wasser als Überträger eine Rolle. Für Verunreinigungen des Oberflächenwassers durch chem. Zusätze sind Fischsterben ein Alarmsignal. Durch höhere Nitratkonzentrationen im Trinkwasser wurden Vergiftungen bei Menschen beobachtet. Weitere schädliche Stoffe für die Trinkwassergewinnung sind Detergentien, Mineralöle und Benzin sowie Säuren und Laugen. D. Nehring. 6665.

3-64/06-9167 Fedij, S. P. Ispol'zovanie ichtiologičeskich pokazatelej dlja ocenki stepeni zagrjaznenija vodoemov. **(Die Verwendung von ichthyologischen Kennziffern für die Beurteilung des Verschmutzungsgrades der Gewässer.)** Rybnoe chozjajstvo, Moskva **39** (1963) Nr. 7. S. 27–29.
Zur Beurteilung des Verschmutzungsgrades von Gewässern werden phys., hydrochem. und biol. Merkmale herangezogen. Vf. weist darauf hin, daß es zweckmäßig ist, u. a. auch die ichthyol. Merkmale zur Beurteilung heranzuziehen, da diese unmittelbare Rückschlüsse auf den Umfang der fischereischädigenden Wirkung von Abwässern zulassen. An Hand von Beispielen wird gezeigt, daß sowohl die Zahl der vorkommenden Fischarten als auch deren Zusammensetzung bei Vergleichen mit den Verhältnissen in angrenzenden, nicht verunreinigten Gewässerteilen zur Einschätzung der entstandenen Schäden herangezogen werden können. H.-W. Hattop. 6665.

3-64/06-9168 Sproul, Otis J. und Ryckman, Devere W.; Orono, Me., Univ.; St. Louis, Mo., Univ. Significant physiological characteristics of organic pollutants. **(Signifikante physiologische Eigenschaften von organischen Verschmutzungen.)** J. Water Pollut. Control Federat. 88 (1963) Nr. 9. S. 1136 bis 1145. — 2 Abb., 7 Tab., 15 Lit.
Vff. untersuchten die Toxizität verschiedener Abwasserarten gegenüber *Salmo gairdnerii*, ihren Einfluß auf den Geruch des Wassers und ihren Gehalt an org. Substanz. Die Toxizität schwankte von 5 mg/l bei chem. Abwässern bis 510 mg/l org. Gesamtbelastung bei fleischverarbeitenden Betrieben. Die Geruchsschwelle erstreckte sich von chem. Abwässern mit $32 \cdot 10^{-3}$ mg/l über pharmazeutische, Erdölraffinerie-, Farbenfabrik-, Brauerei-, Seifen-, häusliche und Schlachthof-Abwässer bis zu Kornreinigungsabwässern mit 3600×10^{-3} mg/l. Die org. Belastung war am höchsten bei Schlachthofabwässern, gefolgt von Brauerei- und Erdölraffinationsabwässern. Eine Mischung der genannten Abwässer kann zu einer Beeinträchtigung der natürl. Selbstreinigungskraft des Vorfluters führen. Einige der Abwässer müssen daher vorgereinigt werden, bevor sie in den Vorfluter gelangen.
D. Nehring. 6665.

3-64/06-9169 English, John N., Surber, Eugene W. und McDermott, Gerald N.; Cincinnati, O., Robert A. Taft Sanitary Engng. Center. Pollutional effects of outboard motor exhaust — field studies. **(Verschmutzungseffekte durch die Auspuffgase von Außenbordmotoren — Felduntersuchungen.)** J. Water Pollut. Control Federat. 88 (1963) Nr. 9. S. 1121–1132. — 7 Abb., 5 Tab., 4 Lit.
Für die Untersuchungen standen ein mit Motorbooten befahrener See, ein Teich und ein unbeeinflußtes Gewässer zur Verfügung. Es wurde ein verbleites Benzin-Öl-Gemisch von 1:23 verwendet. Untersucht wurden der Ge-

schmack des Fischfleisches, der Geruch, die Oxidierbarkeit, der Chloridgehalt und der Aktivkohle-Chloroform-Extrakt des Wassers sowie der Bleigehalt des Schlammes in Abhängigkeit von der verbrauchten Treibstoffmenge. Eine Geschmacksbeeinträchtigung des Fischfleisches trat auf bei einem Gemisch-Verbrauch von 8 ml Treibstoff/l Wasser und einer tägl. Ölverbrauchsrate von 0,17 ml/l Wasser. Die Geruchsschwelle des Wassers wurde bei 0,5 und 1,5 ml Treibstoffverbrauch/l Wasser erreicht. Die Konzentration an extrahierbaren Stoffen stieg um 1 μ/l bei Verbrauch von 1 ml Treibstoff/l Wasser. Die übrigen Komponenten zeigten weniger charakteristische Änderungen.
D. Nehring. 6665.

3-64/06-9170 Nehring, Dietwart; Berlin-Fiedrichshagen, Inst. für Binnenfischerei der Dtsch. Akad. der Landwirtsch.-Wiss. zu Berlin. **Die Giftwirkung von Wasch- und Reinigungsmitteln auf Fische und Fischnährtiere.** Wäscherei **10** (1963) Nr. 9. S. 259–261. – 3 Tab., 13 Lit.

Es wird über die Giftwirkung verschiedener in der DDR käuflicher Wasch- und Reinigungsmittel sowie einiger Seifen auf Fische und Fischnährtiere berichtet. Während die Einweich- und Spülmittel durch pH-Wert-Erhöhung giftig wirken, wird die Toxizität der anderen Mittel hauptsächlich durch ihren Gehalt an Detergentien bestimmt. Bezogen auf die Detergentienkonzentrationen liegen die Schwellenwerte der Giftwirkung für Barsche (*Perca fluviatilis*) zwischen 4 und 10 mg WAS/l und für Plötzen (*Rutilus rutilus*) zwischen 8 und 20 mg WAS/l. Bei den Fischnährtieren sind die Verhältnisse unübersichtlicher. Die untersuchten Seifen waren nur verhältnismäßig wenig giftig. Auf einige Probleme, welche die zunehmende Verwendung von synthetischen Wasch- und Reinigungsmitteln in Haushalt, Gewerbe und Industrie mit sich bringt, wird hingewiesen. D. Nehring. 6665.

3-64/06-9171 Bridges, W. R. und Sanders, Herman O.; Denver, Colo., Fish-Pesticide Res. Lab. Diffusion of herbicides through plastic film. **(Die Diffusion von Herbiziden durch Plastik-Folien.)** U. S. Dep. Interior, Fish Wildlife Serv., progr. Fish-Culturist **25** (1963) Nr. 4. S. 213–214. – 1 Lit.

Toxizitätsversuche mit verschiedenen Herbiziden an Fischen ergaben, daß diese Präparate in Polyäthylenbehältern weniger giftig waren als in Glasgefäßen. Zur quantitativen Klärung dieser Beobachtung wurden Behälter aus Polyäthylenfolie, die mit Herbizidlösung gefüllt waren, in große Wassergefäße eingebracht und der Verbleib der Herbizide untersucht. Nach 24 h war bereits $^1/_3$ durch die Plastik-Folie in das umgebende Wasser diffundiert, und nach 96 h war ein vollständiger Konzentrationsausgleich eingetreten. Versuche mit Folien aus Polyvinylchlorid zeigten, daß dieses Material keine Diffusion der Herbizide zuläßt und daher für Versuchszwecke besser geeignet ist. D. Nehring. 6665.

3-64/06-9172 Winkler, O. Pesticidní přípravky z hlediska rybářského. **(Pestizide und Fischerei. 2. Mitt.)** Agrochemie [Bratislava] **3** (1963) Nr. 7. S. 126–127. – 1 Abb. 1. Mitt. vgl. 3-64/01-9198.

Untersuchungen über Herbizide und Präparate zur Nagetierbekämpfung.
ČSSR/ÚVTI. 6665.

3-64/06-9173 Winkler, O. Pesticidní přípravky z hlediska rybářského. IV. Insekticidy a akaricidy. **(Pestizide und Fischerei. 4. Mitt.)** Agrochemie [Bratislava] **3** (1963) Nr. 6. S. 110–111. – 2. Mitt. vgl. vorst. Ref.

Untersuchungen über Arsenate, Arsenite, Nikotin, Lindan, Gamacid, Gamaryl, Lindafum, Cyclo, DDT, Melipax, DTHP. ČSSR/ÚVTI. 6665.

3-64/06-9174 Sreenivasan, A. und Raj, R. Soundar; Bhavanisagar, Madras, Freshwater Biol. Stat. Toxicity of zinc to fish. **(Die Toxizität von Zink gegenüber Fischen.)** Current Sci. [Bangalore] **32** (1963) Nr. 8. S. 363. – 4 Lit.

Zinksulfat ist eine wichtige Verbindung bei der Herstellung von Viskoseprodukten und kann somit in Abwässern enthalten sein. Vff. ermittelten daher die Giftwirkung dieser Verbindung gegenüber *Tilapia mossambica*, *Danio* sp. und *Cyprinus carpio* bei Wassertemperaturen von 28–30 °C. Im 48stündigen Versuch betrug die LC_{100} für Bangkok-Karpfen 12–15 mg/l, die TLm 10–12 mg/l. $CaCl_2$ in Konzentrationen von 200 mg/l verminderte die Giftwirkung um 75–100%. Für *Danio sp.* betrug die TLm 10 mg/l, sie wurde durch $CaCl_2$ ebenfalls stark vermindert. $MgSO_4$ war viel weniger wirksam. Erhöhung des pH-Wertes scheint die Giftwirkung zu vermindern; pH-Wert-Abnahme bewirkt dagegen eine stärkere Toxizität. Bei Zinkchlorid betrug die TLm für *Tilapia* 10–15 mg/l. Zusatz von $CaCl_2$ verminderte die Giftwirkung um 75%. Die Erhöhung der Sauerstoffkonzentration führte ebenfalls zu einer Verminderung der Toxizität. D. Nehring. 6665.

3-64/06-9175 Nehring, Dietwart; Berlin-Friedrichshagen, Inst. für Binnenfischerei der Dtsch. Akad. der Landwirtsch.-Wiss. zu Berlin. **Untersuchungen über die toxikologische Wirkung von Thallium-Ionen auf Fische und Fischnährtiere.** Z. Fischerei Hilfswiss. [N. F.] **11** (1963) Nr. 7/8. S. 557–561. — 2 Tab., 3 Lit.

Bei Untersuchungen über die Giftwirkung von Thallium-Ionen wurden folgende Schwellenwerte der Giftwirkung (Eintritt einer Schädigung innerhalb von 3 Tagen) ermittelt: Regenbogenforelle (*Salmo gairdneri*) 10–15 mg/l, Barsch (*Perca fluviatilis*) 60 mg/l, Plötze (*Rutilus rutilus*) 40–60 mg/l, Wasserflöhe (*Daphnia* spec.) 2–4 mg/l. Bei Dauereinwirkung traten Schädigungen bei den Versuchsfischen auch noch bei wesentlich niedrigeren Thalliumkonzentrationen ein. In toxikologischer Hinsicht wirkt Thallium einerseits blutdrucksteigernd. Daneben wurden bei den Fischen und Fischnährtieren die typischen Merkmale eines Nervengiftes beobachtet. D. Nehring. 6665.

3-64/06-9176 Roberts, Harold; Paynes Creek, Calif., Dep. of Fish and Game. Cadmium toxic to rainbow trout. **(Kadmium ist giftig für Regenbogenforellen.)** U. S. Dep. Interior, Fish Wildlife Serv., progr. Fish-Culturist **25** (1963) Nr. 4. S. 216.

Bei Versuchen mit größeren Plastik-Behältern wurde festgestellt, daß *Salmo gairdnerii* in diesen Gefäßen in kurzer Zeit zu Grunde gingen. Nach Erprobung verschiedener zum Bau verwendeter Materialien fand man, daß ein kadmiertes Sieb am Ablauf des Behälters die Ursache für das Absterben der Fische war. Ließ man durch dieses Sieb Wasser mit einer Fließgeschwindigkeit von 50 Gallonen/min strömen, so war die Kadmium-Konzentration schon so groß, daß in 24 h 16% der Forellen starben. In einem Gefäß mit 15 Gallonen Wasser und einem Kadmiumsieb starben alle Fische in 10 h ab. Kadmiumhaltige Geräte dürfen daher in Forellenzuchtanstalten keinesfalls verwendet werden. D. Nehring. 6665.

3-64/06-9177 Fromm, Paul O. und Stokes, Robert M.; East Lansing, Mich., Univ.; Coll. of Veterin. Med. Assimilation and metabolism of chromium by trout. **(Assimilation und Stoffwechsel von Chrom bei Forellen.)** J. Water Pollut. Control Federat. **34** (1962) Nr. 11. S. 1151–1155. — 2 Abb., 2 Tab., 6 Lit.

Vff. setzten Regenbogenforellen (*Salmo gairdneri*) verschiedenen Chromatkonzentrationen aus. Es wurde gefunden, daß das Chrom bei Konzentrationen kleiner als 1 mg/l bezogen auf das Metall im Fisch angereichert wird. Bei Konzentrationen von 0,01 mg Cr/l und niedriger ist nach ca. 10 Tagen der Endpunkt dieser Anreicherung erreicht. Das Ausmaß der Anreicherung wird bestimmt durch die im Wasser vorliegende Chromatkonzentration. Respirationsversuche in vitro mit Pylorusblindsäcken, Leber- und Nierengeweben ergaben bei Fischen, die 39 Tage lang 1 mg Cr/l ausgesetzt waren, gegenüber Kontrollfischen keine signifikanten Unterschiede. Auf Grund der Versuchsergebnisse wird geschlossen, daß ein Abwasserstoß mit verhältnismäßig großer Chromatkonzentration von Fischen besser vertragen wird als die Dauereinwirkung niedriger Konzentrationen. D. Nehring. 6665.

3-64/06-9178 Laßleben. **Fischereiliche Folgen des Aufstauens von Flüssen in Niederbayern.** Fischwirt **13** (1963) Nr. 1. S. 1–8.
In der Arbeit, die anläßlich der Tagung des Wiss. Ausschusses und des Fachausschusses Seen- und Flußfischerei im Deutschen Fischereiverband im Okt. 1962 vorgetragen wurde, behandelt Vf. die durch den Einbau von Stauanlagen und Kraftgewinnungswerken hervorgerufenen Veränderungen der hydrographischen Situation und der Zusammensetzung des Fischbestandes in den niederbayerischen Flüssen. Die Fischerei sieht sich neu entstandenen Bedingungen in den Gewässern gegenüber und muß sich hinsichtlich der zu erwartenden Ertragsfähigkeit, der Fangobjekte, Fangzeiten und Fangmethoden zum Teil neu orientieren. Begünstigend ist dabei die Tatsache, daß Fänge von Cyprinidenarten in Niederbayern gut absetzbar sind. K. Anwand. 6685.

3-64/06-9179 Schiemenz, Friedrich. **Wie weit kann man aus Fangstatistiken an mangelhaft benutzten Fischtreppen allgemeine Schlüsse ziehen?** Fischwirt **13** (1963) Nr. 9. S. 253–260. — 1 Tab., 11 Lit.
Anhand der Fachliteratur und auf der Grundlage eigener Untersuchungen erörtert Vf. das Problem der Unsicherheit von Kontrollstatistiken zur Bewertung der Wirksamkeit von Fischtreppen. Die Unsicherheit der rein statistischen Methode wird auf die oftmals unvollkommene Funktion der Fischtreppen zurückgeführt, die eine Verallgemeinerung der gewonnenen Erkenntnisse nicht gestattet. So können sich die Fänge von Kontrollreusen durch das Auswechseln schadhafter Bretter, Verstopfung von Schlupflöchern, Unterspülungen, Absickern von Wasser, Stauänderungen oder sogar durch andere Uferbeschattung infolge Abholzung plötzlich ändern. Wenn diese Ereignisse in der Fangstatistik nicht vermerkt werden, sind falsche Schlußfolgerungen unvermeidbar. Weiterhin setzt sich Vf. mit der von Bruschek nachgewiesenen weitgehenden Funktionsunfähigkeit zweier österreichischer Fischtreppen auseinander, was unverständlicherweise eine österreichisch-bayerische Kommission dazu veranlaßt hatte, weitere Fischtreppenbauten als nutzlos zu bezeichnen. G. Seifert. 6685.

3-64/06-9180 Kálal, L. Příspěvek k poznání potravy a škodlivosti vodních skokanů na pstruhových odchovných rybníccích. **(Beitrag zur Kenntnis der Nahrung und Schädlichkeit der Wasserfrösche in Forellenmastteichen.)** Sbornik lesnické Fak. Vysoké Školy zemědělské Praze **5** (1962) S. 141–146. — 1 Abb., 1 Tab., 37 Lit. Zus. in Russ., Dtsch.
Im Mageninhalt von 39 Fröschen (*Rana ridibunda*), die an Forellenteichen gefangen wurden, befanden sich: Hymenoptera (35,2%), Diptera (20,9%), Gastropoda (7,7%), Brut von *Salmo gairdneri* (6,6%). Es wurden 18 Forellen von 3–5cm Länge gefunden. ČSSR/ÚVTI. 6695.

F. FISCHKRANKHEITEN

3-64/06-9181 Gotshall, Daniel W. Observations on a die-off of molas (Mola mola) in Monterey Bay. **(Beobachtungen über ein Sterben von Mola mola in der Monterey Bay.)** Calif. Fish and Game **47** (1961) Nr. 4. S. 339–341. — 1 Abb., 1 Tab., 3 Lit.
In der Zeit von Aug.–Okt. 1960 wurden in der Monterey Bay im Gebiet Pacific Grove mehrmals tote bzw. sterbende Exemplare der Art *Mola mola* beobachtet, deren Anzahl in einem Falle etwa 100 Tiere erreichte. Die Tiere lagen meist auf der Seite, Rücken- und Analflossen fehlten häufig, zuweilen

auch die Augen. Der Verlust der Flossen wird auf Seelöwen zurückgeführt. Es ist unentschieden, ob die Seitenlage der Fische normal oder ein Zeichen der Schwäche oder des nahen Todes ist, da einige Autoren angeben, die Art *Mola mola* liebe es, sich bei ruhigem Wetter an der Oberfläche in Seitenlage zu sonnen. Die Gewohnheiten der Fische müssen durch Taucherbeobachtungen weiter erforscht werden. J. Waldmann. 6700.

3-64/06-9182 Priebe, K.; Bremerhaven, Staatl. Veterinäramt. **Beitrag zum Auftreten und zur Morphologie des als „Tintenbeutel" bezeichneten Parasiten Sarcotaces arcticus in der Muskulatur des Blauen Lengfisches (Molva byrkelange Walb.).** Berliner Münchener tierärztl. Wschr. **76** (1963) Nr. 17. S. 356–360. — 9 Abb., 3 Lit.
Die Muskulatur (Filet) der von diesem Parasiten befallenen Fische ist für den Menschen genußuntauglich. Diese Tatsache wird oft erst bei der Verarbeitung festgestellt. Vf. beschreibt eingehend den Befallsort in der Muskulatur und deren durch den Parasiten verursachte Veränderungen. An Hand von Formolpräparaten wird der Parasit makroskopisch beschrieben und mit Hilfe von Paraffinschnitten auch histologisch untersucht. Im Herbst und Winter 1962 konnten bei manchen Fängen aus dem Raum um Island bis zu 10% befallener *Molva byrkelange* festgestellt werden. Andere Arten waren nicht befallen, auch nicht die nahe verwandte *M. vulgaris*. Th. Mattheis. 6740.

3-64/06-9183 Paperna, Ilan; Jerusalem, Univ. Dynamics of Dactylogyrus vastator Nybelin (Monogenea) populations on the gills of carp fry in fish ponds. **(Populationsdynamik von Dactylogyrus vastator auf den Kiemen der Karpfenbrut in Teichen.)** Bamidgeh, Bull. Fish. Cult. Israel **15** (1963) Nr. 2/3. S. 31–50. — 6 Abb., 6 Tab., 15 Lit.
Die Populationsdynamik wird bestimmt durch: 1. die Stärke des ursprünglichen Auftretens des Parasiten im Teich, 2. das Fischwachstum, das auch für die Regenerationsprozesse auf den befallenen Kiemen von bes. Bedeutung ist, und 3. den Zeitraum zwischen Fisch-Schlupf und Parasiten-Invasion. Bei intensiv wachsenden Fischen wird die Verbreitung des Parasiten gehemmt und selbst bei stärker befallenen Beständen treten keine Sterben auf. In Teichen, in denen die Fischbrut 35 mm Länge erreicht, ehe zahlreiche Parasiten größere Epithel-Wucherungen auf den Kiemen verursachen, kommt es zu keinem Fischsterben mehr. G. Merla. 6750.

Redaktionsschluß: 13. 3. 1964

Herausgeber: Deutsche Demokratische Republik · Deutsche Akademie der Landwirtschaftswissenschaften zu Berlin, Institut für Landwirtschaftliche Information und Dokumentation, Berlin W 8, Krausenstr. 38/39; Fernsprecher: 225161. Chefredakteur: Dr. Ursula Wittbrodt, stellvertretender Chefredakteur: Dr. Werner Kleeberg, Berlin W 8, Krausenstr. 38/39; Fernsprecher: 225161. Redaktion der Abteilung III — Tierzucht · Tierernährung · Fischerei: Dr. Hans Dieter Hennig, Dr. habil. Bernhard Piatkowski und Dr. habil. Werner Steffens, Berlin W 8, Krausenstraße 38/39; Fernsprecher: 225161. Verlag: Akademie-Verlag GmbH, Berlin W 8, Leipziger Straße 3—4; Fernsprecher: 220441, Telex-Nr. 011773, Postscheckkonto: Berlin 35021. Bestellnummer dieses Heftes: 1030 III — IX/6. Das Landwirtschaftliche Zentralblatt, Abt. Tierzucht · Tierernährung · Fischerei, erscheint monatlich. Einzelheft DM 20,—; einseitig bedruckte Ausgabe DM 24,—. Jahresbezugspreis DM 240,—; einseitig bedruckte Ausgabe DM 288,— einschl. Register, zuzüglich Porto- und Versandkosten. Gesamtherstellung: VEB Druckerei „Thomas Müntzer" Bad Langensalza. Veröffentlicht unter der Lizenznummer 1290 des Presseamtes beim Vorsitzenden des Ministerrates der Deutschen Demokratischen Republik.

Bei Fragen zur Produktsicherheit wenden Sie sich bitte an:
If you have any questions regarding product safety,
please contact:

Walter de Gruyter GmbH
Genthiner Straße 13
10785 Berlin
productsafety@degruyterbrill.com